"十四五"高等职业教育规划教材

Linux 服务器配置与管理

(基于 CentOS 7.2)

潘　军◎主　编

张　磊　米　哲　冯士恩◎副主编

程治国◎主　审

中国铁道出版社有限公司
CHINA RAILWAY PUBLISHING HOUSE CO., LTD.

内 容 简 介

本书的创新在于采用“工单制”教学模式，在授课过程中以“工作任务单”为载体，把每节课的任务提前布置给学生去完成，课上进行验收，再根据学生完成情况进行针对性讲解，使其养成自学习惯，最终实现学生能够主动学习。

本书共设计了 20 个工单，以一家网络公司为背景，根据企业需求来实施 Linux 相关服务的搭建，详细介绍了 Linux 操作系统的系统管理和各种网络服务的配置。读者在完成本书的学习后，能够对企业级 Linux 部署有一个宏观的概念，并能管理相关的网络环境及搭建各种服务。

本书适合作为高职高专院校计算机网络技术、云计算技术、信息安全、大数据技术等相关专业的教材，也可供企业网络维护管理人员、社会培训班的学员、Linux 系统爱好者参考。

图书在版编目（CIP）数据

Linux服务器配置与管理：基于CentOS 7.2/潘军主编. —北京：中国铁道出版社有限公司，2021.5（2024.6重印）
“十四五”高等职业教育系列教材
ISBN 978-7-113-27602-7

Ⅰ.①L… Ⅱ.①潘… Ⅲ.①Linux操作系统-高等职业教育-教材
Ⅳ.①TP316.85

中国版本图书馆CIP数据核字（2021）第020309号

书　　名：Linux 服务器配置与管理（基于 CentOS 7.2）
作　　者：潘　军

策　　划：翟玉峰　　　　**编辑部电话**：（010）63549458
责任编辑：祁　云　包　宁
封面设计：曾　程
责任校对：孙　玫
责任印制：樊启鹏

出版发行：中国铁道出版社有限公司（100054，北京市西城区右安门西街 8 号）
网　　址：https://www.tdpress.com/51eds/
印　　刷：中煤（北京）印务有限公司
版　　次：2021 年 5 月第 1 版　　2024 年 6 月第 5 次印刷
开　　本：880 mm × 1 230 mm　1/16　**印张**：23.5　**字数**：722 千
书　　号：ISBN 978-7-113-27602-7
定　　价：79.80 元

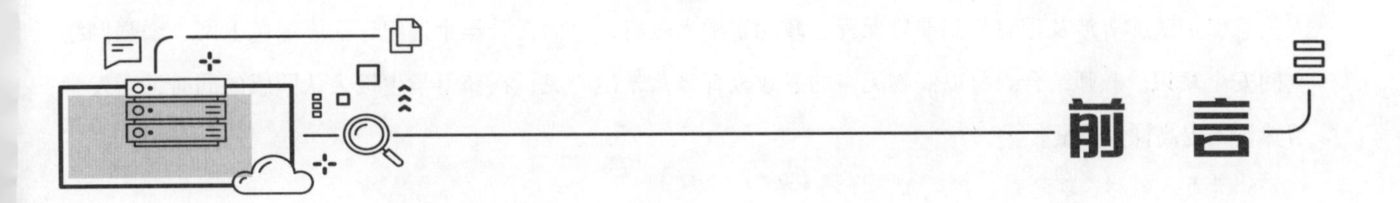

习近平总书记在党的二十大报告中指出："推动战略性新兴产业融合集群发展，构建新一代信息技术、人工智能、生物技术、新能源、新材料、高端装备、绿色环保等一批新的增长引擎。"

计算机操作系统作为新一代信息技术中最重要最根本的核心基础软件，是所有应用软件和数据处理场景的基础与平台，是直接关系到网络安全的，而国产操作系统多是以 Linux 为基础二次开发的操作系统。在关键领域推广国产操作系统，加快实现高水平科技自立自强，已经成为迫切需求！目前，Linux 操作系统与云计算、大数据、人工智能技术的发展密不可分，这些技术将会加快我国工业领域弯道超车的步伐，推进新型工业化，使我国加快建设成为制造强国、网络强国、数字中国。

本书是以"校企合作、联合开发"的方式进行设计开发的，"以成果为导向，基于工作过程，结合案例式教学、模块组合、任务驱动"的方式进行编写，共设计了 20 个工单，这些工单以一家网络公司为背景，根据企业需求来实施 Linux 相关服务的搭建，详细介绍了 Linux 操作系统的系统管理和各种网络服务的配置。读者在完成本书的学习后，能够对企业级 Linux 部署有一个宏观的概念，并能管理相关的网络环境及搭建各种服务。同时在本教材中还融入相关 1+X 职业技能等级证书标准要求，可以支撑网络系统运维、云计算、信息安全等 1+X 证书培训和考核取证工作。

本书所使用的 Linux 版本为 CentOS 7.2。

一、教材特色

1. 工单驱动，系统灵活

本书的创新在于采用"工单制"教学模式，在授课过程中以"工作任务单"为载体，把每节课的任务提前布置给学生去完成，课上进行验收，再根据学生完成情况进行针对性讲解，使其养成自学习惯，最终实现学生能够主动学习。实际上该教学模式采用的还是"项目导向、任务驱动""教学做一体"的思路，只不过是强调以"工单"为载体来开展和组织实施"项目导向、任务驱动""教学做一体"这些教学理念，所以更有针对性，更为强调对先进教学理念的具体实施。

2. 思政元素，春风化雨

本教材在资源建设中真正围绕实施"课程思政"目的和要求来考虑和设计的，深挖新一代信息技术建设中所含的课程思政元素，如：信息技术创新、芯片研发、信息安全、超级计算机、碳达峰碳中和、知识产权

保护等，将思政元素有机融入教学资源，达到春风化雨的效果；并将有关法律法规如：《网络安全法》、《个人信息保护法》等涉及计算机犯罪等课程思政元素融入教材，全面提升学生遵纪守法、绿色上网、增强网络空间安全意识。教师结合教材以润物无声的思政教育涤荡学生心灵，在获得学生极大认同感的同时，激发学习热情，提高课堂质量。

3. 活页式教材，理念新、形式新、资源丰富

本教材线上资源依托"工单课堂"平台开发建设，共计20个工单，每个工单都包括工作任务书和学习资源集。工作任务书面向具体的职业岗位，以典型工作任务为载体组织教材内容，充分体现优秀教学经验和主流生产技术，并注重吸收行业发展的新知识、新技术、新工艺，学习目标体现需求导向、学习内容体现工作任务导向，符合工作手册式教材的基本特征；学习资源集包括微课视频、电子文档、PPT、工具附件等，将传统纸质媒体与新兴数字媒体相融合，利用不同媒体的互补优势，满足信息化和个性化的教学需要。本教材还采用活页的方式进行装订，在教材使用过程中，教师可以根据具体情况对教材相应内容进行二次开发；还可以根据技术发展和产业升级情况灵活地对教材中所涉及的工作任务进行单独更新和优化组合。

4. 在线平台，混合教学

本教材可以依托"工单课堂"教学平台开展线上线下混合式教学，该平台充分吸取了工单制教学的优秀教学经验，面向我国职业教育领域，将"资源开发、课程重构、课堂教学、课外活动、职业发展、顶岗实习、现代学徒制、质量监控、课外活动"等关键元素进行模式化整合，基于特殊的职业教育载体（工单）聚合各类资源，按照学习者个体差异进行"订制化"人才培养，被誉为职业院校课堂上的"项目管理系统""中国版模块化教学平台"。请读者扫描下方二维码安装"工单课堂"App，获取更多学习资源。

Android

iPhone

5. 注意选材，覆盖面广

本书首先介绍 Linux 系统的安装及基础命令，在此基础上逐个介绍常用网络应用程序的安装与配置方法。在语言上注意通俗易懂，对知识点描述力求准确、简洁；在操作配置上注意条理清晰，对具体配置进行上机实践检验。读者能轻松入门，通过先易后难的学习，使读者对 Linux 的应用能力逐步提高。本书适合高职高专院校计算机网络技术、云计算技术、信息安全、大数据技术等相关专业的教材，也可供企业网络维护管理人员、社会培训班的学员、Linux 系统爱好者参考。

二、内容及体系结构

本书共设计了 20 个工单，具体内容结构如下：

工单 1：服务器操作系统 CentOS 7.2 的安装；

工单 2：Linux 文件系统管理；

工单 3：Linux 文件权限；

工单 4：Linux 磁盘分区管理；

工单 5：动态磁盘 LVM 和 RAID；

工单 6：Linux 系统用户与用户组管理；

工单 7：Linux 系统的软件包管理；

工单 8：Linux 系统的 TAR 包管理；

工单 9：服务与进程管理；

工单 10：Linux 系统配置网络连接；

工单 11：Samba 服务器配置；

工单 12：NFS 服务器配置；

工单 13：DNS 服务器配置；

工单 14：Apache2 服务器配置；

工单 15：Nginx 服务器配置；

工单 16：FTP 服务器的配置；

工单 17：DHCP 服务器配置；

工单 18：邮件服务器配置；

工单 19：MariaDB 数据库服务器配置；

工单 20：防火墙 Firewalld 和 Selinux 配置与管理。

三、读者对象

◆ Linux 初、中级读者

◆ 高职高专院校计算机相关专业学生

◆ 网络维护管理人员

◆ 社会培训班的学员

◆ Linux 系统爱好者

四、致谢

本书编写团队集中了校企的优势力量，编者都是具有多年实践经验的工程师和一线教学实践经验的专业教师。本书由潘军任主编，张磊、米哲、冯士恩任副主编，其中，保定职业技术学院潘军编写工单 6、19，吕继尧编写工单 2，陈冠男编写工单 14，米哲编写工单 5、15，张磊编写工单 7，刘泽辉编写工单 8、11，冯士恩编写工单 16、17，杨金会编写工单 18，肖璐铭编写工单 9，王静编写工单 12，许星星编写工单 3，孙辉编写工单 4；保定拓宇科技有限公司高级工程师刘自然编写工单 10、13、20；贵州师范大学刘正阳编写工单 1。全书由“全国职业院校工单制教学联盟”秘书长程治国教授主审。

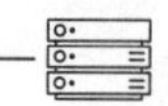

本书在编写过程中得到了中国铁道出版社有限公司的诸位老师给予的悉心指导，在此表示感谢。

由于编者水平有限，时间仓促，书中难免存在疏漏和不足之处，敬请广大读者不吝指正，提出宝贵的批评意见。

编　者

2021 年 2 月

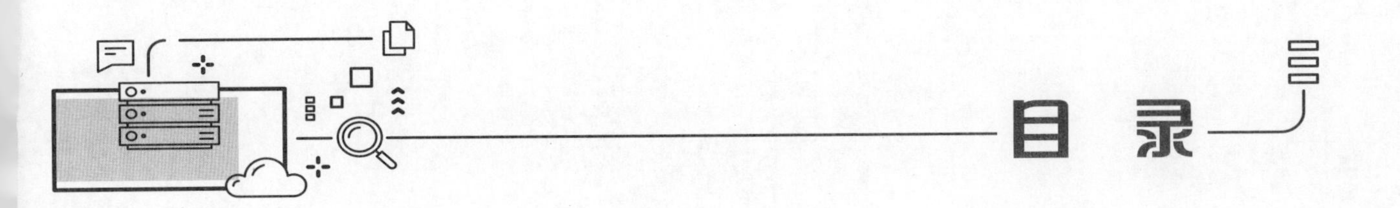

目录

工单 1（服务器操作系统 CentOS 7.2 的安装）

工作任务单			
工单编号	C2019111110035	工单名称	服务器操作系统 CentOS 7.2 的安装
工单类型	基础型工单	面向专业	计算机网络技术
工单大类	网络运维	能力面向	专业能力
职业岗位	网络运维工程师、网络安全工程师、网络工程师		
实施方式	实际操作	考核方式	操作演示
工单难度	较易	前序工单	
工单分值	18 分	完成时限	4 学时
工单来源	教学案例	建议组数	99
组内人数	1	工单属性	院校工单
版权归属	潘军		
考核点	虚拟机、CentOS 命令行		
设备环境	虚拟机 VMware Workstations 15 和 CentOS 7.2		
教学方法	在常规课程工单制教学当中，可采用手把手教的方式引导学生学习和训练 CentOS 7.2 操作系统安装的相关职业能力和素养。		
用途说明	本工单可用于网络技术专业 Linux 服务器配置与管理课程或者综合实训课程的教学实训，特别是聚焦于 CentOS 7.2 操作系统的安装训练，对应的职业能力训练等级为初级。		
工单开发	潘军	开发时间	2019-02-26

实施人员信息							
姓名		班级		学号		电话	
隶属组		组长		岗位分工		伙伴成员	

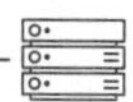

任务目标

实施该工单的任务目标如下：

知识目标

1. 了解 Linux 的优点。
2. 熟悉 Linux 的发行版本。
3. 掌握硬盘的分区规划。

能力目标

1. 能够通过虚拟机软件 VMware Workstations 15 搭建系统的安装测试环境。
2. 掌握 CentOS 7.2 系统在图形界面下的安装方法，尤其是在安装过程中如何对磁盘进行分区。
3. 掌握如何重置系统密码。

素养目标

1. 理解操作系统国产化在新一代信息技术领域对于我国的重大意义。
2. 激发学生的爱国情怀和学习动力。
3. 培养学生规划管理能力和实践动手能力。
4. 培养学生一丝不苟、细致严谨的工作作风。

任务介绍

随着信息化及数据业务的急速大规模扩张，腾翼网络公司现有的服务器在高可用性、安全性以及系统稳定性等方面表现得很不尽如人意。所以该公司决定升级改造服务器的操作系统以适应公司的业务需求。经过公司网络部的研讨，一致决定采用 Red Hat 公司的产品 Red Hat Enterprise Linux 作为公司服务器的网络操作系统平台。但是网络部在执行的过程中发现，Red Hat Enterprise Linux 版本众多，究竟采用哪个版本还需要做进一步的调研。经过网络部相关技术人员对不同版本的比较，最终决定采用社区版 CentOS 7.2 作为本公司服务器的网络操作系统。

强国思想专栏

Linux—— 新一代信息技术之操作系统国产化

“党的二十大报告指出，构建新一代信息技术、人工智能、生物技术、新能源、新材料、高端装备、绿色环保等一批新的增长引擎。”

关于发展“新一代信息技术产业”的主要内容是，“加快建设宽带、泛在、融合、安全的信息网络基础设施，推动……着力发展集成电路、新型显示、高端软件、高端服务器等核心基础产业。提升软件服务、网络增值服务……，促进文化创意产业发展”。

随着云计算、大数据等新一代信息技术的崛起，世界很快就迈入数字化时代，而中国在国际上影响力的不断增强，推动着我国必须要抓紧时间，开发出属于自己的操作系统。

国产操作系统多为以Linux为基础二次开发的操作系统。

任务资讯（3 分）

（1 分）1．什么是 Linux？

（1 分）2．Linux 的优点有哪些?

（1 分）3．安装 CentOS 7.2 系统需要具有哪几类分区?

注意：任务资讯可以参看视频 1。

视频1

Linux 简介和 CentOS 7.2 安装

任务规划

任务规划如下：

服务器操作系统
CentOS 7.2的安装

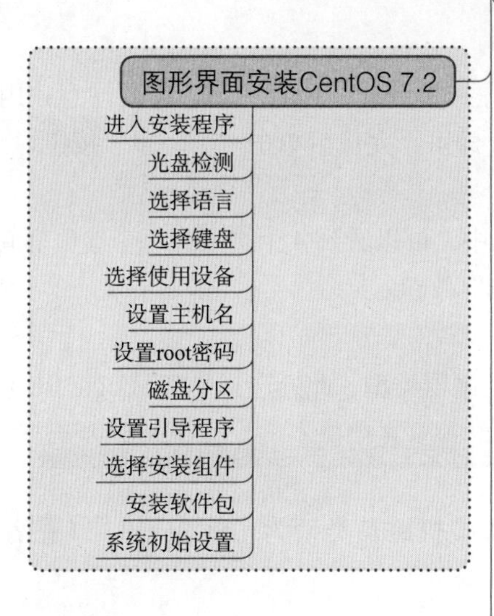

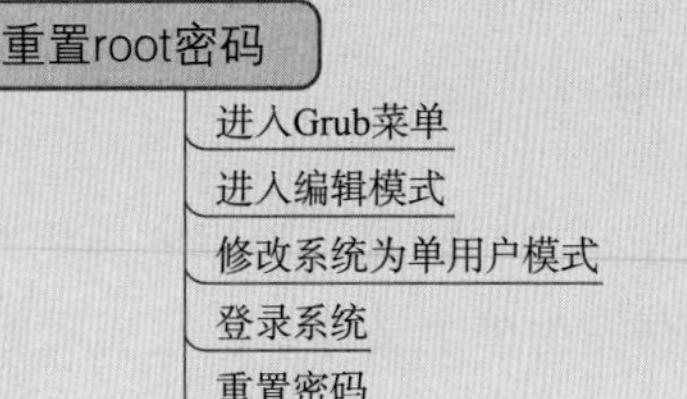

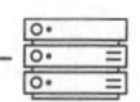

任务实施（10 分）

任务一：虚拟机软件 VMware 的使用

公司网络部的技术人员在服务器上安装 CentOS 7.2 之前，准备通过虚拟机软件 VMware Workstation 对系统安装过程进行测试。

（0.4 分）（1）创建虚拟机：在 VMware Workstation 菜单栏中选择“文件”→“新建”→“虚拟机”命令，在弹出的窗口中选择“自定 义（高级）”，单击“下一步”按钮。

（0.4 分）（2）选择虚拟机版本（在此选择 VMware Workstation 15），单击“下一步”按钮。

（0.4 分）（3）安装客户机操作系统：在安装客户机操作系统界面，可以看到安装来源有 3 个选项，此处选择“稍后安装操作系统”后单击“下一步”按钮（虚拟机创建完成后再选择放入光盘镜像文件）。

（0.4 分）（4）选择操作系统版本：在选择客户机操作系统界面中，可以看到不同版本的操作系统，此处选择“Linux”→“CentOS 7 64 位”。选择完成后单击“下一步”按钮。

（0.4 分）（5）命名虚拟机：在该界面中，可以为虚拟机命名，此处保持默认名称即可。可以单击“浏览”按钮选择存放虚拟机文件的位置，完成后单击“下一步”按钮。

（0.4 分）（6）处理器配置：为虚拟机指定处理器数量，如果没有特殊需求，此处保持默认值即可，完成后单击“下一步”按钮。

（0.4 分）（7）指定虚拟机分配的内存：指定要为虚拟机分配的内存大小，需要注意该内存值必须为 4 MB 的倍数。没有特殊需求，此处保持默认值 2 048 MB 即可，完成后单击“下一步”按钮。

（0.4 分）（8）选择网络类型：在选择网络类型界面中，可以看到 4 个选项，每个选项都有相关说明。此处选择“使用仅主机模式网络”，完成后单击“下一步”按钮。

（0.4 分）（9）选择 I/O 控制器：选择要使用的 I/O 控制器类型，此处选择“LSI Logic（L）（推荐）”，完成后单击“下一步”按钮。

（0.4 分）（10）选择磁盘类型：在此界面中选择虚拟机磁盘类型为“SCSI（S）（推荐）”，完成后单击“下一步”按钮。

（0.4 分）（11）选择磁盘：在此界面中选择“创建新虚拟磁盘”为虚拟机创建一个新的虚拟磁盘，完成后单击“下一步”按钮。

（0.4 分）（12）指定磁盘容量：根据实际需求指定磁盘容量大小，一般设置其大小为 20 GB。然后选择“将虚拟磁盘存储为单个文件”，完成后单击“下一步”按钮。

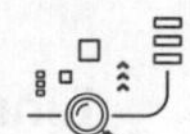

（0.4 分）（13）指定磁盘文件：在此界面中指定磁盘文件存放的位置，并保持默认的文件名“CentOS 64 位 .vmdk”，完成后单击“下一步”按钮。

（0.4 分）（14）选择磁盘：在此界面中显示所要创建虚拟机的设置清单，单击“完成”按钮。

（0.4 分）（15）选择 ISO 镜像文件：完成创建虚拟机后，还没有为其安装操作系统，所以还无法真正运行虚拟机。若要安装操作系统，需要使用虚拟光驱挂载 ISO 镜像文件。在 VMware Workstation 菜单栏中选择“虚拟机”→“设置”→“硬件”→“CD/DVD（SATA）”，在右侧选择“使用 ISO 映像文件”，单击“浏览”按钮选择 CentOS 7 操作系统的镜像文件，完成后单击“确定”按钮。

注意：任务一可以参看视频 2。

视频2

VMware 安装 CentOS 7.2 实验演示

任务二：CentOS 7.2 的安装

网络部的技术人员经过对 CentOS 安装方式的比较，认为在图形界面下安装该系统更直观、更易操作，所以确定使用图形界面安装 CentOS 系统。

（0.4 分）（1）进入安装程序：添加了 CentOS 7.2 操作系统的镜像文件以后，可以在 VMware Workstation 主界面中单击左上角的绿色三角按钮运行虚拟机。在启动界面，选择第一项（安装或升级现有的系统），按【Enter】键，即可按图形方式进行系统安装。

（0.4 分）（2）选择语言：在系统安装的欢迎界面中，选择安装过程中使用的语言。此处可以选择使用简体中文。

（0.4 分）（3）完成磁盘分区：在“安装信息摘要”界面中选择“系统”下的“安装位置”，完成磁盘分区操作，或者保持系统默认分区方案。选择手动分区，添加 400 MB 的 /boot 分区和 8 192 MB 的 Swap 分区，剩下的硬盘空间为根分区。完成配置后，单击“完成”按钮，返回“安装信息摘要”界面。

（0.4 分）（4）设置主机名：在“安装信息摘要”界面中单击“网络和主机名”按钮，请把主机名设置为个人姓名全拼。单击“完成”按钮，返回“安装信息摘要”界面。

（0.4 分）（5）设置系统安装方案：在“安装信息摘要”界面中选择“软件选择”，在“基本环境”界面中选中带 GUI 的服务器。单击“完成”按钮，返回“安装信息摘要”界面。

（0.4 分）（6）开始安装系统：在“安装信息摘要”界面中单击“开始安装”按钮。

（0.4 分）（7）在安装过程中设置 root 密码并新增一个普通账户：分别单击“root 密码”和“创建用户”，根据提示完成 root 密码配置和新建用户。

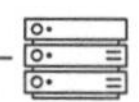

（0.4 分）（8）返回安装界面等待系统安装完成：软件包全部安装完成以后，系统会提示用户 Linux 系统已经安装完成，需要重新引导系统。单击“重新引导”按钮，重启系统并对系统进行初始设置。

（0.4 分）（9）系统初始设置：Linux 系统重新启动后，首先显示要求接受许可协议界面。分别输入数字 1、2 和字母 c，接受许可协议，按【Enter】键。

（0.4 分）（10）登录系统：在登录界面中单击用户名，输入密码即可登录系统。单击账号下方的“未列出？”按钮，可以输入 root 账号或其他普通账号以及密码，完成系统登录。

注意：任务二可以参看视频 2。

视频2

VMware 安装 CentOS 7.2 实验演示

任务扩展（4 分）

任务实施要求如下：

腾翼网络公司的管理员在某台服务器上安装了 Linux 系统，但由于一段时间没有登录过该服务器，将其登录密码忘记了。此时要求在不重装系统的前提下，重置该系统的密码。

（0.5 分）（1）进入 Grub 菜单：启动系统时，迅速用鼠标单击进入虚拟机界面，并迅速按下字母“e”，进入编辑页面。如果操作不及时，跳过了 Grub 菜单显示，可重启虚拟机，重新操作。

（0.5 分）（2）编辑 Grub 菜单：按【↓】键，找到以“Linux16”开头的行，在该行的最后面输入“init=/bin/sh”。

（0.5 分）（3）按【Ctrl+X】组合键进入单用户模式。

（0.5 分）（4）输入“mount -o remount,rw /”（注意：mount 与 -o 之间和 rw 与 / 之间的有空格）。

（0.5 分）（5）输入“passwd”后按【Enter】键，输入 2 次新密码，即 root 账户的新登录密码。

（0.5 分）（6）输入 touch /.autorelabel，按【Enter】键。

（0.5 分）（7）输入 exec /sbin/init，按【Enter】键后等待几分钟，系统会自动重启。

（0.5 分）（8）用 root 账户及新密码重新登录系统，验证修改密码的结果。

注意：任务扩展可以参看视频 3。

视频3

CentOS 管理员 root 密码重置实验演示

工作日志（0.5 分）

（0.5 分）实施工单过程中填写如下日志：

工作日志表

日　期	工作内容	问题及解决方式

总结反思（0.5 分）

（0.5 分）请编写完成本任务的工作总结：

学习资源集

任务资讯

一、Linux 简介

1. 什么是 Linux

Linux 是一套免费使用和自由传播的类 UNIX 操作系统，是一个基于 POSIX 和 UNIX 的多用户、多任务、支持多线程和多 CPU 的操作系统。它能运行主要的 UNIX 工具软件、应用程序和网络协议。它支持 32 位和 64 位硬件。Linux 继承了 UNIX 以网络为核心的设计思想，是一个性能稳定的多用户网络操作系统。

Linux 的内核（kernel）版权属于 Linus Torvalds，在 GPL（General Public License，GNU 通用公共许可证）版权协议下发行，用户可以自由复制、修改、套装分发和销售，但是不能在分发时加入任何限制，而且所有代码必须公开，因此任何人均可无偿得到所有执行文件和源代码。

Linux 的吉祥物是企鹅，它是 Linux 的创始人 Linus Torvalds 挑选的，代表他所创立的 Linux 操作系统。

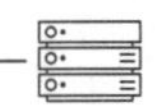

2. Linux 的发展史

1991 年 8 月，芬兰的 Linus Torvalds 开始编写一个类 minix，可运行在 386 操作系统上。1991 年 10 月 5 日，Linus Torvalds 在新闻组 comp.os.minix 发布了大约有 1 万行代码的 Linux v0.01 版本。到了 1992 年，大约有 1000 人在使用 Linux，值得一提的是，他们基本上都属于真正意义上的黑客（hacker）。1993 年，大约有 100 余名程序员参与了 Linux 内核代码编写 / 修改工作，其中核心组由 5 人组成，此时 Linux 0.99 的代码大约有 10 万行，用户大约有 10 万人。

1994 年 3 月，Linux 1.0 发布，代码量 17 万行，当时是按照完全自由免费的协议发布，随后正式采用 GPL 协议。至此，Linux 的代码开发进入良性循环。很多系统管理员开始在自己的操作系统环境中尝试使用 Linux，并将修改的代码提交给核心小组。由于拥有了丰富的操作系统平台，因而 Linux 的代码中也充实了对不同硬件系统的支持，大大提高了跨平台移植性。至此之后，在 IBM、HP、Novell、Oracle 等诸多厂商的支持下，Linux 系统得以迅速普及和前所未有的大发展。

3. Linux 的优点

1）开放性

开放性是指系统遵循世界标准规范，特别是遵循开放系统互连（OSI）国际标准。凡遵循国际标准所开发的硬件和软件，都能彼此兼容，可方便地实现互连。

2）多用户多任务环境

多用户是指系统资源可以被不同用户各自拥有使用，即每个用户对自己的资源（如文件、设备）有特定的权限，互不影响。Linux 和 UNIX 都具有多用户的特性。多任务是现代计算机最主要的一个特点。它是指计算机同时执行多个程序，而且各个程序的运行互相独立。Linux 系统调度每一个进程，平等地访问微处理器。由于 CPU 的处理速度非常快，其结果是，启动的应用程序看起来好像在并行运行。事实上，从处理器执行一个应用程序中的一组指令到 Linux 调度微处理器再次运行这个程序之间只有很短的时间延迟，用户是感觉不出来的。

3）良好的用户界面

Linux 向用户提供了两种界面：用户界面和系统调用。Linux 的传统用户界面是基于文本的命令行界面，即 Shell，它既可以联机使用，又可以保存在本地脱机使用。Shell 有很强的程序设计能力，用户可方便地用它编制程序，从而为用户扩充系统功能提供了更高级的手段。可编程 Shell 是指将多条命令组合在一起，形成一个 Shell 程序，这个程序可以单独运行，也可以与其他程序同时运行。

系统调用给用户提供编程时使用的界面。用户可以在编程时直接使用系统提供的调用命令。系统通过该界面为用户程序提供低级、高效率的服务。Linux 还为用户提供了图形用户界面。它利用鼠标、菜单、窗口、滚动条等设施，给用户呈现一个直观、易操作、交互性强的、友好的图形化界面。

4）设备独立性

设备独立性是指操作系统把所有外围设备统一当作文件看待，只要安装它们的驱动程序，任何用户都可以像使用文件一样，操纵、使用这些设备，而不必知道它们的具体存在形式。Linux 是具有设备独立性的操作系统，它的内核具有高度适应能力，随着更多的程序员加入 Linux 编程，会有更多硬件设备加入到各种 Linux 内核和发行版本中。另外，由于用户可以免费得到 Linux 的内核源代码，因此，用户可以修改内核源代码，以便适应新增加的外围设备。

5）提供了丰富的网络功能

完善的内置网络是 Linux 的一大特点。Linux 在通信和网络功能方面优于其他操作系统。其他操作系统不包含如此紧密地和内核结合在一起的连接网络的能力，也没有内置这些联网特性的灵活性。而 Linux 为用户提供了完善的、强大的网络功能。支持 Internet 是其网络功能之一。Linux 免费提供了大量支持 Internet 的软件，Internet 是在 UNIX 领域中建立并繁荣起来的，在这方面使用 Linux 是相当方便的，用户能用 Linux 与世界上的其他人通过 Internet 网络进行通信。文件传输是其网络功能之二。用户能通过一些 Linux 命令完成内部信息或文件的传输。远程访问是其网络功能之三。Linux 不仅允许进行文件和程序的传输，它还为系统管理员和技术人

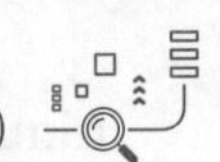

员提供了访问其他系统的窗口。通过这种远程访问功能，一位技术人员能够有效地为多个系统服务，即使那些系统位于相距很远的地方。

6）可靠的系统安全

Linux 采取了许多安全技术措施，包括对读、写进行权限控制、带保护的子系统、审计跟踪、核心授权等，这为网络多用户环境中的用户提供了必要的安全保障。

7）良好的可移植性

可移植性是指将操作系统从一个平台转移到另一个平台使它仍然能按其自身的方式运行的能力。Linux 是一种可移植的操作系统，能够在从微型计算机到大型计算机的任何环境中和任何平台上运行。可移植性为运行 Linux 的不同计算机平台与其他任何机器进行准确而有效的通信提供了手段，不需要另外增加特殊的和昂贵的通信接口。

二、Linux 的发行版本

随着 Linux 的普及和发展，其阵营日益壮大，众多发行版百花齐放，每一款发行版都拥有一大批用户，开发者自愿为相关项目投入精力。下面介绍几种普遍使用的版本。

1．Ubuntu

Ubuntu 是基于 Debian GNU/Linux，支持 x86、amd64（即 x64）和 ppc 架构，由全球化的专业开发团队（Canonical Ltd）打造的开源 GNU/Linux 操作系统。为桌面虚拟化提供支持平台。Ubuntu 对 GNU/Linux 的普及特别是桌面普及作出了巨大贡献，由此使更多人共享开源的成果与精彩。

Ubuntu 由 Mark Shuttleworth（马克·舍特尔沃斯，亦译为沙特尔沃斯）创立，Ubuntu 以 Debian GNU/Linux 不稳定分支为开发基础，其首个版本于 2004 年 10 月 20 日发布。Debian 依赖庞大的社区，而不依赖任何商业性组织和个人。Ubuntu 使用 Debian 大量资源，同时其开发人员作为贡献者也参与 Debian 社区开发。而且，许多热心人士也参与 Ubuntu 的开发。

Ubuntu 每 6 个月发布一个新版本，而每个版本都有代号和版本号，其中有 LTS 是长期支持版。版本号基于发布日期，例如第一个版本为 4.10，代表是在 2004 年 10 月发行的。

2．Fedora

Fedora（第七版以前为 Fedora Core）是一款基于 Linux 的操作系统，也是一组维持计算机正常运行的软件集合。Fedora 由 Fedora Project 社区开发、红帽公司赞助，目标是创建一套新颖、多功能并且自由和开源的操作系统。Fedora 项目以社区的方式工作，引领创新并传播自由代码和内容，是世界各地爱好、使用和构建自由软件的社区朋友的代名词。

Fedora 基于 Red Hat Linux，在 Red Hat Linux 终止发行后，红帽公司计划以 Fedora 取代 Red Hat Linux 在个人领域的应用，而另外发行的 Red Hat Enterprise Linux（Red Hat 企业版 Linux，RHEL）则取代 Red Hat Linux 在商业领域的应用。

Fedora 是一套功能完备、更新快速的免费操作系统，对赞助者 Red Hat 公司而言，它是许多新技术的测试平台，被认为可用的技术最终会加入到 Red Hat Enterprise Linux 中。Fedora 大约每 6 个月发布新版本。

3．Debian

广义的 Debian 是指一个致力于创建自由操作系统的合作组织及其作品，由于 Debian 项目众多内核分支中以 Linux 宏内核为主，而且 Debian 开发者所创建的操作系统中绝大部分基础工具来自于 GNU 工程，因此 Debian 常指 Debian GNU/Linux。

非官方内核分支还有只支持 x86 的 Debian GNU/Hurd（Hurd 微内核），只支持 AMD 64 的 Dyson（OpenSolaris 混合内核）等。这些非官方分支都存在一些严重的问题，没有实用性，比如 Hurd 微内核在技术上不成熟，而 Dyson 则基础功能仍不完善。

4．Slackware

Slackware Linux 是由 Patrick Volkerding 开发的 GNU/Linux 发行版。与很多其他发行版不同，它坚持 KISS（Keep It Simple Stupid）原则。一开始，配置系统会有一些困难，但是更有经验的用户会喜欢这种方式的透明性和灵活性。Slackware 的很多特性体现出了 KISS 原则，最为有名的一些例子就是不依赖图形界面的文本化系统配置、传统的服务管理方式和不解决依赖的包管理方式。它的最大特点就是安装灵活，目录结构严谨，版本力求稳定而非追新。Slackware 与其他发行版本（如 Red Hat、Debian、Gentoo、Ubuntu 等）属于不同的道路，它力图成为“UNIX 风格”的 Linux 发行版本。只吸收稳定版本的应用程序，并且缺少其他 Linux 版本中那些为发行版本定制的配置工具。

5．Gentoo

Gentoo 最近一次发布的是 Gentoo 20140522 Live DVD 版本。Gentoo 不提供传统意义的安装程序，其安装 CD 只提供一个 Linux 环境，从分区、挂载硬盘、下载编译内核、书写 Grub 等都需要手动通过命令行一步步操作。复杂的安装过程往往会让很多新手觉得沮丧，但是它确实能更好地了解 Linux 的构建。

当然，Gentoo 的意义不仅仅在于它所提供的软件。它是围绕着一个发行版建立起来的社区，由 300 多名开发人员和数以千计的用户共同驱动。发行版项目为用户提供各种途径来享用 Gentoo：文档、基础设施（如邮件列表、站点、论坛等）、版本发布工程、软件移植、质量保证、安全跟进、强化等。为了商讨和协助 Gentoo 的全局开发，每年推选出一个 7 人议会，对 Gentoo 项目中的全局性问题、方针政策和发展进步做出决定。

6．CentOS

CentOS 于 2003 年底推出，CentOS 是一个重新编译可安装的 Red Hat Enterprise Linux（RHEL）代码，并提供及时的、安全更新的所有套装软件升级为目标的社区项目。更直接地说，CentOS 是 RHEL 的克隆版。两个发行版本在技术方面的唯一区别是品牌，CentOS 替换了所有红帽的商标并标识为其自己的。但是 RHEL 与 CentOS 的联系在 CentOS 的网站上无法看到，由于商标法，红帽被称为 Prominent North American Enterprise Linux Vendor（著名的北美企业 Linux 销售商），而不是它的正确名称。然而，红帽和 CentOS 之间的关系仍然良好，许多 CentOS 的开发者在与红帽工程师积极接触。

CentOS 常被视为一个可靠的服务器发行版。它继承配备了完善的测试和稳定的 Linux 内核和软件，和红帽企业的 Linux 基础相同。CentOS 是适合企业的桌面解决方案，特别在稳定性、可靠性和长期支持方面，是对最新的软件和功能的首选。

7．Red Hat

1994 年，Marc Ewing 建立了自己的 Linux 分销业务，发布了 Red Hat Linux 1.0。1995 年，Bob Yang 收购了 Marc Ewing 的业务，合并后的 ACC 公司成为新的 Red Hat 软件公司，发布了 Red Hat Linux 2.0。1997 年 12 月，Red Hat Linux 5.0 发布，它支持 Intel、alpha 和 Sparc 平台和大多数应用软件。极其简单易用的 RPM 模块化的安装、配置和卸载工具，使程序的安装可在 15 min 内完成。软件升级也很方便，这对刚开始使用 Linux 的用户来说是一大福音。2003 年 4 月，Red Hat Linux 9.0 发布。重点放在改善桌面应用方面，包括改进安装过程、更好的字体浏览、更好的打印服务等。统计表明，2003 年，Red Hat 的 Linux 市场份额为 86%。

2004 年 4 月 30 日，Red Hat 公司正式停止对 Red Hat 9.0 版本的支持，标志着 Red Hat Linux 的正式完结。原本的桌面版 Red Hat Linux 发行包则与来自民间的 Fedora 计划合并，成为 Fedora Core 发行版本。Red Hat 公司不再开发桌面版的 Linux 发行包，而将全部力量集中在服务器版的开发上，也就是 Red Hat Enterprise Linux 版。2005 年 10 月，RHEL 4 发布。2007 年 3 月，RHEL 5 发布。2011 年 11 月，RHEL 6 正式版发布。

2014 年 6 月，RHEL 7 正式发布，新版本的主要变化包括：包含 Kernel 3.10 版本，支持 swap 内存压缩可保证显著减少 I/O 并提高性能，采用 NUMA（统一内存访问）的调度和内存分配，支持 APIC(高级程序中断控制器）虚拟化，全面的 DynTick 支持，将内核模块列入黑名单，kpatch 动态内核补丁（技术预览）等等。存储和文件系统方面，RHEL 7.0 使用 LIO 内核目标子系统，支持快速设备为较慢的块设备提供缓存，引进了 LVM 缓存（技术预览），将 XFS 作为默认的文件系统。

三、硬盘的分区规划

安装 CentOS 7 之前，对硬盘分区进行规划是很有必要的。当然也可以在系统安装完成后再调整分区，但是这样做会比较麻烦。至于如何规划，则需要根据用户的不同要求来确定。通常，对于 Intel x86、AMD 64 和

Intel 64 系列计算机，安装 CentOS 必须具有以下分区。

1．swap 分区

swap 分区，即交换分区，系统在物理内存不够时，与 swap 进行交换。该分区用来作为虚拟内存使用，不能保存用户的数据。分区大小至少为 32 MB。如果物理内存小于 2 GB，建议该分区设置为物理内存的 2 倍；如果物理内存大于 2 GB，建议该分区设置为物理内存大小再加上 2 GB。

2．boot 分区

boot 分区是用来保存启动系统的相关文件以及一些系统信息。通常该分区的大小设置为 100 MB 即可。

3．根分区

根分区又称 root 分区，用来放置文件系统的根，所有文档都保存在该分区下。如用户 home 目录、各类程序目录都放置在该分区中。

安装系统过程中，在规划分区时除了要了解其作用、大小，还涉及文件系统类型、挂载点等，如表 1-1 所示。

表 1-1　Linux 分区说明

分区名称	系统类型	挂载点	分区说明
swap 分区	swap	无	交换分区没有挂载点，大小通常是物理内存的 2 倍
boot 分区	ext4	/boot	存储 Linux 系统启动时所需文件，大小为 100 MB
根分区	ext4	/	作为系统目录树的根节点，大小为剩余的空间

当然，如果系统的应用范围比较复杂，也可以再创建新的分区，将 home、opt、usr 或其他目录分别保存在不同分区中，以方便管理。例如，若需要对用户使用磁盘进行配额管理，最好将 home 目录单独放在一个分区中。

任务实施

任务一　虚拟机软件 VMware 的使用

公司网络部的技术人员在服务器上安装 Red Hat Enterprise Linux 之前，准备通过虚拟机软件 VMware Workstation 对系统安装过程进行测试。

VMware Workstation 的开发商为 VMware，这是全球第一大虚拟机软件厂商，多年来，VMware 开发的 VMware Workstation 产品一直受到全球广大用户的认可，它的产品可以在一台机器上同时运行两个或更多 Windows、DOS、Linux、Mac 系统。与“多启动”系统相比，VMware 采用了完全不同的概念。多启动系统在一个时刻只能运行一个系统，在系统切换时需要重新启动机器。VMware 是真正在主系统的平台上“同时”运行多个操作系统，就像标准 Windows 应用程序那样切换。而且每个操作系统都可以进行虚拟的分区、配置而不影响真实硬盘的数据，甚至可以通过网卡将几台虚拟机连接为一个局域网，极其方便。

本次安装测试所用的虚拟机软件为 VMware Workstation 15 版本。VMware Workstation 15 延续了 VMware 的一贯传统，提供专业技术人员所依赖的创新功能，并且拥有了官方简体中文界面。这里需要注意 VMware Workstation 的默认热键，如果在应用中与其他操作发生冲突，可以通过虚拟机的菜单栏选择“编辑”→“首选项”→“热键”进行修改，如图 1-1 所示。

使用 VMware Workstation 15 搭建安装系统的测试环境，首先要学会如何创建虚拟机，具体操作如下。

1. VMware Workstation 的基本设置

1）创建虚拟机

在 VMware Workstation 菜单栏中选择“文件”→“新建”→“虚拟机”，在弹出的窗口中选择“自定义（高级）”，单击“下一步”按钮，如图 1-2 所示。

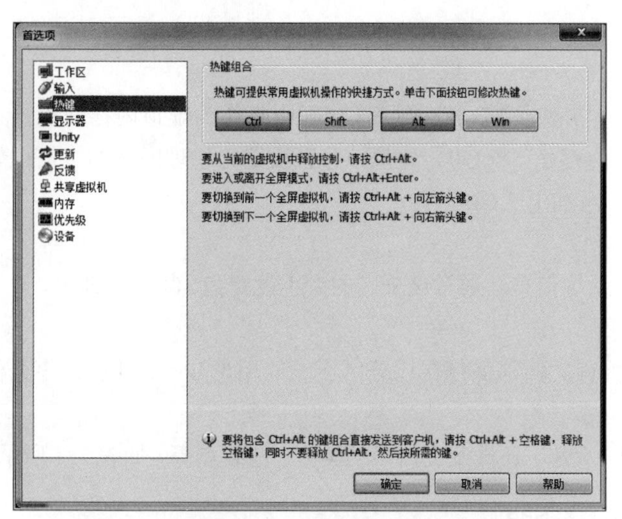

图1-1　VMware Workstation 热键设置

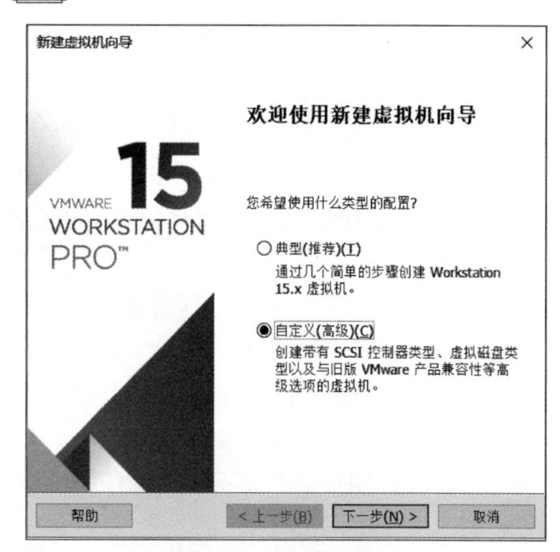

图1-2　创建虚拟机

2）选择虚拟机版本

VMware Workstation 所创建的虚拟机具有向下兼容的特性，即版本相对较低的 VMware Workstation 所创建的虚拟机，能够得到 VMware Workstation 15 的支持正常运行。所以此处可根据实际需求选择虚拟机的版本，如图 1-3 所示，完成后单击“下一步”按钮。

3）安装客户机操作系统

在安装客户机操作系统界面中，可以看到安装来源有 3 个选项，此处选择“稍后安装操作系统”单选按钮，单击“下一步”按钮，虚拟机创建完成后再选择放入光盘，如图 1-4 所示。

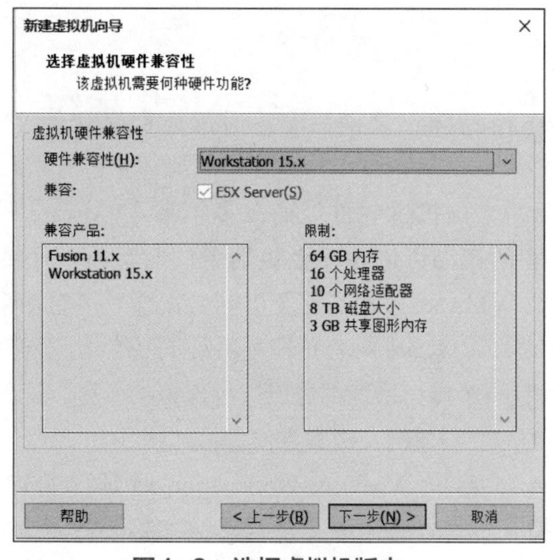

图1-3　选择虚拟机版本

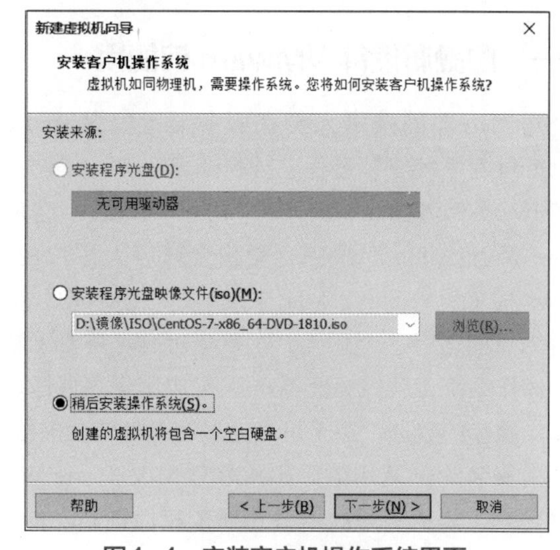

图1-4　安装客户机操作系统界面

4）选择操作系统版本

在选择客户机操作系统界面中，可以看到不同版本的操作系统，此处选择“Linux”→“CentOS 7 64 位”。选择完成后单击“下一步”按钮，如图 1-5 所示。

5）命名虚拟机

在命名虚拟机界面中，可以输入虚拟机的名称为其命名，但要注意此处的虚拟机名称只是 VMware Workstation 中显示的标签名而不是虚拟机的主机名。虚拟机的所有文件都存放在宿主机的硬盘中，可以通过“浏览”按钮选择存放的位置，完成后单击“下一步”按钮，如图 1-6 所示。

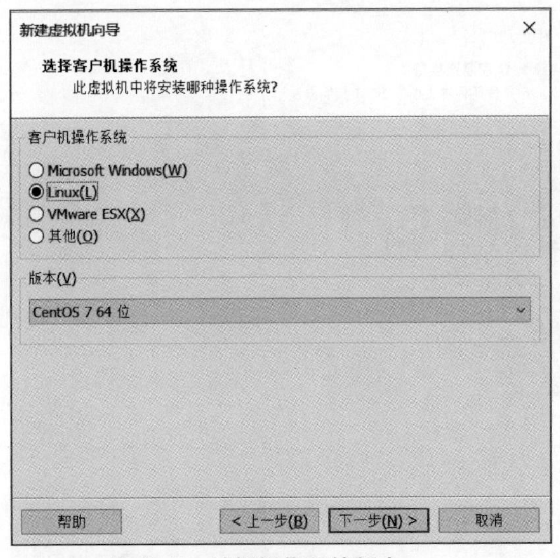

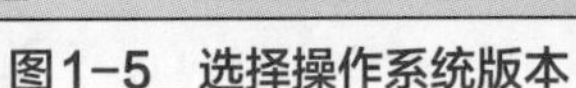
图1-5　选择操作系统版本

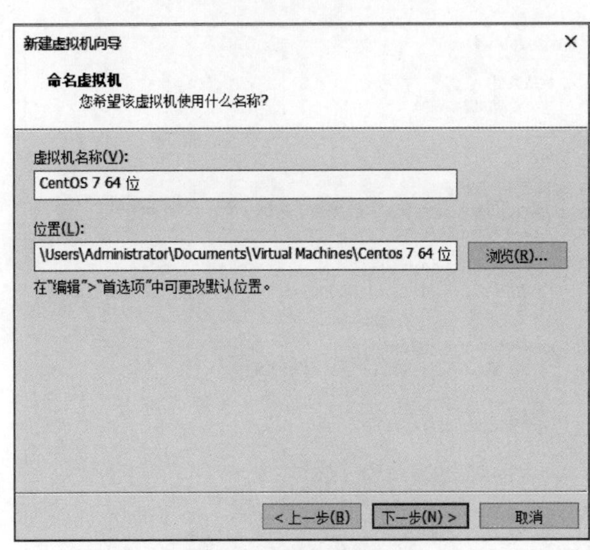

图1-6　命名虚拟机

6）处理器配置

为虚拟机指定处理器的数量，如果没有特殊需求，在此保持默认值即可，完成后单击“下一步”按钮，如图 1-7 所示。

7）指定虚拟机分配的内存

指定要为虚拟机分配的内存大小，需要注意该内存值必须为 4 MB 的倍数。没有特殊需求，此处保持默认值 2 048 MB 即可，完成后单击“下一步”按钮，如图 1-8 所示。

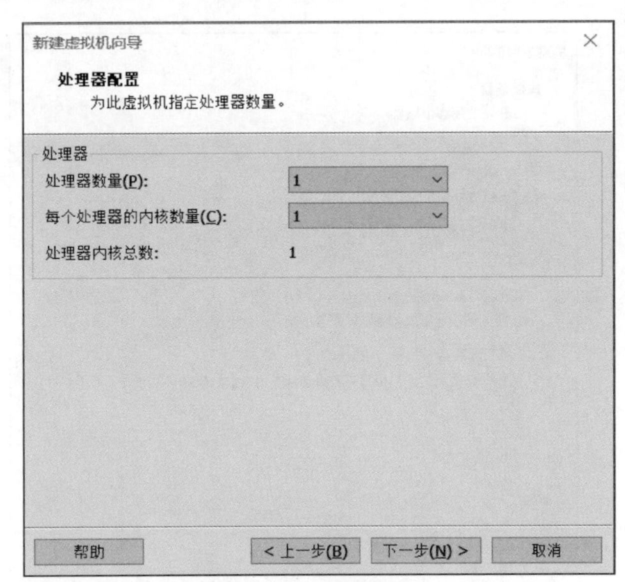

图1-7　处理器配置

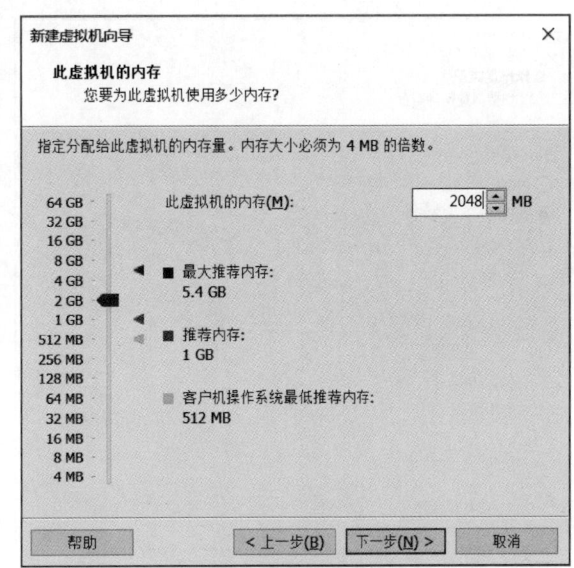

图1-8　指定虚拟机内存

8）选择网络类型

在选择网络类型界面中，可以看到有 4 个选项，每个选项都有相关说明。此处选择“使用桥接网络”单选按钮，完成后单击“下一步”按钮，如图 1-9 所示。

9）选择 I/O 控制器

选择要使用的 I/O 控制器类型，在此选择“LSI Logic（L）（推荐）”单选按钮，完成后单击“下一步”按钮，如图 1-10 所示。

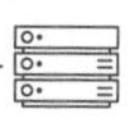

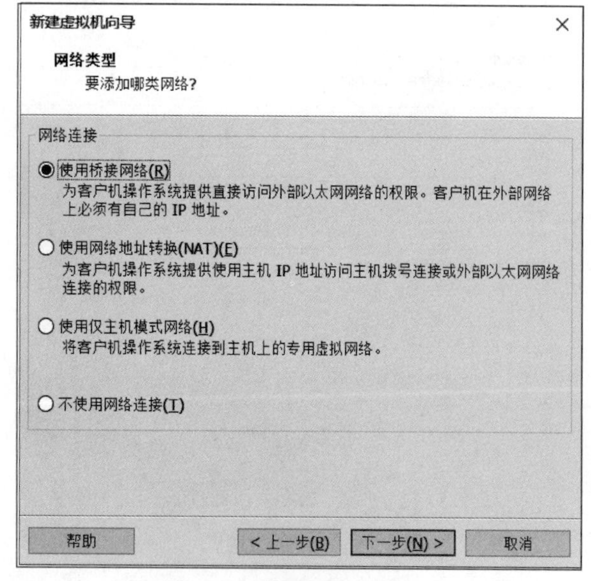

图1-9　选择网络类型

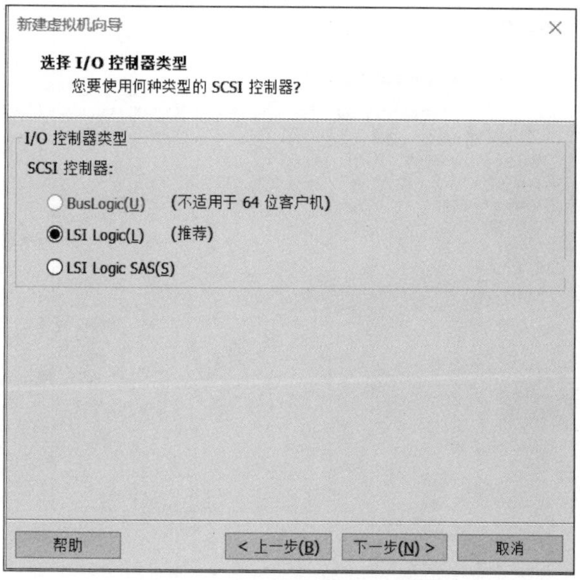

图1-10　选择I/O控制器类型

10）选择磁盘类型

在此界面中选择虚拟机磁盘类型为“SCSI（S）（推荐）”，完成后单击“下一步”按钮，如图 1-11 所示。

11）选择磁盘

在此界面中选择“创建新虚拟磁盘”单选按钮为虚拟机创建一个新的虚拟磁盘，完成后单击“下一步”按钮，如图 1-12 所示。

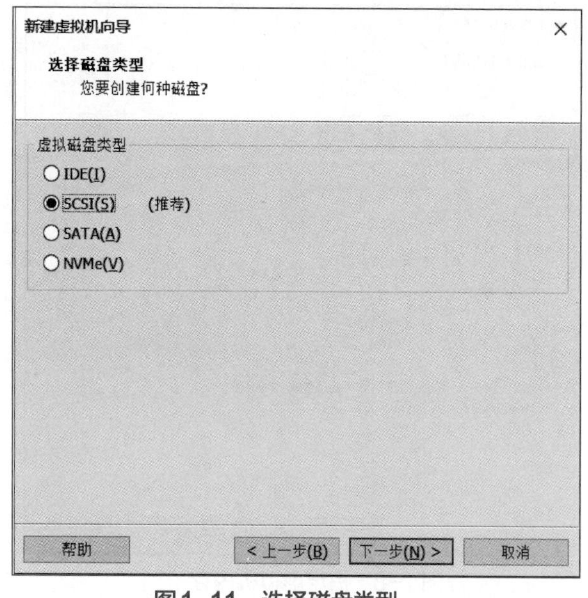

图1-11　选择磁盘类型

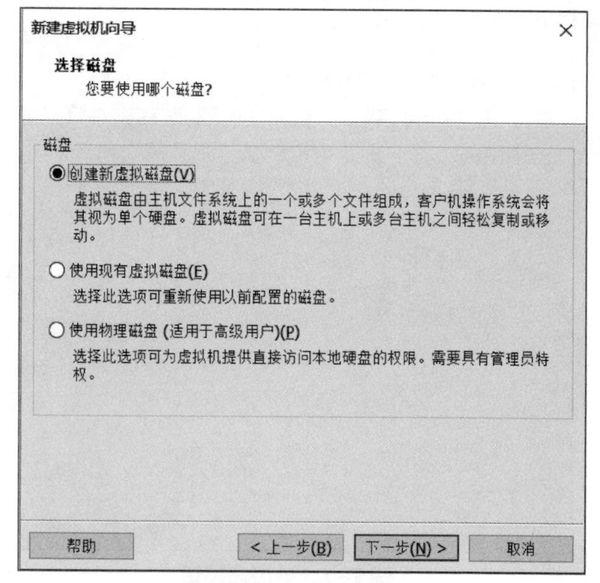

图1-12　选择磁盘

12）指定磁盘容量

在此可以指定磁盘容量大小，根据实际需求可设置其大小为 20 GB，虚拟磁盘占用物理硬盘的实际大小取决于虚拟机中保存数据的大小。然后选择“将虚拟磁盘存储为单个文件”单选按钮，完成后单击“下一步”按钮，如图 1-13 所示。

13）指定磁盘文件

在此指定磁盘文件存放的位置，并保持默认的文件名“CentOS 7 64 位 .vmdk”，完成后单击“下一步”按钮，如图 1-14 所示。

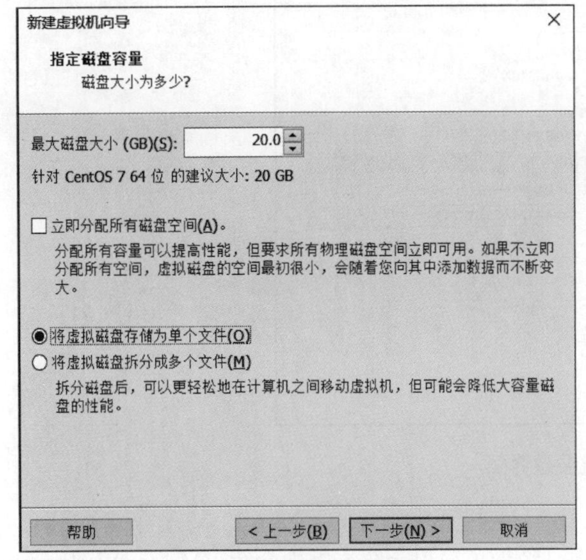

图1-13　指定磁盘容量

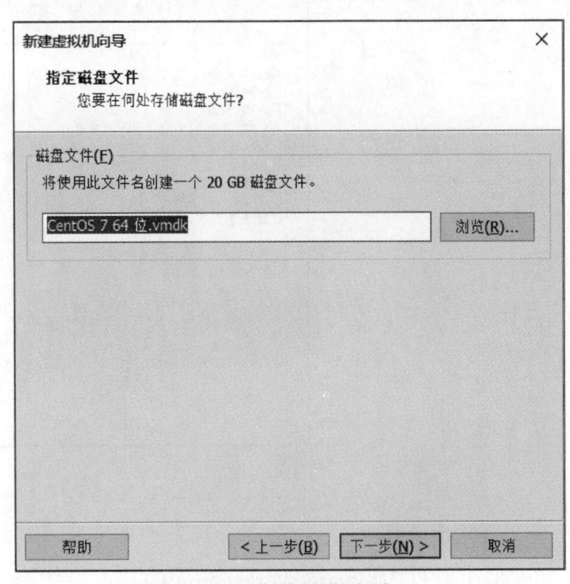

图1-14　指定磁盘文件

14）完成虚拟机创建

在此界面中，显示出所要创建虚拟机的设置清单，单击“完成”按钮，如图 1-15 所示。

15）运行虚拟机

创建虚拟机之后，显示图 1-16 所示界面，单击左上角的绿色三角按钮运行虚拟机。注意，此时创建的虚拟机还没有为其安装操作系统，所以还无法真正运行虚拟机。若要安装操作系统，还需要使用虚拟光驱挂载 ISO 镜像文件。

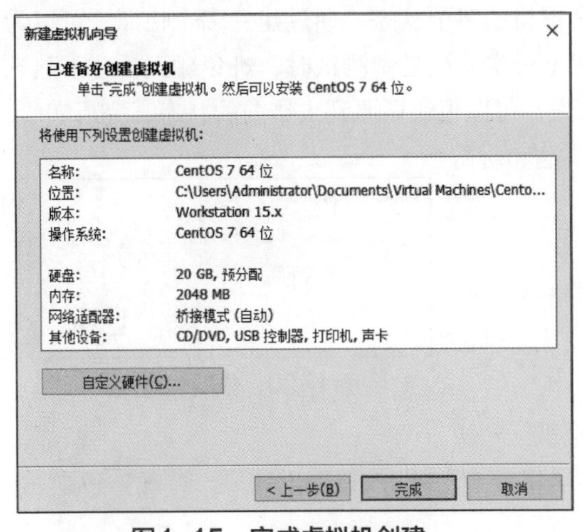

图1-15　完成虚拟机创建

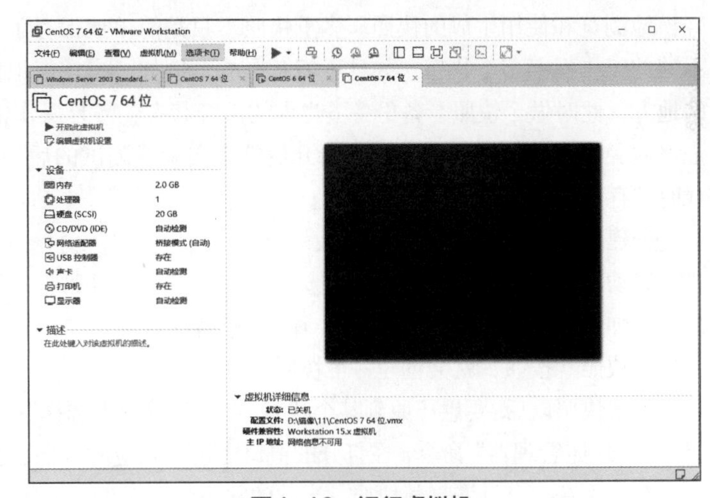

图1-16　运行虚拟机

16）选择 ISO 镜像文件

在图 1-16 所示界面的菜单栏中，选择“虚拟机”→“设置”→“硬件”→“CD/DVD（IDE）”，在右侧选择“使用 ISO 映像文件”单选按钮，单击“浏览”按钮，选择 CentOS 7 操作系统的镜像文件，完成后单击“确定”按钮，如图 1-17 所示。

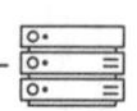

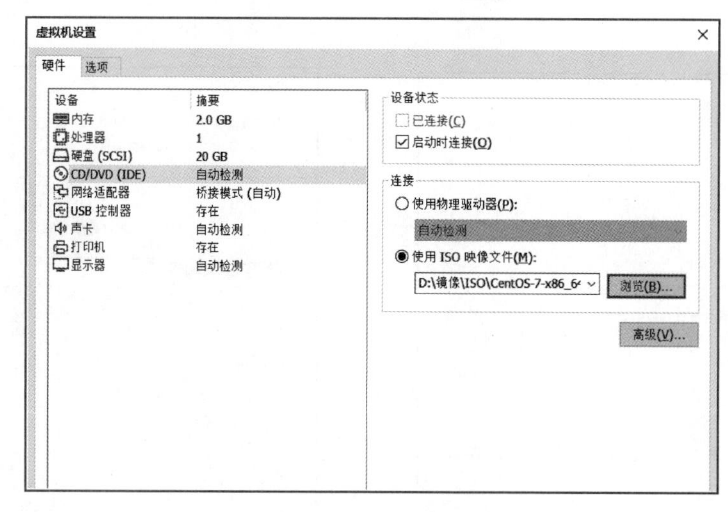

图 1-17　虚拟机设置界面

2. 快照与克隆

虚拟机软件 VMware Workstation 的基本设置及功能前面已经做了简单介绍，下面介绍 VMware Workstation 的另外两项重要功能：快照与克隆。

1）快照

所谓快照，是指对某一个特定文件系统在某一个特定时间内的一个具有只读属性的镜像。当需要重复地返回某一系统状态，又不想创建多个虚拟机时，就可以使用快照功能。VMware Workstation 15 版本支持多重快照功能，可以针对一台虚拟机创建两个及以上的快照，这就意味着可以针对不同时刻的系统环境作成多个快照，毫无限制地往返于任何快照之间。

与此同时，快照管理器形象地提供了 VMware Workstation 多个快照镜像间的关系。树状的结构使用户能够轻松地浏览和使用生成的快照。多重快照不只是简单地保存了虚拟机的多个状态，通过建立多个快照，可以为不同的工作保存多个状态，并且不相互影响。例如，当在虚拟机上做实验或是做测试时，难免碰到一些不熟悉的地方，此时做个快照，备份一下当前的系统状态，一旦操作错误，可以很快还原到出错前的状态，完成实验，最终避免由于一步的失误导致重新开始整个实验或测试的后果。这和玩游戏时的存档与读档，道理是一样的。

创建快照的具体操作步骤如下：

启动一个虚拟机，在菜单栏中选择“虚拟机”→“快照”→“拍摄快照”命令，弹出图 1-18 所示的对话框，输入快照名称和相关描述，完成后单击“拍摄快照”按钮，就会创建一个快照。

图1-20　恢复快照警告

创建快照以后，要想还原到某个状态，可在菜单栏中选择“虚拟机”→“快照”→“快照管理器”命令，在打开的窗口中选择相应的快照，然后单击“转到”按钮完成还原，如图 1-19 所示。

在此注意，一旦恢复某快照，当前的状态将会丢失，如图 1-20 所示。

2）克隆

在 VMware Workstation 软件中，克隆和快照功能相似，但又不同，稍不注意就会混淆。一个虚拟机的克隆就是原始虚拟机全部状态的一个副本，或者说一个镜像。克隆的过程并不影响原始虚拟机，克隆的操作一旦完成，克隆的虚拟机就可以脱离原始虚拟机独立存在，而且在克隆的虚拟机中和原始虚拟机中的操作是相对独立的，不相互影响。克隆过程中，VMware Workstation 会生成和原始虚拟机不同的 MAC 地址和 UUID，这就允许克隆的虚拟机和原始虚拟机在同一网络中出现，并且不会产生任何冲突。

VMware Workstation 支持两种类型的克隆：完整克隆与链接克隆。

一个完整克隆是和原始虚拟机完全独立的一个副本，它不和原始虚拟机共享任何资源。可以脱离原始虚拟机独立使用。

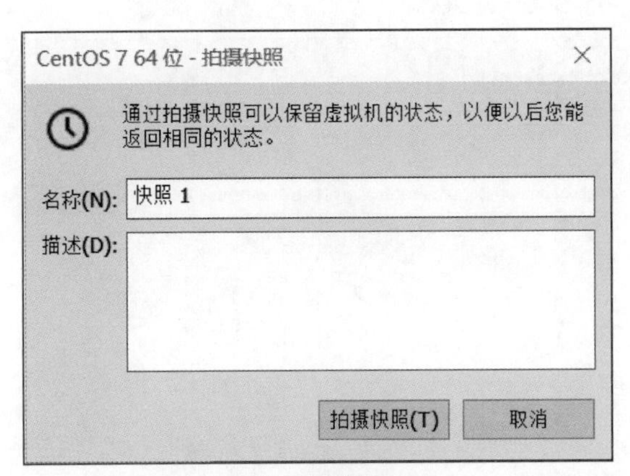

图 1-18　创建快照

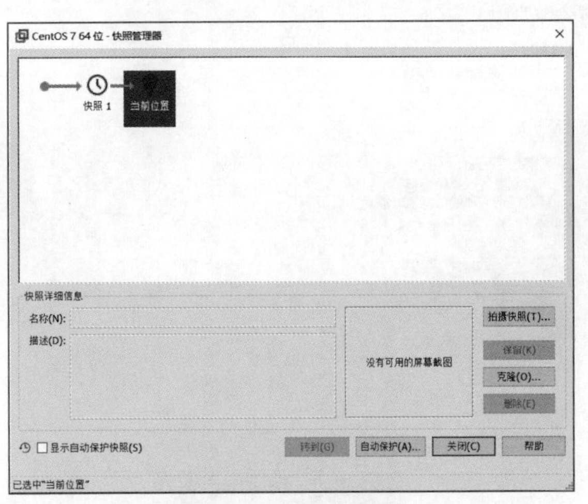

图 1-19　快照管理器

一个链接克隆需要和原始虚拟机共享同一虚拟磁盘文件，不能脱离原始虚拟机独立运行。但采用共享磁盘文件却大大缩短了创建克隆虚拟机的时间，同时还节省了宝贵的物理磁盘空间。通过链接克隆，可以轻松地为不同的任务创建一个独立的虚拟机。

创建克隆的具体操作步骤如下：

启动一个虚拟机，在菜单栏中选择“虚拟机”→“管理”→“克隆”命令，打开克隆虚拟机向导界面，单击“下一步”按钮，如图 1-21 所示。

注意： 克隆虚拟机只能在虚拟机未启动的状态下进行。

可以看到，克隆过程既可以按照虚拟机当前的状态来操作，也可以对已经存在的克隆的镜像或快照的镜像来操作，如图 1-22 所示。选择克隆源后单击“下一步”按钮。

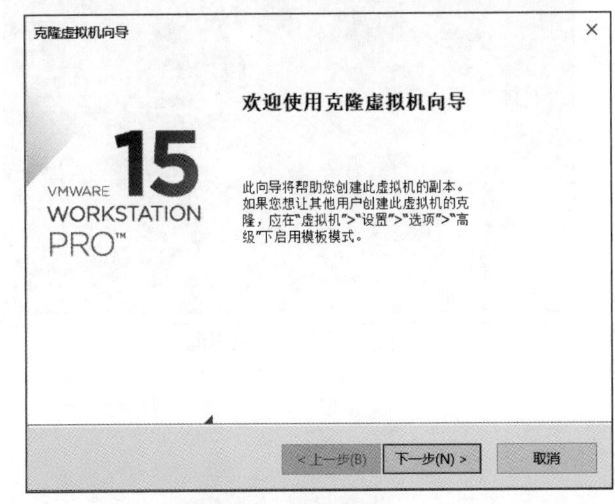

图 1-21　克隆向导

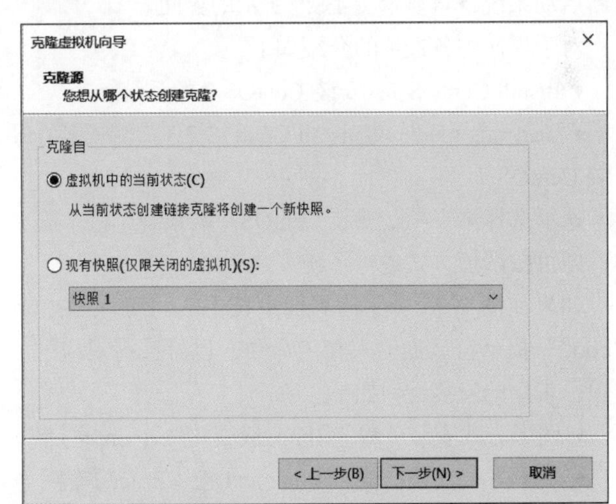

图 1-22　选择克隆源

在克隆类型选择页面上，可以选择创建的克隆虚拟机的类型是“链接克隆”或“完整克隆”。此处选择“创建完整克隆”单选按钮，单击“下一步”按钮，如图 1-23 所示。

在新虚拟机名称界面上，输入克隆的虚拟机的名称“CentOS 7 64 位 的克隆”，并确定新虚拟机的安装位置，单击“完成”按钮，如图 1-24 所示。

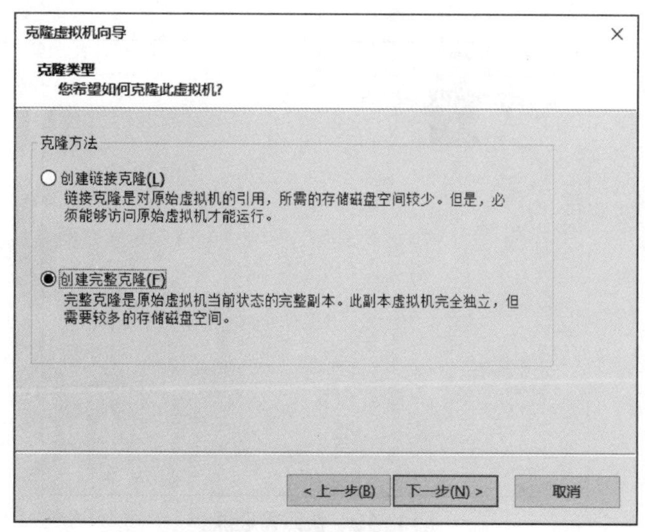

图1-23　选择克隆类型

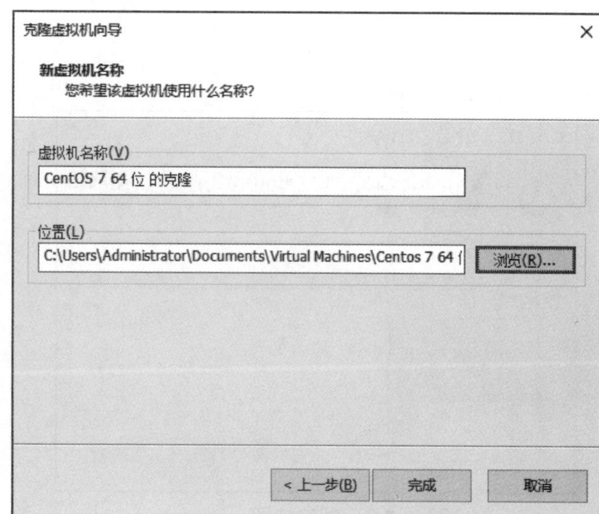

图1-24　命名新虚拟机

完成上述配置后，将开始克隆虚拟机，这个过程只需几秒，完成后单击“关闭”按钮。

任务二　CentOS 7.2 的安装

网络部的技术人员经过对 CentOS 7.2 安装方式的比较，认为在图形界面下安装该系统更直观、更易操作，所以确定使用图形界面安装 CentOS 7.2 系统。下面按安装顺序逐步介绍 CentOS 7.2 的安装过程。

1. 进入安装程序

在安装 Linux 系统之前，首先将计算机设置为从光盘启动(在 CMOS 中设置)，然后将 Linux 系统光盘放入光驱，重新启动系统，将显示图 1-25 所示的界面。

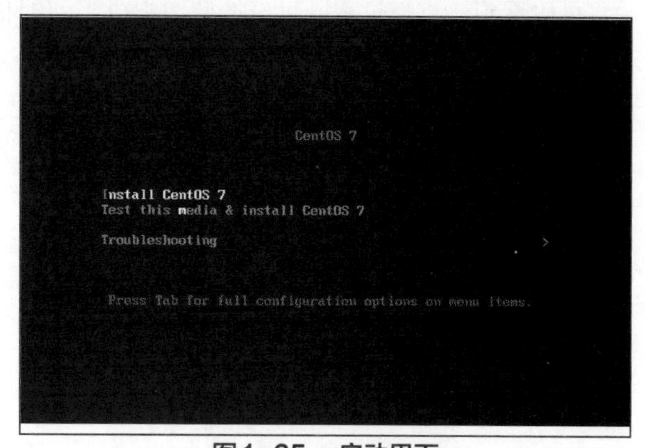

图1-25　启动界面

对于界面中各选项的介绍如下：

♦ Install CentOS 7：安装 CentOS 7 的系统。

♦ Test this media & install CentOS 7：检测安装介质并安装 CentOS 7。

这里选择第一项，安装 CentOS 7 的系统，按【Enter】键，即可按图形方式进行系统安装。

如果在图 1-25 所示的界面中按【Esc】键，在出现的“boot:”提示符后面输入相应命令，也可选择对应的安装选项。常用的安装选项如下。

♦ 图形方式安装：输入 linux 或直接按【Enter】键。

♦ 文本方式安装：输入 linux text 按【Enter】键。

♦ 检查介质：输入 linux mediacheck 按【Enter】键，这时并不进行安装，只是检查安装光盘是否完整可用。

♦ 救援模式：输入 linux rescue 按【Enter】键，将使用救援模式登录，以方便系统管理员对出现故障的系统进行修复。

♦ 忽略硬件检查：输入 linux noprobe 按【Enter】键，安装程序将不再进行硬件检查。

♦ 使用驱动磁盘：输入 linux dd 按【Enter】键，将在安装时使用硬件厂商提供的硬件驱动程序。

在启动界面完成选择后，按【Enter】键。

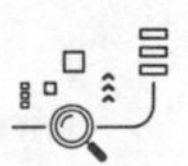

2. 选择语言

单击 Next 按钮，打开图 1-26 所示界面，选择安装过程中使用的语言。Linux 支持多种语言，可根据需要进行选择，默认的语言为 English，即英文。此处选择使用中文——简体中文（中国）。

3. 选择键盘

单击 Next 按钮，显示图 1-27 所示的界面，为系统选择使用的键盘布局，保持默认的“键盘（K）汉语”选项即可。此时，安装界面已经显示为中文。

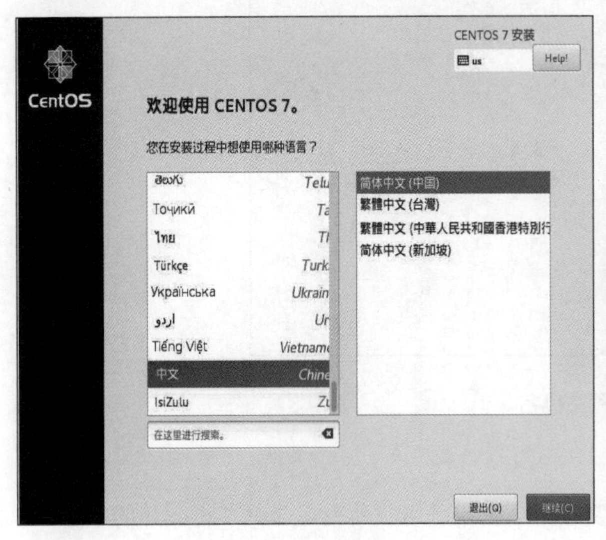

图1-26　选择语言

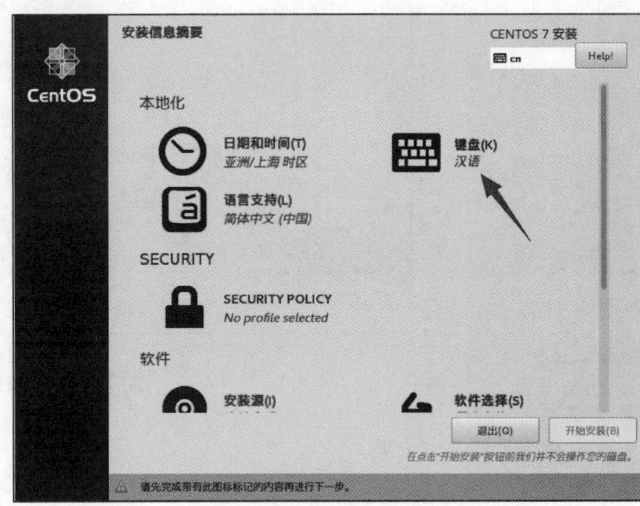

图1-27　选择键盘

4. 完成磁盘分区

选择“系统”下的“安装位置”，显示图 1-28 所示的界面，完成磁盘分区操作，或者保持系统默认分区方案。此处选择手动分区，添加 400 MB 的 /boot 分区和 8 192 MB 的 swap 分区，剩下的硬盘空间为根分区，如图 1-29 所示。

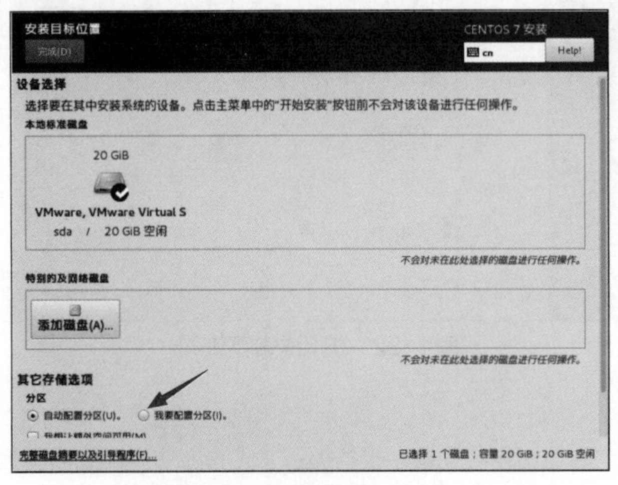

图1-28　安装目标位置

图1-29　手动分区

5. 设置主机名

在图 1-27 所示界面中拖动右侧滚动条，找到并单击“网络和主机名”按钮，在打开的界面中将主机名设置为个人姓名全拼，如图 1-30 所示。

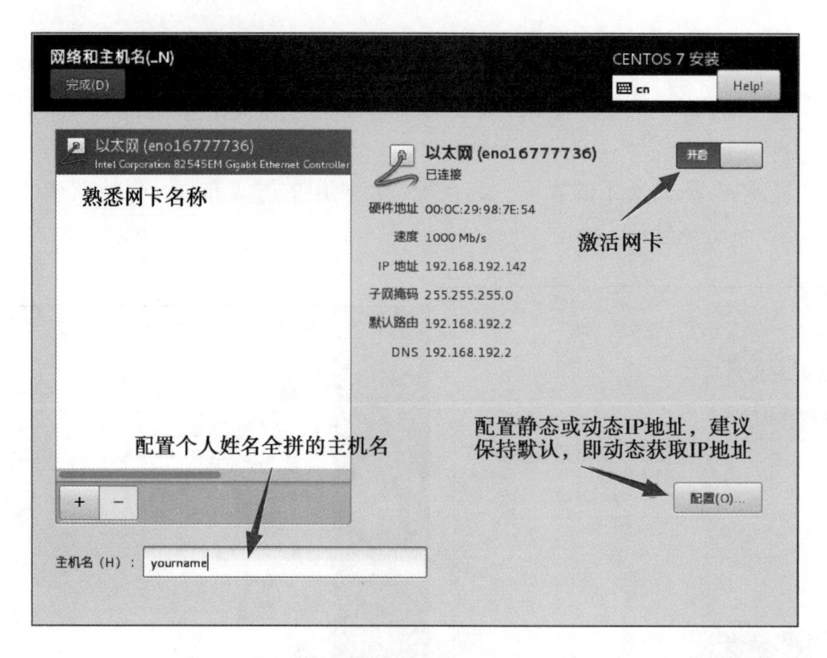

图1-30　设置主机名

6. 设置系统安装方案

在图 1-27 所示界面中单击“软件选择”按钮，在打开界面的“基本环境”列表中选中“带 GUI 的服务器”选项，如图 1-31 所示。

7. 开始安装系统

选择系统安装方案后，返回图 1-27 所示的界面中，单击“开始安装”按钮，如图 1-32 所示。

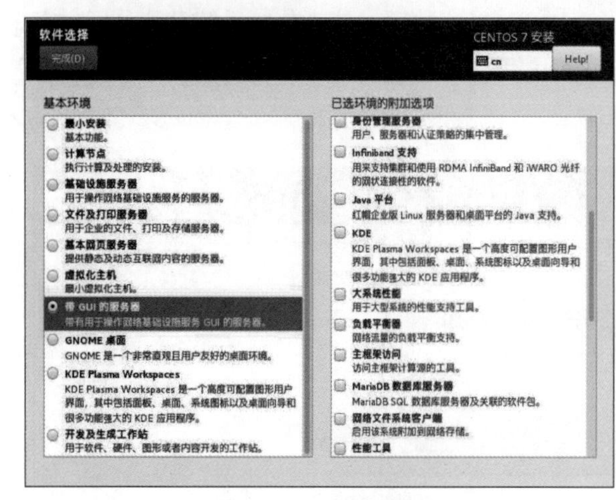

图1-31　软件选择

图1-32　开始安装系统

8. 设置 root 密码，新增一个普通账户

在图 1-33 所示的界面中，分别单击“root 密码”和“创建用户”按钮，根据提示完成 root 密码配置和新建用户，如图 1-34 和图 1-35 所示。

返回安装界面，等待系统安装完成。软件包全部安装完成以后，将出现图 1-36 所示的提示界面，提示用户 Linux 系统已经安装完成，需要重新引导系统。单击“重启”按钮，重启系统并对系统进行初始设置。

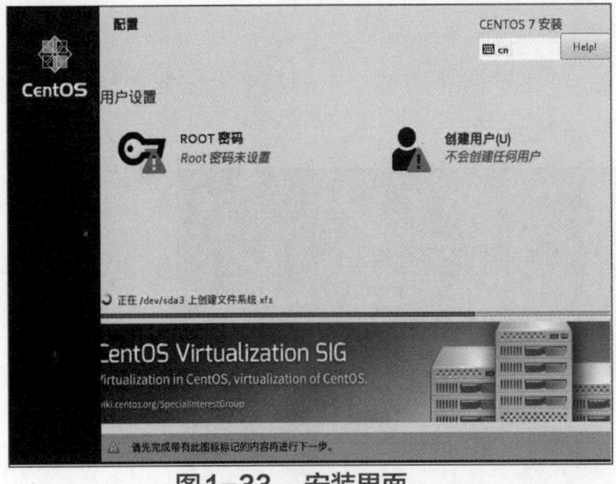

图1-33　安装界面

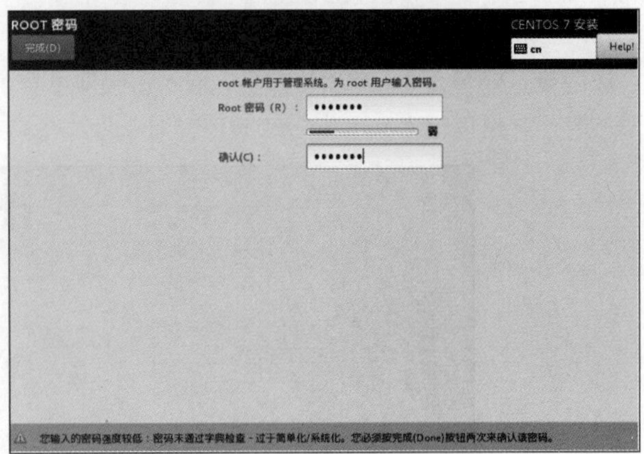

图1-34　设置root密码

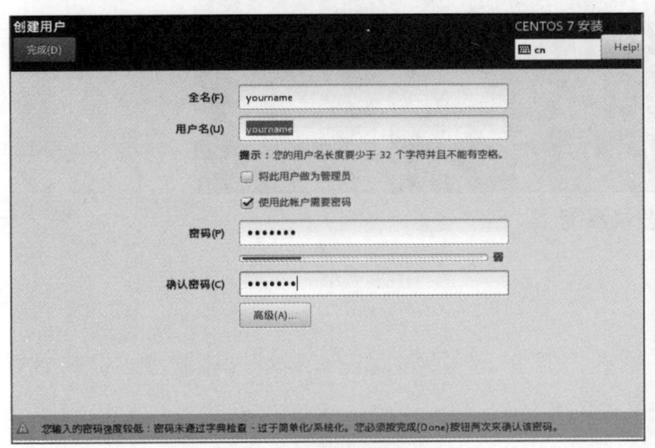

图1-35　创建普通用户

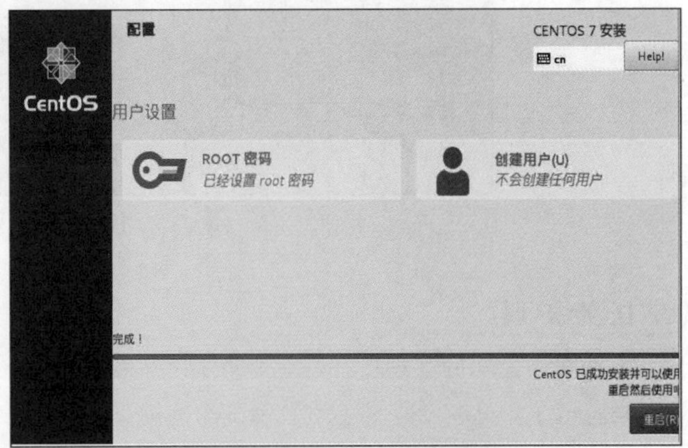

图1-36　重新引导系统

9. 系统初始设置

Linux 系统重新启动后，首先显示要求接受许可协议的界面，如图 1-37 所示。分别输入数字 1、2 和字母 c、c，接受许可协议，然后按【Enter】键。

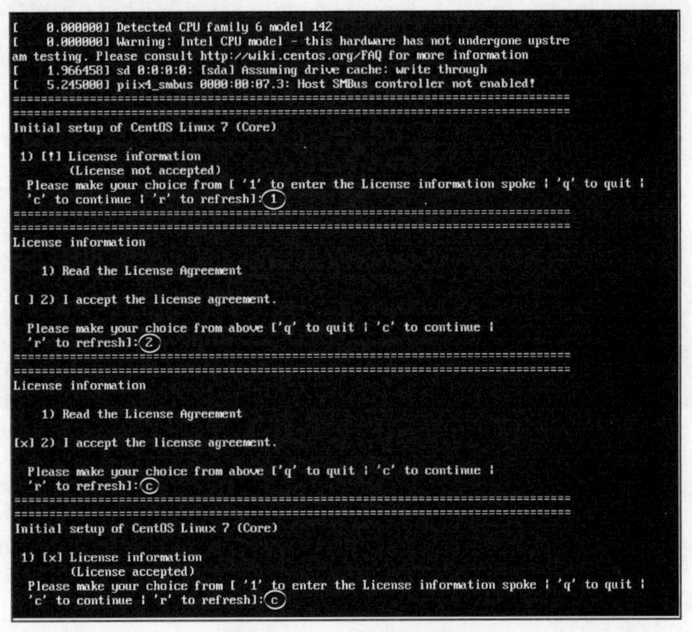

图1-37　系统初始设置

10. 登录系统

最后显示登录界面。单击用户名，输入密码即可登录系统。单击账号下方的“未列出？”按钮，显示图 1-38 所示的界面，可以输入 root 账号或其他普通账号及密码，完成系统登录。

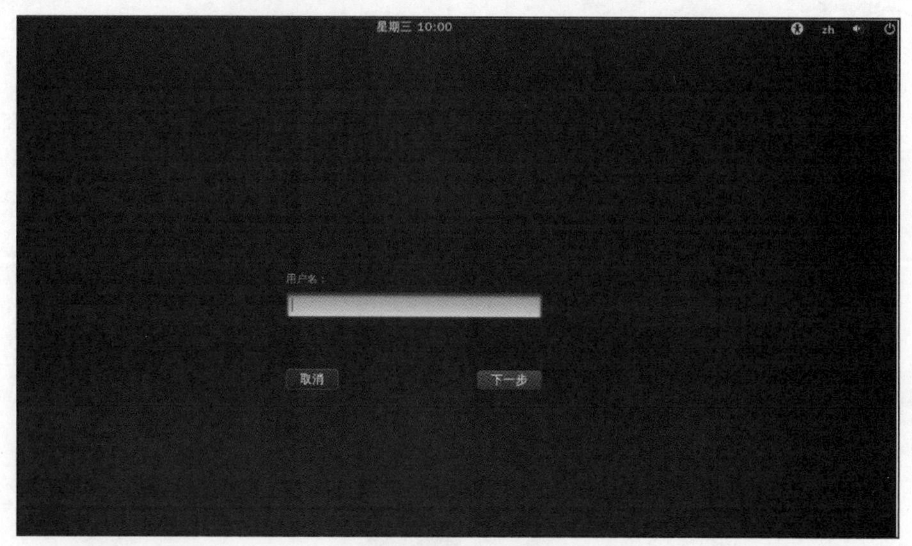

图1-38　登录系统

任务扩展

腾翼网络公司的管理员在某台服务器上安装了 Linux 系统，但由于一段时间没有登录过该服务器，将其登录密码忘记了。此时要求在不重装系统的前提下，重置该系统的密码。

1. 进入 Grub 菜单

启动系统时，迅速用鼠标单击进入虚拟机界面，并迅速按下字母“e”，进入编辑页面，如图 1-39 所示。如果操作不及时，跳过了 Grub 菜单显示，可重启虚拟机，重新操作。

```
setparams 'CentOS Linux (3.10.0-327.el7.x86_64) 7 (Core)'

        load_video
        set gfxpayload=keep
        insmod gzio
        insmod part_msdos
        insmod xfs
        set root='hd0,msdos1'
        if [ x$feature_platform_search_hint = xy ]; then
          search --no-floppy --fs-uuid --set=root --hint-bios=hd0,msdos1 --hin\
t-efi=hd0,msdos1 --hint-baremetal=ahci0,msdos1 --hint='hd0,msdos1'  168d777c-2\
369-4817-bcf1-75b7ea35220a
        else
          search --no-floppy --fs-uuid --set=root 168d777c-2369-4817-bcf1-75b7\
ea35220a                                                                      ↓

      Press Ctrl-x to start, Ctrl-c for a command prompt or Escape to
      discard edits and return to the menu. Pressing Tab lists
      possible completions.
```

图1-39　进入Grub菜单

2. 编辑 Grub 菜单

按【↓】键，找到以 Linux16 开头的行，在该行的最后面输入“init=/bin/sh”，如图 1-40 所示。

```
        insmod xfs
        set root='hd0,msdos1'
        if [ x$feature_platform_search_hint = xy ]; then
          search --no-floppy --fs-uuid --set=root --hint-bios=hd0,msdos1 --hin\
t-efi=hd0,msdos1 --hint-baremetal=ahci0,msdos1 --hint='hd0,msdos1'  168d777c-2\
369-4817-bcf1-75b7ea35220a
        else
          search --no-floppy --fs-uuid --set=root 168d777c-2369-4817-bcf1-75b7\
ea35220a
        fi
        linux16 /vmlinuz-3.10.0-327.el7.x86_64 root=/dev/mapper/centos-root ro\
 crashkernel=auto rd.lvm.lv=centos/root rd.lvm.lv=centos/swap rhgb quiet LANG=\
zh_CN.UTF-8  init=/bin/sh_
        initrd16 /initramfs-3.10.0-327.el7.x86_64.img

      Press Ctrl-x to start, Ctrl-c for a command prompt or Escape to
      discard edits and return to the menu. Pressing Tab lists
      possible completions.
```

图1-40　编辑Grub菜单

3．按【Ctrl+X】组合键进入单用户模式（见图 1-41）

```
        insmod xfs
        set root='hd0,msdos1'
        if [ x$feature_platform_search_hint = xy ]; then
          search --no-floppy --fs-uuid --set=root --hint-bios=hd0,msdos1 --hin\
t-efi=hd0,msdos1 --hint-baremetal=ahci0,msdos1 --hint='hd0,msdos1'  168d777c-2\
369-4817-bcf1-75b7ea35220a
        else
          search --no-floppy --fs-uuid --set=root 168d777c-2369-4817-bcf1-75b7\
ea35220a
        fi
        linux16 /vmlinuz-3.10.0-327.el7.x86_64 root=/dev/mapper/centos-root ro\
 crashkernel=auto rd.lvm.lv=centos/root rd.lvm.lv=centos/swap rhgb quiet LANG=\
zh_CN.UTF-8  init=/bin/sh_
        initrd16 /initramfs-3.10.0-327.el7.x86_64.img

      Press Ctrl-x to start, Ctrl-c for a command prompt or Escape to
      discard edits and return to the menu. Pressing Tab lists
      possible completions.

[    1.776750] sd 0:0:0:0: [sda] Assuming drive cache: write through
sh-4.2#
sh-4.2#
sh-4.2#
sh-4.2#
sh-4.2# _
```

图1-41　进入单用户模式

4．输入“mount -o remount,rw /”（注意 mount 与 -o 之间和 rw 与 / 之间的有空格）（见图 1-42）

```
[    1.776750] sd 0:0:0:0: [sda] Assuming drive cache: write through
sh-4.2#
sh-4.2#
sh-4.2#
sh-4.2#
sh-4.2# mount -o remount,rw /
sh-4.2#
```

图1-42　设置权限

5．输入“passwd”后按【Enter】键，输入 2 次新的密码，即 root 账户的新登录密码（图 1-43）

```
sh-4.2# passwd
■ ■ ■ ■  root ■ ■ ■  ■
■ ■  ■ ■ ■
■ ■ ■ ■ ■ ■  ■ ■ ■ ■ ■ ■ ■ ■ ■  - ■ ■ ■ ■ ■ ■ /■ ■ ■
■ ■ ■ ■ ■ ■  ■ ■ ■
passwd■ ■ ■ ■ ■ ■ ■ ■ ■ ■ ■ ■ ■ ■ ■ ■ ■
sh-4.2# _
```

认真输入2次密码即可

图1-43　设置新密码

6. 输入 touch /.autorelabel，按【Enter】键（见图 1-44）

```
sh-4.2# touch /.autorelabel
sh-4.2#
```

图1-44　设置selinux在重启后更新label

7. 输入 exec /sbin/init，按【Enter】键（见图 1-45）

```
sh-4.2#
sh-4.2#
sh-4.2# exec /sbin/init_
```

图1-45　正常启动init进程

8. 用 root 账户的新密码登录系统，验证密码修改效果（见图 1-46）

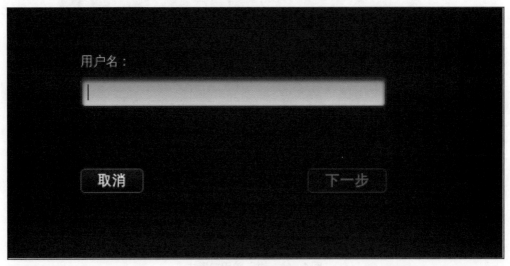

图1-46　登录系统

质量监控单（教师完成）

工单实施栏目评分表

评分项	分值	作答要求	评审规定	得分
任务资讯	3	问题回答清晰准确，能够紧扣主题，没有明显错误项	对照标准答案错误一项扣 0.5 分，扣完为止	
任务实施	10	有具体配置图例，各设备配置清晰正确	A 类错误点一次扣 1 分，B 类错误点一次扣 0.5 分，C 类错误点一次扣 0.2 分	
任务扩展	4	各设备配置清晰正确，没有配置上的错误	A 类错误点一次扣 1 分，B 类错误点一次扣 0.5 分，C 类错误点一次扣 0.2 分	
其他	1	日志和问题项目填写详细，能够反映实际工作过程	没有填写或者太过简单，每项扣 0.5 分	
合计得分				

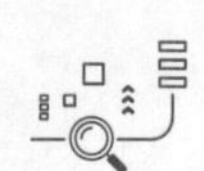

职业能力评分表

评分项	等　级	作答要求	等级
知识评价	A|B|C	A：能够完整准确地回答任务资讯的所有问题，准确率在 90% 以上。 B：能够基本完成作答任务资讯的所有问题，准确率在 70% 以上。 C：对基础知识掌握得非常差，任务资讯和答辩的准确率在 50% 以下。	
能力评价	A|B|C	A：熟悉各个环节的实施步骤，完全独立完成任务，有能力辅助其他学生完成规定的工作任务，实施快速，准确率高（任务规划和任务实施正确率在 85% 以上）。 B：基本掌握各个环节实施步骤，有问题能主动请教其他同学，基本完成规定的工作任务，准确率较高（任务规划和任务实施正确率在 70% 以上）。 C：未完成任务或只完成了部分任务，有问题没有积极向其他同学请教，工作实施拖拉，不积极，各个部分的准确率在 50% 以下。	
态度素养评价	A|B|C	A：不迟到、不早退，对人有礼貌，善于帮助他人，积极主动完成规定工作任务，工作台完整整洁，回答老师提问科学。 B：不迟到、不早退，在教师督导和他人辅导下，能够完成规定工作任务，回答老师提问较准确。 C：未完成任务或只完成了部分任务，有问题没有积极向其他同学请教，工作实施拖拉不积极，不能准确回答老师提出的问题，各个部分的准确率在 50% 以下。	

教师评语栏

工单 2（Linux 文件系统管理）

<table>
<tr><th colspan="4">工作任务单</th></tr>
<tr><td>工单编号</td><td>C2019111110038</td><td>工单名称</td><td>Linux 文件系统管理</td></tr>
<tr><td>工单类型</td><td>基础型工单</td><td>面向专业</td><td>计算机网络技术</td></tr>
<tr><td>工单大类</td><td>网络运维</td><td>能力面向</td><td>专业能力</td></tr>
<tr><td>职业岗位</td><td colspan="3">网络运维工程师、网络安全工程师、网络工程师</td></tr>
<tr><td>实施方式</td><td>实际操作</td><td>考核方式</td><td>操作演示</td></tr>
<tr><td>工单难度</td><td>较易</td><td>前序工单</td><td></td></tr>
<tr><td>工单分值</td><td>20 分</td><td>完成时限</td><td>4 学时</td></tr>
<tr><td>工单来源</td><td>教学案例</td><td>建议组数</td><td>99</td></tr>
<tr><td>组内人数</td><td>1</td><td>工单属性</td><td>院校工单</td></tr>
<tr><td>版权归属</td><td>潘军</td><td></td><td></td></tr>
<tr><td>考核点</td><td colspan="3">Linux 文件系统、目录结构、常用命令</td></tr>
<tr><td>设备环境</td><td colspan="3">虚拟机 VMware Workstations 15 和 CentOS 7.2</td></tr>
<tr><td>教学方法</td><td colspan="3">在常规课程工单制教学当中，可采用手把手教的方式引导学生学习和训练 CentOS 7.2 操作系统常用操作命令使用的相关职业能力和素养。</td></tr>
<tr><td>用途说明</td><td colspan="3">本工单可用于网络技术专业 Linux 服务器配置与管理课程或者综合实训课程的教学实训，特别是聚焦于 CentOS 7.2 Linux 操作系统常用操作命令使用的训练，对应的职业能力训练等级为初级。</td></tr>
<tr><td>工单开发</td><td>潘军</td><td>开发时间</td><td>2019-03-04</td></tr>
</table>

<table>
<tr><th colspan="8">实施人员信息</th></tr>
<tr><td>姓名</td><td></td><td>班级</td><td></td><td>学号</td><td></td><td>电话</td><td></td></tr>
<tr><td>隶属组</td><td></td><td>组长</td><td></td><td>岗位分工</td><td></td><td>伙伴成员</td><td></td></tr>
</table>

任务目标

实施该工单的任务目标如下：

知识目标

1．熟悉 Linux 文件系统类型及文件类型。

2．熟悉 Linux 系统的目录结构。

能力目标

1．掌握 Linux 常用操作命令。

2．掌握 vi 编辑器的基本使用。

素养目标

1．理解超大规模集成电路（芯片）对于我国科技发展的重大意义。

2．激发学生的科学探索精神和爱国情怀。

3．培养学生规划管理能力和实践动手能力。

4．培养学生一丝不苟、细致严谨的工作作风。

任务介绍

腾翼网络公司的管理员已经掌握了 Linux 系统的基本操作，但是仅仅掌握这些，是不足以完成日常的系统管理维护工作的。若要完成日常的管理维护工作，公司的管理员还应熟悉 Linux 文件系统管理的相关知识、熟练掌握 Linux 常用的操作命令以及 vi 编辑器的使用。

强国思想专栏

中国梦，我的中国芯

"党的二十大报告指出，构建新一代信息技术、人工智能、生物技术、新能源、新材料、高端装备、绿色环保等一批新的增长引擎。"

关于发展"新一代信息技术产业"的主要内容是，"加快建设宽带、泛在、融合、安全的信息网络基础设施，......着力发展集成电路、新型显示......"。

美国用芯片掐住中兴的脖子后，芯片产业成为全民关注的焦点，民众对国内的芯片产业寄予厚望，期待能够突破技术封锁，实现国内的产业结构升级。我国是世界工厂，承接了全世界电子产品的加工制造，每年需要大量进口芯片。芯片已经超过原油，成为我国进口的第一大品类。

我国虽然拥有庞大的市场，但由于芯片产业链条长，每个环节均有不小的技术难度，导致我国芯片自给能力弱，截至2018年，自给率在15%左右。在整个产业链的多数环节，我们与国际先进技术之间存在巨大差距，这也是自给率不足的重要原因。不过经过多年发展，我们在一些细分领域实现了突破，达到先进水准，如海思的手机处理器等。

任务资讯（3 分）

（0.6 分）1．Linux 常用的文件系统类型有哪些？

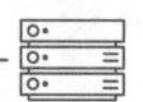

（0.6 分）2. 简单描述 Linux 系统的目录结构，并列举几个常用的目录。（列举不少于 5 个）

（0.6 分）3. Linux 的文件名是否区分大小写？文件类型大致分为哪几种？

（0.6 分）4. Linux 系统中的命令是否区分大小写？在命令行中可以使用什么键补全命令？

（0.6 分）5. vi 编辑器的工作模式有哪几种？

注意：任务资讯中的问题可以参看视频 1。

视频1

Linux 文件系统类型和目录结构

任务规划

任务规划如下：

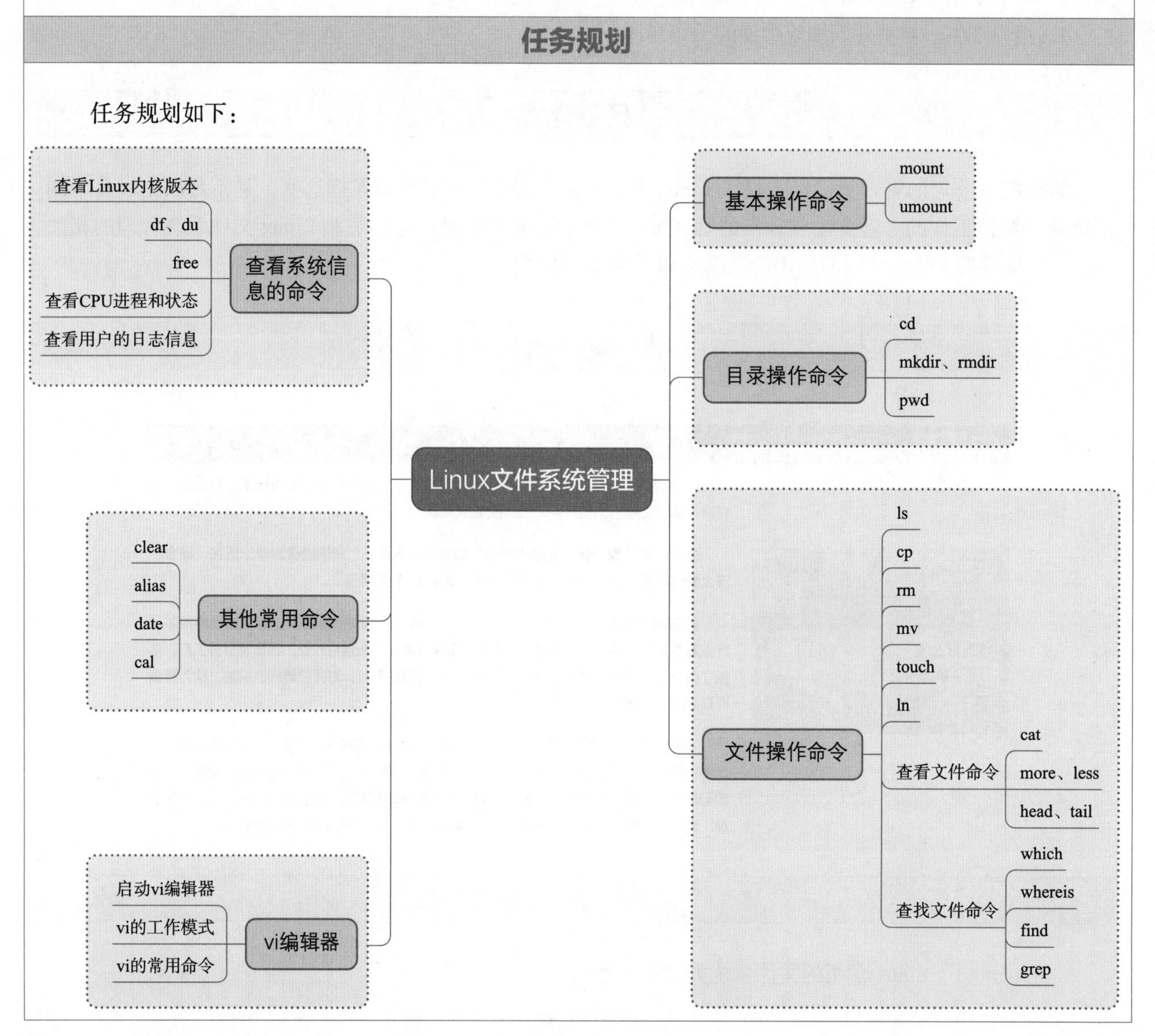

任务实施（12 分）

1. 基本操作命令

（0.5 分）（1）使用命令 mount 将光驱 /dev/cdrom 挂载到目录 /media。

（0.5 分）（2）使用命令 umount 卸载光驱。

2. 目录操作命令

（0.5 分）（1）使用 cd 命令切换到 /home 目录下，然后使用 mkdir 命令创建一个名为 test 的目录。

（0.5 分）（2）在以上新创建的 test 目录中，递归创建多级目录 a/b/c。

（0.5 分）（3）使用 rmdir 删除以上创建的 test 目录。（注意 rmdir 只能删除空目录）

（0.5 分）（4）切换到 /etc/init.d 目录下，使用 pwd 命令显示物理路径。

3. 文件操作命令

（0.5 分）（1）使用 cd 命令切换到 root 家目录，使用 ls 命令显示当前目录下所有文件（包括隐藏文件）。

（0.5 分）（2）在当前目录下，使用 touch 命令新建一个以自己姓名命名的文件（如张三，文件名就为 zhangsan）。

（0.5 分）（3）使用 cp 命令将新建的姓名文件复制到 /home 目录下。

（0.5 分）（4）切换到 /home 目录下，使用 mv 命令将姓名文件移动到 test 目录下（若没有 test 目录自行创建）。

（0.5 分）（5）切换到 test 目录下，使用 rm 命令删除姓名文件。

（0.5 分）（6）使用 cd .. 命令切换到上一级目录（/home），使用 touch 命令新创建一个文件 myfile 文件。

（0.5 分）（7）在 /home 目录下，使用 ln 命令为 myfile 文件创建一个软链接文件 newfile，再创建一个硬链接文件 hardlink。

（0.5 分）（8）使用 ll -i 命令查看当前目录下的文件，并说明软链接文件和硬链接文件的区别。

（0.5 分）（9）分别使用命令 head 和 tail 查看 /etc/passwd，并说明这两个命令的区别。

（0.5 分）（10）使用 find 命令在整个文件系统中查找扩展名为 java 的文件。

4. 查看系统信息

（0.5 分）（1）使用 uname 命令查看 Linux 内核版本。

（0.5 分）（2）使用 df 命令查看 /etc 目录所占磁盘空间大小。

（0.5 分）（3）使用 free 命令查看当前系统内存的使用情况。

（0.5 分）（4）使用 top 命令查看 CPU 使用状况和正在运行的进程。

5. 其他常用命令

（0.5 分）（1）使用 clear 命令清除当前屏幕上的内容。

（0.5 分）（2）在使用命令 rm 时，希望其可以显示删除确认询问，使用 alias 定义其别名。

（0.5 分）（3）使用 date 命令显示当前日期和时间。

（0.5 分）（4）使用 cal 命令显示当前的年历。

注意：可以下载 FinalShell 登录器远程连接 CentOS 7.2，FinalShell 登录器的使用方法可以参看视频 2。

视频2

CentOS 7.2 的远程连接和命令行界面操作技巧

注意：任务实施可以参看视频 3 和视频 4。

视频3

CentOS 7.2 目录操作命令

视频4

CentOS 的文件命令讲解和演示

任务扩展（4 分）

Linux 中有多个文本编辑程序，vi（vim）是最常用、功能最为强大的全屏幕文本编辑器。vi 是 visual interface 的缩写，vim 是 vi 的增强版，在 vi 的基础上增加了很多新的特性。

（0.5 分）（1）切换到 /home 目录下，使用 vi 编辑器打开一个名为 test 的新文件，输入内容“I Like Linux！”。

（0.5 分）（2）将以上文件保存退出，然后使用 cat 命令将文件中的内容显示出来。

（0.5 分）（3）用 vi 编辑器打开 test 文件继续添加以下内容：

1234567890123456

Abcdefghjkabcd

ABCDEFGHJKCDFG

（0.5 分）（4）将 test 文件中的第 2 行至第 4 行内容写入 myfile.txt 文件。

（0.5 分）（5）将 test 文件中第 1 行内容以追加方式添加到 myfile.txt 文件末尾。

（0.5 分）（6）显示出 test 文件中所有行的行号。

（0.5 分）（7）保存 test 文件并退出，然后打开 myfile.txt 文件，从头到尾自动用字符串“123”替换字串“abc”。

（0.5 分）（8）在 myfile.txt 文件中使用命令删除第一行的前 5 个字符和最后两行，保存退出。

注意：任务扩展可以参看视频 5。

视频5

vi 编辑器的使用

工作日志（0.5 分）

（0.5 分）实施工单过程中填写如下日志：

工作日志表

日　期	工作内容	问题及解决方式

总结反思（0.5 分）

（0.5 分）请编写完成本任务的工作总结：

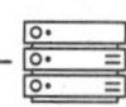

学习资源集

任务资讯

一、Linux 文件系统类型

不同的操作系统需要使用不同类型的文件系统，为了与其他操作系统兼容，以相互交互数据，通常操作系统都能支持多种类型的文件系统。比如 Windows Server 2003/2008，系统默认或推荐采用的文件系统是 NTFS，但同时也支持 FAT32 文件系统。

Linux 内核支持十多种不同类型的文件系统，对于 CentOS 7.2，系统默认使用 xfs 和 swap 文件系统。下面简单介绍 Linux 常用的文件系统。

1. xfs 文件系统

xfs 文件系统是 SGI 开发的高级日志文件系统，xfs 极具伸缩性，非常健壮，并且 SGI 已将其移植到了 Linux 系统中。

xfs 是 Silicon Graphics,Inc. 于 20 世纪 90 年代初开发的。它至今仍作为 SGI 基于 IRIX 的产品（从工作站到超级计算机）的底层文件系统来使用。现在，xfs 也可以用于 Linux。xfs 的 Linux 版的到来是激动人心的，首先是它为 Linux 社区提供了一种健壮的、优秀的以及功能丰富的文件系统，并且这种文件系统所具有的可伸缩性能够满足最苛刻的存储需求。

CentOS 6 系统默认采用的文件系统是 ext4，ext4 作为传统的文件系统确实非常成熟稳定，但是随着存储需求的越来越大，ext4 渐渐适应不了了。由于历史磁盘结构原因，ext4 的 inode 个数限制 (32 位数) 最多只能有 40 亿个文件。而 xfs 使用 64 位管理空间，文件系统规模可以达到 EB 级别，所以，目前 CentOS 7.2 系统默认使用的文件系统已由 ext4 变成了 xfs。

2. ext4 文件系统

ext 是第一个专门为 Linux 系统设计的文件系统类型，称为扩展文件系统，在 Linux 系统发展的早期，起过重要的作用。由于在稳定性、速度和兼容性方面存在许多缺陷，现已很少使用。

ext2 是为解决 ext 文件系统存在的缺陷而设计的可扩展、高性能的文件系统，称为二级扩展文件系统。ext2 是 GNU/Linux 系统中标准的文件系统，支持 256 个字节的长文件名，其特点为存取文件的性能极好，对于中小型的文件更显示出优势。

ext3 是一种日志式文件系统，是对 ext2 系统的扩展，它兼容 ext2。在日志式文件系统中，由于详细记录了每个细节，故当在某个过程中被中断时（断电或其他异常事件而停机），系统可以根据这些记录直接回溯并重整被中断的部分，而不必花时间去检查其他部分，故重整的工作速度相当快，几乎不需要花时间，极大地提高了系统的恢复时间，并提高了数据的安全性。

ext4 是一种针对 ext3 系统的扩展日志式文件系统，是专门为 Linux 开发的原始的扩展文件系统（ext）的第 4 版。Linux kernel 自 2.6.28 开始正式支持 ext4 文件系统。ext4 修改了 ext3 中部分重要的数据结构，而不仅仅像 ext3 对 ext2 那样，只是增加了一个日志功能而已。

3. swap 文件系统

swap 分区，即交换区，系统在物理内存不够时，与 swap 进行交换。其实，swap 的调整对 Linux 服务器，特别是 Web 服务器的性能至关重要。通过调整 swap，有时可以越过系统性能瓶颈，节省系统升级费用。

在安装 Linux 操作系统时，就会创建 swap 分区，它是 Linux 正常运行所必需的，其大小一般应设置为系统物理内存的 2 倍。交换分区由操作系统自行管理。

4. vfat 文件系统

vfat 是 Linux 对 DOS、Windows 系统下的 FAT（FAT16/32）文件系统的一个统称。CentOS 7.2 不仅支持 FAT 分区，也能在该系统中通过相关命令创建 FAT 分区。

5. NFS 文件系统

NFS（Network File System，网络文件系统）是 FreeBSD 支持的文件系统中的一种。NFS 允许一个系统在网络上与他人共享目录和文件。通过使用 NFS，用户和程序可以像访问本地文件一样访问远端系统上的文件。

6. ISO 9660 文件系统

该文件系统简称 ISO，是由国际标准化组织在 1985 年制定的，目前唯一通用的光盘文件系统。Linux 对该文件系统也有很好的支持，不仅能读取光盘和光盘 ISO 镜像文件，而且还支持在 Linux 环境中刻录光盘。

CentOS 7.2 支持的文件系统很多，在此就不逐一介绍了，要想了解其支持的文件系统类型，可通过以下命令查看：

```
# ls /lib/modules/2.6.32-71…/kernel/fs
```

二、Linux 系统的目录结构

安装 Linux 后，系统会产生很多目录，对于初学者来说，深入了解 Linux 文件目录结构的标准和每个目录的详细功能，是学好 Linux 系统至关重要的一步。下面介绍 Linux 目录结构的相关知识。

Linux 使用树状目录结构来组织和管理文件，所有文件采取分级、分层的方式组织在一起，从而形成一个树状的层次结构。CentOS 7.2 采用标准的 Linux 目录结构，从根目录开始的每个目录都用于存储某特定类型的文件，根目录下目录如图 2-1 所示。

```
[root@localhost /]# ls
bin   cgroup  etc   lib         media  mnt  opt   root  selinux  sys  usr
boot  dev     home  lost+found  misc   net  proc  sbin  srv      tmp  var
```

图2-1　根目录下所有目录

下面分别介绍一些常用目录的功能与作用。

1. /bin 与 /sbin

对 Linux 系统进行维护操作的实用命令基本上都包含在 /bin 和 /sbin 目录中。

在 /bin 目录下的命令可以被 root 与一般账号所使用，主要有 cat、mv、login、ping、date、mkdir、cp、mount 等常用命令。

在 /sbin 目录下的命令只有 root 才能够使用，其他使用者只能用来查询而已。常见的命令包括 fdisk、fsck、ifconfig、init、mkfs、shutdown 等。

2. /dev

在 Linux 系统中，为了便于文件统一管理，会把设备当作文件来处理。/dev 目录就是用来存放 Linux 系统下的设备文件，访问该目录下某个文件，相当于访问某个设备。常用的是挂载光驱：mount /dev/cdrom /media。

3. /home

系统默认的用户宿主目录，新增用户账号时，用户的宿主目录都存放在此目录下，~ 表示当前用户的宿主目录，~test 表示用户 test 的宿主目录。建议单独分区，并设置较大的磁盘空间，方便用户存放数据。

4. /lib 和 /usr/lib

系统使用的函数库的目录，程序在执行过程中，需要调用一些额外的参数时需要函数库的协助，该目录下存放了各种编程语言库。典型的 Linux 系统包含了 C、C++ 和 FORTRAN 语言的库文件。/lib 目录下的库映像文件可以用来启动系统并执行一些命令，目录 /lib/modules 包含了可加载的内核模块，/lib 目录存放了所有重要的库文件，其他库文件则大部分存放在 /usr/lib 目录下。

5. /usr

/usr 这是最庞大的目录，要用到的应用程序和文件几乎都存放在该目录下。其中包含的比较重要的子目录有；

- /usr/bin　　存放着许多应用程序。
- /usr/doc　　这是 Linux 文档的大本营。
- /usr/include　Linux 下开发和编译应用程序需要的头文件，在这里查找。

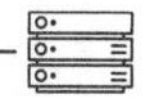

- /usr/lib　　存放一些常用的动态链接共享库和静态档案库。
- /usr/local　　这是提供给一般用户的 /usr 目录，在这里安装软件最适合。
- /usr/man　　man 在 Linux 中是帮助的同义词，这里就是帮助文档的存放目录。
- /usr/src　　Linux 开放的源代码保存在该目录下。

6. /etc

/etc 目录用于存放系统管理时要用到的各种配置文件，包括网络配置、设备配置信息、用户信息等，如 /etc/inittab、/etc/init.d/、/etc/X11/、/etc/modprobe.conf、/etc/fstab、/etc/sysconfig/ 等。

7. /lost+found

当系统意外崩溃或机器意外关机，产生的一些文件碎片存放在该目录中。在系统启动过程中，fsck 工具会检查该目录并修复已经损坏的文件系统。有时系统发生故障后，很多文件被移到该目录中，可能会用手工的方法来修复。

8. /mnt 与 /media

如果想要暂时挂载某些额外的装置，一般建议放置到 /mnt 目录中。在 /media 出现之前，该目录的用途与 /media 相同。只是后来有了 /media 目录，该目录就用来暂时挂载了。

顾名思义，/media 目录下放置的就是可移除的装置。包括软盘、光盘、DVD 等都暂时挂载于此。

9. /proc

/proc 目录的数据都在内存中，如系统核心、外围设备、网络状态，由于数据都存放于内存中，所以不占用磁盘空间，比较重要的目录有 /proc/cpuinfo、/proc/interrupts、/proc/dma、/proc/ioports、/proc/net/* 等。

10. /root

系统管理员 root 的家目录，系统第一个启动的分区为 /，所以最好将 /root 和 / 放置在一个分区下。

三、Linux 文件

在绝大多数操作系统中，都是以文件的形式管理信息。下面介绍 Linux 文件的文件名和文件类型等相关内容。

1. 文件名

Linux 系统支持长文件名，不论是文件名还是目录名，最长可以达到 256 个字节。

Linux 的文件名中不能含有空格和一些对 Shell 来说有特殊含义的字符，例如：

```
! @ # $ % ~ & * ( ) [ ] { } " ' \ / | ; <>《》
```

Linux 的文件要区分大小写。在 Linux 系统中，若文件名以“.”开头，则表示该文件为隐藏文件。

在 Linux 系统中，文件是否是可执行文件，不是由扩展名来决定的，而是由文件的属性来决定，这与 Windows 系统采用扩展名来标识可执行文件的做法是不同的。

2. 文件类型

在 Linux 系统中，文件大致分为 5 种类型，分别是普通文件、目录文件、设备文件、链接文件和管道文件。这 5 种文件类型的简单介绍如下：

1）普通文件

用于存放数据、程序等信息的文件。一般都长期地存放在外存储器（如磁盘、光盘等）中，普通文件又分为文本文件、数据文件和二进制文件。

2）目录文件

目录是一类特殊的文件，是由文件系统中一个目录所包含的目录项组成的文件。对于目录文件，有两个特殊的名称：“.”表示当前目录，“..”表示父目录。

3）设备文件

Linux 将设备看作一个文件来管理，用户使用设备就像使用普通文件一样。设备文件存放在 /dev 目录下，它使用设备的主设备号和次设备号来区分指定的设备。主设备号说明设备类型，次设备号说明具体指哪一个设备。设备文件又分为字符设备文件和块设备文件。

4）链接文件

链接是在共享文件和访问它的用户的若干目录项之间建立联系的一种方法。Linux 中包括两种链接：硬链接（Hard Link）和软链接（Soft Link），软链接又称符号链接（Symbolic Link）。

要了解链接，首先得了解索引节点（inode）的概念。在 Linux 系统中，内核为每个新创建的文件分配一个 inode，每个文件都有唯一的 inode 号，可以将 inode 简单理解成一个指针，它永远指向本文件的具体存储位置。文件属性保存在索引节点中，在访问文件时，索引节点被复制到内存中，从而实现文件的快速访问。系统是通过索引节点（而不是文件名）定位每个文件的。

硬链接说白了是一个指针，指向文件索引节点，系统并不为它重新分配 inode。可以用 ln 命令建立硬链接。

软链接又称符号链接，这个文件包含了另一个文件的路径名，可以是任意文件或目录，可以链接不同文件系统的文件。软链接和 Windows 系统中的快捷方式差不多。可以用 ln -s 命令建立软链接。

5）管道文件

管道文件主要用于在进程间传递数据。管道是进程间传递数据的媒介。某进程数据写入管道的一端，另一进程从管道另一端读取数据。Linux 系统把管道作为文件进行处理，对其操作与对文件操作相同。管道文件又称先进先出（FIFO）文件。

使用 ll 命令以长格式显示文件名称列表时，左侧第一部分显示的是文件的类型和权限部分。其中，第 1 个字符表示文件的类型，不同的字符表示不同的文件类型。介绍如下：

- -：普通文件。
- d：目录文件。
- s：套接字文件。
- b：块设备文件。
- l：链接文件。
- p：命名管道文件。

通过文件的颜色，也可以快速区分文件的类型。在命令行界面下使用 ls 或 ll 命令显示时，普通文件显示为白色，在图形界面的终端中，普通文件显示为黑色（背景为白色）；目录显示为蓝色；可执行文件显示为绿色；链接文件显示为青色；设备文件显示为黄色；管道文件显示为青黄色；压缩文件显示为红色。

四、Linux 命令基础

Linux 系统中的命令是区分大小写的。在命令行（shell）中，可以使用【Tab】键自动补全命令，即可以输入命令的前几个字母，然后按【Tab】键，系统会自动补全该命令，若不止一个，则显示出所有和输入字母相匹配的命令。

按【Tab】键时，如果系统只找到一个和输入相匹配的目录或文件，则自动补全；若没有匹配的内容或有多个相匹配的名字，系统将发出警鸣声，再按一下【Tab】键将列出所有相匹配的内容（如果有），以供用户选择。比如在命令提示行上输入 mou，然后按【Tab】键，系统会自动补全该命令为 mount；若输入 mo，然后按【Tab】键，此时将警鸣一声，再次按【Tab】键，系统将显示所有以 mo 开头的命令。

另外，利用向上或向下光标键，可以翻查曾经执行过的历史命令，并可再次执行。

要在一个命令行上输入和执行多条命令，可使用分号分隔命令。比如 cd /etc；ls -l。断开一个长命令行，可使用反斜杠“\”，以将一个较长的命令分成多行表达，增强命令的可读性。换行后，shell 自动显示提示符“>”，表示正在输入一个长命令，此时可继续在新行上输入命令的后续部分。

任务实施

一、基本操作命令

1. su 命令

su 命令用于使当前普通用户临时切换到超级用户（root）身份，使其具有与 root 同等的权限。使用完毕后，

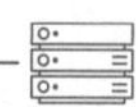

可通过执行 exit 命令，回到原来的普通用户身份。执行 su 命令后，必须正确输入 root 账户密码，才能切换成功。执行演示如下：

```
[test@localhost ~]$ su          # 执行 su 命令，临时切换到 root 身份
Password:                       # 输入 root 账户密码
[root@localhost test]           # exit# 命令行提示符变为 #，切换成功。执行 exit 退出
[test@localhost ~]$             # 重新回到普通用户身份
```

su 命令适合于管理员使用，由于 root 用户权利很大，为防止误操作损坏系统，管理员通常以一个普通用户身份登录，进行日常维护，当需要操作一些只有管理员才有权操作的命令时，就可以使用该命令，临时切换到管理员身份，以获得管理员级的权限。

2. mount 与 umount 命令

mount 用于挂载系统可以识别的文件系统，通常用于挂载光盘、硬盘等存储设备。其用法格式为：

```
mount  设备文件名挂载点目录名
```

其功能是将指定的设备挂载到指定的目录。用作挂载点的目录应是空目录，不能含有文件。例如，挂载光盘的操作命令为：

```
mount /dev/cdrom /media 或  mount -t iso9660 /dev/cdrom/ media
```

上面的 -t iso9660 参数用于指定挂载的文件系统类型为 iso9660。

umount 用于卸载系统中不再使用的文件系统，其用法格式为：

```
umount  设备文件名 或 挂载点目录名
```

例如，卸载光盘的操作命令为：

```
umount /dev/cdrom  或  umount /media
```

直接执行 mount 命令，可显示当前系统中已挂载文件系统的相关信息。

3. write 与 mesg 命令

write 命令用于向登录系统的其他用户发送信息，其用法格式为：

```
write 接收消息的用户账号 [ 用户所使用的终端名称 ]
```

接收消息的用户所使用的终端名称为可选项，若不知道，也可不指定，命令中只要指定接收消息的用户账号即可。执行该命令后，即进入消息发送状态，输入要发送的消息按【Enter】键后，消息即会传送给指定的用户，在其终端屏幕上将会显示出该消息。对方也可以用相同的方法回复消息。在发送状态，可实现连续发送，若要退出发送状态，则按【Ctrl+C】组合键。

比如，假设 root 用户在虚拟终端 1，test 用户在虚拟终端 2，root 用户若要给 test 发送消息，则实现的操作命令为：

```
# write test tty2      或     # write test
```

执行该命令后，直接输入要发送的消息，按【Enter】键即可，此时 test 用户就会接收到 root 用户发送的消息了。

mesg 命令用于设定是否允许其他用户使用 write 命令给自己发送消息。如果允许别人给自己发送信息，则执行 mesg y 命令，否则执行 mesg n 命令。直接执行 mesg 命令，可查询当前的允许状态，若显示的是 y，则表示允许。用户执行 mesg n 命令后，就不会收到其他普通用户发送给自己的消息，同时也不能向外发送消息，但仍能接收到来自 root 用户的消息。

二、目录操作命令

1. cd 命令

cd 命令是 Linux 最常用的命令之一，用于改变当前目录，基本用法为"cd 目录名"，表示进入指定的目录，使该目录成为当前目录。在 Linux 中，直接执行 cd，不跟任何参数或跟"~"参数，则表示进入当前用户对应的宿主目录，若"~"后面跟一用户名，则进入到该用户的宿主目录。特殊用法如下：

```
# cd ..                        # 返回上一级目录
```

```
# cd ../../                    # 返回上两级目录
# cd /                         # 进入根目录
# cd -                         # 在最近访问过的两个目录之间快速切换
[root@localhost/]# cd ~        # 进入到 root 用户的主目录
[root@localhost/]# cd ~ test   # 进入到 test 用户的主目录
```

其中的“..”代表上一级目录，“.”代表当前目录。

2. mkdir 与 rmdir 命令

mkdir 命令用来创建指定名称的新目录，并且指定的目录名不能是当前目录中已有的目录（区分大小写）；rmdir 命令用来删除目录，一个目录被删除之前必须是空的，不包含任何文件和目录，并且使用 rmdir 命令必须在上级目录进行删除操作。其用法格式为：

```
# mkdir 新目录名
# rmdir 要删除的目录名
```

mkdir 命令与 -p 参数结合使用，表示递归创建目录，可快捷地创建出目录结构中指定的每个目录，对于已存在的目录不会被覆盖。比如，要在 /usr 目录下面创建一个子目录 mydoc，然后在 mydoc 下面再创建一个 liming 目录，则操作命令为：

```
# mkdir -p /usr/mydoc/liming
```

另外，mkdir 命令与 -v 参数结合使用，将显示创建新目录的信息。

rmdir 命令也可与 -p 参数结合使用，表示递归删除目录，当子目录删除后其父目录为空时，也一同被删除。

3. pwd 命令

pwd 是 print work directory 的缩写，该命令用来显示目前所在的工作目录。其用法格式为：

```
pwd [参数选项]
```

pwd 命令常用参数如下：

[-L]：当目录为链接（link）路径时，显示链接路径。

[-P]：显示实际物理路径，而非使用链接（link）路径。

比如，查看默认工作目录的路径，其操作命令为：

```
[root@localhost ~]# pwd
/root
```

切换到 /etc/init.d 目录下，通过 pwd 命令显示实际物理路径与链接路径，其操作命令为：

```
[root@localhost~]# cd /etc/init.d
[root@localhostinit.d]# pwd -L
/etc/init.d
[root@localhostinit.d]# pwd -P
/etc/rc.d/init.d
```

三、文件操作命令

1. ls 命令

ls 命令用于列出一个或多个目录下的内容（目录或文件），该命令支持很多参数，以实现更详细的控制。默认情况下，ls 命令按列显示目录下的内容，垂直排序。常用参数及功能如表 2-1 所示。

表 2-1　ls 命令参数选项

选　项	说　明
-d	列出目录名，不列出目录内容
-a	列出所有文件（包括“.”和“..”文件以及其他以“.”开始的隐藏文件）
-l	按长格式显示（包括文件大小、日期、权限等详细信息）

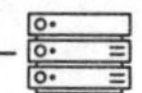

续表

选　项	说　明
-i	按长格式显示，同时还要显示文件的 i 节点（inode）值
-m	文件名之间用逗号隔开
-x	按水平方向对文件名进行排序
-h	使用 K（KB）、M（MB）、G（GB）为单位显示文件的尺寸大小
-n	使用 UID 与 GID 代替用户名显示文件或目录的属主与属组
-r	反向排序，用相反的顺序列出文件和目录名称
-t	根据文件或目录最后修改时间的顺序显示文件及目录
-u	根据文件或目录的访问时间排序
-A	列出所有文件，但不列出 . 和 .. 文件
-C	按垂直方向对文件名进行排序
-F	区分目录、链接和可执行文件。文件后附加显示表示文件类型的符号，* 表示可执行，/ 表示目录，@ 表示链接文件
-R	循环列出目录内容，即列出所有子目录下的文件
-S	按大小对文件进行排序
--color	不同属性以不同颜色显示（默认参数）

ll 命令的功能等价于 ls -l，ll 实际上是 Linux 系统中定义的一个针对 ls -l 命令的一个别名，利用别名，可简化命令的输入。

2. cp 命令

cp 是 copy 的缩写，该命令用于复制文件或目录。其用法格式为：

```
cp  [参数选项]  源文件目标文件
```

cp 命令常用参数如下：

[-a]：此参数的效果和同时指定“-dpR”参数相同。

[-f]：强行复制文件或目录，不论目的文件或目录是否已经存在。

[-d]：保留链接，不会找出符号链接指示的真正目的地。

[-i]：覆盖文件之前先询问用户。

[-l]：对源文件建立硬链接，而非复制文件。

[-p]：保留源文件或目录的属性，包括所有者、所属组、权限与时间。

[-r]，-R：递归处理，将指定目录下的文件与子目录一并处理。

[-s]：对源文件建立符号链接，而非复制文件。

[-u]：使用该参数之后，只会在源文件的修改时间（Modification Time）较目的文件更新时，或是名称相互对应的目的文件并不存在，才复制文件。

[-v]：显示执行过程。

比如，准备对 /etc 目录中的配置文件 grub.conf 进行修改，最好对其做一个备份，若修改错误可方便地恢复原样。这里要求将其复制到 /home 目录下，其操作命令为：

```
# cd /home
# cp /etc/grub.conf .
```

在上面的命令中，目标位置用一个点（.）表示当前工作目录。

如果希望为复制的副本另取一个文件名，可使用下面的操作命令：

```
# cp /etc/grub.conf ./ grub.conf.bak
```

将 /etc/selinux 目录中的所有文件和目录复制到 /home 目录下的 test 目录中（如果 test 目录不存在，需要使用 mkdir 创建），其操作命令为：

```
# cp  -r  /etc/selinux/home/test
```

默认情况下，cp 命令会直接覆盖已存在的目标文件，若要求显示覆盖提示，可使用 -i 参数。

3. rm 命令

rm 命令的功能为删除一个或多个文件或目录。在命令行中可以包含一个或多个文件名（各文件间用空格分隔）或通配符，以实现删除多个文件或目录。对于链接文件，只是删除了链接，原有文件均保持不变。其用法格式为：

```
rm  [参数选项]  文件名或目录名
```

rm 命令常用参数如下：

[-f]：忽略不存在的文件，从不给出提示。

[-i]：进行交互式删除。

[-r]：指示 rm 将参数中列出的全部目录和子目录均递归地删除。

[-v]：详细显示进行的步骤。

在 Linux 系统中，文件一旦被删除，就无法再挽回了，因此删除操作一定要谨慎，为此可在执行该命令时，选用 -i 参数，以使系统在删除之前，显示删除确认询问。目前的 Linux 系统都定义了 rm -i 命令的别名为 rm，因此执行时，-i 参数就可以省略了。若不需要提示，则选用 -f 参数，此时将直接删除文件或目录，而不显示任何警告消息，建议慎用。

比如，要直接删除当前目录下的 myfile.txt 文件，则执行如下操作命令：

```
# rm -f myfile.txt
```

rm 命令本身主要用于删除文件，若要用来删除目录，则必须选用 -r 参数，否则该命令的执行将失败，带上 -r 参数后，该命令将删除指定目录及其目录下的所有文件和子目录。

比如，要删除当前目录下的 bak 目录及其目录下的全部内容，则执行如下操作命令：

```
# rm -r bak
```

执行过程中，会逐一询问是否要删除某文件，若要系统不逐一询问，而直接删除，则可以再加上 -f 参数，其操作命令为：

```
# rm -rf bak
```

由于命令将直接删除整棵子目录树，以 root 身份执行带 -rf 参数的 rm 命令时，一定要特别谨慎。rmdir 虽然也可以删除目录，但是只能删除空目录。

4. mv 命令

mv 命令是 move 的缩写，可以用来移动文件或者将文件改名。Linux 系统没有重命名命令，因此，可利用该命令间接实现。其移动文件的功能类似于 Windows 系统中的剪切功能。其用法格式为：

```
mv  [参数选项]  源目录 或 文件名目标目录 或 文件名
```

mv 命令常用的参数如下：

[-f]：强制的意思，如果目标文件已经存在，不会询问而直接覆盖。

[-i]：若目标文件已经存在，会询问是否覆盖。

[-b]：若需覆盖文件，则覆盖前先行备份，备份文件名为原名称后附加一个“~”符号。

直接使用 mv 命令可将文件移到另一个目录之下，若目标文件已存在，则会自动覆盖，除非使用 -i 参数。

mv 命令也可以移动整个目录。如果目标目录不存在，则重命名源目录；若目标目录已存在，则将源目录连同该目录下面的子目录，移动到目标目录之下。

比如，要将当前目录下的文件 test.txt 重命名为 test1.txt，则操作命令为：

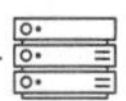

```
# mv test.txt test1.txt
```

若要将当前目录中的 test1.txt 文件移至 /home 目录下，则操作命令为：

```
# mv test1.txt /home
```

执行完该命令后，当前目录下的 test1.txt 文件就被移走了，再切换到 /home 下使用 ls 命令查看可以发现 test1.txt 文件已被移到了该目录中。

5. touch 命令

touch 命令用于更新指定的文件或目录被访问和修改时间为当前系统的日期和时间。若指定的文件不存在，则该命令将以指定的文件名自动创建一个空文件。这也是快速创建文件的一个途径，其用法格式为：

```
touch  [参数选项]  文件
```

touch 命令常用参数如下：

[-a]：只更改访问时间。

[-d]：使用指定的日期时间，而非现在的时间，可以使用各种不同格式。

[-m]：只更改修改时间。

[-r]：把指定文档或目录的日期时间，统统设成和参考文件或目录的日期时间相同。

[-t]：使用指定的日期时间，而非现在的时间，时间日期格式固定。

[-c]：假如目的文件不存在，不会创建新文件。

比如，要在当前目录下创建两个没有内容的空文件 file1 和 file2，则操作命令为：

```
# touch file1 file2
```

以上命令中各文件间要用空格进行分隔，这样创建文件比分别创建 file1 和 file2 效率更高。可能同时创建两个文件和分别创建两个文件在操作上差别并不大，但试想一下如果要创建 5 个、10 个或的更多文件时，孰优孰略便一目了然了。

如果要将 file1 的时间记录改变成与 mydoc.txt 文件一样，则操作命令为：

```
# touch -r mydoc.txt file1
```

要将 file1 的时间记录改为 2020 年 5 月 6 日 17 点 30 分，选用参数 -t，则输入的时间日期格式固定为：MMDDHHmm（月日时分），其操作命令为：

```
# touch -t 202005061730 file1
```

要将 file2 的时间记录改为 2020 年 6 月 8 日 13 点 5 分，选用参数 -d，则输入的时间可以使用 am、pm 或是 24 小时的格式，日期可以使用其他格式，如 06/08/2020，其操作命令为：

```
# touch -d  "1:05pm 06/08/2020"  file2
```

执行完以上命令后，使用 ll 命令查看当前目录下的文件，会发现有些文件显示日期，有些文件显示时间，这是由于执行 ls -l 命令时，遵守以下规则：如果文件修改时间发生在一年以内，则只显示时间；如果文件修改时间发生在一年之前，则显示日期，不显示时间。

6. ln 命令

ln 命令用于创建链接文件。链接是将已存在的文件或目录链接到位置或名字更便捷的文件或目录。

当需要在不同目录中用到相同的某个文件时，不需要在每个目录中都放一个该文件，这样会重复占用磁盘空间，也不便于同步管理，为此，可在某个固定的目录中放置该文件，然后在其他需要该文件的目录中，利用 ln 命令创建一个指向该文件的链接（link）即可，所生成的文件即为链接文件，又称符号链接文件。

Linux 文件系统中，链接分为两种：硬链接与软链接。

◆ 软链接的特点：软链接以路径的形式存在，类似于 Windows 操作系统中的快捷方式。软链接可以跨文件系统，硬链接不可以。软链接可以对一个不存在的文件名进行链接，也可以对目录进行链接。

◆ 硬链接的特点：硬链接以文件副本的形式存在，但不占用实际空间。不允许给目录创建硬链接。硬链接只有在同一个文件系统中才能创建。

ln 命令会保持每一处链接文件的同步性，也就是说，不论改动了哪一处，其他文件都会发生相同的变化。

创建软链接，使用带 -s 选项的 ln 命令，其用法格式为：

```
ln -s 源文件 目标文件
```

软链接只会在选定的位置上生成一个文件的镜像，不会占用磁盘空间。

创建硬链接，使用不带 -s 选项的 ln 命令，其用法格式为：

```
ln 源文件 目标文件
```

硬链接会在选定的位置上生成一个和源文件大小相同的文件，实质上就是创建了另外一个指向同一 i 节点的文件。

ln 命令常用参数如下：

[-b]：删除，覆盖以前建立的链接。

[-d]：允许超级用户制作目录的硬链接。

[-f]：强制执行。

[-i]：交互模式，文件存在则提示用户是否覆盖。

[-n]：把符号链接视为一般目录。

[-s]：软链接（符号链接）。

[-v]：显示详细的处理过程。

假设在 /home/liming 目录下有一个 myfile.txt 文件，现要创建该文件的一个软链接文件 newfile.txt，则操作命令为：

```
# cd  /home/liming
# ln -s myfile.txt newfile.txt
```

执行以上命令后，使用 ll 命令查看，如图 2-2 所示。此时若执行 more newfile.txt 命令，看到的实际上是 myfile.txt 文件中的内容。

```
[root@localhost liming]# ll
total 0
-rw-r--r--. 1 root root  0 Aug 19 07:33 myfile.txt
lrwxrwxrwx. 1 root root 10 Aug 19 07:33 newfile.txt -> myfile.txt
```

图2-2　查看软链接

若要再创建一个 myfile.txt 文件的硬链接文件 hardlink.txt，则操作命令为：

```
# ln myfile.txt hardlink.txt
```

执行以上命令后，使用 ll -i 命令查看，如图 2-3 所示。对照输出结果，可以看出，硬链接文件与原文件除了文件名不同之外，其余属性都相同。第一列显示的是该文件在磁盘中的存储位置（i 节点），可以看出硬链接文件与原文件是一样的。

```
[root@localhost liming]# ll -i
total 0
534480 -rw-r--r--. 2 root root  0 Aug 19 07:33 hardlink.txt
534480 -rw-r--r--. 2 root root  0 Aug 19 07:33 myfile.txt
534481 lrwxrwxrwx. 1 root root 10 Aug 19 07:33 newfile.txt -> myfile.txt
```

图2-3　查看硬链接

7. 查看文本文件命令

1）cat 命令

cat 是 concatenate 的缩写，该命令用于将文件的内容打印输出到显示器或终端窗口上，常用于查看内容不多的文本文件的内容（内容不超过一屏长度的文件），长文件会因滚动太快而无法阅读。

在 cat 命令后面可指定多个文件，或使用通配符实现依次显示多个文件的内容，比如：

```
# cat file1.txt file2.txt
```

使用 -n 参数选项，在显示时将为各行加上行编号。

2）more 或 less 命令

对于内容较多的文件，不适合于用 cat 命令查看，此时可用 more 或 less 命令查看，more 命令可实现分屏显示文件内容，按任意键后，系统会自动显示下一屏的内容，到达文件末尾后，命令执行即结束。cat 则是连续滚动显示的。

less 比 more 功能更强大，除了有 more 的功能外，还支持用光标键向上或向下滚动浏览文件的功能，对于宽文档还支持水平滚动，当到达文件末尾时，less 命令不会自动退出，需要输入 q 来结束浏览。

less 和 more 命令后可同时指定多个文件（文件间用空格分隔），或使用通配符以实现同时浏览或查看多个文件内容。

3）head 与 tail 命令

head 命令用来查看一个文件前面部分的信息，默认显示前面 10 行的内容，也可以指定要查看的行数，其用法格式为：

```
head - 要查看的行数 文件名
```

比如要查看 /etc/passwd 文件中的前 10 行内容，则操作命令为：

```
# head /etc/passwd
```

若要查看 /etc/passwd 文件中的前 20 行内容，则操作命令为：

```
# head -20/etc/passwd
```

tail 命令与 head 命令正好相反，是用于查看文件的最后若干行的内容，默认为查看最后 10 行，用法与 head 相同。另外，tail 命令若带上 -f 参数，则可实现不停地读取和显示文件的内容，以监视文件内容的变化。

8. 查找操作命令

在计算机中，可能会保存很多文件，而这些文件可能分别放在不同目录中，若能快速地找到需要的文件，将提高工作效率。在 Linux 系统中提供了几个用来查找文件的命令：

1）which 命令

which 命令的作用是，在 PATH 变量指定的路径中，搜索某个系统命令的位置，并且返回第一个搜索结果。也就是说，使用 which 命令，就可以看到某个系统命令是否存在，以及执行的到底是哪一个位置的命令。其用法格式为：

```
which [参数选项] 文件名
```

which 命令常用的选项如下：

[-n]：指定文件名长度，指定的长度必须大于或等于所有文件中最长的文件名。

[-p]：与 -n 参数相同，但此处包括了文件的路径。

[-w]：指定输出时栏位的宽度。

[-V]：显示版本信息。

比如，要查看 pwd 命令文件所在的位置，可使用以下操作命令：

```
# which pwd
/bin/pwd
```

要查看 which 命令本身所在位置，可使用以下操作命令：

```
# which which
alias which='alias | /usr/bin/which --tty-only --read-alias -
show-dot --show-tilde'
/usr/bin/which
```

因为 cd 是 bash 内建的命令，而 which 默认是找 PATH 内所规范的目录，所以使用 which 命令是找不到 cd

命令所在位置的。

2）whereis 命令

whereis 命令只能用于程序名的搜索，而且只搜索二进制文件、man 说明文件和源代码文件。如果省略参数直接执行该命令，则返回所有信息。其用法格式为：

```
whereis [参数选项] 文件名
```

whereis 命令常用参数如下：

[-b]：定位可执行文件（二进制文件）。

[-s]：定位源代码文件。

[-m]：定位说明文件。

比如，要查找 ls 命令的可执行文件和说明文件的位置，可使用以下操作命令：

```
# whereis ls
ls: /bin/ls /usr/share/man/man1p/ls.1p.gz /usr/share/man/man1/ls.1.gz
```

若只查找 ls 命令的可执行文件，可使用以下操作命令：

```
# whereis -b ls
ls: /bin/ls
```

若只查找 ls 命令的说明文件（手册），可使用以下操作命令：

```
# whereis -m ls
ls: /usr/share/man/man1p/ls.1p.gz /usr/share/man/man1/ls.1.gz
```

3）find 命令

find 命令是 Linux 命令中最有用、最复杂的一个。使用该命令可以按文件名、文件类型、用户甚至是时间戳查找文件，还可以对找到的文件执行相关操作。其用法格式为：

```
find 路径 [参数选项] [-print] [ -exec-ok command ] {} \;
```

从上面列出的命令格式可以看出，find 命令的格式与 Linux 中其他命令不同。下面介绍命令行中相关属性的含义。

路径：查找的路径

常用参数选项如下：

[-name]：按照文件名称查找。

[-perm]：按照文件权限查找。

[-user]：按照文件属主查找。

[-group]：按照文件属组查找。

[-mtime -n +n]：按照文件更改时间查找。-n 指距离现在时间 n 天以内；+n 代表 n 天以外。

[-nogroup]：查找无效属组文件。

[-nouser]：查找无效属主文件。

[-newer file1 !file2]：查找更改时间比 file1 新比 file2 旧的文件。

[-type]：查找某一类型文件（b：块设备文件；d：目录；c：字符设备文件；P：管道文件；l：符号链接文件；f：普通文件）。

[-size n[c]]：查找文件长度为 n 块的文件，[c] 表示文件长度以字节计。

[-depth]：查找时，首先查找当前目录，然后再在其子目录查找。

除了以上参数选项，find 命令的选项还有很多，在此只列出主要的。

[-print]：将匹配的文件输出到标准输出。

[-exec]：对匹配的文件执行所给的 shell 命令。形式为：command { } \。注意 { } 和 \ 之间的空格。

[-ok]：和 -exec 作用相同。只是以一种更安全的模式执行该参数所给的 shell 命令。在执行每个命令之前，

都会给出提示，让用户确定是否执行。

比如，按文件名查找时，如果在整个文件系统中查找扩展名为 java 的文件，其操作命令为：

```
# find / -name *.java
```

若按文件大小查找时，如果在 /sbin/ 目录中查找文件大小超过 1 MB 的文件，其操作命令为：

```
# find / sbin -size +1000000c
```

使用通配符查找时，如果要求是以两个大写字母开头，以一位数字结尾的 .txt 文件，可按以下操作命令进行查找：

```
# find / -name [A-Z][A-Z]*[0-9].txt
```

若按创建时间查找，如果要在 /home 目录中查找最近 1 天内更改的文件，其操作命令为：

```
# find /home -mtime -1
```

若用 find 命令查找当前目录的普通文件，并以长格式显示出来，其操作命令为：

```
# find . -type f -exec ls -l{} \;
```

执行以上命令后，将显示图 2-4 所示的结果。

```
[root@localhost home]# find . -type f -exec ls -l {} \;
-rw-r--r--. 2 root root 0 Aug 19 07:33 ./liming/hardlink.txt
-rw-r--r--. 2 root root 0 Aug 19 07:33 ./liming/myfile.txt
-rw-r--r--. 1 test test 18 Jun 22  2010 ./test/.bash_logout
-rw-r--r--. 1 test test 176 Jun 22  2010 ./test/.bash_profile
-rw-r--r--. 1 test test 124 Jun 22  2010 ./test/.bashrc
```

图2-4　查找后执行ls –l命令

若用 find 命令在当前目录（test 目录）中查找更改时间在两周以前的文件并删除它们，其操作命令为：

```
# find . -type f -mtime +14 -exec rm {} \;
```

对比执行以上命令前后显示的文件列表，如图 2-5 所示，可以看出有两个文件是两周以前更改的，在执行完 find 命令后被删除了。

```
[root@localhost test]# ll
total 32
-rw-r--r--. 1 root root     0 Jun  8 13:05 file1
-rw-r--r--. 2 root root     0 Aug 19 07:33 hardlink.txt
-rw-r--r--. 1 root root 22459 Aug 13 13:05 install.log
-rw-r--r--. 1 root root    81 Apr  8 13:05 king
-rw-r--r--. 2 root root     0 Aug 19 07:33 myfile.txt
lrwxrwxrwx. 1 root root    10 Aug 19 07:33 newfile.txt -> myfile.txt
-rw-r--r--. 1 root root    48 Aug 13 13:05 wing
[root@localhost test]# find . -type f -mtime +14 -exec rm {} \;
[root@localhost test]# ll
total 28
-rw-r--r--. 2 root root     0 Aug 19 07:33 hardlink.txt
-rw-r--r--. 1 root root 22459 Aug 13 13:05 install.log
-rw-r--r--. 2 root root     0 Aug 19 07:33 myfile.txt
lrwxrwxrwx. 1 root root    10 Aug 19 07:33 newfile.txt -> myfile.txt
-rw-r--r--. 1 root root    48 Aug 13 13:05 wing
[root@localhost test]# _
```

图2-5　查找后执行rm命令

若用 find 命令在当前目录（test 目录）中查找更改时间在 5 日以前并且扩展名为 log 的文件，然后删除它们，但在删除之前先给出提示。其操作命令为：

```
# find . -name "*.log" -mtime +5 -ok rm {} \;
```

执行完以上命令后，会发现符合条件的 install.log 文件被删除，并在删除前给出了提示，如图 2-6 所示。

注意： 在以上命令执行时，通配符文件（*.log）加了双引号，这是因为在当前目录下查找，如果没有双引号，会将通配符文件（*.log）中的点当作目录，从而导致查找失败。

```
[root@localhost test]# ll
total 28
-rw-r--r--. 2 root root     0 Aug 19 07:33 hardlink.txt
-rw-r--r--. 1 root root 22459 Aug 13 13:05 install.log
-rw-r--r--. 2 root root     0 Aug 19 07:33 myfile.txt
lrwxrwxrwx. 1 root root    10 Aug 19 07:33 newfile.txt -> myfile.txt
-rw-r--r--. 1 root root    48 Aug 13 13:05 wing
[root@localhost test]# find . -name "*.log" -mtime +5 -ok rm {} \;
< rm ... ./install.log > ? y
[root@localhost test]# ll
total 4
-rw-r--r--. 2 root root  0 Aug 19 07:33 hardlink.txt
-rw-r--r--. 2 root root  0 Aug 19 07:33 myfile.txt
lrwxrwxrwx. 1 root root 10 Aug 19 07:33 newfile.txt -> myfile.txt
-rw-r--r--. 1 root root 48 Aug 13 13:05 wing
[root@localhost test]# _
```

图2-6　查找后执行rm命令给出提示

4）locate 命令

locate 命令可以快速查找文件系统内是否有指定的文件，比 find 命令的查找速度更快。其方法是先建立一个包括系统内所有文件名称及路径的数据库，之后当查找时就只需查询这个数据库，而不必实际深入文件系统之中。其用法格式为：

```
locate  [参数选项]  文件名
```

locate 命令常用参数如下：

[-e]：将排除在寻找的范围之外。

[-q]：安静模式，不会显示任何错误信息。

[-n]：至多显示 n 个输出。

[-o]：指定数据库的名称。

[-d]：指定数据库的路径。

[-V]：显示版本信息。

一般使用 locate 命令时不需要使用参数选项，直接输入搜索的文件名即可。

比如，要查找和 pwd 相关的所有文件，其操作命令为：

```
# locate pwd
```

执行以上命令的结果如图 2-7 所示，将会显示出所有与 pwd 相关的文件。

```
[root@localhost ~]# locate pwd
/bin/pwd
/etc/.pwd.lock
/etc/latrace.d/pwd.conf
/sbin/unix_chkpwd
/usr/bin/pwdx
/usr/lib/cracklib_dict.pwd
/usr/lib/python2.6/lib-dynload/spwdmodule.so
/usr/share/cracklib/cracklib-small.pwd
/usr/share/cracklib/pw_dict.pwd
/usr/share/doc/pam_ldap-185/ns-pwd-policy.schema
/usr/share/man/man0p/pwd.h.0p.gz
/usr/share/man/man1/pwd.1.gz
/usr/share/man/man1/pwdx.1.gz
/usr/share/man/man1p/pwd.1p.gz
/usr/share/man/man3/lckpwdf.3.gz
/usr/share/man/man3/ulckpwdf.3.gz
/usr/share/man/man8/unix_chkpwd.8.gz
/usr/share/perl5/pwd.pl
```

图2-7　查找pwd相关文件

若要搜索 /etc 目录下所有以 sh 和 mo 开头的文件，其操作命令为：

```
# locate /etc/sh
# locate /etc/mo
```

执行以上命令的结果如图 2-8 所示，会显示出 /etc 目录下所有以 sh 和 mo 开头的文件。

```
[root@localhost ~]# locate /etc/sh
/etc/shadow
/etc/shadow-
/etc/shells
[root@localhost ~]# locate /etc/mo
/etc/modprobe.d
/etc/motd
/etc/modprobe.d/anaconda.conf
/etc/modprobe.d/blacklist.conf
/etc/modprobe.d/dist-alsa.conf
/etc/modprobe.d/dist-oss.conf
/etc/modprobe.d/dist.conf
/etc/modprobe.d/openfwwf.conf
```

图2-8　查找/etc下以sh与mo开头的文件

由于 locate 命令是在索引数据库中进行查找，所以查找速度更快。但是，如果 locate 所要查找的文件是最近才建立的，或是刚进行了更名操作，由于其文件名还未更新到数据库中，使用 locate 命令可能会查找不到文件。

5）grep 命令

前面介绍的查找命令都是对文件名进行查找，而 grep 命令用于在指定的文件中，查找并显示含有指定字符串的行。

grep 命令的工作方式是：在一个或多个文件中搜索字符串模板。如果模板包括空格，则必须被引用，模板后的所有字符串看作文件名。搜索结果显示到屏幕上，不影响原文件内容。其用法格式为：

```
grep  要找的字符串文本 文件名
```

比如，要在 /etc/fstab 文件中，查找显示含有 dev 的行的内容，则操作命令为：

```
# grep dev /etc/fstab
```

6）type 命令

type 命令严格来讲不能算查找命令，它是用来区分某个命令到底是由 shell 自带的，还是由 shell 外部的独立二进制文件提供的。如果一个命令是外部命令，那么使用 -p 参数，会显示该命令的路径，相当于 which 命令。该命令的使用实例如图 2-9 所示。

```
[root@localhost ~]# type cd
cd is a shell builtin
[root@localhost ~]# type grep
grep is hashed (/bin/grep)
[root@localhost ~]# type -p grep
/bin/grep
[root@localhost ~]# which grep
/bin/grep
```

图2-9　type使用实例

从图 2-9 中可以看出，当执行 type cd 命令时，系统会提示，cd 是 shell 的自带命令（builtin）；当执行 type grep 命令时，系统会提示，grep 是一个外部命令，并显示该命令的路径；当执行 type -p grep 命令时，就相当于执行 which grep 命令。

9. diff 命令

diff 命令用于比较两个文件或两个目录的不同之处，其用法格式为：

```
diff[-r] 文件或目录1 文件或目录2
```

若是对目录进行比较，则应带上 -r 参数，比如：

```
# diff file1 file2          # 比较文件 file1 与 file2 内，各行的不同之处
# diff -r dir1 dir2         # 比较目录 dir1 与 dir2 内，各文件的不同之处
```

10. >、>> 与 <、<< 重定向操作符

1）>、>> 输出重定向符

输出重定向符能实现将一个命令的输出重定向到一个文件中，而不是显示屏幕。比如，要将 last 命令的输出结果传输到 mylog.txt 文件中，则实现命令为：

```
# last >mylog.txt
```

该重定向符通常也与 cat 命令结合使用，从而实现文件的创建与合并等操作。比如要将 file1.txt 和 file2.txt 的内容合并，并将合并后的内容传输给 file3.txt 文件保存，此时就可使用标准输出重定向符“>”来实现，其操作命令为：

```
# cat file1.txt file2.txt > file3.txt
```

利用 cat >file.txt 命令格式，还可以实现将键盘输入的内容添加到指定的 file.txt 文件中，输入完毕后按【Ctrl+D】组合键存盘退出，此时就会自动产生 file.txt 文件，其内容就是刚才输入的内容。若要放弃存盘，则按【Ctrl+C】组合键终止退出。

若 file.txt 文件已存在，执行 cat>file.txt 命令后，将覆盖原文件的内容，若要不覆盖，以追加方式添加，则换成“>>”（追加）重定向符即可，此时用法为 cat>>file.txt。

2）<、<< 输入重定向符

“<”为标准输入重定向符，用于改变一个命令的输入源。比如 cat <file.txt 命令，它读取 file1.txt 文件中的内容，并显示输出在屏幕上。

“<<”表示从标准输入设备（键盘）中读入，直到遇到分界符才停止（读入的数据不包括分界等），这里的分界符是自定义的字符串。该操作符在从键盘读取内容时，读到指定的字符串时，便停止读取动作，然后将所读的内容输出。其与 cat 命令相结合使用时的用法为：

```
cat<< 结束读取的标识字符串
```

比如，执行命令：cat <<end >file.txt，然后从键盘输入一些字符串，当输入的字符串含有 end 时，其读取动作就会结束，并开始输出刚才所读取的字符串，此处由于使用“>”定向符将输出重新指向了 file.txt 文件，因此，刚才所读的内容将保存在 file.txt 文件中，使用 more file.txt 命令即可看到其内容。

11. 管道操作

管道操作可以实现将一个命令的输出当作另一个命令的输入，后者的输出又可以再作为第三条命令的输入，依此类推，这样，管道命令行中最后一条命令的输出才会显示输出在屏幕上。因此，利用管道操作，可实现将多条相关命令连接起来。管道操作符为“|”。比如 ls -l /etc | grep ftp。

以上命令将 ls -l /etc 的输出作为后面一条命令 grep 的输入，grep 命令就在输入的内容中查找包含 ftp 关键字的行，并将这些包含 ftp 关键字的行的内容输出。

当输出的内容比较多，要浏览查看时，可将输出的内容通过管道操作符传送给 less 命令来实现浏览。比如 ls -l /etc | less。

四、查看系统信息

1. 查看 Linux 内核版本

查看 Linux 内核版本可使用 uname -r 或 uname -a 命令。

2. df 命令

利用 df 命令，可以查看已安装的文件系统的空间大小和剩余空间的大小。磁盘空间大小的单位为数据块，1 数据块 =1 024 字节。

3. du 命令

利用 du 命令可显示出当前目录以及其下各子目录的大小。du -a 则可以详细显示当前目录以及其下的各子目录和各文件的大小，du -s 显示当前目录和其下的各子目录的大小总和。利用“>”或“>>”重定向符，可将显示结果保存到某文件。然后再用 more 或 less 命令进行详细查看。

利用 du -s | sort -n 命令，可按目录占用空间的大小，由小到大排序显示。

4. free 命令

free 命令用于查看当前系统内存的使用情况，包括系统中剩余和已用的物理内存和交换内存，以及共享内存和被核心使用的缓冲区大小等。其用法格式为：

```
free [参数选项]
```

free 命令常用参数如下：

[-b]：表示以字节为单位显示。

[-k]：表示以 KB 为单位显示。

[-m]：表示以 MB 为单位显示。

执行该命令将显示图 2-10 所示的结果。从图中可以看出，直接执行 free 命令所显示的内存使用情况以 KB 为单位。

```
[root@localhost ~]# free
             total       used       free     shared    buffers     cached
Mem:        748748     138452     610296          0      11024      54296
-/+ buffers/cache:      73132     675616
Swap:      1507320          0    1507320
[root@localhost ~]# free -b
             total       used       free     shared    buffers     cached
Mem:     766717952  141639680  625078272          0   11288576   55623680
-/+ buffers/cache:   74727424  691990528
Swap:   1543495680          0 1543495680
[root@localhost ~]# free -k
             total       used       free     shared    buffers     cached
Mem:        748748     138312     610436          0      11024      54320
-/+ buffers/cache:      72968     675780
Swap:      1507320          0    1507320
[root@localhost ~]# free -m
             total       used       free     shared    buffers     cached
Mem:           731        135        596          0         10         53
-/+ buffers/cache:         71        659
Swap:         1471          0       1471
```

图2-10 执行free命令

5. uptime 命令

uptime 命令用于显示系统已经运行了多长时间，将依次显示：现在时间，系统已经运行了多长时间，目前有多少登录用户，系统在过去的 1 分钟、5 分钟和 15 分钟内的平均负载。

6. 查询 CPU 信息

要查询 CPU 硬件信息，可使用 cat /proc/cpuinfo 命令实现，该命令可显示有关 CPU 的详细硬件信息。

7. 查看 CPU 和进程的状况

要详细了解 CPU 的使用状况和正在运行的进程的状况，可执行 top 命令实现，其显示结果如图 2-11 所示。该命令显示的信息会自动周期性刷新，另外也可利用“d delay”参数设定刷新的间隔时间，其中 delay 代表间隔的秒数。若要手工立即刷新，可按空格键。使用【Ctrl+C】组合键或输入 q，可退出 top 命令。该命令类似于 Windows 系统中的任务管理器。

默认情况下，top 命令会根据使用 CPU 时间的多少来排序。该命令还可以监视指定用户产生的进程，按【u】键，然后输入要监视的用户名即可。

```
top - 20:04:45 up 13 min,  1 user,  load average: 0.00, 0.16, 0.33
Tasks: 115 total,   1 running, 114 sleeping,   0 stopped,   0 zombie
Cpu(s):  0.3%us,  0.3%sy,  0.0%ni, 98.7%id,  0.3%wa,  0.0%hi,  0.3%si,  0.0%st
Mem:    748748k total,   140296k used,   608452k free,    11036k buffers
Swap:  1507320k total,        0k used,  1507320k free,    56068k cached

  PID USER      PR  NI  VIRT  RES  SHR S %CPU %MEM    TIME+  COMMAND
 1785 root      20   0  2648 1104  884 R  0.3  0.1   0:00.08 top
    1 root      20   0  2828 1384 1196 S  0.0  0.2   0:03.24 init
    2 root      20   0     0    0    0 S  0.0  0.0   0:00.00 kthreadd
    3 root      RT   0     0    0    0 S  0.0  0.0   0:00.00 migration/0
    4 root      20   0     0    0    0 S  0.0  0.0   0:00.00 ksoftirqd/0
    5 root      RT   0     0    0    0 S  0.0  0.0   0:00.00 watchdog/0
    6 root      20   0     0    0    0 S  0.0  0.0   0:00.02 events/0
    7 root      20   0     0    0    0 S  0.0  0.0   0:00.00 cpuset
    8 root      20   0     0    0    0 S  0.0  0.0   0:00.00 khelper
    9 root      20   0     0    0    0 S  0.0  0.0   0:00.00 netns
   10 root      20   0     0    0    0 S  0.0  0.0   0:00.00 async/mgr
   11 root      20   0     0    0    0 S  0.0  0.0   0:00.00 pm
   12 root      20   0     0    0    0 S  0.0  0.0   0:00.00 sync_supers
   13 root      20   0     0    0    0 S  0.0  0.0   0:00.00 bdi-default
   14 root      20   0     0    0    0 S  0.0  0.0   0:00.00 kintegrityd/0
   15 root      20   0     0    0    0 S  0.0  0.0   0:00.04 kblockd/0
   16 root      20   0     0    0    0 S  0.0  0.0   0:00.00 kacpid
   17 root      20   0     0    0    0 S  0.0  0.0   0:00.00 kacpi_notify
```

图2-11 执行top命令

在监视过程中，若发现某进程占用的系统资源太多，影响到系统的正常运行，可以将该进程终止并删除，方法是：按【k】键，之后将显示提示信息“PID to kill：”，输入要删除进程的 ID，然后按【Enter】键，此时系统又将显示类似“Kill PID * with signal [15]：”的提示信息，输入 signal 号码，默认为 15，直接按【Enter】键即可将该进程终止并删除。若遇到某些无法终止并删除的进程，则输入 9，来强制终止并删除该进程。

8. 查看日志信息

在 Linux 系统中，用户登录系统，进行了哪些操作等信息都保存在日志文件中。通过查看日志文件可对系统进行分析，以查找系统出现的错误，了解哪些用户曾登录到系统中。日志文件通常保存在 /var/log 目录下，下面介绍几个重要的日志文件。

♦ secure 日志文件：保存登录系统存取数据的文件，如 pop3、ssh、telnet、ftp 等都会被记录到该日志文件中。

♦ wtmp 日志文件：该日志文件永久记录每个用户登录、注销及系统的启动、停机的时间。因此随着系统正常运行时间的增加，该文件的大小也会越来越大，增加的速度取决于系统用户登录的次数。该日志文件不能通过 cat 命令查看，必须使用 w 或 last 命令查看其中的内容。

♦ utmp 日志文件：该日志文件记录有关当前登录的每个用户的信息。因此这个文件会随着用户登录和注销系统而不断变化，它只保留当时联机的用户记录，不会为用户保留永久的记录。该日志文件并不能包括所有精确的信息，因为某些突发错误会终止用户登录会话，而系统没有及时更新 utmp 记录，因此该日志文件的记录不是百分之百值得信赖的。可以使用 who 命令显示该文件中的内容。

♦ messages 日志文件：该日志文件非常重要，几乎系统发生的错误信息（或重要的消息）都会保存在该日志文件中。

♦ boot.log 日志文件：该文件记录了系统在引导过程中发生的事件，就是Linux系统开机自检过程显示的信息。

1）查看 secure 日志文件

可以直接使用 cat 命令查看 secure 日志文件，其操作命令为：

```
# cat /var/log/secure
```

由显示的结果可以看出，secure 文件中的数据是由若干条记录构成的，记录的主要内容是：

```
日期和时间 主机名称 服务名称 显示信息
```

2）查看当前登录用户信息

当前登录用户的信息保存在 /var/log/utmp 文件中，该文件是二进制编码，可使用 who 命令从该文件中获取信息，其操作命令为：

```
# who
```

执行以上命令后，将会显示如图 2-12 所示的结果，可以看出当前系统有两个用户登录，该命令还显示出每个用户登录的虚拟终端和登录时间。

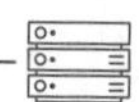

3）查看每个用户的日志信息

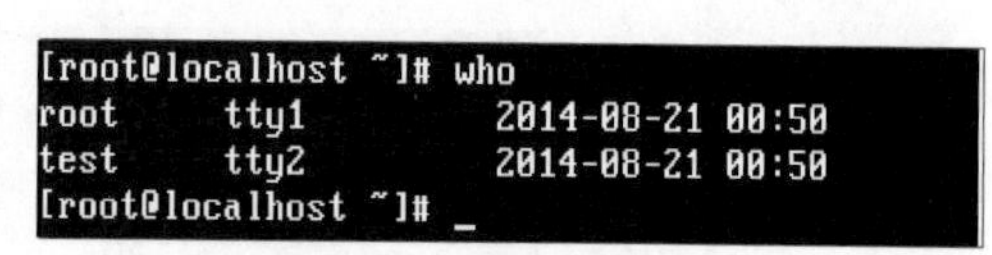

```
[root@localhost ~]# who
root     tty1         2014-08-21 00:50
test     tty2         2014-08-21 00:50
[root@localhost ~]# _
```

图2-12　执行who命令

对于系统管理员，若想了解当前登录系统的用户的相关信息（比如当前用户正在运行什么程序或命令），可执行 w 命令查看，w 命令将显示出所有登录用户的相关信息，若只想查看某个登录用户的信息，则在 w 命令后面指定该用户名，比如若想查看 liming 用户正在做什么，则可执行命令：w liming。与 who 命令相比，该命令的功能更强，可以显示出用户当前正在进行的工作。

w 命令的显示输出如图 2-13 所示，可以看到登录的用户、用户登录的虚拟终端、用户是否从本机登录、登录时间、用户无操作的时间、用户消耗 CPU 的时间、用户正在运行的命令等相关信息。另外，如果仅是查看当前有哪些用户登录到系统，也可以使用 users 命令实现，其用法格式与 w 命令一样。

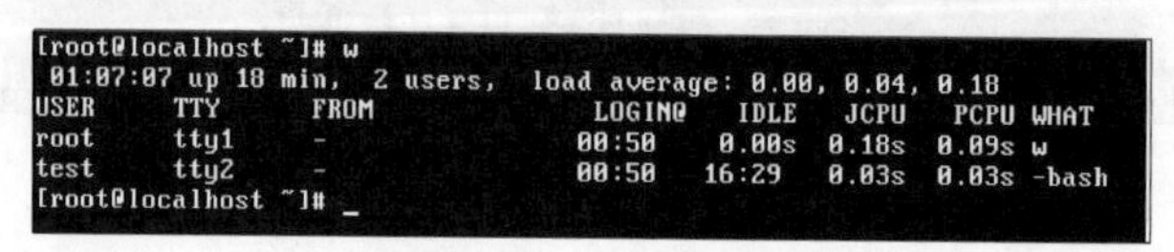

```
[root@localhost ~]# w
 01:07:07 up 18 min,  2 users,  load average: 0.00, 0.04, 0.18
USER     TTY      FROM             LOGIN@   IDLE   JCPU   PCPU WHAT
root     tty1     -                00:50    0.00s  0.18s  0.09s w
test     tty2     -                00:50   16:29   0.03s  0.03s -bash
[root@localhost ~]# _
```

图2-13　执行w命令

要查看系统中所有用户（当前和过去登录系统的用户）的相关信息，可使用 last 命令实现。该命令显示的实际上是 /var/log/wtmp 文件中的内容。该命令采用滚屏显示方式，不便于完整查看用户相关信息，通常可将其内容重定向传输到一个文本文件中，然后再利用该文本文件来查看。

五、其他常用命令

1. clear 命令

clear 命令的功能是清屏，执行该命令会将终端中显示的文字消除，并使输入光标显示在终端左上方。按【Ctrl+L】组合键具有与该命令同样的效果。

2. alias 与 unalias 命令

alias 命令可为常用的命令（或命令与参数的组合）设置别名。其用法格式为：

```
alias  [别名]=[命令名称]
```

其中，“命令名称”部分需要用单引号括起来，可以包含命令的参数选项。

前面曾讲过 ll 命令，它是 Linux 系统中定义的一个针对 ls -l 命令的别名。该别名的设置可使用如下命令实现：

```
# alias ll='ls -l'
```

在使用删除命令 rm 时，希望其可以显示删除确认询问，可以定义别名如下：

```
# alias rm='rm -i'
```

若只输入 alias 命令，不使用任何参数选项，将显示系统中已有的别名定义。

若要删除某个定义的别名，可使用 unalias 命令，其用法格式为：

```
unalias  [-a][别名]
```

该命令有一个参数 -a，若使用该参数，则将删除全部别名，但当系统重启后又会恢复初始设置。

若要删除定义的别名 ll，则操作命令为：

```
# unalias ll
```

3. date 命令

若要显示当前日期和时间，可使用 date 命令。若要设置当前系统的日期或时间，可使用 date -s 命令，其用法格式为 date -s 日期（mm/dd/yy）或时间（hh:mm:ss），最后再使用 clock -w 命令将修改后的日期或时间信息强制写入 CMOS 中。

4. cal 命令

若要显示当前月的月历，则可以执行 cal 命令；若要显示某一年的年历，则执行“cal 4 位年号”命令，如 cal 2015。

任务扩展

一、使用 vi 编辑器

下面介绍 vi 编辑器的一些常用操作。

1. 启动 vi 编辑器

在提示符状态下，输入 vi（vim）文件名或 vi（vim），则可以启动 vi 编辑器，并自动进入命令模式。vi 命令后若指定了文件名，则可打开该文件或创建该文件（若指定的文件不存在）。若未指定文件名，则创建一个未命名的新文件。

比如，新建一个名为 myfile.txt 的文件，可使用以下命令：

```
# vi myfile.txt
```

执行以上命令后，由于当前目录中没有 myfile.txt 文件，因此创建该文件并启动 vi 编辑器，如图 2-14 所示，光标在第 1 行的最左位置显示，用户输入的内容将显示在光标处，其他各行显示的是“~”。

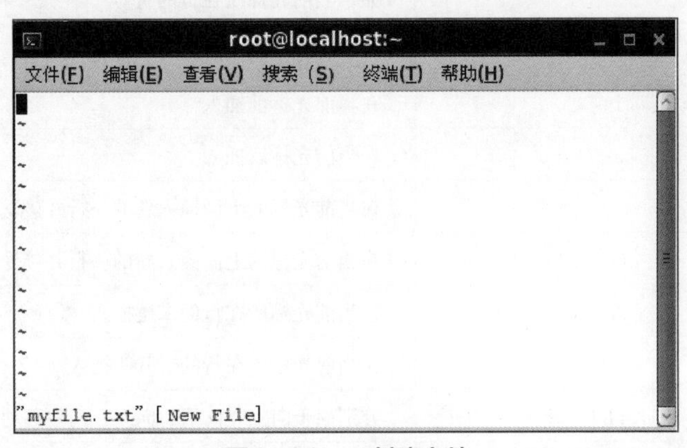

图2-14　vi创建文件

2. vi 的工作模式

vi 编辑器具有命令模式（command mode）、插入模式（insert mode）和末行模式（lastline mode）三种。

1）命令模式

不管用户当前处于何种模式，只要按【Esc】键，则立即进入命令模式。在命令模式下，允许输入 vi 命令，以对文件进行管理，若输入的不是合法的 vi 命令，则会蜂鸣告警。

2）插入模式

插入模式又称输入模式，在该模式下，用户输入的内容当作文件的内容并显示在屏幕上。在命令模式下，输入 i、a、o 命令或按【Insert】键都可以进入插入模式，实现文件内容的输入或对文件进行编辑修改。

3）末行模式

命令模式下输入的 vi 命令通常是单个字母，所输入的命令都不回显。但有些控制命令表达比较复杂，比如要将文件内容保存到指定的文件，或将指定的文件内容读入到当前位置，此时就需要回显，为此 vi 提供了末行工作模式。

在命令模式下按【Shift+：】组合键即可切换到末行模式，此时在编辑器屏幕的最末一行将显示冒号提示符，在此行中，就可以输入 vi 命令，按【Enter】键后即开始执行，执行完毕，又自动回到命令模式。

在末行模式的命令输入过程中，若改变主意放弃执行，则可按【Esc】键退回到命令模式。或用【Backspace】键将所输入的命令全部删除之后，再按一下【Backspace】键，实现返回命令模式。

3. vi 的常用命令

vi 编辑器的常用命令及功能说明如表 2-2 所示。

表 2-2　vi 编辑器的常用命令及功能说明

分类	命令模式输入	功能说明
存盘与退出 vi	：wq 按【Enter】键	以当前文件名存盘并退出 vi 编辑器
	：w 文件名按【Enter】键	以指定的文件名存盘，不退出 vi 编辑器
	：w！文件名按【Enter】键	以指定的文件名强制存盘，不管文件是否存在
	：q	退出 vi 编辑器，但不保存
	：q！	强制退出 vi 编辑器，不管是否保存文档
vi 的文件存取操作	：n，mw 文件名按【Enter】键	将第 n 行至 m 行的内容写入指定文件
	：n，mw>> 文件名按【Enter】键	将第 n 行至 m 行的内容以追加方式添加到指定文件的末尾
	：r 文件名按【Enter】键	读取指定的文件内容，并插到当前光标所在行的下面
显示行号	：.=	显示当前光标所在行的行号
	：set nu	将在文件中所有行的行首标记行号
进入插入编辑模式的命令	i	在当前光标前插入
	a	在当前光标后插入
	o	在当前光标的下面插入新的一行并接受输入
	O	在当前光标的上面插入新的一行并接受输入
	A	在当前光标所在行的末尾插入
	I	在当前光标所在行的最开头插入
光标移动命令（在命令模式下输入）	K j h l	分别用于向上、向下、向左、向右移动光标
	G	光标移到文件的最后一行
	$	光标移到行尾
	nG	移动光标到第 n 行
非 vi 命令在插入编辑模式下，直接对内容进行编辑操作	按【Backspace】键	向左删除一个字
	按【Delete】键	删除当前光标位置的一个字
	按【Page Up】键	向下翻页
	按【Page Down】键	向上翻页
	按【Home】键	光标移到行首
	按【End】键	光标移到行尾
	按【Insert】键	内容插入与替换模式转换
	上、下、左、右光标键	实现光标的向上、向下、向左、向右的移动
删除指令	ndd	向下删除 n 行的内容，当前行包含在内
	nx	向后删除 n 个字
字串查找	/ 字符串按【Enter】键	向后查找指定的字符串
	？字符串按【Enter】键	向前查找指定的字符串
字串查找与替换	：n，ms/str1/str2/opt	从第 n 行搜索到第 m 行，搜索 str1 字符串用 str2 字符串取代，opt 选项若为 g 则自动全部替换，为 c 表示确认后再替换
	：1，$s/str1/str2/g	从头到尾自动用 str2 替换 str1

质量监控单（教师完成）

工单实施栏目评分表

评分项	分值	作答要求	评审规定	得分
任务资讯	3	问题回答清晰准确，能够紧扣主题，没有明显错误项	对照标准答案错误一项扣 0.5 分，扣完为止	
任务实施	12	有具体配置图例，各设备配置清晰正确	A 类错误点一次扣 1 分，B 类错误点一次扣 0.5 分，C 类错误点一次扣 0.2 分	
任务扩展	4	各设备配置清晰正确，没有配置上的错误	A 类错误点一次扣 1 分，B 类错误点一次扣 0.5 分，C 类错误点一次扣 0.2 分	
其他	1	日志和问题项目填写详细，能够反映实际工作过程	没有填或者太过简单每项扣 0.5 分	
合计得分				

职业能力评分表

评分项	等　级	作答要求	等级
知识评价	A | B | C	A：能够完整准确地回答任务资讯的所有问题，准确率在 90% 以上。 B：能够基本完成作答任务资讯的所有问题，准确率在 70% 以上。 C：对基础知识掌握得非常差，任务资讯和答辩的准确率在 50% 以下。	
能力评价	A | B | C	A：熟悉各个环节的实施步骤，完全独立完成任务，有能力辅助其他学生完成规定的工作任务，实施快速，准确率高（任务规划和任务实施正确率在 85% 以上）。 B：基本掌握各个环节实施步骤，有问题能主动请教其他同学，基本完成规定的工作任务，准确率较高（任务规划和任务实施正确率在 70% 以上）。 C：未完成任务或只完成了部分任务，有问题没有积极向其他同学请教，工作实施拖拉，不积极，各个部分的准确率在 50% 以下。	
态度素养评价	A | B | C	A：不迟到、不早退，对人有礼貌，善于帮助他人，积极主动完成规定工作任务，工作台完整整洁，回答老师提问科学。 B：不迟到、不早退，在教师督导和他人辅导下，能够完成规定工作任务，回答老师提问较准确。 C：未完成任务或只完成了部分任务，有问题没有积极向其他同学请教，工作实施拖拉不积极，不能准确回答老师提出的问题，各个部分的准确率在 50% 以下。	

教师评语栏

工单 3（Linux 文件权限）

工作任务单			
工单编号	C2019111110040	工单名称	Linux 文件权限
工单类型	基础型工单	面向专业	计算机网络技术
工单大类	网络运维	能力面向	专业能力
职业岗位	网络运维工程师、网络安全工程师、网络工程师		
实施方式	实际操作	考核方式	操作演示
工单难度	较易	前序工单	
工单分值	15 分	完成时限	4 学时
工单来源	教学案例	建议组数	99
组内人数	1	工单属性	院校工单
版权归属	潘军		
考核点	权限、特殊权限 、read 、write、 excute、 setuid、 setgid 、stickbit 、acl		
设备环境	虚拟机 VMware Workstations 15 和 CentOS 7.2		
教学方法	在常规课程工单制教学当中；可采用手把手教的方式引导学生学习和训练 CentOS 7.2 操作系统的文件权限设置的相关职业能力和素养。		
用途说明	本工单可用于网络技术专业 Linux 服务器配置与管理课程或者综合实训课程的教学实训，特别是聚焦于 CentOS 7.2 Linux 操作系统文件权限设置的训练，对应的职业能力训练等级为初级。		
工单开发	潘军	开发时间	2019-03-04

实施人员信息							
姓名		班级		学号		电话	
隶属组		组长		岗位分工		伙伴成员	

任务目标

实施该工单的任务目标如下：

知识目标

1．熟悉 Linux 文件权限的表示方法。

2．了解改变文件权限的两种表示法。

能力目标

1．掌握文件或目录权限的设置。

2．了解特殊权限的使用。

素养目标

1．了解涉密信息系统分级保护，明确岗位职责强化责任担当。

2．鼓励学生要以劳模工匠为榜样，争做新时代大学生。

3．培养学生规划管理能力和实践动手能力。

4．使学生增强劳动意识，培育劳模精神、劳动精神、工匠精神。

任务介绍

腾翼网络公司的管理员已经熟练掌握 Linux 常用的操作命令以及 vi 编辑器的使用。在 Linux 系统中，每一个文件或目录都包含有访问权限，这些访问权限决定了谁能访问和如何访问这些文件和目录。所以作为公司的管理员，还需要熟悉 Linux 系统中文件权限的相关知识和命令用法。

强国思想专栏

网络安全之涉密信息系统分级保护

涉密信息系统分级保护，是指涉密信息系统的建设使用单位根据分级保护管理办法和有关标准，对涉密信息系统分等级实施保护，各级保密工作部门根据涉密信息系统的保护等级实施监督管理，确保系统和信息安全。

分级保护分3个级别：秘密级、机密级、绝密级(由低到高)。

分级保护由国家保密局发起，其主管单位及相应管理职责如下：

①国家保密局及地方各级保密局：监督、检查、指导

②中央和国家机关：主管和指导

③建设使用单位：具体实施

任务资讯（3 分）

（1 分）1．文件属性中包含的三组权限属性分别代表了哪三类用户的权限？

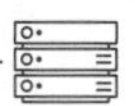

（1 分）2．r、w、x 分别代表什么权限？如果用数字来表示，分别表示几？

（1 分）3．改变文件或目录的权限有那两种表示法？

注意：任务资讯中的问题可以参看视频 1。

视频 1

Linux 文件基本权限

任务规划

任务规划如下：

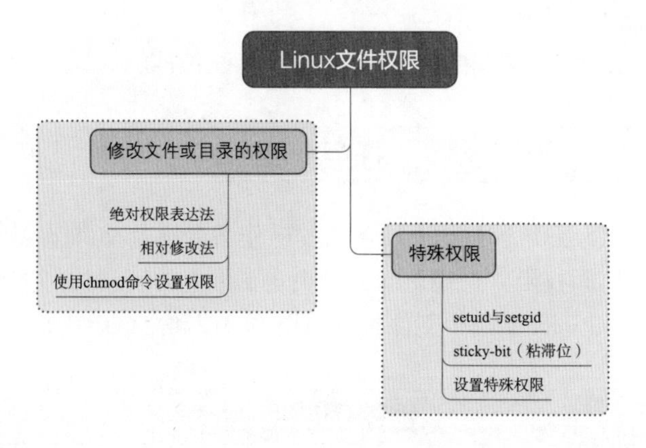

任务实施（7 分）

（1 分）（1）切换到 /home 目录下，新建一个文件 myfile.txt，使用 ll 命令查看新文件的权限。

（1 分）（2）使用 chmod 命令将新文件 myfile.txt 的权限修改为 rw-rw-r，用绝对权限表达法（数值）来设置。

（1 分）（3）使用 chmod 命令修改 myfile.txt 权限为 rw-r-----，使用字符表达的相对修改法来设置。

（1 分）（4）使用 chmod 命令为 myfile.txt 文件的其他用户增加读的权限，使用字符表达的相对修改法来设置。

（1 分）（5）使用 chmod 命令为 myfile.txt 文件的同用户组的用户增加写和执行的权限，使用字符表达的相对修改法来设置。

（1 分）（6）使用 chmod 命令同时去掉同用户组的用户和其他用户对 myfile.txt 文件的读权限，使用字符表达的相对修改法来设置。

（1分）（7）使用 chmod 命令将文件 myfile.txt 的拥有者、同用户组的用户和其他用户都只赋予读的权限，使用字符表达的相对修改法来设置。

注意：任务实施可以参看视频 2。

视频2

Linux 文件基本权限实验演示

任务扩展（4 分）

特殊权限的应用

Linux 系统中除了常见的读（r）、写（w）、执行（x）权限以外，还有 3 个特殊的权限，分别是 setuid、setgid 和 sticky-bit。

（1分）（1）要求在 /test（若没有该目录自行创建）中创建的文件或目录，只能由其拥有者和 root 删除。（使用字符表达的相对修改法设置）

（1分）（2）在当前目录下新建目录 ttt，查看该目录的权限。

（1分）（3）要求在 ttt 目录中创建的文件或目录，只能由其拥有者和 root 删除。（使用数字的绝对权限表达法设置）

（1分）（4）要求在 /test 目录中创建的文件或目录，其所属的组一定是 /test 目录的拥有组。（使用数字的绝对权限表达法设置）

注意：任务实施可以参看视频 3。

视频3

Linux 特殊权限

工作日志（0.5 分）

（0.5 分）实施工单过程中填写如下日志：

工作日志表

日　期	工作内容	问题及解决方式

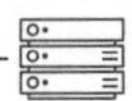

续表

日　期	工作内容	问题及解决方式

学习资源集

任务资讯

Linux 文件权限的表示方法

在 linux 中的每一个文件或目录都包含有访问权限，这些访问权限决定了谁能访问和如何访问这些文件和目录。

使用 ls -l 或 ll 命令，可以列出文件和目录的详细信息，而文件的权限就包含在这些信息中。

使用以下命令查看当前工作目录中的文件：

```
# ls -l
```

执行完以上命令，显示图 3-1 所示的结果。

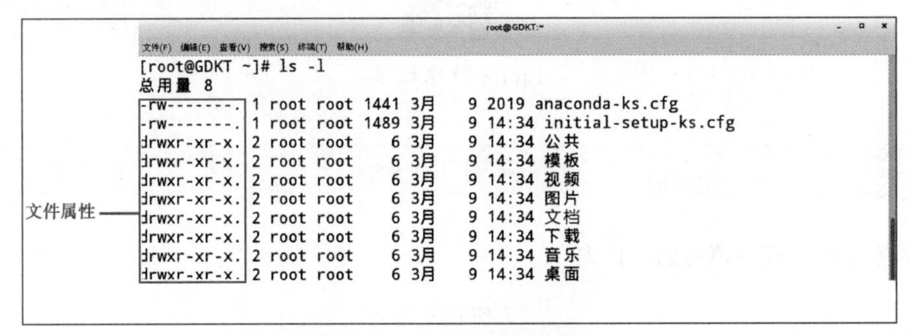

图 3-1　显示文件目录信息

在图 3-1 中，最左侧的一列显示文件属性。文件属性共占用 10 个字符，由一个文件类型标识和 3 组权限属性组成，其构成如图 3-2 所示。

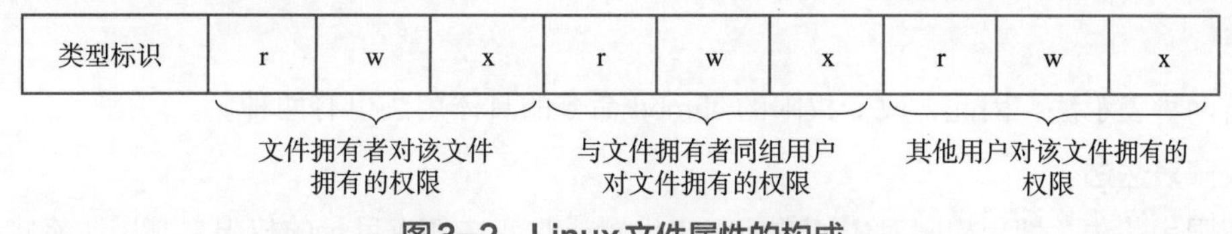

图3-2　Linux文件属性的构成

文件权限是与用户账户和用户组紧密联系在一起的，在 Linux 系统中，可使用 chmod 命令重新设置或修改文件或目录的权限，但只有文件或目录的拥有者或 root 用户才能有此更改权。

对于文件或目录，权限字符所代表的意义不同，解释如下：

♦ r（read）：读取权限。如果文件具有该权限，表示对应用户可读取文件的内容；如果目录具有该权限，表示对应用户可浏览目录。

♦ w（write）：写入权限。如果文件具有该权限，表示对应用户可对文件进行新增、修改、删除内容操作；如果目录具有该权限，表示对应用户可删除、移动目录内的文件。

♦ x（execute）：执行权限。如果文件具有该权限，表示对应用户可执行该文件（文件必须是可执行文件）；如果目录具有该权限，表示对应用户可进入该目录。

♦ -：若对应位置权限位为字符“-”，表示对应用户没有该位权限。

权限除了可用 r、w、x 来表示外，也可用一个 3 位的数字来表示，比如 644，其百位上的数代表拥有者的权限，十位上的数代表拥有者所属的组中的用户的权限，个位上的数代表其他用户对该文件的权限。这种采用数字来表示权限的方法，称为绝对权限表示法。

由于用户的权限是用 rwx 来表示的，没有的权限对应位置上用“-”表示，因此可用一个 3 位的二进制数来表示用户的权限，有权限的位置用 1 表示，没有权限的位置用 0 表示，这样就会形成一个 3 位的二进制数编码，然后将该二进制数转换成对应的十进制数，这样就得到一个 0~7 的数，从而就可实现用十进制数来表示用户对文件的权限。

比如某一文件的权限为：　　　　　　　rw-　r--　r--

若用二进制数表示，则为：　　　　　　110　100　100

将每部分转换成对应的十进制，则为：　6　　4　　4

因此，该文件的权限（rw-r--r--）用数字来表示，则为 644。

rwx 表示的权限与用数字表示的权限对照如表 3-1 所示。

表 3-1　权限的表示形式

rwx 表示的权限	二进制数表示	权限的十进制数表示	权限含义
---	000	0	无任何权限
--x	001	1	可执行
-w-	010	2	可写
-wx	011	3	可写和可执行
r--	100	4	可读
r-x	101	5	可读和可执行
rw-	110	6	可读和可写
rwx	111	7	可读、可写和可执行

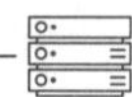

任务实施

由于权限有两种表示法，因此，改变权限的 chmod 命令的具体用法也有两种。

一、绝对权限表达法

利用绝对权限表达法（即用权限对应的数值）来设置或改变文件或目录的权限，其用法格式为：

```
chmod [-R] 绝对权限值 要改变的文件或目录名
```

参数 -R 代表递归设置指定目录下的所有文件的权限。

比如，当前目录下的 myfile.txt 文件的权限为 rw-r--r--，若要更改为 rw-rw-r--，则操作命令为：

```
[root@GDKT ~]# touch myfile.txt
[root@GDKT ~]# ll myfile.txt
-rw-r--r--. 1 root root 0 3月   9 15:07 myfile.txt
[root@GDKT ~]# chmod  664  myfile.txt
[root@GDKT ~]# ll myfile.txt
-rw-rw-r--. 1 root root 0 3月   9 15:07 myfile.txt
```

二、相对修改法

若通过 r、w、x 表示方法来更改权限，则只需在 chmod 命令中表达出权限需要改变的部分即可，该方法可视为是相对修改法。此时用 u（user）表示修改文件或目录的拥有者的权限，用 g（group）表示修改文件拥有者所属的用户组的权限，用 o（other）表示修改其他用户的权限，用 a（all）表示同时修改三类用户的权限，a 相当于 ugo。若要增加某项权限，则用 “+” 表示，若要去掉某项权限，则用 “-” 表示，若只赋予该项权限，则用 “=” 表示。

比如，当前目录下的 myfile.txt 文件的权限为 rw-rw-r--，若要修改为 rw-r-----，则操作命令为：

```
[root@GDKT ~]# chmod g-w myfile.txt
[root@GDKT ~]# chmod o-r myfile.txt
[root@GDKT ~]# ll myfile.txt
-rw-r-----. 1 root root 0 3月   9 15:07 myfile.txt
```

以上两条命令还可以合成一条命令执行，功能是一样的，其操作命令为：

```
# chmod  g-w,o-r  myfile.txt
```

若要给其他用户增加读的权限，则实现命令为：

```
# chmod  o+r  myfile.txt
```

若要给同用户组的用户同时增加写的权限和执行权限，则实现命令为：

```
# chmod  g+wx  myfile.txt
```

若要同时去掉同用户组和其他用户对文件的读权限，则实现命令为：

```
# chmod  go-r  myfile.txt
```

若文件拥有者、用户组和其他用户都只赋予读的权限，则实现命令为：

```
# chmod  a=r  myfile.txt        或        # chmod  ugo=r  myfile.txt
```

任务扩展

一、setuid 位与 setgid 位

在 Linux 中，有时执行某个命令时，需要对某个文件进行操作，而该文件又不是普通用户有权限进行操作的。比如，用于修改用户密码的命令 passwd（工单 4 会详细讲解），该命令在执行时会修改 /etc/passwd 文件中的内容，而该文件只有 root 才有权修改。也就是说 passwd 命令应该只有 root 才能使用，可实际上每个普通用户都可以通过该命令去修改自己的密码，于是这里就涉及了特殊权限 setuid，如图 3-3 所示。

从图 3-3 中可以看出，passwd 命令文件 /usr/bin/passwd 的权限为 rwsr-xr-x，表示该命令启用了特殊权限 setuid。这样，当普通用户执行 passwd 命令时，其身份会被临时提升为 root 身份，也就临时拥有了该执行文件

拥有者的权限，便可以修改密码文件的内容了。执行完该命令后，又恢复用户本来的权限。

图 3-3　特殊权限 setuid 位

注意： 特殊权限 setuid 只能运用在可执行文件上，并且在设置 setuid 位以后，在可执行文件的拥有者权限中，原来的 x（执行权限）变成了 s，表示该文件在执行时将以所有者（root 用户）身份访问系统。

setgid 位可以用在目录或可执行文件上。

若一个目录设置了 setgid 位，在该目录中新创建的文件和子目录的拥有组将是该目录的拥有组，而不是创建文件的用户所属的组。被复制到这个目录下的文件或目录，其所属的组也都会被重设为和这个目录一样，除非在复制文件时加上 -p 参数，才能保留原来所属的群组设置。

当一个设置了 setgid 位的可执行文件运行时，该文件将具有所属组的特权，任意存取整个组所能使用的系统资源。

如果可执行文件或目录的拥有组权限中，原来的 x（执行权限）变成了 s，就表示该文件或目录设置了 setgid 位。

二、sticky-bit 位（粘贴位）

当一个目录设置 sticky-bit 位之后，存放在该目录的文件或子目录仅准许其拥有者和 root 用户执行删除、移动等操作。

比如，/tmp 目录是所有用户共有的临时文件夹，所有用户都对其拥有读写权限。这就很可能会出现如下情景：A 用户在 /tmp 中创建了文件 a.txt，然后 B 用户觉得该文件没用，在 /tmp 中把它给删除了（因为拥有读写权限），然后 C 用户又有可能把 B 用户的文件删除，诸如此类。如果上述情景频繁出现，对于 /tmp 目录的使用将会十分混乱，但实际上是不会发生这种情况的，因为有特殊权限 stick-bit（粘贴位）的运用，查看 /tmp 目录的权限，如图 3-4 所示。

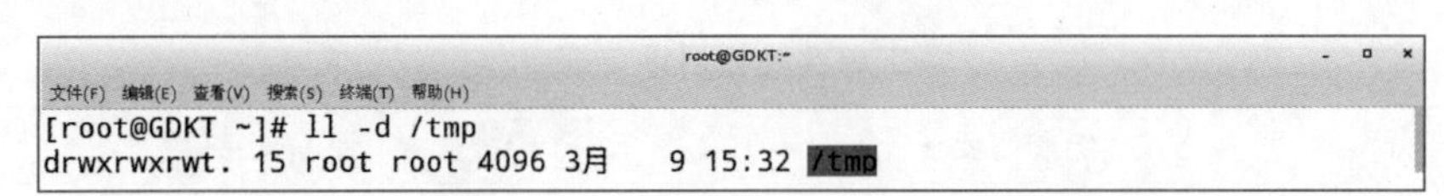

图 3-4　特殊权限 sticky-bit 位

从图 3-4 的显示结果可以看出，/tmp 目录的权限为 rwxrwxrwt，该目录的其他用户权限中的第 3 位既不是 x 也不是 -，而是 t，表示该目录设置了 stick-bit 位。也就是说，在 /tmp 目录中，只有文件的拥有者和 root 才能对其进行修改和删除，其他用户则不行，避免了上面所说的问题。

注意： 有时我们会看到特殊权限的表示形式为大写字母，这是因为系统规定：如果本来在该位上有 x，则这些特殊标志显示为小写字母（s，s，t）；否则，显示为大写字母（S，S，T）。

三、设置特殊权限

特殊权限也可以用数字来表达。由于这三类特殊权限的设置分别对应着文件的拥有者、所属的用户组和其他用户，因此可用一个三位的二进制数来表示这三类用户对特殊权限的拥有情况，有特殊权限的用 1 表示，没有的用 0 表示，如表 3-2 所示。

比如，要求在 /test（若没有，自行创建）中创建的文件，只能由其拥有者和 root 删除，则实现的命令为：

```
# chmod  o+t  /test
```

如果用数值形式来表达权限，则可以在原有三位十进制前面，再增加一个数字“1”表示 sticky-bit 位，比如 1755（/test 原有权限的数值形式为 755），则实现命令为：

```
# chmod  1755  /test
```

表 3-2 特殊权限的表示形式

setuid 位（s）	setgid 位（s）	sticky-bit 位（t）	对应的十进制数
0	0	0	0
0	0	1	1
0	1	0	2
0	1	1	3
1	0	0	4
1	0	1	5
1	1	0	6
1	1	1	7

在上面命令中 755 的 7 代表文件的所有者具有读、写和执行权限；755 中间的 5 代表所属的用户组的权限是具有读和执行的权限；755 最后的 5 代表其他用户的权限，也是读和执行权限，但由于此时他同时有了 t 权限，因此在最后显示时，其权限将显示为 r-t。

若要求在 /test 目录中创建的文件，其所属的组一定是 /test 目录的拥有组，则实现的命令为：

```
# chmod  g+s  /test     或     # chmod  2755  /test
```

质量监控单（教师完成）

工单实施栏目评分表

评分项	分值	作答要求	评审规定	得分
任务资讯	3	问题回答清晰准确，能够紧扣主题，没有明显错误项	对照标准答案错误一项扣 0.5 分，扣完为止	
任务实施	7	有具体配置图例，各设备配置清晰正确	A 类错误点一次扣 1 分，B 类错误点一次扣 0.5 分，C 类错误点一次扣 0.2 分	
任务扩展	4	各设备配置清晰正确，没有配置上的错误	A 类错误点一次扣 1 分，B 类错误点一次扣 0.5 分，C 类错误点一次扣 0.2 分	
其他	1	日志和问题项目填写详细，能够反映实际工作过程	没有填或者太过简单每项扣 0.5 分	
合计得分				

职业能力评分表

评分项	等级	作答要求	等级
知识评价	A | B | C	A：能够完整准确地回答任务资讯的所有问题，准确率在 90% 以上。 B：能够基本完成作答任务资讯的所有问题，准确率在 70% 以上。 C：对基础知识掌握得非常差，任务资讯和答辩的准确率在 50% 以下。	

续表

评分项	等级	作答要求	等级
能力评价	A|B|C	A：熟悉各个环节的实施步骤，完全独立完成任务，有能力辅助其他学生完成规定的工作任务，实施快速，准确率高（任务规划和任务实施正确率在 85% 以上）。 B：基本掌握各个环节实施步骤，有问题能主动请教其他同学，基本完成规定的工作任务，准确率较高（任务规划和任务实施正确率在 70% 以上）。 C：未完成任务或只完成了部分任务，有问题没有积极向其他同学请教，工作实施拖拉，不积极，各个部分的准确率在 50% 以下。	
态度素养评价	A|B|C	A：不迟到、不早退，对人有礼貌，善于帮助他人，积极主动完成规定工作任务，工作台完整整洁，回答老师提问科学。 B：不迟到、不早退，在教师督导和他人辅导下，能够完成规定工作任务，回答老师提问较准确。 C：未完成任务或只完成了部分任务，有问题没有积极向其他同学请教，工作实施拖拉不积极，不能准确回答老师提出的问题，各个部分的准确率在 50% 以下。	

教师评语栏

注意：本活页式教材模板设计版权归工单制教学联盟所有，未经许可不得擅自应用。

工单4（Linux 磁盘分区管理）

工作任务单			
工单编号	C2019111110041	工单名称	Linux 磁盘分区管理
工单类型	基础型工单	面向专业	计算机网络技术
工单大类	网络运维	能力面向	专业能力
职业岗位	网络运维工程师、网络安全工程师、网络工程师		
实施方式	实际操作	考核方式	操作演示
工单难度	较易	前序工单	
工单分值	15 分	完成时限	4 学时
工单来源	教学案例	建议组数	99
组内人数	1	工单属性	院校工单
版权归属	潘军		
考核点	MBR 、GPT 、分区 、主分区、 扩展分区、 逻辑分区		
设备环境	虚拟机 VMware Workstations 15 和 CentOS 7.2		
教学方法	在常规课程工单制教学当中，可采用手把手教的方式引导学生学习和训练 CentOS 7.2 操作系统磁盘分区设置的相关职业能力和素养。		
用途说明	本工单可用于网络技术专业 Linux 服务器配置与管理课程或者综合实训课程的教学实训，特别是聚焦于 CentOS 7.2 Linux 操作系统磁盘分区设置的训练，对应的职业能力训练等级为初级。		
工单开发	潘军	开发时间	2019-03-04 10:59

实施人员信息							
姓名		班级		学号		电话	
隶属组		组长		岗位分工		伙伴成员	

任务目标

实施该工单的任务目标如下：

知识目标

1. 熟悉 Linux 的分区类型。
2. 理解分区的文件名格式。
3. 了解挂载点的概念。

能力目标

1. 熟练掌握手工创建分区。
2. 掌握创建文件系统以及文件系统的挂载方法。

素养目标

1. 理解保证信息安全的重要意义。
2. 鼓励学生多动手、多思考、多实践，牢固树立信息安全意识。
3. 培养学生规划管理能力和实践动手能力。
4. 培养学生高度的责任心和处理突发事件的能力。

任务介绍

腾翼网络公司的服务器在系统安装过程中，已经完成了对硬盘的分区处理。但是在对服务器的使用和管理中，管理员发现某台服务器的硬盘空间不够了，需要通过添加新硬盘来扩充可用空间。此时就要求管理员熟练掌握手工创建分区和文件系统以及文件系统的挂载方法。

强国思想专栏

防止信息泄密之磁盘销毁

从事相关岗位的工作人员要牢固树立信息安全意识，深刻认识加强信息安全防护的极端重要性和现实紧迫性。

当删除一个文件的时候，相当于在书本的目录页上某一项涂掉，但是并不会把对应页的那部分内容撕掉。如果用户没有主动进行磁盘整理的话，磁盘会擦一个字写一个字，这样导致下面的结果：

1. 删除一个文件之后，还没写入新的内容之前，这个文件其实还存在于磁盘中，只是通过手工找不到磁盘上对应这个文件的目录了。

2. 删除一个文件之后，重新写入了新的内容，但是没有把全部的内容覆盖。

彻底清除磁盘内容的方法一般有：焚毁、消磁、暴力粉碎。

任务资讯（3 分）

（1 分）1. Linux 的分区类型有哪三类？

（1分）2．第二块 SCSI 磁盘的第三个逻辑分区的文件名格式如何表示？

（1分）3．什么是挂载点？

注意：任务资讯中的问题可以参看视频 1。

视频 1

Linux 系统基本磁盘分区

任务规划

任务规划如下：

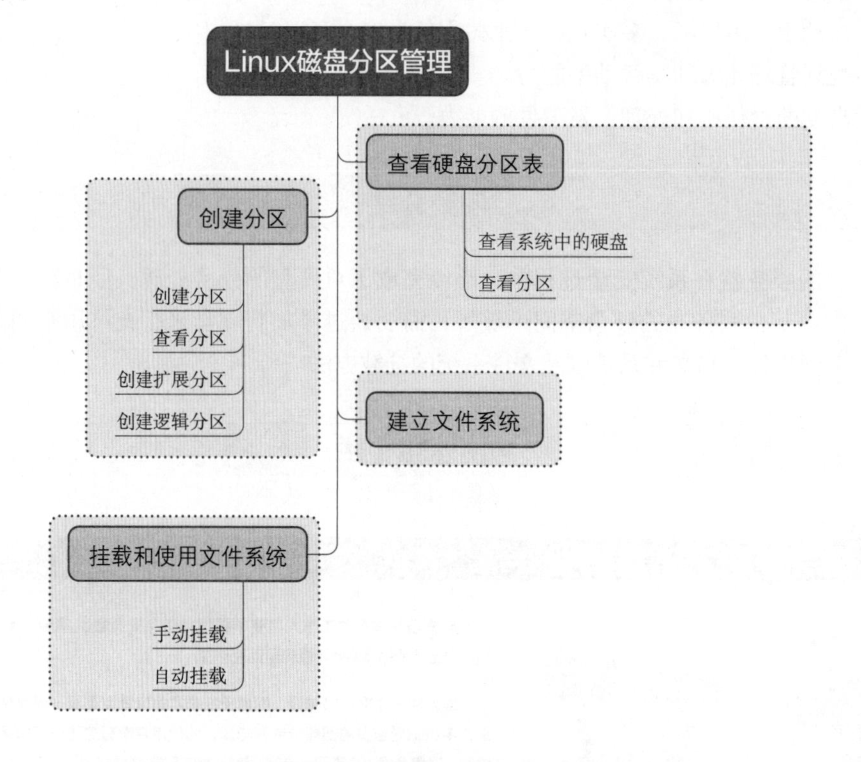

任务实施（8分）

（1分）（1）挂载新硬盘（大小为 20 GB），然后查看硬盘分区表。

（1分）（2）创建主分区，大小为 2 000 MB。

（1分）（3）创建扩展分区，将剩余空间全部划分给扩展分区。

（1 分）（4）创建三个逻辑分区，大小分别为 3 000 MB、4 000 MB、5 000 MB。

（1 分）（5）查看分区列表，然后保存（命令：w）退出。

（1 分）（6）对主分区 /dev/sdb1 进行格式化并创建 ext4 类型的文件系统。

（1 分）（7）创建目录 /usr/myvod，并将 /dev/sdb1 挂载到 /usr/myvod。

（1 分）（8）挂载成功后，进入 /usr/myvod 创建文件 share（证明新分区可以进行读写操作）。

注意：任务实施可以参看视频 2。

视频2

Linux 系统基本磁盘分区实验演示

任务扩展（3 分）

任务实施中对硬盘的挂载仅对本次操作有效，系统重启后又需要重新挂载。由于硬盘是长期要使用的设备，因此希望在系统启动时能自动进行挂载，可利用 /etc/fstab 配置文件来实现该功能。fstab 配置文件主要用来配置在 Linux 启动时需要执行的一些操作，通常是文件系统的外围设备的挂载操作。在 CentOS 7 启动过程中，启动进程会自动读取 /etc/fstab 配置文件中的内容，并挂载相应的文件系统，因此，只需将要自动挂载的设备和挂载点信息写进到 fstab 配置文件即可。

注意：fstab 配置文件非常重要，若配置错，就可能造成系统无法正常启动，为防止误操作损坏原配置文件，建议将该文件复制到 /root 目录下，以备不时之需。

（1 分）（1）使用 vim 编辑器打开 /etc/fstab 配置文件。

（1 分）（2）在 /etc/fstab 配置文件中添加相关配置，实现系统自动挂载分区 /dev/sdb1 到 /usr/myvod。

（1 分）（3）重启 Linux 系统，利用 mount 命令查看 /dev/sdb1 分区已经实现自动挂载。

注意：任务扩展可以参看视频 3。

视频3

Linux 系统实现新建磁盘分区开机自动挂载

工作日志（0.5 分）

（0.5 分）实施工单过程中填写如下日志：

工作日志表

日　期	工作内容	问题及解决方式

总结反思（0.5 分）

（0.5 分）请编写完成本任务的工作总结：

学习资源集

任务资讯

计算机中存放信息的主要存储设备是硬盘，但是硬盘不能直接使用，必须将硬盘分割成一块一块的硬盘区域后才能使用，这些被分割出的硬盘区域就是磁盘分区。

Windows 与 Linux 磁盘分区如图 4-1 所示。

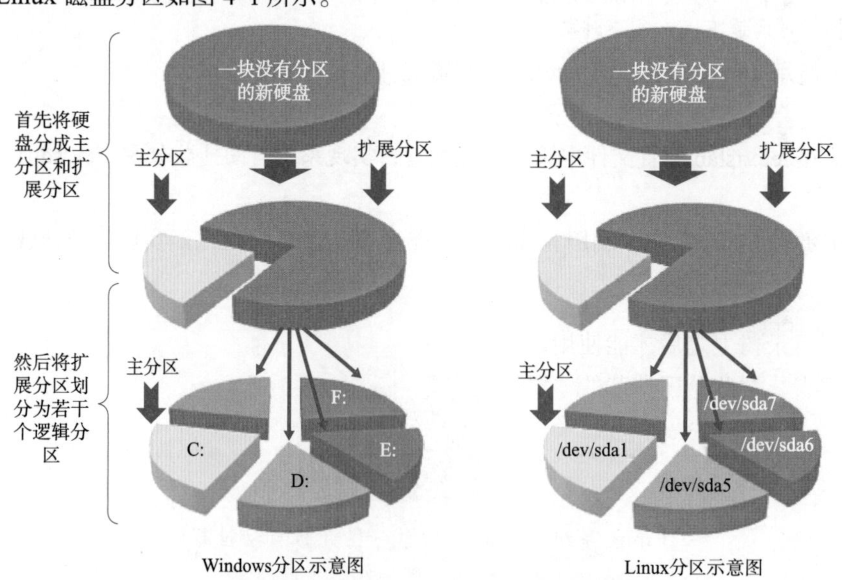

图4-1　Windows与Linux分区示意图

一、Linux 分区类型

Linux 分区类型和 Windows 一样，可以划分为主分区、扩展分区和逻辑分区三种类型。

1. 主分区

主分区又称主磁盘分区，是相对于扩展分区及逻辑分区产生的概念。主分区用于引导操作系统，一块磁盘至少要划分 1 个主分区，最多可以划分 4 个主分区。

2. 扩展分区

分出主分区后，其余部分可以分成扩展分区，一般是剩下的部分全部分成扩展分区。只有当主分区个数小于 4 时才可以划分扩展分区，而且一块磁盘最多只能有一个扩展分区。但扩展分区是不能直接使用的，它是以逻辑分区的方式来使用的，所以说扩展分区还要被分成若干逻辑分区。

3. 逻辑分区

逻辑分区是磁盘上一块连续的区域，是由扩展分区划分而成，而且理论上说逻辑分区的数目不受限制。

从图 4-1 中可以看出，Windows 系统的主分区和逻辑分区都采用英文字母标记，如 C 盘、D 盘等，而 Linux 系统中的硬件都是以文件方式进行管理，这些硬件设备映射到“/dev”目录对应的文件中。Linux 每个磁盘分区也映射到“/dev”目录的文件中，这些文件的文件名格式为：/dev/xxyN。

下面介绍一下“xxyN”这种格式各字段的含义：

xx：分区名的前两个字母标明分区所在设备的类型。通常是 hd 代表 IDE 磁盘，sd 代表 SCSI 或 SATA 磁盘。

y：标明分区所在的设备。例如 /dev/had 代表第一个 IDE 磁盘，/dev/sdb 代表第二个 SCSI 磁盘或 SATA 磁盘，c 代表第三个，d 代表第四个，依此类推。

N：最后的数字代表分区序号。前四个分区（主分区或扩展分区）是用数字 1~4 来表示，逻加分区从 5 开始。例如，/dev/hda3 是在第一个 IDE 硬盘上的第三个主分区或扩展分区；/dev/sdb6 是在第二个 SCSI 硬盘上的第二个逻辑分区。

表 4-1 和表 4-2 更直观地显示出两块磁盘分区的表示方法（第一块 IDE 磁盘：/dev/had，第二块 SCSI 磁盘：/dev/sdb）。

表 4-1　第一块磁盘分区表示方法

第一个主分区 /dev/hda1	第二个主分区 /dev/hda2	第一个逻辑分区 /dev/hda5	第二个逻辑分区 /dev/hda6
		扩展分区 /dev/hda3	

表 4-2　第二块磁盘分区表示方法

第一个主分区 /dev/sdb1	第二个主分区 /dev/sdb2	第三个主分区 /dev/sdb3	第一个逻辑分区 /dev/sdb5	第二个逻辑分区 /dev/sdb6
			扩展分区 /dev/sdb4	

二、挂载点

在 Linux 系统中，磁盘分区后，这些分区需要通过“挂载”动作，挂到目录树上之后才能使用，而在此使用的目录就称为挂载点。这些分区挂载的位置不一定要在目录树的根下，也可以挂载到某一特定目录下，如图 4-2 所示，/etc 目录中的内容会被放进磁盘的第二个主分区，而 /root/downloads 目录中的内容则被放进了第三个主分区。

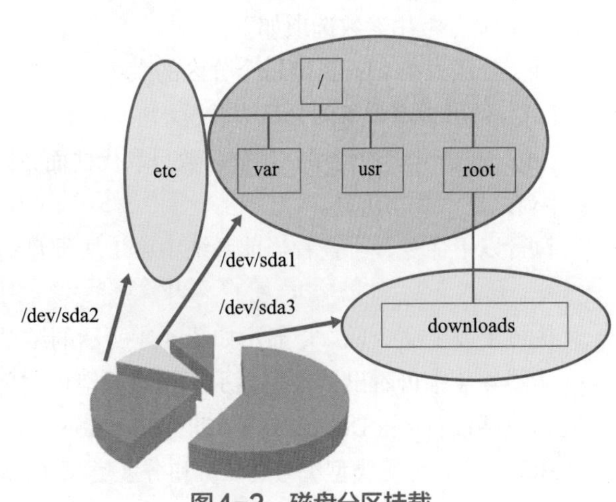

图4-2　磁盘分区挂载

在 Linux 系统的整个树状结构中，只有一个根目录（树根）位于根分区，其他目录、文件以及外围设备（包括硬盘、光驱、U 盘等）文件都是以根目录为起点，挂载在根目

录下面的，即整个 Linux 系统的文件系统，都是以根目录为起点的，其他所有分区都被挂载到目录树的某个目录中。通过访问挂载点目录，即可实现对这些分区的访问。

任务实施

在 Linux 安装过程中，已经完成了对硬盘的分区处理。但是在 Linux 的使用和管理中，管理员发现某台服务器的硬盘空间不够了，需要通过添加新硬盘来扩充可用空间。此时就必须要求管理员熟练掌握手工创建分区和文件系统以及文件系统的挂载方法。在硬盘中建立和使用文件系统，通常应遵循以下步骤：

① 当系统添加新硬盘后，先要通过查看硬盘分区表来了解硬盘分区情况。

② 查看了硬盘分区表之后，要对新硬盘进行分区。

③ 对分区进行格式化，以建立相应的文件系统。

④ 将分区挂载到系统的相应目录，通过访问该目录，即可实现在该分区进行文件的存取操作。

下面按以上步骤逐一介绍如何建立与使用文件系统。

一、查看硬盘分区表

当系统中添加了新硬盘之后，可通过查看硬盘分区表信息来了解硬盘的分区情况，以便对硬盘分区进行进一步的处理。

1. 查看系统中的硬盘

当系统中增加新硬盘后，重新启动系统，即可在 /dev 目录中看到新增的硬盘设备文件。假设现在系统中新添加了一块 SCSI 硬盘（或 SATA 硬盘）。

执行以下命令，可查看当前系统中的硬盘设备。

```
# ls -l /dev/sd*
```

执行完以上命令，可看到图 4-3 所示的硬盘文件，从显示结果可以看出，除了以 sda 开头的硬盘（第 1 块硬盘）之外，下面还有一块 sdb 硬盘（新增的硬盘）。

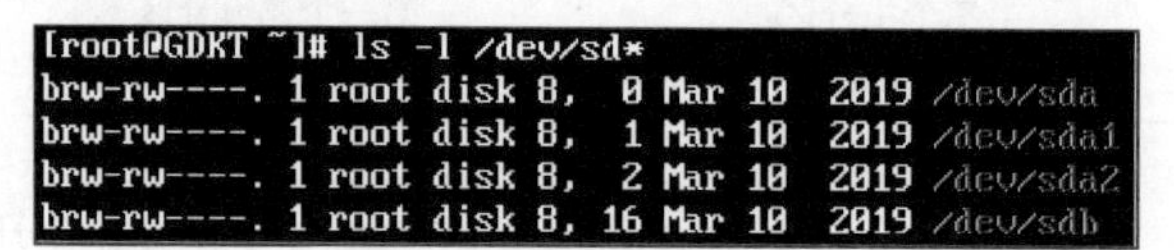

图4-3 查看新增硬盘

对于新增的硬盘，不能直接使用，必须要进行分区、格式化之后才能使用。

2. 查看分区

使用 fdisk 命令可查看指定硬盘的分区，也可对硬盘进行分区操作。fdisk 命令的用法格式为：

```
fdisk  [-b<分区大小>][参数选项] 设备名
```

fdisk 命令常用参数选项如下：

[-b<分区大小>]：指定每个分区的大小。

[-l]：列出指定设备的分区表状况。

[-u]：配合 -l 参数使用，用分区数目取代柱面数目，来表示每个分区的起始地址。

[-v]：显示版本信息。

执行以下命令，可查看当前系统中第 1 块硬盘的分区情况。

```
# fdisk -l /dev/sda
```

执行了以上命令后，将显示如图 4-4 所示的结果。

从图 4-4 中可看出，首先显示了当前硬盘的空间大小，接下来以列表形式展示了该硬盘每一个分区的具体情况，包括设备名（Device）、活动标志（Boot）、开始柱面（Start）、结束柱面（End）、每个分区中块的数量（Blocks）、分区类型编号（Id）和分区类型（System）。

活动标志（Boot）字段中显示星号（*）的分区表示系统从该分区启动。

对于系统中新添加的硬盘 sdb，可以使用如下命令查看其分区情况。

```
# fdisk -l /dev/sdb
```

执行了以上命令后，将显示如图 4-5 所示的结果。从图中可以看出，除了显示硬盘大小之外，最下面有一行提示信息，表明在 /dev/sdb 设备中不包含分区表，因此需要对该硬盘进行分区操作。

```
[root@GDKT ~]# fdisk -l /dev/sda

Disk /dev/sda: 42.9 GB, 42949672960 bytes, 83886080 sectors
Units = sectors of 1 * 512 = 512 bytes
Sector size (logical/physical): 512 bytes / 512 bytes
I/O size (minimum/optimal): 512 bytes / 512 bytes
Disk label type: dos
Disk identifier: 0x000715ad

   Device Boot      Start         End      Blocks   Id  System
/dev/sda1   *        2048     1026047      512000   83  Linux
/dev/sda2         1026048    83886079    41430016   8e  Linux LVM
```

图4-4 查看第1块硬盘分区

图4-5 查看新增硬盘

二、创建分区

fdisk 命令是以交互方式进行操作的，在 Command（m for help）：状态下，输入 m 子命令，可查看所有子命令及对应的功能解释。fdisk 的交互操作子命令均为单个字母，常用的主要是以下几个：

a：设置可引导标志（启动分区）。

b：编辑一个分区为 bsd 分区。

d：删除一个分区。

n：新建分区。

p：显示分区信息。

t：修改分区的类型代码。

v：校验分区表。

l：列出 Linux 支持的分区类型。

q：不存盘退出。

w：存盘退出。

1. 创建主分区

下面开始对新增硬盘 sdb 进行分区，使用以下命令，进入分区界面，如图 4-6 所示。

```
# fdisk /dev/sdb
```

在图 4-6 所示的 Command（m for help）：后输入命令字符 n，创建一个新分区，如图 4-7 所示。程序接着会提示用户选择：创建扩展分区还是主分区（一个硬盘最多只能创建 4 个主分区），此处输入字符 p，创建一个主分区。接着输入分区编号，这里输入 1，代表第 1 个主分区。然后会提示用户输入新建分区的起始柱面，默认值为 1，输入 1 或直接【Enter】键都将使起始柱面为 1。最后会提示用户输入新建分区的结束柱面，默认值是最大柱面，即将整个硬盘划分为一个分区。在这里输入 +2000M，表示新建分区的大小为 2 000 MB。

```
[root@GDKT ~]# fdisk /dev/sdb
Welcome to fdisk (util-linux 2.23.2).

Changes will remain in memory only, until you decide to write them.
Be careful before using the write command.

Device does not contain a recognized partition table
Building a new DOS disklabel with disk identifier 0x8d094e64.

Command (m for help): _
```

图4-6 分区初始界面

```
Command (m for help): n
Partition type:
   p   primary (0 primary, 0 extended, 4 free)
   e   extended
Select (default p): p
Partition number (1-4, default 1): 1
First sector (2048-41943039, default 2048):
Using default value 2048
Last sector, +sectors or +size{K,M,G} (2048-41943039, default 41943039): +2000M
Partition 1 of type Linux and of size 2 GiB is set

Command (m for help):
```

图4-7 创建主分区

使用柱面方式输入分区结束位置很不直观，因此，fdisk 命令又提供了按磁盘大小进行分区的操作。在输入最后柱面处使用加号（+）和一个数字，并加上容量单位。

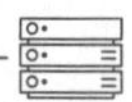

在上面创建分区的过程中，输入分区的大小为 2 000 MB，但是实际创建分区时，fdisk 会将用户输入的分区大小转换为结束柱面，所以创建的分区大小不会精确到正好为 2 000 MB，而会调整到适应柱面。

2. 查看分区

创建好主分区后，输入命令字符 p，可查看分区表的情况，如图 4-8 所示。

```
Command (m for help): p

Disk /dev/sdb: 21.5 GB, 21474836480 bytes, 41943040 sectors
Units = sectors of 1 * 512 = 512 bytes
Sector size (logical/physical): 512 bytes / 512 bytes
I/O size (minimum/optimal): 512 bytes / 512 bytes
Disk label type: dos
Disk identifier: 0xbe528274

   Device Boot      Start         End      Blocks   Id  System
/dev/sdb1            2048     4098047     2048000   83  Linux

Command (m for help):
```

图4-8　查看分区信息

从图 4-8 中可以看出，fdisk 将分区的结束柱面调整到 256。

3. 创建扩展分区

若准备划分扩展分区，则最多只能创建 3 个主分区（一个硬盘最多只能划分 4 个主分区），否则将无法创建扩展分区。

此处创建了一个主分区后，不再创建其他主分区，而准备创建扩展分区。在图 4-7 中输入命令字符 n，创建新分区。然后根据程序提示输入字符 e，创建一个扩展分区。再输入分区号 2（前面划分的主分区为 1）。接下来输入分区起始柱面，直接按【Enter】键使用默认值即可。在输入结束柱面处直接按【Enter】键使用默认值，将磁盘剩余空间全部划分给扩展分区。

创建扩展分区的过程如图 4-9 所示。

创建好扩展分区后，输入命令字符 p，可查看分区表的情况，如图 4-10 所示。

```
Command (m for help): n
Partition type:
   p   primary (1 primary, 0 extended, 3 free)
   e   extended
Select (default p): e
Partition number (2-4, default 2):
First sector (4098048-41943039, default 4098048):
Using default value 4098048
Last sector, +sectors or +size{K,M,G} (4098048-41943039, default 41943039):
Using default value 41943039
Partition 2 of type Extended and of size 18 GiB is set

Command (m for help):
```

图4-9　创建扩展分区

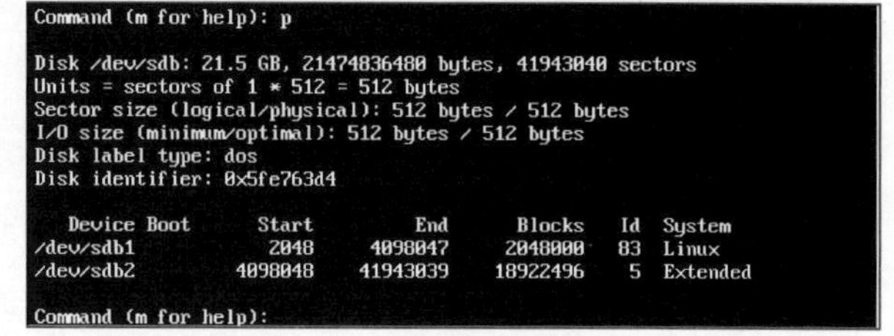

```
Command (m for help): p

Disk /dev/sdb: 21.5 GB, 21474836480 bytes, 41943040 sectors
Units = sectors of 1 * 512 = 512 bytes
Sector size (logical/physical): 512 bytes / 512 bytes
I/O size (minimum/optimal): 512 bytes / 512 bytes
Disk label type: dos
Disk identifier: 0x5fe763d4

   Device Boot      Start         End      Blocks   Id  System
/dev/sdb1            2048     4098047     2048000   83  Linux
/dev/sdb2         4098048    41943039    18922496    5  Extended

Command (m for help):
```

图4-10　查看分区信息

从显示结果可以看出，/dev/sdb2 的分区类型为 Extended（扩展分区）。

4. 创建逻辑分区

扩展分区创建完成后，不能直接使用，还需要将其再次划分为一个或多个逻辑分区才行。

在图 4-7 中输入命令字符 n，创建新分区。程序会提示创建分区类型，注意此时将不会再显示扩展分区字符 e，而显示了一个字符 l，表示创建逻辑分区。此处输入字符 l。接下来输入分区起始柱面，直接按【Enter】键使用默认值。在输入结束柱面处输入该逻辑分区大小为 +3000M，表示创建一个大小为 3 000 MB 的逻辑分区。

创建逻辑分区的过程如图 4-11 所示。

```
Command (m for help): n
Partition type:
   p   primary (1 primary, 1 extended, 2 free)
   l   logical (numbered from 5)
Select (default p): l
Adding logical partition 5
First sector (4100096-41943039, default 4100096):
Using default value 4100096
Last sector, +sectors or +size{K,M,G} (4100096-41943039, default 41943039): +3000M
Partition 5 of type Linux and of size 3 GiB is set
```

图4-11　创建逻辑分区

使用相同方法再创建两个大小分别为 4 000 MB 和 5 000 MB 的逻辑分区，完成后输命令字符 p，查看此时的分区情况，如图 4-12 所示。

```
Command (m for help): p

Disk /dev/sdb: 21.5 GB, 21474836480 bytes, 41943040 sectors
Units = sectors of 1 * 512 = 512 bytes
Sector size (logical/physical): 512 bytes / 512 bytes
I/O size (minimum/optimal): 512 bytes / 512 bytes
Disk label type: dos
Disk identifier: 0x5fe763d4

   Device Boot      Start         End      Blocks   Id  System
/dev/sdb1            2048     4098047     2048000   83  Linux
/dev/sdb2         4098048    41943039    18922496    5  Extended
/dev/sdb5         4100096    10244095     3072000   83  Linux
/dev/sdb6        10246144    18438143     4096000   83  Linux
/dev/sdb7        18440192    28680191     5120000   83  Linux
```

图4-12　查看分区表情况

从图 4-12 中显示的分区表可以看出，扩展分区的设备名为 /dev/sdb2，在该扩展分区下包含了 3 个逻辑分区。在实际应用中，扩展分区 /dev/sdb2 中的数据是不能直接访问的，而需要通过逻辑分区进行访问。还可以看出，逻辑分区的编号是从 5 开始的，所以这 3 个逻辑分区的设备名分别是 /dev/sdb5、/dev/sdb6、/dev/sdb7。

完成所有分区创建后，输入命令字符 w，保存分区信息并退出。

三、在分区建立文件系统

创建好分区后，在 /dev 目录中将看到对应分区的设备名称，如图 4-13 所示。

```
[root@GDKT ~]# ls -l /dev/sd*
brw-rw----. 1 root disk 8,  0 Mar 10  2019 /dev/sda
brw-rw----. 1 root disk 8,  1 Mar 10  2019 /dev/sda1
brw-rw----. 1 root disk 8,  2 Mar 10  2019 /dev/sda2
brw-rw----. 1 root disk 8, 16 Mar  9 16:29 /dev/sdb
brw-rw----. 1 root disk 8, 17 Mar  9 16:29 /dev/sdb1
brw-rw----. 1 root disk 8, 18 Mar  9 16:29 /dev/sdb2
brw-rw----. 1 root disk 8, 21 Mar  9 16:29 /dev/sdb5
brw-rw----. 1 root disk 8, 22 Mar  9 16:29 /dev/sdb6
brw-rw----. 1 root disk 8, 23 Mar  9 16:29 /dev/sdb7
```

图4-13　查看设备名称

刚建立的分区还不能使用，需要根据要创建的文件系统类型，选择相应的命令格式化分区，从而实现在分区创建相应的文件系统。只有建立了文件系统后，该分区才能用于存取文件。

在 Linux 系统中，使用 mkfs 命令创建指定分区的文件系统。mkfs 命令的用法格式为：

```
mkfs  [参数选项][-t <文件系统类型>] 设备名
```

该命令的常用参数选项如下：

[-V]：详细显示模式。

[-t <文件系统类型>]：指定要建立何种文件系统。

[-c]：在创建文件系统前，检查该分区是否有坏轨。

[-l bad_blocks_file]：将有坏轨的 block 资料加到 bad_blocks_file 中。

若要对新划分的主分区 /dev/sdb1 进行格式化，并创建 ext4 文件系统，则操作命令为：

```
# mkfs -t ext4 /dev/sdb1
```

执行以上命令，终端上将会显示图 4-14 所示的提示信息，包括格式化后分区中块的数量、每组多少块等内容。

若要实现主分区 /dev/sdb1 的格式化并创建 ext4 文件系统，也可使用如下操作命令，其功能与上面的命令相同。

```
# mkfs.ext4 /dev/sdb1
```

CentOS 7 系统默认文件系统为 xfs，若对新创建分区 /dev/sdb1 进行格式化并创建 xfs 文件系统，则操作命令为：

```
#mkfs -t xfs /dev/sdb1  或  #mkfs.xfs /dev/sdb1
```

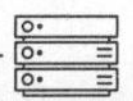

```
[root@GDKT ~]# mkfs -t ext4 /dev/sdb1
mke2fs 1.42.9 (28-Dec-2013)
Filesystem label=
OS type: Linux
Block size=4096 (log=2)
Fragment size=4096 (log=2)
Stride=0 blocks, Stripe width=0 blocks
128000 inodes, 512000 blocks
25600 blocks (5.00%) reserved for the super user
First data block=0
Maximum filesystem blocks=524288000
16 block groups
32768 blocks per group, 32768 fragments per group
8000 inodes per group
Superblock backups stored on blocks:
        32768, 98304, 163840, 229376, 294912

Allocating group tables: done
Writing inode tables: done
Creating journal (8192 blocks): done
Writing superblocks and filesystem accounting information: done
```

图4-14　格式化分区

四、挂载和使用文件系统

将硬盘分区的文件系统创建好后，还需要将其挂载到系统中才能使用。为了将分区挂载到 Linux 文件系统中，需要先创建一个挂载点目录，或利用某个现成的空目录。若挂载点目录内有文件，将分区挂载到该目录后，目录中原有的文件将不能被使用。

假设要将格式化好的分区 /dev/sdb1 挂载到 /usr 目录下面的 myvod 目录，则操作命令为：

```
# mkdir /usr/myvod
# mount /dev/sdb1 /usr/myvod
```

挂载完成后执行 mount 命令，查看当前已挂载的设备。

```
# mount
```

从输出的内容中，就会看到如下一行内容，表明挂载成功。

```
/dev/sdb1 on /usr/myvod type ext4(rw,realtime,seclabel,data=ordered)
```

挂载成功后，即可通过 /usr/myvod 目录访问 /dev/sdb1 分区中的内容，比如使用 ls 命令查看分区中的文件，具体执行效果如图 4-15 所示。

```
[root@GDKT ~]# ls /usr/myvod/
lost+found
```

图4-15　查看挂载分区

在 mount 命令中若不使用任何参数，mount 命令将自动识别被挂载文件系统的类型，以文件系统能使用的选项进行挂载。

若要卸载该硬盘分区，则执行命令 umount /dev/sdb1 即可。

任务扩展

fstab 配置文件非常重要，若配置错误，就可能造成系统无法正常启动，为防止误操作损坏原配置文件，建议将该文件复制到 /root 目录下，以备不时之需。

利用 vi 编辑器编辑 /etc/fstab 配置文件，设置系统自动挂载 /dev/sdb1 分区到文件系统中。

```
# vim /etc/fstab
```

执行以上命令后，将打开 /etc/fstab 配置文件，如图 4-16 所示。

```
#
# /etc/fstab
# Created by anaconda on Sat Mar  9 22:08:46 2019
#
# Accessible filesystems, by reference, are maintained under '/dev/disk'
# See man pages fstab(5), findfs(8), mount(8) and/or blkid(8) for more info
#
/dev/mapper/centos-root /                       xfs     defaults        0 0
UUID=cac90281-1380-45d8-aff9-bdfc5d4ebe01 /boot                   xfs     defaults        0 0
/dev/mapper/centos-swap swap                    swap    defaults        0 0
```

图4-16　编辑/etc/fstab文件

从图 4-16 显示的内容可以看出 fstab 文件格式，其中每一行表示一个自动挂载选项。每行由 6 个字段组成，下面是各字段的作用。

第 1 个字段：设备名，也可使用设备的标签名（用 LABEL= 的形式标出）。对磁盘分区进行格式化时，可设置其标签，也可使用 e2label 命令设置标签。

第 2 个字段：设置挂载点。

第 3 个字段：设置文件系统的类型。

第 4 个字段：设置挂载选项。使用 defaults 表示 rw、suid、dev、exec、auto、nouser 和 async 选项的组合。

第 5 个字段：设置是否要备份。0 表示不备份，1 表示备份，一般根分区要备份。

第 6 个字段：设置自检顺序。该字段被 fsck 命令用来决定在启动时需要被扫描的文件系统的顺序，根文件系统“/”对应该字段的值为 1，其他文件系统对应该字段的值为 2。若该文件系统无须在启动时扫描，则设置该字段为 0。

若要使用系统自动挂载 /dev/sdb1 分区，可在 /etc/fstab 配置文件最后添加以下一行：

```
/dev/sdb1    /usr/myvod    ext4    defaults    0  0
```

另外，也可以不使用 vi 编辑器，而直接使用“>>”追加定向符，向 /etc/fstab 文件中添加挂载信息，其操作命令为：

```
# echo  "/dev/sdb1   /usr/myvod   ext4   defaults   0  0">> /etc/fstab
```

注意： 不要使用“>”定向符，否则将覆盖掉 /etc/fstab 配置文件中的原有内容。

修改 /etc/fstab 配置文件后，利用 reboot 重启 Linux 系统，然后用 mount 命令查看，可以发现系统已自动挂载了 /dev/sdb1 分区。

质量监控单（教师完成）

工单实施栏目评分表

评分项	分值	作答要求	评审规定	得分
任务资讯	3	问题回答清晰准确，能够紧扣主题，没有明显错误项	对照标准答案错误一项扣 0.5 分，扣完为止	
任务实施	8	有具体配置图例，各设备配置清晰正确	A 类错误点一次扣 1 分，B 类错误点一次扣 0.5 分，C 类错误点一次扣 0.2 分	
任务扩展	3	各设备配置清晰正确，没有配置上的错误	A 类错误点一次扣 1 分，B 类错误点一次扣 0.5 分，C 类错误点一次扣 0.2 分	
其他	1	日志和问题项目填写详细，能够反映实际工作过程	没有填或者太过简单每项扣 0.5 分	
合计得分				

职业能力评分表

评分项	等级	作答要求	等级
知识评价	A | B | C	A：能够完整准确地回答任务资讯的所有问题，准确率在 90% 以上。 B：能够基本完成作答任务资讯的所有问题，准确率在 70% 以上。 C：对基础知识掌握得非常差，任务资讯和答辩的准确率在 50% 以下。	

续表

评　分　项	等级	作答要求	等级
能力评价	A | B | C	A：熟悉各个环节的实施步骤，完全独立完成任务，有能力辅助其他学生完成规定的工作任务，实施快速，准确率高（任务规划和任务实施正确率在 85% 以上）。 B：基本掌握各个环节实施步骤，有问题能主动请教其他同学，基本完成规定的工作任务，准确率较高（任务规划和任务实施正确率在 70% 以上）。 C：未完成任务或只完成了部分任务，有问题没有积极向其他同学请教，工作实施拖拉，不积极，各个部分的准确率在 50% 以下。	
态度素养评价	A | B | C	A：不迟到、不早退，对人有礼貌，善于帮助他人，积极主动完成规定工作任务，工作台完整整洁，回答老师提问科学。 B：不迟到、不早退，在教师督导和他人辅导下，能够完成规定工作任务，回答老师提问较准确。 C：未完成任务或只完成了部分任务，有问题没有积极向其他同学请教，工作实施拖拉不积极，不能准确回答老师提出的问题，各个部分的准确率在 50% 以下。	

教师评语栏

____

____

____

____

____

工单 5（动态磁盘 LVM 和 RAID）

工作任务单			
工单编号	C2019111110042	工单名称	动态磁盘 LVM 和 RAID
工单类型	基础型工单	面向专业	计算机网络技术
工单大类	网络运维	能力面向	专业能力
职业岗位	网络运维工程师、网络安全工程师、网络工程师		
实施方式	实际操作	考核方式	操作演示
工单难度	中等	前序工单	
工单分值	20 分	完成时限	8 学时
工单来源	教学案例	建议组数	99
组内人数	1	工单属性	院校工单
版权归属	潘军		
考核点	动态磁盘、LVM、LV、PV、VG		
设备环境	虚拟机 VMware Workstations 15 和 CentOS 7.2		
教学方法	在常规课程工单制教学当中，可采用手把手教的方式引导学生学习和训练 CentOS 7.2 操作系统的动态磁盘 LVM 和 RAID 配置的相关职业能力和素养。		
用途说明	本工单可用于网络技术专业 Linux 服务器配置与管理课程或者综合实训课程的教学实训，特别是聚焦于 CentOS 7.2 Linux 操作系统动态磁盘 LVM 和 RAID5 配置的训练，对应的职业能力训练等级为初级。		
工单开发	潘军	开发时间	2019-03-04

实施人员信息							
姓名		班级		学号		电话	
隶属组		组长		岗位分工		伙伴成员	

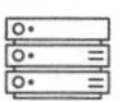

任务目标

实施该工单的任务目标如下：

知识目标

1. 了解 LVM 的概念。
2. 理解 VG、PV、LV 的概念及三者间的关系。
3. 了解 RAID3 和 RAID5 的区别。

能力目标

1. 能够动态地实现分区空间的扩展与删减。
2. 能够通过图形界面实现 LVM 的管理。
3. 可以实现 RAID5 配置。

素养目标

1. 理解磁盘数据加密的重要意义。
2. 鞭策学生努力学习，增强数据加密意识。
3. 培养学生规划管理能力和实践动手能力。
4. 培养学生职业素养与高度责任心。

任务介绍

腾翼网络公司某个服务器的磁盘分区不够合理，有的分区空间将要耗尽，有的分区还有很大的空间，此时通常可以使用符号链接或者使用调整分区大小的工具（如 Partition Magic 等）来解决，但这都只是暂时的解决办法，因为某个分区可能会再次被耗尽；另外一个方面这需要重新引导系统才能实现，对于很多关键服务器，停机是不可接受的。如果添加新硬盘，需要一个能跨越多个硬盘驱动器的文件系统时，分区调整程序也无法实现。所以，公司的管理员决定使用逻辑盘卷管理（LVM）功能实现分区的弹性调整，从而可在无须停机的情况下方便地调整各个分区大小，并能方便地实现文件系统跨越不同磁盘和分区。目前，公司某台服务器上已经有两块硬盘了，现在要为其增加第三块硬盘，并通过 LVM 实现分区的弹性调整。

强国思想专栏

防止信息泄密之磁盘数据加密

在日常使用计算机时，我们可能会将文档、照片或是视频等文件保存在计算机的硬盘中。要知道的是，计算机的硬盘是可以拆卸的。

一旦不法分子通过某些手段获取硬盘，那么硬盘上那些涉及个人隐私或是关乎公司利益的文件将会发生泄露，从而带来难以想象的后果。

为了防止这种情况发生，一般建议将重要文件保存至计算机的加密硬盘，并设置较复杂的密码。另外，因为我们在使用微信、QQ等即时通讯软件时，可能需要处理一些涉密信息，所以建议将带有聊天记录的文件也存放在加密硬盘中。

任务资讯（4 分）

（1 分）1. 什么是 LVM？

（1 分）2. 什么是 VG、PV、LV？

（1 分）3. VG、PV、LV 三者的关系有哪些？

（1 分）4. RAID3 和 RAID5 的区别有哪些？

注意： 任务资讯中的问题可以参看视频 1 和视频 2。

视频 1

LVM 概述

视频2

CentOS 7.2 配置 RAID5

任务规划

任务规划如下：

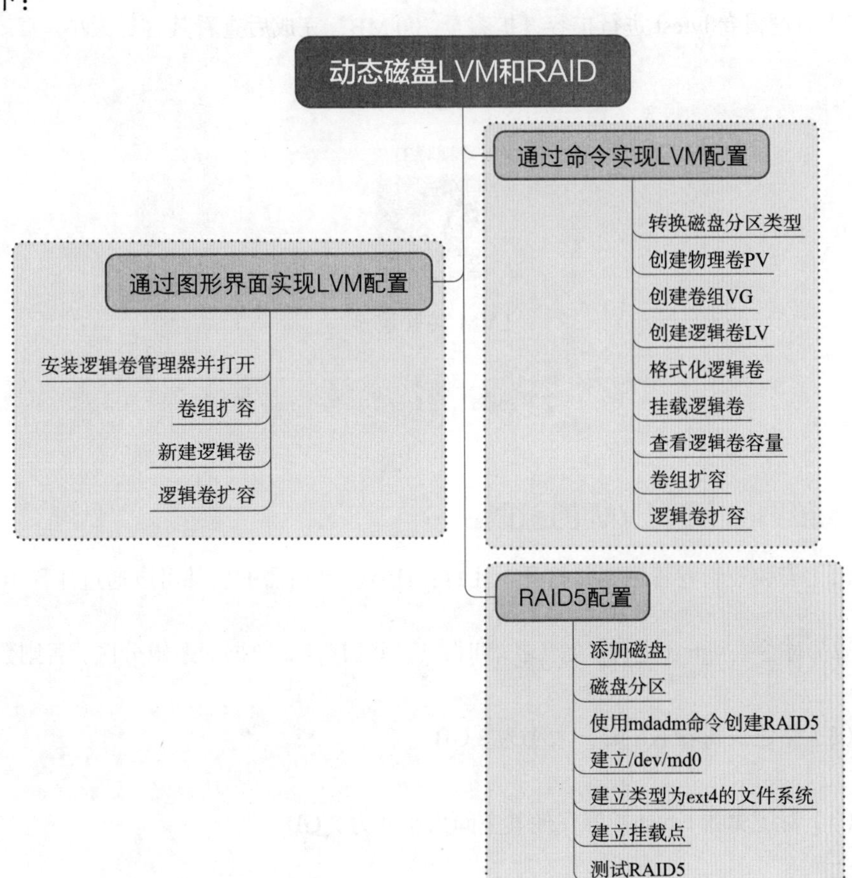

任务实施（9 分）

（1 分）（1）添加一块新硬盘，创建三个逻辑分区，大小为 3 000 MB、4 000 MB 和 5 000 MB，然后转换磁盘分区类型为 8e。（注意：本任务中因为添加的新硬盘为第三块硬盘，所以新添加的硬盘文件名为 /dev/sdc，创建的三个逻辑分区分别为 /dev/sdc5、/dev/sdc6、/dev/sdc7。）

（1 分）（2）利用新创建的三个逻辑分区 /dev/sdc5、/dev/sdc6、/dev/sdc7 创建三个物理卷。

（1 分）（3）创建卷组 vgtest，将创建的三个物理卷加到该卷组中。

（1 分）（4）创建逻辑卷 lvtest，大小为 200 MB。

（1 分）（5）格式化逻辑卷 lvtest。

（1 分）（6）创建目录 /data/lvroot，挂载逻辑卷 lvtest。

（1 分）（7）查看逻辑卷 lvtest 容量。

（1 分）（8）对卷组 vgtest 进行扩容（需要再创建一个新的逻辑分区 /dev/sdc8，然后创建一个新的物理卷）。

（1 分）（9）对逻辑卷 lvtest 进行扩容，扩容至 700 MB，完成后查看其容量大小。

注意：任务实施可以参看视频 3。

视频3

LVM 实验演示

任务扩展（6 分）

任务一：通过图形界面实现 LVM 的管理

（0.5 分）（1）安装逻辑卷管理器并打开（注意：任务扩展所需的软件可以通过注释 10 下载）。

（0.5 分）（2）对卷组 vgtest 进行扩容（扩容时，选择没有存储数据的逻辑分区，否则数据将会丢失）。

（0.5 分）（3）新建逻辑卷 lvtest2，大小为 2 GB。

（0.5 分）（4）对逻辑卷 lvtest 扩容，使其空间大小变为 2 GB。

（0.5分）（5）对逻辑卷 lvtest2 缩容，缩减到 500 MB。

注意： 扩展任务一可以参看视频4。

视频4

图形界面管理和配置 LVM

任务二：RAID5 配置（选做）

公司为了保护服务器上的重要数据，购买了同一厂家容量相同的4块硬盘（硬盘容量为20 GB），要求利用这4块硬盘创建 RAID5 卷，以实现硬盘容错，保护重要数据。

（0.5分）（1）在 VMware 中添加四块 SCSI 硬盘，硬盘空间大小为 20 GB。

（0.5分）（2）启动系统，利用 fdisk -l 命令查看新增硬盘信息。

（0.5分）（3）使用 fdisk 命令分别对 /dev/sdb、/dev/sdc、/dev/sdd、/dev/sde 进行分区。

① 每块硬盘分2个主分区，每个分区 10 GB。

② 设置分区类型 id 为 fd(Linux raid autodetect)。

（0.5分）（4）使用 mdadm 命令创建 RAID5。

命令中指定 RAID 设备名为 /dev/md0，级别为5，使用3个设备建立 RAID，使用一个硬盘作为热备盘。

（0.5分）（5）为新建立的 /dev/md0 建立类型为 ext4 的文件系统。

（0.5分）（6）建立挂载点，将 RAID5 设备 /dev/md0 挂载到 /mnt/md0 目录中，并在该设备中新建测试文件 raid5.txt。

（0.5分）（7）如果 RAID 设备中某个硬盘损坏，系统会自动停止该硬盘的工作。让热备盘代替损坏的硬盘继续工作。例如，假设 /dev/sdc1 分区已损坏。

① 将损坏的 RAID 硬盘标记为失效。

② 移除失效的 RAID 成员 /dev/sdc1。

③ 查看 RAID5 状态，观察到 /dev/sde1 已经顶替上去了。

注意： 扩展任务二可以参看视频2。

视频2

CentOS 7.2 配置 RAID5

工作日志（0.5分）

（0.5分）实施工单过程中填写如下日志：

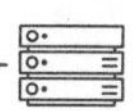

工作日志表

日　　期	工作内容	问题及解决方式

总结反思（0.5 分）

（0.5 分）请编写完成本任务的工作总结：

学习资源集

任务资讯

对每个 Linux 使用者而言，在安装 Linux 系统时遇到的最常见的难以决定的问题就是：如何精准地评估各分区大小，以分配给各分区合适的硬盘空间。因为一旦预估不准确，随着系统的使用而导致某个分区的空间不足时，管理员可能要备份整个系统、清除硬盘、重新对硬盘分区，然后恢复数据到新分区。因此，作为系统管理员，不但要考虑到当前各个分区需要的容量，还要预见分区以后可能需要的容量的最大值。

如果遇到某个分区空间耗尽时，通常可以使用符号链接或者使用调整分区大小的工具（如 Partition Magic 等）来解决，但这都只是暂时的解决办法，因为某个分区可能会再次被耗尽；另外一个方面这需要重新引导系统才能实现，对于很多关键的服务器，停机是不可接受的，而且对于添加新硬盘，希望一个能跨越多个硬盘驱动器的文件系统时，分区调整程序就无法解决问题了。

随着 Linux 的逻辑盘卷管理（LVM）功能的出现，这些问题都迎刃而解，用户可以在无须停机的情况下方便地调整各个分区大小，可以方便地实现文件系统跨越不同磁盘和分区。

一、LVM 简介

LVM（Logical Volume Manager，逻辑盘卷管理）将一个或多个硬盘的分区在逻辑上集合，相当于一个大硬盘来使用，当硬盘的空间不够使用时，可以继续将其他硬盘的分区加入其中，这样可以实现磁盘空间的动态管理，相对于普通的磁盘分区有很大的灵活性。

与传统的磁盘与分区相比，LVM 为计算机提供了更高层次的磁盘存储。它使系统管理员可以更方便地为应用与用户分配存储空间。在 LVM 管理下的存储卷可以按需要随时改变大小或移除。

二、LVM 相关术语

LVM 是在磁盘分区和文件系统之间添加的一个逻辑层，作用是为文件系统屏蔽下层磁盘分区布局，提供一个抽象的盘卷，在盘卷上建立文件系统。首先介绍以下几个 LVM 术语：

（1）物理存储介质（The physical media）：这里指系统的存储设备（硬盘），如 /dev/hda1、/dev/sda 等，是存储系统最低层的存储单元。

（2）物理卷（PV）：物理卷就是指硬盘分区或从逻辑上与磁盘分区具有同样功能的设备（如 RAID），是 LVM 的基本存储逻辑块。

（3）卷组（VG）：LVM 卷组类似于非 LVM 系统中的物理硬盘，其由物理卷组成。可以在卷组上创建一个或多个“LVM 分区”（逻辑卷），LVM 卷组由一个或多个物理卷组成。

（4）逻辑卷（LV）：LVM 的逻辑卷类似于非 LVM 系统中的硬盘分区，在逻辑卷之上可以建立文件系统（如 /home 或 /usr 等）。

（5）物理块（PE）：每一个物理卷被划分为称为 PE 的基本单元，具有唯一编号的 PE 是可以被 LVM 寻址的最小单元。PE 的大小是可配置的，默认为 4 MB。

（6）逻辑块（LE）：逻辑卷被划分为称为 LE 的可被寻址的基本单位。在同一个卷组中，LE 的大小和 PE 是相同的，并且一一对应。

简单来说就是：

♦ PV：是物理的磁盘分区。

♦ VG：LVM 中物理的磁盘分区，也就是 PV 必须加入 VG，可以将 VG 理解为一个仓库或者是几个大的硬盘。

♦ LV：也就是从 VG 中划分的逻辑分区。

PV、VG、LV 三者之间的关系如图 5-1 所示，先由若干 PV 构成 VG，然后在 VG 上创建一个或多个 LV。

如果通过图 5-1 还不是太理解这三者的关系，那举一个更形象的例子：餐厅的餐桌与座位，如图 5-2 所示。由若干块木头（PV）可以构成一张餐桌（VG），然后桌布一铺，形成一个整体，再根据就餐人员的数量分配座位（LV），人员多就多摆几个座位，人员少就减少座位，可以根据实际需求调整就餐空间的大小。通过这个例子可以更好地理解 PV、VG 与 LV 之间的关系。

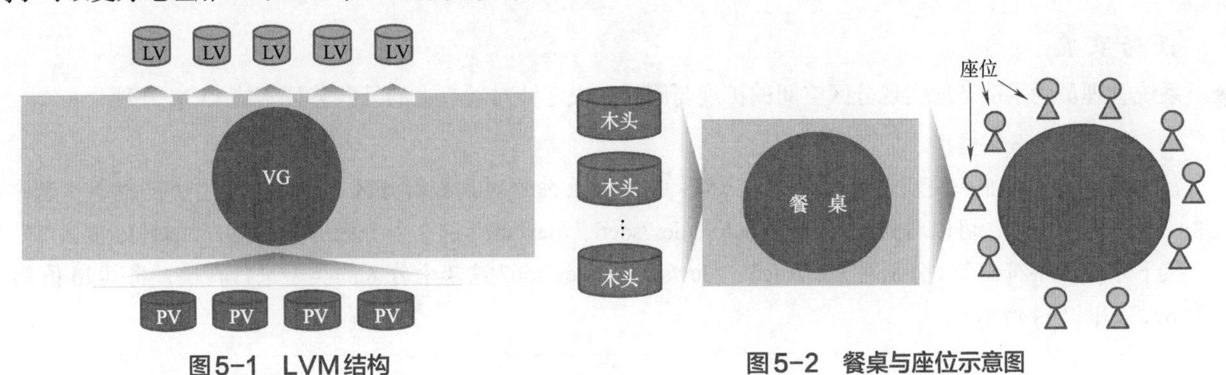

图 5-1 LVM 结构

图 5-2 餐桌与座位示意图

三、独立磁盘冗余阵列（RAID）

独立磁盘冗余阵列（RAID）系统是一种内嵌微处理器的磁盘子系统，它具有设备虚拟化能力，通过把多个小型廉价的磁盘组合成一个阵列，以达到扩大存储容量、提高 I/O 性能及提高数据容错功能的目的，提高数据的可用性。从系统管理的角度，可以把磁盘阵列看作一个逻辑存储单元或磁盘设备。硬盘阵列可以分为硬件实现的磁盘阵列和软件实现的磁盘阵列。

硬件磁盘阵列的特点是速度快、稳定性好，可以有效地提高硬盘的可用性和冗余度，但需要额外硬件设备的支持，如磁盘阵列控制器等。软件磁盘阵列由操作系统的软件模块实现，不需要额外的硬件支持，故成本较低，但由于需要占用较多的 CPU 和内存资源，因而性能相对硬件实现的磁盘阵列较低。

RAID 技术通过冗余技术提供了可靠性和可用性方面的优势。RAID 可分为几级，不同的级实现不同的可靠性，但是其工作的基本思想是相同的，即通过冗余来保证在个别驱动器故障的情况下，仍然维持数据的可访问性。

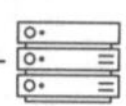

常用的 RAID 级别共有以下 4 种：

1. RAID0

RAID 是一种“磁盘均匀分布”技术，其主要目的是提供数据的 I/O 性能。写入磁盘阵列的数据经过拆分后均匀写入每个成员磁盘或分区，能够以较低的成本提高数据的 I/O 性能，但不提供任何数据冗余措施，因此构成阵列的任何一块硬盘的损坏都将带来灾难性的数据损失。

2. RAID1

RAID1 称为“磁盘镜像”，为了确保数据的可用性，RAID1 磁盘阵列采用“一式两份”的方式，把同一数据分别写入磁盘阵列中的一个成员设备和其“镜像”设备，使每个数据均保留一个副本。其优点是安全性好、技术简单、管理方便以及读写性能较好。但它无法扩展（只限于单块硬盘容量），数据空间浪费较大（效率只有 50%）。

3. RAID3

RAID3 是以一块硬盘来存放数据的奇偶校验位，数据段则分段存储于其余硬盘中。因此，RAID3 至少需要 3 块盘。由于数据被存储在多块数据盘中，当任一数据盘出现故障时，可由其他数据盘通过校验盘的数据校验位在新盘中重建坏盘的数据。其硬盘利用率为 $n-1$。

4. RAID5

RAID5 是目前应用最广泛的 RAID 技术，RAID5 磁盘阵列采用交错的方式，把奇偶校验数据均匀地写入每块硬盘上。以 n 块硬盘构建的 RAID5 磁盘阵列可以有 $n-1$ 块硬盘的容量，存储空间利用率较高。任何一块硬盘丢失的数据均可以通过校验推算出来。它和 RAID3 的最大区别在于校验数据是否平均分布到各块硬盘上。RAID5 具有数据安全、读写速度快和空间利用率高等优点，其效率为 $(n-1)/n$。不足之处是，如果一块硬盘出现故障，将使整个系统的性能大大降低。

5. RAID10

RAID10 综合了 RAID0 和 RAID1 的特点，独立磁盘配置成 RAID0，两套完整的 RAID0 互相镜像。它具有读写性能出色，安全性高的特点。但构建阵列的成本投入较大，数据空间利用率较低。

任务实施

系统管理员为了动态地实现分区空间的扩展与删减，决定针对硬盘上的某些分区实施 LVM 管理。

一、转换磁盘分区类型

首先在系统中添加一块新硬盘 /dev/sdc，然后使用 fdisk 命令对其进行分区，完成后使用字符命令 p 查看分区表，如图 5-3 所示，可以看到此时 /dev/sdc5、/dev/sdc6、/dev/sdc7 这 3 个分区的类型为 Linux，Id 值为 83。

接下来使用字符命令 t 分别对 /dev/sdc5、/dev/sdc6、/dev/sdc7 这 3 个分区的类型进行转换，将其 Id 值都设置为 8e，如图 5-4 所示。

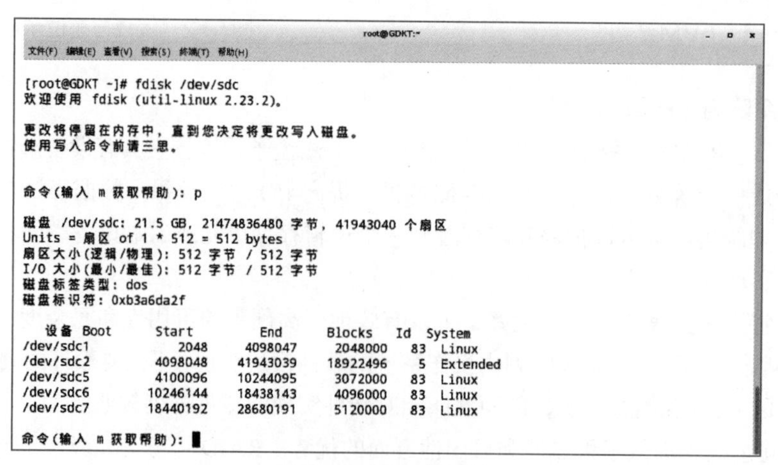

图 5-3　查看分区表

完成分区类型转换后，再使用字符命令 p 查看分区表，如图 5-5 所示，可以看到此时这 3 个分区的类型变为 Linux LVM。

```
命令(输入 m 获取帮助): t
分区号 (1,2,5-7, 默认 7): 5
Hex 代码(输入 L 列出所有代码): 8e
已将分区"Linux"的类型更改为"Linux LVM"

命令(输入 m 获取帮助): t
分区号 (1,2,5-7, 默认 7): 6
Hex 代码(输入 L 列出所有代码): 8e
已将分区"Linux"的类型更改为"Linux LVM"

命令(输入 m 获取帮助): t
分区号 (1,2,5-7, 默认 7): 7
Hex 代码(输入 L 列出所有代码): 8e
已将分区"Linux"的类型更改为"Linux LVM"
```

图5-4　修改分区类型

```
命令(输入 m 获取帮助): p

磁盘 /dev/sdc: 21.5 GB, 21474836480 字节, 41943040 个扇区
Units = 扇区 of 1 * 512 = 512 bytes
扇区大小(逻辑/物理): 512 字节 / 512 字节
I/O 大小(最小/最佳): 512 字节 / 512 字节
磁盘标签类型: dos
磁盘标识符: 0xb3a6da2f

   设备 Boot      Start         End      Blocks   Id  System
/dev/sdc1            2048     4098047     2048000   83  Linux
/dev/sdc2         4098048    41943039    18922496    5  Extended
/dev/sdc5         4100096    10244095     3072000   8e  Linux LVM
/dev/sdc6        10246144    18438143     4096000   8e  Linux LVM
/dev/sdc7        18440192    28680191     5120000   8e  Linux LVM
```

图5-5　查看分区表

二、创建物理卷

现将 /dev/sdc5、/dev/sdc6、/dev/sdc7 这 3 个物理分区转换成物理卷（PV），其操作命令为：

```
# pvcreate /dev/sdc5
# pvcreate  /dev/sdc6
# pvcreate  /dev/sdc7
```

以上命令也可以由以下命令实现：

```
# pvcreate  /dev/sdc5 /dev/sdc6  /dev/sdc7
```

物理卷创建成功后，可以使用命令 pvdisplay 进行查看，如图 5-6 所示，可以看到这 3 个分区的空间大小，分别是 3 GB、4 GB 和 6 GB。

三、创建卷组

新创建一个名为 vgtest 的卷组（VG），并将上面创建的两个物理卷加入到该卷组中，其操作命令为：

```
# vgcreate  vgtest  /dev/sdc5  /dev/sdc6  /dev/sdc7
```

卷组创建完成后，可以使用命令 vgdisplay 进行查看，如图 5-7 所示。

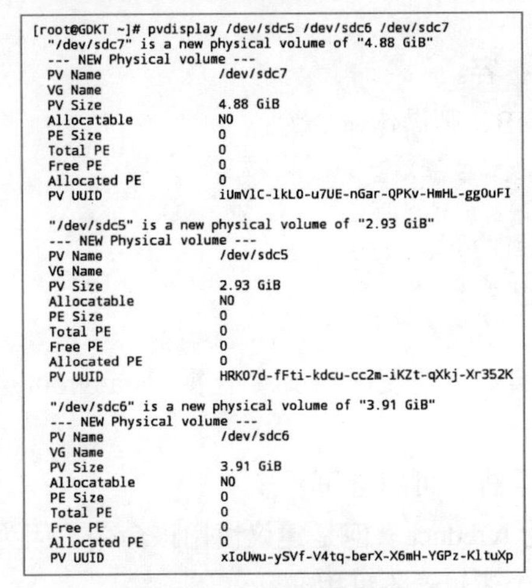

```
[root@GDKT ~]# pvdisplay /dev/sdc5 /dev/sdc6 /dev/sdc7
  "/dev/sdc7" is a new physical volume of "4.88 GiB"
  --- NEW Physical volume ---
  PV Name               /dev/sdc7
  VG Name
  PV Size               4.88 GiB
  Allocatable           NO
  PE Size               0
  Total PE              0
  Free PE               0
  Allocated PE          0
  PV UUID               iUmVlC-lkLO-u7UE-nGar-QPKv-HmHL-gg0uFI

  "/dev/sdc5" is a new physical volume of "2.93 GiB"
  --- NEW Physical volume ---
  PV Name               /dev/sdc5
  VG Name
  PV Size               2.93 GiB
  Allocatable           NO
  PE Size               0
  Total PE              0
  Free PE               0
  Allocated PE          0
  PV UUID               HRK07d-fFti-kdcu-cc2m-iKZt-qXkj-Xr352K

  "/dev/sdc6" is a new physical volume of "3.91 GiB"
  --- NEW Physical volume ---
  PV Name               /dev/sdc6
  VG Name
  PV Size               3.91 GiB
  Allocatable           NO
  PE Size               0
  Total PE              0
  Free PE               0
  Allocated PE          0
  PV UUID               xIoUwu-ySVf-V4tq-berX-X6mH-YGPz-KltuXp
```

图5-6　查看物理卷

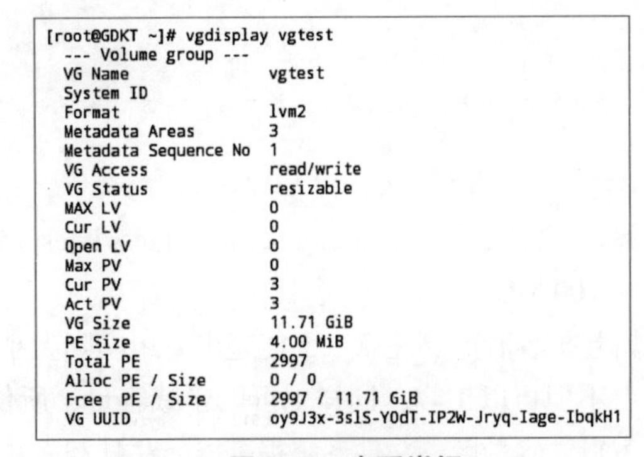

```
[root@GDKT ~]# vgdisplay vgtest
  --- Volume group ---
  VG Name               vgtest
  System ID
  Format                lvm2
  Metadata Areas        3
  Metadata Sequence No  1
  VG Access             read/write
  VG Status             resizable
  MAX LV                0
  Cur LV                0
  Open LV               0
  Max PV                0
  Cur PV                3
  Act PV                3
  VG Size               11.71 GiB
  PE Size               4.00 MiB
  Total PE              2997
  Alloc PE / Size       0 / 0
  Free  PE / Size       2997 / 11.71 GiB
  VG UUID               oy9J3x-3slS-YOdT-IP2W-Jryq-Iage-IbqkH1
```

图5-7　查看卷组

四、创建逻辑卷

在卷组 vgtest 中创建一个名为 lvtest 的逻辑卷（LV），其容量大小设置为 200 MB，则操作命令为：

```
# lvcreate  -L  200M  -n  lvtest vgtest        # -L：指定 LV 的大小；  -n：指定 LV 的名称
```

逻辑卷创建完成后，可以使用命令 lvdisplay 进行查看，如图 5-8 所示。

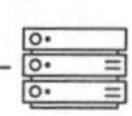

```
[root@GDKT ~]# lvdisplay vgtest
  --- Logical volume ---
  LV Path                /dev/vgtest/lvtest
  LV Name                lvtest
  VG Name                vgtest
  LV UUID                Qh7hAQ-T5yh-ZRIQ-JkNE-Jqxf-ilSa-FuiWdX
  LV Write Access        read/write
  LV Creation host, time GDKT, 2019-03-09 17:31:50 +0800
  LV Status              available
  # open                 0
  LV Size                200.00 MiB
  Current LE             50
  Segments               1
  Allocation             inherit
  Read ahead sectors     auto
  - currently set to     8192
  Block device           253:2
```

图5-8　查看逻辑卷

五、格式化逻辑卷

逻辑卷在创建完成后，并不能直接使用，还需要进行格式化操作。其操作命令为：

```
# mkfs.ext4  /dev/vgtest/lvtest
```

六、挂载逻辑卷

逻辑卷在创建了文件系统后，就可以加载并使用了，其操作命令为：

```
# mkdir  -p  /data/lvroot
# mount  /dev/vgtest/lvtest  /data/lvroot
```

逻辑卷分区挂载到 /data/lvroot 目录下以后，就可以像普通目录一样存储数据了。

如果要实现自动挂载该逻辑卷，可以使用 vi 编辑器，打开 /etc/fstab 配置文件，在该文件最后添加如下一行：

```
/dev/vgtest/lvtest      /data/lvroot    ext4    defaults    1  2
```

七、查看逻辑卷容量

可以使用 df 命令查看当前逻辑卷的空间大小，其操作命令为：

```
# df  -h  /data/lvroot
```

执行完以上命令后，可以看到该逻辑卷的容量略小于 200 MB，这是由于单位换算导致实际值小于理论值，属正常情况。

八、卷组扩容

随着卷组不断被分配出一个又一个的逻辑卷，将会面临容量不足的问题，此时就需要对卷组进行扩容。

比如，上面创建的卷组 vgtest 容量不足了，那么可以先将硬盘上的分区 /dev/sdc8 的类型转换为 Linux LVM，并将其创建为物理卷，然后将物理卷 /dev/sdc8 加入到卷组 vgtest 中，则操作命令为：

```
# pvcreate  /dev/sdc8
# vgextend  vgtest  /dev/sdc8
```

九、逻辑卷扩容

逻辑卷随着使用也会出现容量不足的问题，也一样需要进行扩容。

比如，上面创建的逻辑卷 lvtest 因容量不足需要扩容到 700 MB，则操作命令为：

```
# umount /dev/vgtest/lvtest                    # 扩容之前，需要先卸载
# lvextend -L 700M /dev/vgtest/lvtest          # 扩容，表示直接调整到 700 MB
或 # lvextend -L +500M /dev/vgtest/lvtest      # 扩容，表示增加 500 MB
# fsck -f /dev/vgtest/lvtest                   # 进行快速检查
# resize2fs /dev/vgtest/lvtest                 # 重新定义分区大小
```

逻辑卷扩容完成后，使用 mount /dev/vgtest/lvtest /data/lvroot 挂载，再使用 df 命令查看 /data/lvroot 会发现空间大小变为 700 MB。

对逻辑卷扩容时需要注意，不能超出卷组实际大小，否则将会提示可用空间不够。

逻辑卷不但可以扩容，同样也可以删减容量，所使用命令为 lvreduce。但是建议慎用该命令，因为使用该命令删减逻辑卷容量后，文件系统很可能无法挂载，从而导致整个逻辑卷不可用。

任务实施

一、通过图形界面实现 LVM 配置

以上操作是通过命令来实现 LVM 的配置，在 Linux 系统中，还可以通过图形界面实现 LVM 的配置。

在 CentOS 7.2 中，默认已经去掉了 LVM 配置的图形界面工具。不过，依然可以在 CentOS 7.2 上安装

CentOS 6.5 的 LVM 管理的图形界面工具。

1. 安装 LVM 管理的图形界面工具

方法如下：

（1）修改虚拟机网卡类型为 NAT（VMNet8），重新连接网络，确认虚拟机能够访问互联网。比如用 ping www.baidu.com 测试。

（2）终端下面输入：

```
# yum -y install  gnome-python2*  usermode-gtk  #安装 system-config-lvm 所需的依赖关系软件
```

（3）用 WinRAR 打开 CentOS 6.5 的镜像文件，从 Packages 目录中解压缩出 system-config-lvm-1.1.12-16.el6.noarch.rpm 文件，拖放到虚拟机桌面的 home 文件夹中。

（4）终端下输入：

```
# rpm -ivh system-config-lvm-1.1.12-16.el6.noarch.rpm   #安装 system-config-lvm 后，在菜单
"应用程序"→"其他"中会看到"逻辑卷管理器"
```

2. 通过图形界面管理 LVM

方法如下：

1）打开逻辑卷管理器

如果系统中安装了 system-config-lvm 软件包，则执行如下命令即可打开“逻辑卷管理器”，如图 5-9 所示。

```
# system-config-lvm
```

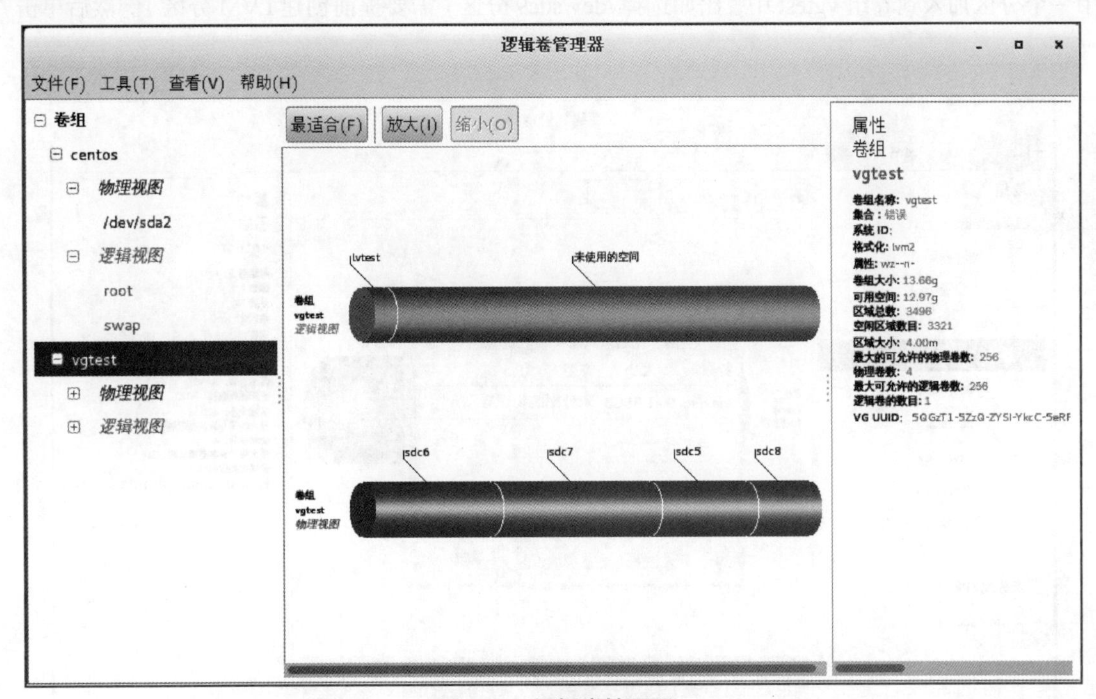

图5-9 逻辑卷管理器

在图5-9中可以看到两个圆柱体，其中红色的圆柱体代表卷组，它由四个物理卷sdc5、sdc6、sdc7和sdc8组成；蓝色的圆柱体代表已创建的逻辑卷和未使用的空间。

2）卷组扩容

单击图 5-9 左侧列表中的“物理视图”，将显示图 5-10 所示的界面。

在该界面中，可以看到卷组的名称为 vgtest，更能清楚地看出物理卷 sdc7 所占整个卷组的比例明显高于 sdc6（sdc6 大小为 4 GB，sdc7 大小为 5 GB）。

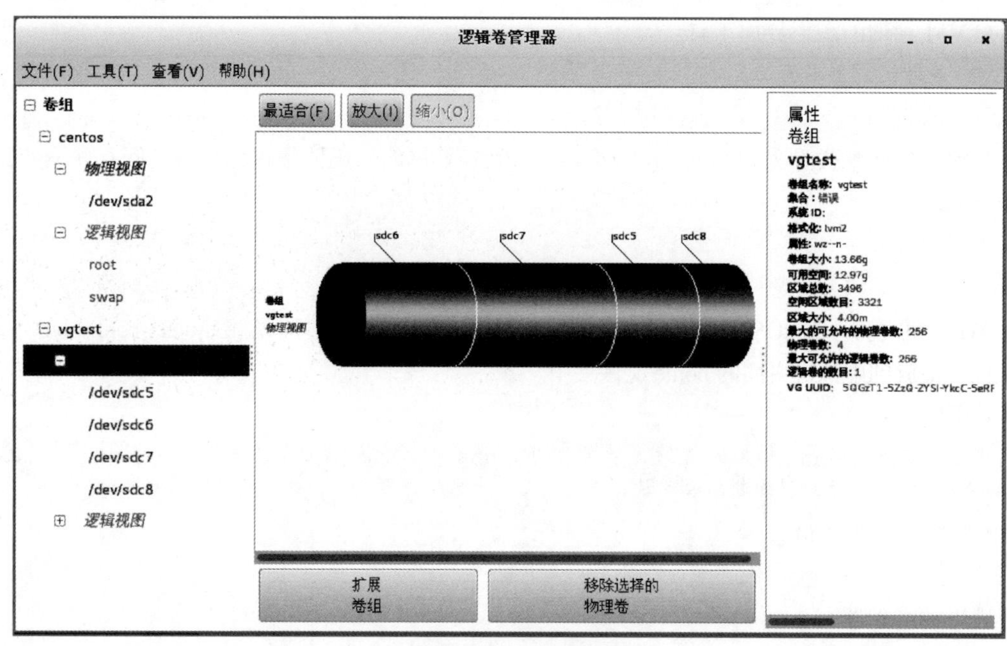

图5-10　物理视图

如果卷组的容量不足时，可以在图 5-10 所示的界面中单击“扩展卷组”按钮，将会打开图 5-11 所示的列表框，选择其中一个分区加入到卷组 vgtest 中，比如选择 /dev/sdc9 分区（需要提前创建 LVM 分区），然后单击“确定”按钮。

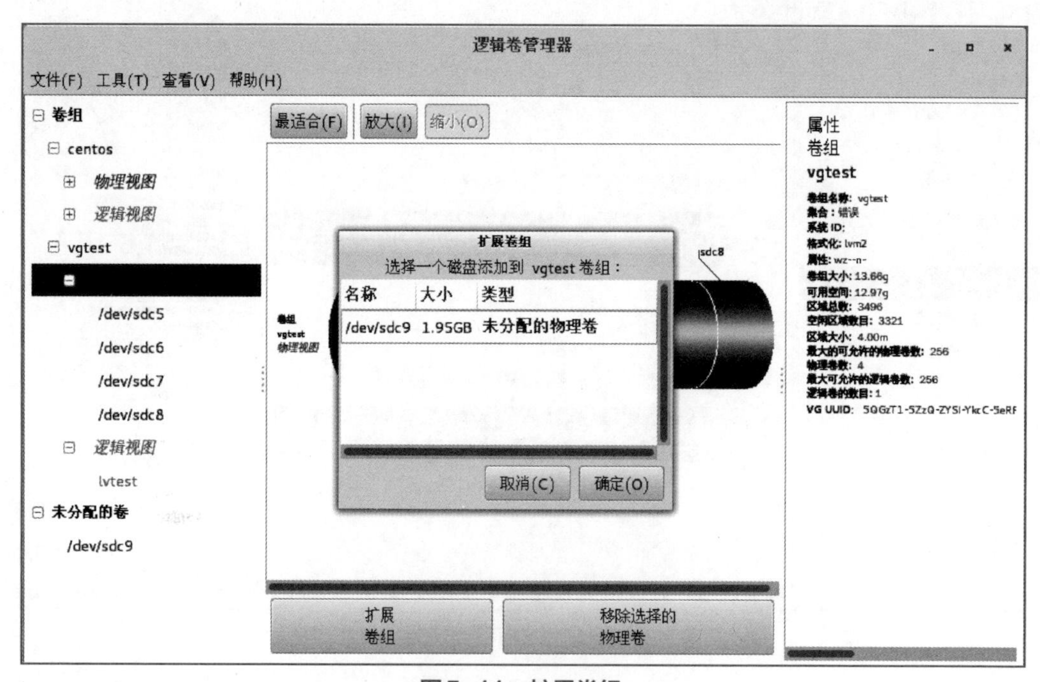

图5-11　扩展卷组

卷组 vgtest 完成扩容后，将会显示图 5-12 所示的界面，可以看到卷组中新增了一个分区 sdc9。如果要删除某个物理卷，可以在图 5-10 中选中该物理卷后单击“移除选择的物理卷”按钮，即可删除。但建议慎用删除功能，防止损害卷组。

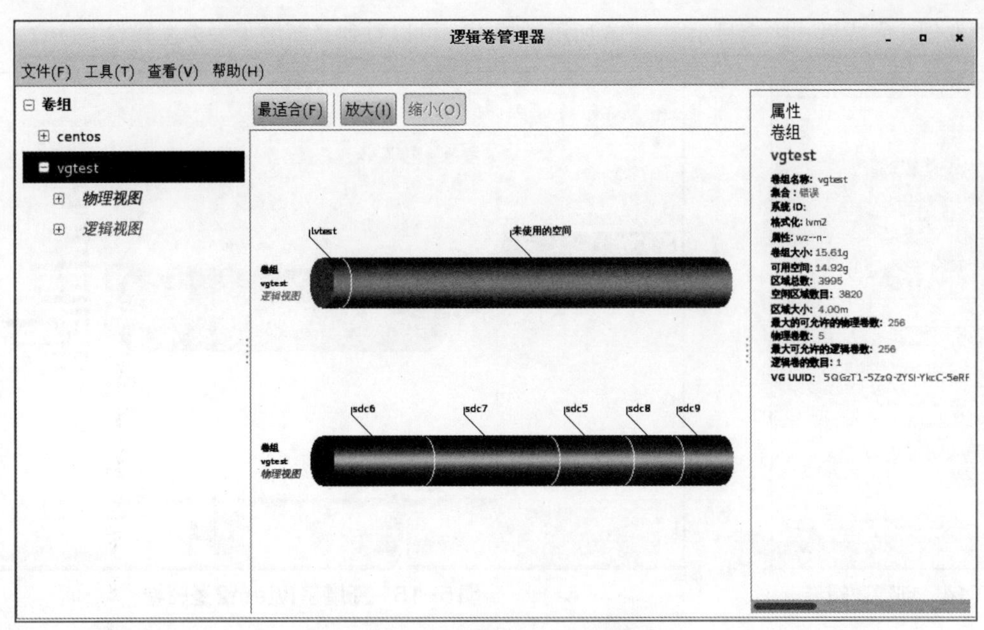

图5-12　新增了sdc9分区

3）新建逻辑卷

单击图 5-12 左侧列表中的“逻辑视图”，将显示图 5-13 所示的界面。在该界面中，可以看到目前只创建了一个逻辑卷 lvtest，剩余空间都是未使用的空间。

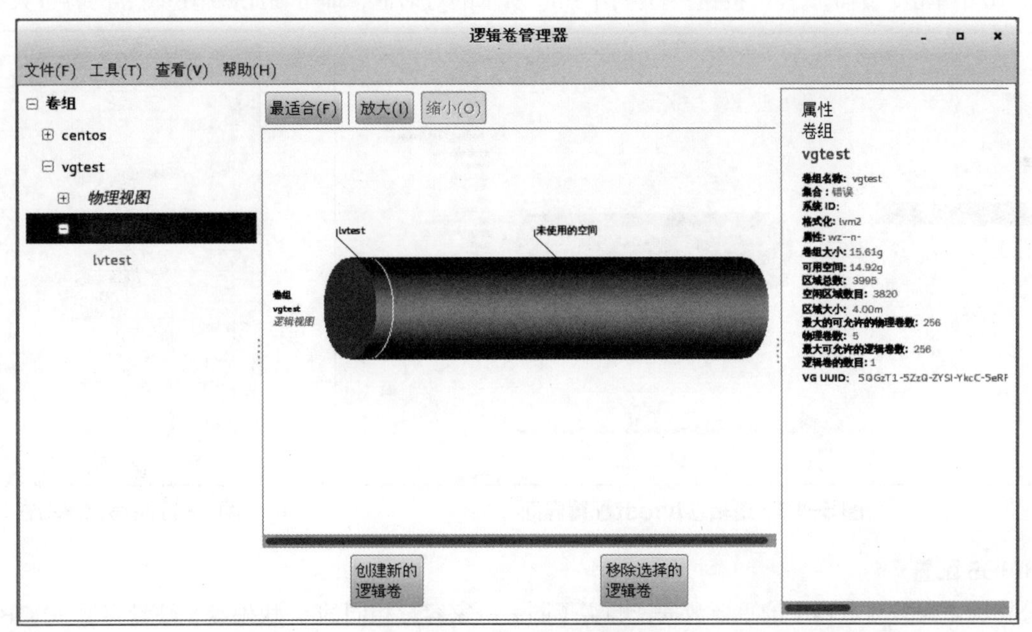

图5-13　逻辑视图

如果要创建新的逻辑卷，可以在图 5-13 所示的界面中，单击“创建新的逻辑卷”按钮，弹出“创建新的逻辑卷”对话框。比如，要创建一个名为 lvtest2 的逻辑卷，且容量大小设置为 2 GB。则在该对话框中进行图 5-14 所示的设置：在“逻辑卷名”文本框中输入 lvtest2；在“LV 大小”文本框中输入 2 GB，如果要使用所有剩余空间，可以单击“使用剩余”按钮；在“文件系统”下拉列表中选择“ext4”；勾选“挂载”复选框，并在“挂载点”文本框中输入“/data/lvroot2”，如果在此处输入的目录不存在，系统将会自动创建该目录。所有设置完成后，单击“确定”按钮。

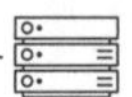

以上逻辑卷创建完成后，将会显示图 5-15 所示的界面，可以看到又新增了一个逻辑卷 lvtest2。

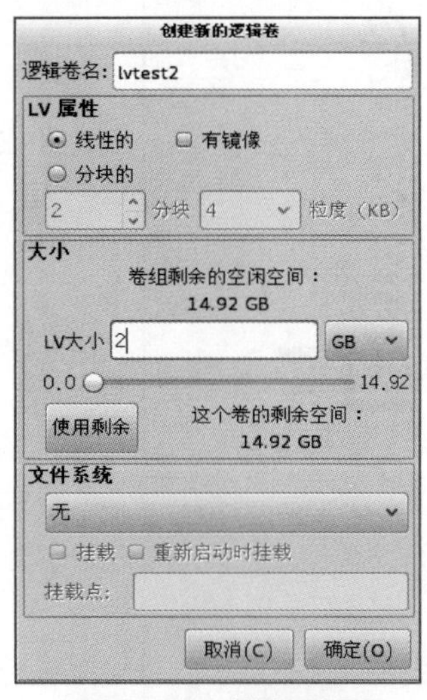

图5-14　创建逻辑卷

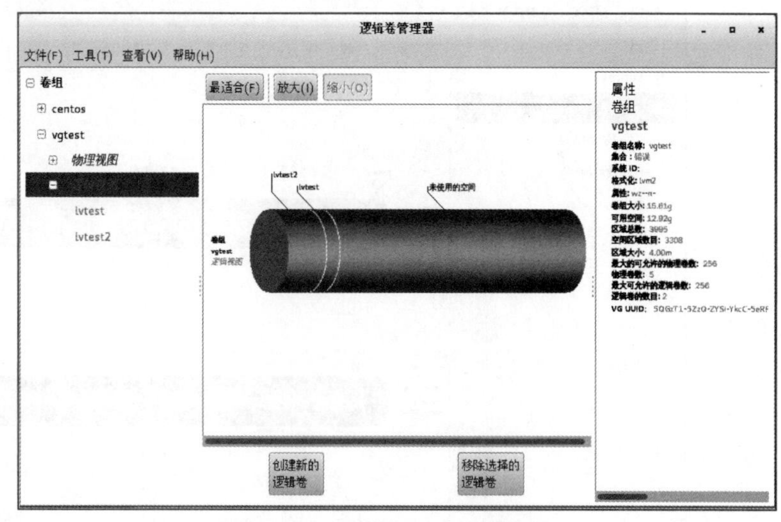

图5-15　新增了lvtest2逻辑卷

4）逻辑卷扩容

如果逻辑卷的容量不足时，也可以通过逻辑卷管理器实现扩容。比如，逻辑卷 lvtest 当前的容量为 200 MB，急需扩容以满足工作需求。此时，可以选择图 5-15 左侧列表中的“逻辑视图”→“lvtest”，将会打开图 5-16 所示的界面。

在图 5-16 中单击“编辑属性”按钮，打开图 5-17 所示的对话框，即可在此调整逻辑卷的容量大小。

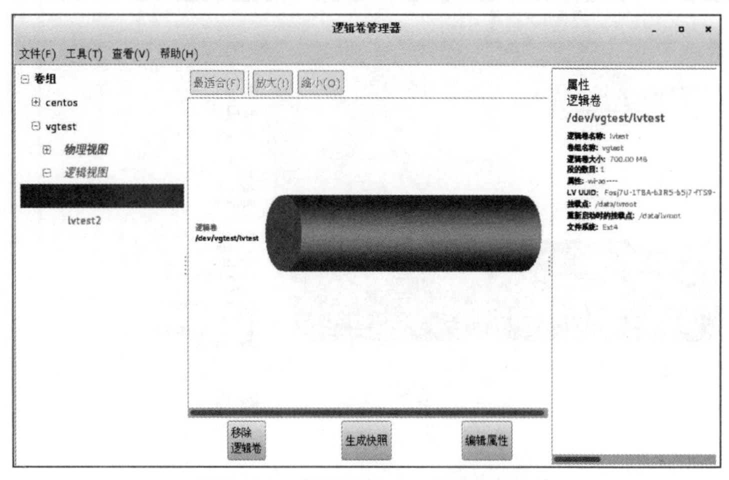

图5-16　逻辑卷lvtest配置界面

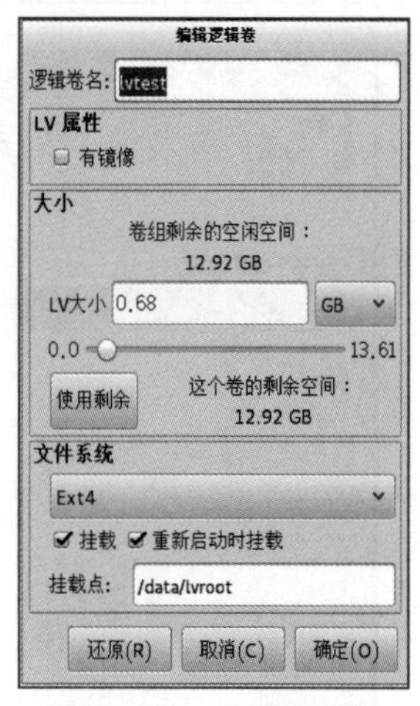

图5-17　编辑逻辑卷

二、RAID5 配置

腾翼公司为了保护服务器上的重要数据，购买了同一厂家容量相同的 4 块硬盘（硬盘容量 20 GB），要求在这 4 块硬盘上创建 RAID5 卷，以实现硬盘容错，保护重要数据。

1. 添加硬盘

在 VMware 中添加 4 块 SCSI 硬盘，硬盘空间大小为 20 GB，硬盘添加成功后的效果如图 5-18 所示。

2. 查看新增硬盘信息

启动系统后，执行 fdisk -l 命令查看新增硬盘信息，如下所示：

```
# [root@GDKT ~]# fdisk -l
```

图5-18 添加硬盘

完成后将显示以下信息。

```
磁盘 /dev/sda: 42.9 GB, 42949672960 字节, 83886080 个扇区
Units = 扇区 of 1 * 512 = 512 bytes
扇区大小(逻辑/物理): 512 字节 / 512 字节
I/O 大小(最小/最佳): 512 字节 / 512 字节
磁盘标签类型: dos
磁盘标识符: 0x000715ad
设备 Boot           tart       End     Blocks    Id  System
/dev/sda1   *        2048    1026047    512000    83  Linux
/dev/sda2         1026048   83886079   41430016   8e  Linux LVM

磁盘 /dev/sdb: 21.5 GB, 21474836480 字节, 41943040 个扇区
Units = 扇区 of 1 * 512 = 512 bytes
扇区大小(逻辑/物理): 512 字节 / 512 字节
I/O 大小(最小/最佳): 512 字节 / 512 字节

磁盘 /dev/sdc: 21.5 GB, 21474836480 字节, 41943040 个扇区
Units = 扇区 of 1 * 512 = 512 bytes
扇区大小(逻辑/物理): 512 字节 / 512 字节
I/O 大小(最小/最佳): 512 字节 / 512 字节

磁盘 /dev/sdd: 21.5 GB, 21474836480 字节, 41943040 个扇区
Units = 扇区 of 1 * 512 = 512 bytes
扇区大小(逻辑/物理): 512 字节 / 512 字节
I/O 大小(最小/最佳): 512 字节 / 512 字节

磁盘 /dev/sde: 21.5 GB, 21474836480 字节, 41943040 个扇区
Units = 扇区 of 1 * 512 = 512 bytes
扇区大小(逻辑/物理): 512 字节 / 512 字节
I/O 大小(最小/最佳): 512 字节 / 512 字节

磁盘 /dev/mapper/centos-root: 38.2 GB, 38214303744 字节, 74637312 个扇区
Units = 扇区 of 1 * 512 = 512 bytes
扇区大小(逻辑/物理): 512 字节 / 512 字节
I/O 大小(最小/最佳): 512 字节 / 512 字节
```

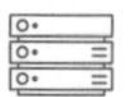

```
磁盘 /dev/mapper/centos-swap: 4160 MB, 4160749568 字节, 8126464 个扇区
Units = 扇区 of 1 * 512 = 512 bytes
扇区大小 (逻辑 / 物理): 512 字节 / 512 字节
I/O 大小 (最小 / 最佳): 512 字节 / 512 字节
```

通过命令结果可知，新增 4 块硬盘，分别为 /dev/sdb、/dev/sdc、/dev/sdd、/dev/sde。

3. 使用 fdisk 命令分区

使用 fdisk 命令分别对 /dev/sdb、/dev/sdc 、/dev/sdd、/dev/sde 进行分区，每块硬盘分 2 个主分区，每个分区 10 GB，并设置分区类型 id 为 fd(Linux raid autodetect)。

执行以下命令查看 4 个硬盘的分区结果。

```
# [root@GDKT ~]# fdisk -l /dev/sdb
# [root@GDKT ~]# fdisk -l /dev/sdc
# [root@GDKT ~]# fdisk -l /dev/sdd
# [root@GDKT ~]# fdisk -l /dev/sde
```

/dev/sdb 分区结果显示如下：

```
磁盘 /dev/sdb: 21.5 GB, 21474836480 字节, 41943040 个扇区
Units = 扇区 of 1 * 512 = 512 bytes
扇区大小 (逻辑 / 物理): 512 字节 / 512 字节
I/O 大小 (最小 / 最佳): 512 字节 / 512 字节
磁盘标签类型: dos
磁盘标识符: 0x1b1fbbea

设备 Boot      Start         End      Blocks   Id  System
/dev/sdb1       2048    20973567    10485760   fd  Linux raid autodetect
/dev/sdb2   20973568    41943039    10484736   fd  Linux raid autodetect
```

/dev/sdc 分区结果显示如下：

```
磁盘 /dev/sdc: 21.5 GB, 21474836480 字节, 41943040 个扇区
Units = 扇区 of 1 * 512 = 512 bytes
扇区大小 (逻辑 / 物理): 512 字节 / 512 字节
I/O 大小 (最小 / 最佳): 512 字节 / 512 字节
磁盘标签类型: dos
磁盘标识符: 0x35e97130

设备 Boot      Start         End      Blocks   Id  System
/dev/sdc1       2048    20973567    10485760   fd  Linux raid autodetect
/dev/sdc2   20973568    41943039    10484736   fd  Linux raid autodetect
```

/dev/sdd 分区结果显示如下：

```
磁盘 /dev/sdd: 21.5 GB, 21474836480 字节, 41943040 个扇区
Units = 扇区 of 1 * 512 = 512 bytes
扇区大小 (逻辑 / 物理): 512 字节 / 512 字节
I/O 大小 (最小 / 最佳): 512 字节 / 512 字节
磁盘标签类型: dos
磁盘标识符: 0x51198f75

设备 Boot      Start         End      Blocks   Id  System
/dev/sdd1       2048    20973567    10485760   fd  Linux raid autodetect
/dev/sdd2   20973568    41943039    10484736   fd  Linux raid autodetect
```

/dev/sde 分区结果显示如下：

```
磁盘 /dev/sde: 21.5 GB, 21474836480 字节, 41943040 个扇区
Units = 扇区 of 1 * 512 = 512 bytes
```

```
扇区大小（逻辑/物理）：512 字节 / 512 字节
I/O 大小（最小/最佳）：512 字节 / 512 字节
磁盘标签类型：dos
磁盘标识符：0xdbfa874b

设备 Boot    Start        End      Blocks   Id  System
/dev/sde1       2048   20973567    10485760   fd  Linux raid autodetect
/dev/sde2   20973568   41943039    10484736   fd  Linux raid autodetect
```

4. 使用 mdadm 命令创建 RAID5

mdadm 命令选项如下：

选项：-C 创建。

专用选项：

-l　级别。

-n　设备个数。

-a {yes|no}　自动为其创建设备文件。

-c　指定数据块大小（chunk）。

-x　指定空闲盘（热备磁盘）个数，空闲盘（热备磁盘）能在工作盘损坏后自动顶替。

注意：创建阵列时，阵列所需磁盘数为 -n 参数和 -x 参数的个数和。

```
# [root@GDKT ~]# mdadm -C /dev/md0 -a yes -l 5 -n 3 -x 1 /dev/sd[b,c,d,e]1
mdadm: Defaulting to version 1.2 metadata
mdadm: array /dev/md0 started.
```

命令中指定 RAID 设备名为 /dev/md0，级别为 5，使用 3 个设备建立 RAID，使用一个硬盘作为热备盘。

RAID5 创建完成后，状态如下：

```
[root@GDKT ~]# mdadm -D /dev/md0
/dev/md0:
        Version : 1.2
  Creation Time : Tue Mar 12 18:34:16 2019
     Raid Level : raid5
     Array Size : 20955136 (19.98 GiB 21.46 GB)
  Used Dev Size : 10477568 (9.99 GiB 10.73 GB)
   Raid Devices : 3
  Total Devices : 4
    Persistence : Superblock is persistent

    Update Time : Tue Mar 12 18:35:08 2019
          State : clean
 Active Devices : 3
Working Devices : 4
 Failed Devices : 0
  Spare Devices : 1

         Layout : left-symmetric
     Chunk Size : 512K

           Name : GDKT:0  (local to host GDKT)
           UUID : c98545dd:d15bbb12:d5287304:190c55f6
         Events : 18

    Number   Major   Minor   RaidDevice State
       0       8       17        0      active sync   /dev/sdb1
```

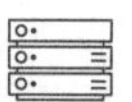

```
        1       8       33        1       active sync    /dev/sdc1
        4       8       49        2       active sync    /dev/sdd1

        3       8       65        -       spare    /dev/sde1
```

5. 为新建立的 /dev/md0 建立类型为 ext4 的文件系统

```
[root@GDKT ~]# mkfs -t ext4 -c /dev/md0
mke2fs 1.42.9 (28-Dec-2013)
文件系统标签=
OS type: Linux
块大小=4096 (log=2)
分块大小=4096 (log=2)
Stride=128 blocks, Stripe width=256 blocks
1310720 inodes, 5238784 blocks
261939 blocks (5.00%) reserved for the super user
第一个数据块=0
Maximum filesystem blocks=2153775104
160 block groups
32768 blocks per group, 32768 fragments per group
8192 inodes per group
Superblock backups stored on blocks:
32768, 98304, 163840, 229376, 294912, 819200, 884736, 1605632, 2654208, 4096000

Checking for bad blocks (read-only test): done
Allocating group tables: 完成
正在写入inode表: 完成
Creating journal (32768 blocks): 完成
Writing superblocks and filesystem accounting information: 完成
```

6. 挂载并测试

建立挂载点，将 RAID5 设备 /dev/md0 挂载到 /mnt/md0 目录中，并在该设备中新建测试文件 raid5.txt。

```
[root@GDKT ~]# mkdir /mnt/md0
[root@GDKT ~]# mount /dev/md0 /mnt/md0
[root@GDKT ~]# touch /mnt/md0/raid5.txt
[root@GDKT ~]# ls /mnt/md0/raid5.txt
/mnt/md0/raid5.txt
[root@GDKT ~]#
```

至此 RAID5 创建成功。

7. 热备盘设置

如果 RAID 设备中某个硬盘损坏，系统会自动停止该硬盘的工作。让热备盘代替损坏的硬盘继续工作。例如，假设 /dev/sdc1 损坏。更换损坏的 RAID 设备中成员的方法如下：

（1）将损坏的 RAID 硬盘标记为失效。

```
[root@GDKT ~]# mdadm /dev/md0 --fail /dev/sdc1
mdadm: set /dev/sdc1 faulty in /dev/md0
```

（2）移除失效的 RAID 成员。

```
[root@GDKT ~]# mdadm /dev/md0 --remove /dev/sdc1
mdadm: hot removed /dev/sdc1 from /dev/md0
```

（3）查看 RAID5 的状态，观察到 /dev/sde1 已经顶替上去了。

```
[root@GDKT ~]# mdadm --detail /dev/md0
/dev/md0:
```

```
        Version : 1.2
  Creation Time : Tue Mar 12 18:34:16 2019
     Raid Level : raid5
     Array Size : 20955136 (19.98 GiB 21.46 GB)
  Used Dev Size : 10477568 (9.99 GiB 10.73 GB)
   Raid Devices : 3
  Total Devices : 3
    Persistence : Superblock is persistent

    Update Time : Tue Mar 12 18:51:30 2019
          State : clean
 Active Devices : 3
Working Devices : 3
 Failed Devices : 0
  Spare Devices : 0

         Layout : left-symmetric
     Chunk Size : 512K

           Name : GDKT:0  (local to host GDKT)
           UUID : c98545dd:d15bbb12:d5287304:190c55f6
         Events : 41

    Number   Major   Minor   RaidDevice State
       0       8       17        0      active sync   /dev/sdb1
       3       8       65        1      active sync   /dev/sde1
       4       8       49        2      active sync   /dev/sdd1
```

质量监控单（教师完成）

工单实施栏目评分表

评分项	分值	作答要求	评审规定	得分
任务资讯	4	问题回答清晰准确，能够紧扣主题，没有明显错误项	对照标准答案错误一项扣 0.5 分，扣完为止	
任务实施	9	有具体配置图例，各设备配置清晰正确。	A 类错误点一次扣 1 分，B 类错误点一次扣 0.5 分，C 类错误点一次扣 0.2 分	
任务扩展	6	各设备配置清晰正确，没有配置上的错误	A 类错误点一次扣 1 分，B 类错误点一次扣 0.5 分，C 类错误点一次扣 0.2 分	
其他	1	日志和问题项目填写详细，能够反映实际工作过程	没有填或者太过简单每项扣 0.5 分	
合计得分				

职业能力评分表

评分项	等级	作答要求	等级
知识评价	A|B|C	A：能够完整准确地回答任务资讯的所有问题，准确率在 90% 以上。 B：能够基本完成作答任务资讯的所有问题，准确率在 70% 以上。 C：对基础知识掌握得非常差，任务资讯和答辩的准确率在 50% 以下。	

续表

评分项	等级	作答要求	等级
能力评价	A|B|C	A：熟悉各个环节的实施步骤，完全独立完成任务，有能力辅助其他学生完成规定的工作任务，实施快速，准确率高（任务规划和任务实施正确率在 85% 以上）。 B：基本掌握各个环节实施步骤，有问题能主动请教其他同学，基本完成规定的工作任务，准确率较高（任务规划和任务实施正确率在 70% 以上）。 C：未完成任务或只完成了部分任务，有问题没有积极向其他同学请教，工作实施拖拉，不积极，各个部分的准确率在 50% 以下。	
态度素养评价	A|B|C	A：不迟到、不早退，对人有礼貌，善于帮助他人，积极主动完成规定工作任务，工作台完整整洁，回答老师提问科学。 B：不迟到、不早退，在教师督导和他人辅导下，能够完成规定工作任务，回答老师提问较准确。 C：未完成任务或只完成了部分任务，有问题没有积极向其他同学请教，工作实施拖拉不积极，不能准确回答老师提出的问题，各个部分的准确率在 50% 以下。	

教师评语栏

工单 6（Linux 系统用户与用户组管理）

工作任务单			
工单编号	C2019111110039	工单名称	Linux 系统用户与用户组管理
工单类型	基础型工单	面向专业	计算机网络技术
工单大类	网络运维	能力面向	专业能力
职业岗位	网络运维工程师、网络安全工程师、网络工程师		
实施方式	实际操作	考核方式	操作演示
工单难度	较易	前序工单	
工单分值	15 分	完成时限	4 学时
工单来源	教学案例	建议组数	99
组内人数	1	工单属性	院校工单
版权归属	潘军		
考核点	用户 、用户组 、useradd、 group		
设备环境	虚拟机 VMware Workstations 15 和 CentOS 7.2		
教学方法	在常规课程工单制教学当中，可采用手把手教的方式引导学生学习和训练 CentOS 7.2 操作系统的用户与用户组管理的相关职业能力和素养。		
用途说明	本工单可用于网络技术专业 Linux 服务器配置与管理课程或者综合实训课程的教学实训，特别是聚焦于CentOS 7.2 Linux操作系统用户与用户组管理的训练，对应的职业能力训练等级为初级。		
工单开发	潘军	开发时间	2019-03-04

实施人员信息							
姓名		班级		学号		电话	
隶属组		组长		岗位分工		伙伴成员	

任务目标

实施该工单的任务目标如下：

知识目标

1. 了解用户角色的类型。
2. 理解用户和用户组的关系。
3. 了解用户账号文件、用户密码文件和用户组账号文件。

能力目标

1. 能够通过命令来创建和管理用户与用户组。
2. 能够通过命令改变文件的属主和属组。
3. 掌握 ACL 的设置。

素养目标

1. 理解团队的意义和重要性。
2. 激发学生的团队合作精神。
3. 培养学生规划管理能力和实践动手能力。
4. 培养学生具有良好的沟通协调能力及团队协作精神。

任务介绍

腾翼网络公司的管理员经过不断地学习与实践，已经能够胜任 Linux 系统日常的管理维护工作。但是 Linux 是一个多用户多任务操作系统，可以在系统上创建多个用户，并允许这些用户同时登录到系统去执行不同的任务，这将有可能影响到服务器是否可以正常运行。因此，用户和用户组的管理也是系统管理员所必须了解和掌握的重要工作之一。

强国思想专栏

团队是什么?

“一滴水怎样才能不干涸？”智者回答说：“把它放到大海里去。”

是的，一滴水可闪闪发光，晶莹如珠，可是一经风吹日晒，马上会干涸，会消失得无影无踪。雷锋曾经说过：“一滴水只有把它放在大海里，才永远不会干涸，一个人只有当它把自己和集体事业融合在一起的时候，才能有力量！”

在集体的江河湖海中，个人就是它们中间的一滴水珠。滴滴水珠汇成江河，不仅能永远存在，而且还体现着个自的价值，所以个人的归宿是集体！而集体的成功，也凝聚着个人的力量。一个良好的集体，靠的是每一个成员的努力，集体的荣辱与个人命运息息相关，所以集体荣誉高于一切。培养和造就具有集体荣誉感的个人，自然而然的就能够对集体的发展起到强大的促进作用。

任务资讯（3 分）

（1 分）1．用户角色可以分为哪几类？

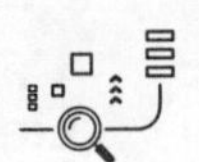

（1分）2．用户和用户组的关系有哪几种？

（1分）3．用户账号文件、用户密码文件和用户组账号文件分别是什么？

注意：任务资讯中的问题可以参看视频 1。

视频1

CentOS 7.2 用户与用户组理论知识

任务规划

任务规划如下：

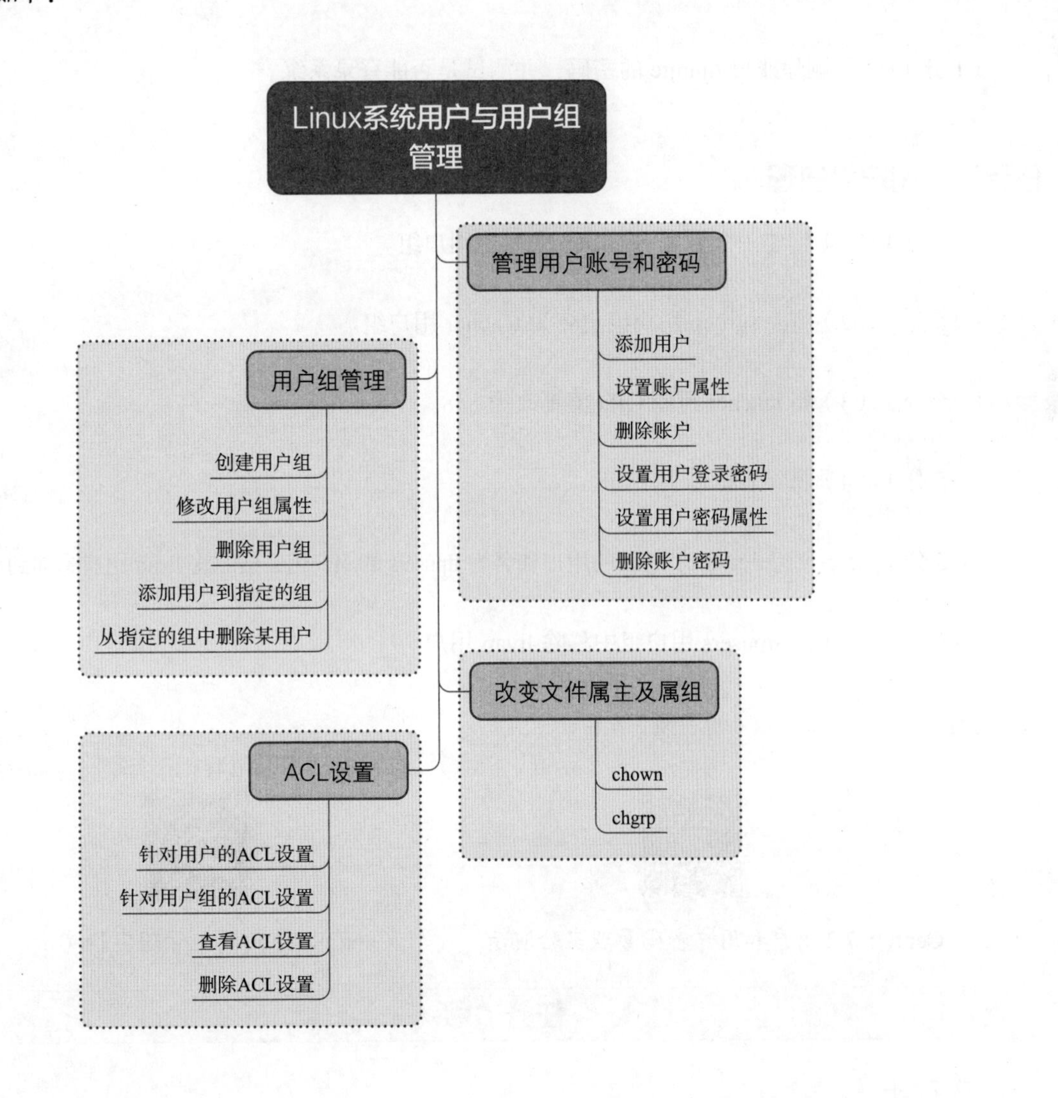

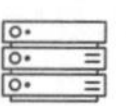

任务实施（7 分）

任务一：管理用户账号与密码

（0.5 分）（1）创建一个名为 lijie 的账户。

（0.5 分）（2）创建一个名为 vod 的账户，主目录放在 /var 目录下，并指定登录 shell 为 /sbin/nologin。

（0.5 分）（3）将用户 lijie 更名为 lijunjie，并为其设置登录密码。

（0.5 分）（4）锁定 lijunjie 账户，然后测试是否还能登录系统，再解锁该账户后进行测试。

（0.5 分）（5）锁定 lijunjie 账户的密码，然后测试是否还能登录系统，再解锁该账户密码后进行测试。

（0.5 分）（6）删除账户 vod。

（1 分）（7）删除账户 lijunjie 的密码，并测试是否能登录系统。

任务二：用户组管理

（0.5 分）（1）创建一个名为 sysgroup 的系统用户组。

（0.5 分）（2）将 sysgroup 用户组更名为 teacher 用户组。

（0.5 分）（3）将 teacher 组的 GID 值更改为 888。

（0.5 分）（4）删除 teacher 用户组。

（0.5 分）（5）创建一个名为 liyan 的用户和名为 ftpusers 的用户组，然后将 liyan 用户添加到 ftpusers 用户组。

（0.5 分）（6）从 ftpusers 用户组中移除 liyan 用户。

注意：任务一、二可以参看视频 2 及视频 3。

视频2

CentOS 7.2 用户和用户密码管理实验演示

视频3

CentOS 7.2 用户组管理实验演示

任务扩展（4 分）

1. 改变文件属主及属组

（0.4 分）（1）创建两个普通用户账户 qc 和 wy，再创建两个普通用户组 pop、pub。

（0.4 分）（2）用 qc 用户重新登录系统，然后在自己的家目录下新建一个名为 myfile.txt 的文件。

（0.4 分）（3）用 root 重新登录系统，将文件 myfile.txt 的拥有者修改为 wy。

（0.4 分）（4）将 myfile.txt 文件所属的用户组修改为 pub 组。

（0.4 分）（5）将 myfile.txt 文件的所有者和所属的用户组更改为 root 用户和 root 用户组。

2. ACL 设置

（0.5 分）（1）将 root 家目录下的 anaconda-ks.cfg 文件复制到根目录下，使用 getfacl 命令查看 anaconda-ks.cfg 文件的原始权限。

（0.5 分）（2）通过 ACL 使 liyan 用户对文件 anaconda-ks.cfg 拥有 rwx 权限，并使用 getfacl 命令查看设置了 ACL 的 anaconda-ks.cfg 文件。

（0.5 分）（3）创建 test 用户组，通过 ACL 使 test 用户组对文件 anaconda-ks.cfg 拥有 rw 权限，并使用 getfacl 命令查看 anaconda-ks.cfg 文件。

（0.5 分）（4）删除用户 liyan 以及用户组 test 对 anaconda-ks.cfg 文件的相关权限，还原 anaconda-ks.cfg 文件的原始权限。

注意： 扩展任务一、二可以参看视频 4 及视频 5。

视频4

CentOS 7.2 改变文件的属主和属组

视频5

CentOS 7.2 ACL 配置演示实验

工作日志（0.5 分）

（0.5 分）实施工单过程中填写如下日志：

工作日志表

日　期	工作内容	问题及解决方式

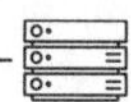

总结反思（0.5 分）

(0.5 分) 请编写完成本任务的工作总结：

学习资源集

任务资讯

一、Linux 用户与组

1. 多用户多任务操作系统

Linux 是一个多用户多任务的操作系统，下面简单介绍一下单用户多任务和多用户多任务的概念。

1）单用户多任务

单用户多任务是指系统在某个时间只允许一个用户登入，但是这个用户可以在同一时间执行多个不同的任务。比如以 liming 登录系统，进入系统后，打开 gedit 文本编辑器来写文档，但在写文档的过程中，感觉有点枯燥，所以又打开 xmms 播放音乐，当然为了随时与朋友保持联系，QQ 还得打开。如此一来，虽然只有一个用户登录系统，但却执行了多个任务。

2）多用户多任务

Linux 是一个多用户多任务的操作系统。多用户是指多个用户可以在同一时间使用计算机系统；多任务是指 Linux 可以同时执行几个任务，它可以在还未执行完一个任务时又执行另一项任务。比如在某台 Linux 服务器上，同时存在 FTP 用户、系统管理员、Web 用户、普通用户等不同用户，在同一时刻，Web 用户可能在管理网站；FTP 用户则可能在上传软件包到服务器；与此同时，可能还会有系统管理员在使用普通账号或超级用户（root 账号）维护系统。不同用户所具有的权限也不相同，要完成不同的任务得需要不同的用户，也可以说不同的用户，可能完成的工作也不一样。

值得注意的是：多用户多任务并不是大家同时挤到一台计算机的键盘和显示器前来操作机器，多用户可能通过远程登录来进行，比如对服务器的远程控制，只要有用户权限任何人都可以操作或访问。

3）用户的角色区分

用户在系统中是分角色的，在 Linux 系统中，由于角色不同，权限和所完成的任务也不同，具体分为以下三种角色：

- 超级用户（root）：系统唯一，是真实的，可以登录系统，可以操作系统任何文件和命令，拥有最高权限。
- 系统用户：这类用户又称虚拟用户，与真实用户区分开来，这类用户不具有登录系统的能力，但却是系统运行不可缺少的用户，比如 bin、daemon、adm、ftp、mail、nobody 等，这类用户都是系统自身创建的，而非后来添加的。
- 普通用户：这类用户能登录系统，但只能操作自己家目录的内容，权限有限，这类用户都是系统管理员自行添加的。

4）多用户操作系统的安全

从安全角度来说，多用户管理的系统更为安全，比如 liming 用户下的某个文件不想让其他用户看到，只需设置该文件的权限为只有 liming 用户可读可写即可，这样一来就只有 liming 一个用户可以对其私有文件进行操作。Linux 系统在多用户下表现最佳，能很好地保护每个用户的安全，当然，还要要求管理员具有一定的安全意识，否则，这样的系统也不是安全的。

2. 用户和用户组的概念

1）用户（user）的概念

通过前面对 Linux 多用户的理解，应该明白 Linux 是真正意义上的多用户操作系统，所以在 Linux 系统中可以创建若干个用户（user）。如果要使用系统资源，就必须向系统管理员申请一个账户，然后通过该账户进入系统。该账户和用户是一个概念，通过建立不同属性的用户，一方面，可以合理地利用和控制系统资源，另一方面也可以帮助用户组织文件，提供对用户文件的安全性保护。每个用户都有唯一的账号和口令，只有正确输入了账号密码，才能登录系统并进入自己的家目录。管理员账户（超级用户）对系统具有绝对的控制权，能够对系统进行一切操作。

2）用户组（group）的概念

用户组（group）就是具有相同特征的用户（user）的集合体。有时要让多个用户具有相同的权限，比如查看、修改某一文件或执行某个命令，这时需要用户组，把用户都定义到同一用户组，通过修改文件或目录的权限，让用户组具有一定的操作权限，这样用户组下的用户对该文件或目录都具有相同的权限，这是通过定义组和修改文件的权限实现的。

在 Linux 系统中存在两种组：私有组和标准组。当创建用户时，没有为其指定属于哪个组，Linux 就会建立一个和用户同名的私有组，此私有组中只含有该用户；若使用标准组，在创建新用户时，为其指定属于哪个组。一个用户可以属于多个组，当一个用户属于多个组时，其登录后所属的组称为主组，其他组称为附加组或附属组。

3）用户和用户组的关系

用户和用户组的对应关系是：一对一、多对一、一对多或多对多，如图 6-1 所示。

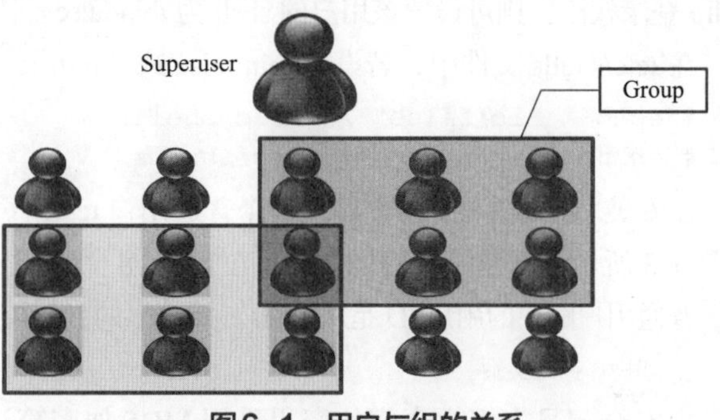

图6-1　用户与组的关系

♦ 一对一：某个用户可以是某个组的唯一成员。

♦ 多对一：多个用户可以是某个唯一的组的成员，不归属其他用户组。

♦ 一对多：某个用户可以是多个用户组的成员。

♦ 多对多：多个用户对应多个用户组，并且几个用户可以是归属相同的组。其实多对多的关系是前面三条的扩展。

二、用户和用户组文件

在 Linux 中，用户账号、用户密码、用户组信息和用户组密码均是存放在不同的配置文件中，下面对这些配置文件进行简单介绍，以便对 Linux 系统有更深入的了解。

1. 用户账号文件

在 Linux 系统中，所创建的用户账号及其相关信息（密码除外）均存放在一个名称为 passwd 的配置文件中，该文件位于 /etc 目录。由于所有用户对 passwd 文件均有读取的权限，因此密码信息并未保存在该文件中，而是保存在了另外一个名称为 shadow 的配置文件中。

Linux 的配置文件均是文本文件，因此可使用文本文件内容查看命令来查看。在 passwd 文件中，一行定义一个用户账号，每行均由多个不同的字段构成，各字段值间用"；"分隔，每个字段均代表该账户某方面的信息。

在刚安装完成的 Linux 系统中，passwd配置文件已有很多账户信息了，这些账户是由系统自动创建的，它们是 Linux 进程或部分服务程序正常工作所需要使用的账户，这些账户的最后一个字段的值一般为 /sbin/nologin，表示该账户不能用来登录 Linux 系统。

由于 passwd 配置文件内容较多，下面使用 head 命令显示该文件前 10 行的内容，其显示结果如图 6-2 所示。

```
[root@GDKT ~]# head /etc/passwd
root:x:0:0:root:/root:/bin/bash
bin:x:1:1:bin:/bin:/sbin/nologin
daemon:x:2:2:daemon:/sbin:/sbin/nologin
adm:x:3:4:adm:/var/adm:/sbin/nologin
lp:x:4:7:lp:/var/spool/lpd:/sbin/nologin
sync:x:5:0:sync:/sbin:/bin/sync
shutdown:x:6:0:shutdown:/sbin:/sbin/shutdown
halt:x:7:0:halt:/sbin:/sbin/halt
mail:x:8:12:mail:/var/spool/mail:/sbin/nologin
operator:x:11:0:operator:/root:/sbin/nologin
```

图6-2　passwd用户文件部分内容

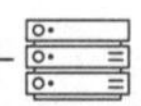

在 passwd 配置文件中，从左至右各字段的对应关系及其含义如表 6-1 所示。

表 6-1　passwd 配置文件各字段的对应关系

用户账号	用户密码	用户 ID	用户组 ID	用户名全称	用户主目录	用户所使用的 shell
root	x	0	0	root	/root	/bin/bash
bin	x	1	1	bin	/bin	/sbin/nologin
…	…	…	…	…	…	…

由于 passwd 不再保存密码信息，所以用 x 占位表示。用户 ID 是唯一代表该用户的数字，用户组 ID 代表该用户所属的私有组的组号，也是唯一代表该用户组的数字。

shell 是用户登录后所使用的一个命令行界面。输入的命令由 shell 进行解释，并发送给 Linux 内核，由内核进行具体操作，以实现命令所体现的功能。Linux 系统自带有多种 shell，系统默认使用的是 /bin/bash。若在配置文件中，该字段的值为空，则默认使用“/bin/sh” shell。在 /etc 目录下的 shells 文件中，列出了系统可以使用的 shell 列表，可使用 more /etc/shells 或 chsh -l 命令查看。

若要使某个用户账户不能登录 Linux，只需设置该用户所使用的 shell 为 /sbin/nologin 即可。比如，对于 FTP 账户，一般只允许登录和访问 FTP 服务器，不允许登录 Linux 操作系统。若要让某用户没有 telnet 权限，即不允许该用户利用 telnet 远程登录和访问 Linux 操作系统，则设置该用户所使用的 shell 为 /bin/true 即可。若要让用户没有 telnet 和 ftp 登录权限，则可设置该用户的 shell 为 /bin/false。

在 /etc/shells 文件中，若没有 /bin/false 或 /bin/true，则可使用以下命令将其添加进去。

```
# echo "/bin/false" >> /etc/shells
# echo "/bin/true" >> /etc/shells
```

在安装 Linux 系统时，创建了一个普通用户 test，下面使用 tail 命令查看该用户在 passwd 文件中的相关信息，如图 6-3 所示。新建账户的记录保存在 passwd 文件的末尾。

```
[root@GDKT ~]# tail -1 /etc/passwd
test:x:1000:1000::/home/test:/bin/bash
```

图6-3　passwd文件中test用户信息

普通用户账户的用户 ID 是从 1000 开始编号的，系统账号小于 1000。

2. 用户密码文件

为安全起见，用户真实的密码采用 MD5 加密算法加密后，保存在 /etc/shadow 配置文件中，该文件只有 root 用户可以读取。

与 passwd 文件类似，shadow 文件也是每行定义和保存一个账户的相关信息，如图 6-4 所示。第 1 个字段为账户名，第 2 个字段为该账户的密码。

```
[root@GDKT ~]# tail -1 /etc/shadow
test:$6$3MiKGHsd$P9YIhnEhNhP0sAk/mkpOPG3pkforjkxWfnR77vRq0UQ1XQ0zM9yWFRNDl6zspv1
9fxV4CZlFWRd4M72p.5UsN/:17964:0:99999:7:::
```

图6-4　shadow文件中test用户信息

第 3 个字段的数字代表上次口令改变的时间距离 1970 年 1 月 1 日的天数；第 4 个字段的数字代表在这么长的天数内不能改变口令，0 代表可以随时修改；第 5 个字段代表在这么长的天数后必须改变口令；第 6 个字段代表口令到期之前的这么多天时会出现警告。

3. 用户组账号文件

用户组账户信息保存在 /etc/group 配置文件中，任何用户均可以读取。用户组的真实密码保存在 /etc/gshadow 配置文件中。

在 group 文件中，第 1 个字段代表用户组的名称，第 2 列为 x，第 3 列为用户组 ID 号，第 4 列为该组中的用户成员列表，各用户名间用逗号分隔。

三、改变文件属主及属组

文件或目录的创建者，一般就是该文件或目录的所有者，称为文件拥有者或属主，对文件具有特别使用权。根据需要，可以更改文件或目录的所属关系，所有者或 root 用户可以将一个文件或目录的所有权转让给其他用户，使其他用户成为该文件或目录的属主。

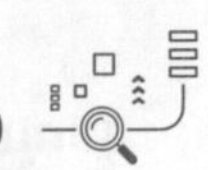

在 Linux 中，使用 chown 命令可以改变文件或目录的所有者（属主）和所属的用户组（属组），利用参数 -R，可以递归设置指定目录下的全部文件（包括子目录和子目录中的文件）的所属关系；chgrp 命令只能更改指定文件或目录所属的用户组。其命令用法为：

```
chown [ -R ] 新属主：新属组  要改变的文件或目录
或：chown [ -R ] 新属主. 新属组  要改变的文件或目录
chgrp 新用户组  要改变所属用户组的目录或文件
```

四、ACL 设置

1. ACL 简介

在工单 3 介绍了传统的权限为 3 种身份（owner、group、others）搭配三种权限（r、w、x）以及三种特殊的权限（SUID、SGID、SBIT），随着应用的发展，这些权限组合已不能适应现在复杂的文件系统权限控制要求。

例如，目录 data 的权限为 drwxr-x--，所有者与所属组均为 root，在不改变所有者和所属组的前提下，要求用户 liulan 对该目录有完全访问权限（rwx），但又不能让其他用户拥有完全权限（rwx）。如果用传统的权限管理来设置，则这个要求不能实现。

为了解决这样的问题，Linux 开发出了一套新的文件系统权限管理方法，称为文件访问控制列表（Access Control Lists，ACL）。ACL 主要的目的是在提供传统的权限之外的局部权限设定。ACL 可以针对单个用户、单个文件或目录进行 r、w、x 的权限设定，特别适用于需要特殊权限的使用情况。

可以通过下面的方法查看系统是不是支持 ACL。

```
# tune2fs -l /dev/sda1 | grep acl
Default mount options:    user_xattr acl
```

通过上面显示的内容可以看到，默认的挂载选项已经有 ACL 了，如果系统挂载时没有该选项，可以通过重新挂载来解决。

```
# mount -o remount,acl /dev/sda1
```

2. ACL 的名词定义

ACL 是由一系列 Access Entry 组成的。每一条 Access Entry 定义了特定的类别可以对文件拥有的操作权限。Access Entry 是由三个字段组成的：Entry tag type、qualifier（optional）、permission。其中最重要的字段是 Entry tag type，它有以下几个类型：

- ACL_USER_OBJ：相当于 Linux 中文件拥有者所具有的权限。
- ACL_USER：定义了额外的用户可以对此文件拥有的权限。
- ACL_GROUP_OBJ：相当于 Linux 中用户组所具有的权限。
- ACL_GROUP：定义了额外的组可以对此文件拥有的权限。
- ACL_MASK：定义了 ACL_USER、ACL_GROUP_OBJ 和 ACL_GROUP 的最大权限。
- ACL_OTHER：相当于 Linux 中其他用户拥有的权限。

下面使用 getfacl 命令查看一个定义好的 ACL 文件（/home/test.txt），通过该文件来理解各字段的含义与作用，操作命令如下：

```
[root@GDKT ~]#getfacl /home/test.txt
# file: test.txt          #定义了该文件的文件名
# owner: leonard          #定义了该文件的拥有者
# group: admin            #定义了该文件所属的用户组
user::rw-                 #定义了 ACL_USER_OBJ，说明文件拥有者拥有读和写的权限
user:john:rw-             #定义了 ACL_USER，使用户 john 拥有对该文件的读写权限
group::rw-                #定义了 ACL_GROUP_OBJ，说明文件所属的组拥有读写权限
group:dev:r--             #定义了 ACL_GROUP，使得 dev 组拥有对文件的读权限
mask::rw-                 #定义了 ACL_MASK 的权限为读写
other::r--                #定义了 ACL_OTHER 的权限为读
```

以上显示的内容中，前面三个以 # 开头的行分别定义了文件名，拥有者和所属组，这些信息的作用并不大，可

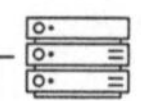

以用参数 --omit-header 省略掉，比如执行命令 getfacl --omit-header /home/test.txt，将不会再显示以 # 开头的这三行信息。

任务实施

任务一：管理用户账号与密码

1. 添加用户

1）命令用法

在 Linux 中，创建或添加新用户使用 useradd 命令实现，其命令用法为：

```
useradd [option] username
```

该命令的 option 可选项较多，常用的主要有：

[-c]：用于设置对该账户的注释说明文字。

[-d]：指定用来取代默认的 /home/username 的主目录。

[-m]：若主目录不存在，则创建它。-r 与 -m 相结合，可为系统账户创建主目录。

[-M]：不创建主目录。

[-e（expire_date）]：指定账户过期的日期。日期格式为 MM/DD/YY。

[-f（inactive_days）]：账号过期几日后永久停权。若指定为 0，则立即被停权；为 -1，则关闭此功能。

[-g]：指定将该用户加入到哪一个用户组中。该用户组在指定时必须已存在。

[-G]：指定用户同时也是其中成员的其他用户组列表，各组间用逗号分隔。

[-n]：不为用户创建私有用户组。

[-s]：指定用户登录时所使用的 shell，默认值为 /bin/bash。

[-r]：创建一个用户 ID 小于 1000 的系统账户，默认不创建对应的主目录。

[-u]：手工指定新用户的 id 值，该值必须唯一，且大于 1000。

[-p]：为新建用户指定登录密码。此处的 password 是对登录密码经 MD5 加密后所得到的密码值，不是真实密码原文，因此在实际应用中，该参数选项使用较少，通常单独使用 passwd 命令为用户设置登录密码。

2）应用示例

例如，若要创建一个名为 liyan 的用户，并作为 student 用户组成员，则操作命令为：

```
# groupadd student
# useradd  -g student liyan
# tail  -1  /etc/passwd         # 显示 passwd 文件最后 1 行的内容
liyan:x:1001:1001::/home/liyan:/bin/bash
```

添加用户时，若未用 -g 参数指定用户组，则系统默认会自动创建一个与用户账号同名的私有用户组。若不需要创建该私有用户组，则可选用 -n 参数。

比如，添加一个名为 lijie 的账户，但不指定用户组，其操作结果为：

```
# useradd lijie
# tail  -1  /etc/passwd
lijie:x:1002:1002::/home/lijie:/bin/bash
# tail  -2  /etc/group          # 显示 group 文件最后 2 行的内容
student:x:1001:
lijie:x:1002:                   # 系统自动创建了名为 lijie 的用户组，ID 号为 1002
```

创建用户账户时，系统会自动创建该账户对应的主目录，该目录默认放在 /home 目录下，若要改变位置，可利用 -d 参数指定；对于用户登录时所使用的 shell，默认值为 /bin/bash，若要更改，则使用 -s 参数指定。

例如，若要创建一个名为 vod 的账户，主目录放在 /var 目录下，并指定登录 shell 为 /sbin/nologin，则操作命令为：

```
# useradd -d /var/vod -s /sbin/nologin vod
```

```
# tail  -1  /etc/passwd
vod:x:1003:1003::/var/vod:/sbin/nologin
# tail  -1  /etc/group
vod:x:1003:
```

在 Linux 中，对于新创建的用户，在没有设置密码的情况下，账户密码是处于锁定状态的，此时用户账户将无法登录系统。在创建新用户时，对于没有指定的属性，其默认设置位于 /etc/default/useradd 文件中。

2. 设置账户属性

对于已经创建好的账户，可使用 usermod 命令修改和设置账户的各项属性，包括登录名、主目录、用户组、登录 shell 等，该命令的用法为：

```
usermod [option] username
```

命令参数选项 option 大部分与添加用户时所使用的参数相同，参数的功能也一样，下面按用途介绍该命令新增的几个参数。

1）改变用户账户名

若要改变用户名，可使用 -l 参数实现，其命令用法为：

```
usermod  -l 新用户名 原用户名
```

例如，若要将用户 lijie 更名为 lijunjie，则操作命令为：

```
# usermod  -l lijunjie lijie
# tail  -1  /etc/passwd
lijunjie:x:1002:1002::/home/lijie:/bin/bash
```

从输出结果可见，用户名已更改为了 lijunjie。主目录仍为原来的 /home/lijie，若也要将其更改为 /home/lijunjie，则可以通过执行以下命令来实现。

```
# usermod  -d  /home/lijunjie  lijunjie                # 注意指定要修改属性的用户名
# tail  -1  /etc/passwd
lijunjie:x:1002:1002::/home/lijunjie:/bin/bash         # 主目录更改成功
# mv  /home/lijie  /home/lijunjie                      # 注意将实际的目录也相应更改为 lijunjie
```

若要将 lijunjie 加入 student 用户组（用户组 ID 为 1001），则实现的命令为：

```
# usermod  -g  student lijunjie  或 usermod  -g  1001  lijunjie
# tail  -1  /etc/passwd
lijunjie:x:1002:1001::/home/lijunjie:/bin/bash    # 用户组已更改为了 1001，操作成功
```

2）锁定账户

若要临时禁止用户登录，可将该用户账户锁定。锁定账户可利用 -L 参数实现，其命令用法为：

```
usermod  -L 要锁定的账户
```

例如，若要锁定 lijunjie 账户，则操作命令为 usermod -L lijunjie。

Linux 锁定账户，是通过在密码文件 shadow 的密码字段前加“！”来标识该用户被锁定。

3）解锁账户

要解锁账户，可使用带 -U 参数的 usermod 命令实现，其用法为：

```
usermod  -U 要解锁的账户
```

例如，若要解除对 lijunjie 账户的锁定，则操作命令为 usermod -U lijunjie。

3. 删除账户

要删除账户，可使用 userdel 命令实现，其用法为：

```
userdel  [ -r ] 账户名
```

-r 参数为可选项，若带上该参数，则在删除该账户的同时，一并删除该账户对应的主目录。比如，若要删除 vod 账户，并同时删除其主目录，则操作命令为 userdel -r vod。

若要设置所有用户账户密码过期的时间，则可通过修改 /etc/login.defs 配置文件中的配置项 PASS_MAX_

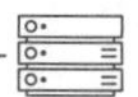

DAYS 的值实现，其默认值为 99999，代表用户账户密码永不过期。其中的 PASS_MIN_DAYS 配置项用于指定不能修改账户密码的天数，默认值为 0，代表用户账户的密码可以随时修改；PASS_MIN_LEN 配置项用于指定账户密码的最小长度，默认为 5 个字符；PASS_WARN_AGE 配置项用于指定账户密码到期前出现警告的天数，默认为密码到期前 7 天警告用户。

4. 设置用户登录密码

Linux 的账户必须设置密码后才能登录系统。设置账户登录密码，使用 passwd 命令，其用法为：

```
passwd  [ 账户名 ]
```

若指定了账户名称，则设置指定账户的登录密码，原密码自动被覆盖。只有 root 用户才有权限设置指定账户的密码，一般用户只能设置或修改自己账户的密码，使用不带账户名的 passwd 命令实现设置当前用户的密码。

例如，若要设置 lijunjie 账户的登录密码，则操作命令为：

```
# passwd  lijunjie
更改用户 lijunjie 的密码。
新的 密码:                                         # 键入密码
无效的密码： 密码未通过字典检查 - 过于简单化 / 系统化
重新输入新的 密码:                                 # 重复输入密码
passwd:所有的身份验证令牌已经成功更新。
```

账户登录密码设置后，该账户就可以登录系统了。此时，如果在图形登录界面下，可以选择注销用户，然后利用 lijunjie 账户重新登录系统；如果在字符界面下，按【Ctrl+Alt+F2】组合键，选择第 2 号虚拟控制台（tty2），然后利用 lijunjie 账户登录系统，以检测能否登录系统。

5. 锁定账户密码

在 Linux 中，除了用户账户可被锁定外，账户密码也可以被锁定，任何一方被锁定后，都将导致该账户无法登录系统。只有 root 用户才有权限执行该命令。锁定账户密码使用带 -l 参数的 passwd 命令，其用法为：

```
passwd  -l 账户名
```

例如，若要锁定 lijunjie 账户的密码，则操作命令为 passwd -l lijunjie。

6. 解锁账户密码

用户密码被锁定后，若要解锁，使用带 -u 参数的 passwd 命令，该命令只有 root 用户才有权限执行，其用法为：

```
passwd  -u 要解锁的账户
```

7. 查询密码状态

可以通过查询当前账户的密码状态来了解其是否被锁定，可使用带 -S 参数的 passwd 命令实现，其用法为：

```
passwd  -S 账户名
```

若账户密码被锁定，将显示输出“Password locked.”，若未加密，则显示“Password set，MD5 crypt.”。

8. 删除账户密码

若要删除账户的密码，使用带 -d 参数的 passwd 命令实现，该命令也只有 root 用户才有权限执行，其用法为：

```
passwd  -d 账户名
```

注意：账户密码被删除后，输入账户名后将会直接登录系统，系统不再要求输入密码。

任务二：用户组管理

用户组是用户的集合，通常将用户进行分类归组，便于进行访问控制。正如前面提到的，用户与用户组属于多对多的关系，一个用户可以同时属于多个用户组，一个用户组也可以包含多个不同的用户。

1. 创建用户组

使用 groupadd 命令创建用户组，其命令用法为：

```
groupadd  [ -r ] 用户组名
```

若命令带有 -r 参数，则创建的用户组为系统用户组，该类用户组的 GID 值小于 1000。

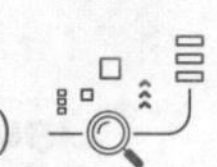

若没有 -r 参数，则创建普通用户组，其 GID 值大于或等于 1000。前面创建的 student 用户组，由于是所创建的第 2 个普通用户组，故其 GID 值为 1001。

在 CentOS 7.2 中，系统文件 /etc/login.defs 定义了系统用户的 UID 值和系统用户组的 GID 值的取值范围。

```
# cat /etc/login.defs
# System accounts
SYS_UID_MIN  201                # 新建系统用户 UID 最小值
SYS_UID_MAX  999                # 新建系统用户 UID 最大值
# System accounts
SYS_GID_MIN  201                # 新建系统用户组 GID 最小值
SYS_GID_MAX  999                # 新建系统用户组 GID 最大值
```

如果要创建一个名为 sysgroup 的系统用户组，则操作命令为：

```
# groupadd -r sysgroup
# tail -1 /etc/group
sysgroup: x: 982:               # 该用户组的 GID 值为 982
```

2. 修改用户组属性

用户组创建以后，根据需要可对用户组的相关属性进行修改。对用户组属性的修改，是修改用户组的名称和用户组的 GID 值。

1）改变用户组名称

如果要对用户组重命名，可使用带 -n 参数的 groupmod 命令实现，其用法为：

```
groupmod  -n 新用户组名  原用户组名
```

对用户组更名，不会改变其 GID 的值。

比如，若要将 sysgroup 用户组更名为 teacher 用户组，则操作命令为：

```
# groupmod -n teacher sysgroup
# tail -1 /etc/group
teacher: x: 982
```

2）重设用户组的 GID

用户组的 GID 值可以重新进行设置修改，但不能与已有用户组的 GID 值重复。对 GID 进行修改，不会改变用户名的名称。

要修改用户组的 GID，使用带 -g 参数的 groupmod 命令，其用法为：

```
groupmod  -g new_GID 用户组名
```

比如，若要将 teacher 组的 GID 值更改为 888，则操作命令为：

```
# groupmod -g 888 teacher
# grep teacher /etc/group       # 在 /etc/group 文件中查找并显示含有 teacher 的行
teacher: x: 888
```

3. 删除用户组

删除用户组使用 groupdel 命令实现，其用法为：

```
groupdel 用户组名
```

比如，若要删除 teacher 用户组，则操作命令为 groupdel teacher。

在删除用户组时，被删除的用户组不能是某个账户的私有用户组，否则将无法删除，若要删除，则应先删除引用该私有用户组的账户，然后才能删除用户组。操作演示如下：

```
# groupadd teacher              # 新建 teacher 用户组
# useradd -g teacher cy         # 创建 cy 用户，并将 teacher 组作为其私有组
# groupdel teacher
groupdel: 不能移除用户“cy”的主组
# userdel -r cy                 # 删除 cy 用户
# groupdel teacher
```

```
# grep teacher /etc/group      # 没有输出，说明 teacher 组已经成功删除
```

4. 添加用户到指定的组

可以将用户添加到指定的组，使其成为该组的成员。其实现命令为：

```
gpasswd  -a 用户账户 用户组名
```

比如，现创建一个名为 ftpusers 的用户组，然后将 liyan 用户添加到 ftpusers 用户组，其操作命令为：

```
# groupadd ftpusers                          # 新建 ftpusers 用户组
# gpasswd  -a liyan ftpusers                 # 将 liyan 用户添加到 ftpusers 用户组
正在将用户“liyan”加入到“ftpusers”组中        # 使用 groups 命令查看 liyan 用户所属的组
# groups liyan                               # liyan 同时属于 student 和 ftpusers 用户组
liyan: student ftpusers
```

5. 从指定的组中移除某用户

若要从用户组中移除某用户，其实现命令为：

```
gpasswd  -d 用户账户 用户组名
```

比如，若要从 ftpusers 用户组中移除 liyan 用户，则操作命令为：

```
# gpasswd  -d liyan ftpusers
正在将用户“liyan”从“ftpusers”组中删除
# groups liyan
liyan: student          # liyan 用户已不再属于 ftpusers 用户组
```

6. 设置用户组管理员

添加用户到组和从组中移除某用户，除了 root 用户可以执行该操作外，用户组管理员也可以执行该操作。本工单中的命令，只要未特别声明，都只有 root 用户才有权限执行这些管理性操作。

若要将某用户指派为某个用户组的管理员，可使用以下命令实现：

```
gpasswd  -A 用户账户 要管理的用户组名
```

命令功能：将指定的用户设置为指定用户组的用户管理员。用户管理员只能对授权的用户组进行用户管理（添加用户到组或从组中删除用户），无权对其他用户组进行管理。

比如，若要设置 liyan 为 ftpusers 用户组的用户管理员，则操作命令为：

```
# gpasswd  -A liyan ftpusers
```

完成以上操作后，liyan 用户就可以对 ftpusers 用户组进行管理，但是无权对 student 用户组进行管理，操作演示如下（以 liyan 账户登录系统）：

```
# su liyan                          # 将 lijunjie 添加到 ftpusers 用户组
$ gpasswd  -a lijunjie ftpusers     # 操作成功，说明可以对 ftpusers 用户组进行管理
正在将用户“lijunjie”加入到          # 试图将 lijunjie 用户从 student 用户组中移除
“ftpusers”组中                      # 操作被拒绝，说明无权对其他用户组进行管理
$ gpasswd -d lijunjie student
gpasswd: 没有权限。
```

另外，Linux 还提供了 id、whoami 和 groups 等命令，用来查看用户和组的状态。id 命令用于显示当前用户的 uid、gid 和所属的用户组的列表；whoami 用于查询当前用户的名称；“groups 用户账户”用于查看指定的用户所隶属的用户组。

任务扩展

任务一：改变文件属主及属组

为了便于测试该命令，下面创建两个普通用户账户和两个普通用户组。

```
# groupadd pop
# groupadd pub
# useradd -g pop qc
```

```
# passwd qc
更改用户 qc 的密码。
新的 密码:
无效的密码: 密码未通过字典检查 - 过于简单化 / 系统化
重新输入新的 密码:
passwd：所有的身份验证令牌已经成功更新。
# useradd -g pop wy
# passwd wy
更改用户 qc 的密码。
新的 密码:
无效的密码: 密码未通过字典检查 - 过于简单化 / 系统化
重新输入新的 密码:
passwd：所有的身份验证令牌已经成功更新。
```

用户创建好后，系统就会自动在 /home 目录下，为用户创建一个与账户同名的主目录。用户登录系统以后，其当前目录就是该主目录。

输入 logout 注销 root 用户（如果在图形界面下，可通过菜单栏中的选项注销 root），用 qc 用户重新登录，然后新建一个名为 myfile.txt 的文件。

```
$ touch myfile.txt
$ ll myfile.txt
-rw-r--r--. 1 qc pop 0 3月   9 10:31 myfile.txt
```

从以上输出的信息可见，该文件的拥有者为 qc，所属的组为 pop。拥有者对该文件具有读和写的权限，其他用户仅有读的权限，由于文件不具有可执行性，因此不具有 x 属性。

若将该文件的拥有者修改为 wy，则操作命令为（使用 root 重新登录）：

```
# chown wy /home/qc/myfile.txt
# ll /home/qc/myfile.txt
-rw-r--r--. 1 wy pop 0 3月   9 10:31 /home/qc/myfile.txt
```

从以上输出的信息可见，尽管该文件仍位于 qc 用户的主目录中，但文件的所有者已变成为 wy 用户，此时的 wy 用户对该文件有读和写的权限，而原来的 qc 用户作为 pop 组的成员，只有读的权限。

若要将 myfile.txt 文件所属的用户组修改为 pub 组，则实现命令为：

```
# chgrp pub /home/qc/myfile.txt
# ll /home/qc/myfile.txt
-rw-r--r--. 1 wy pub 0 3月   9 10:31 /home/qc/myfile.txt
```

若要将 myfile.txt 文件的所有者和所属的用户组更改为 root 用户和 root 用户组，则实现命令为：

```
# chown root:root /home/qc/myfile.txt 或 chown root.root /home/qc/myfile.txt
# ll /home/qc/myfile.txt
-rw-r--r--. 1 root root 0 3月   9 10:31 /home/qc/myfile.txt
```

chown 命令可同时更改所有者和所属的用户组，所有者和所属用户组之间可用冒号或小数点进行分隔表达。

任务二：ACL 设置

从任务咨询中的内容可以看出，ACL 提供了可以定义特定用户和用户组的功能。接下来介绍如何设置文件或目录的 ACL。

setfacl 用于设置文件或目录的 ACL 内容，其用法为：

```
# setfacl [参数选项] [acl 参数] 文件或目录名称
```

其中参数选项有：

[-m]：设置后续的 acl 参数。

[-x]：删除后续的 acl 参数。

[-b]：删除所有 acl 设定参数。

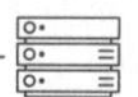

[-d]：设置预设 acl 参数（只对目录有效，在该目录新建的文件也会使用此 ACL 默认值）。

acl 参数格式为：

u：用户名：权限

g：用户组名：权限

m：：权限

o：：权限

1. 针对用户的 ACL 设置

首先将 root 家目录下的 anaconda-ks.cfg 文件复制到根目录下，然后以长格式显示该文件的信息，操作命令为：

```
[root@GDKT \]# ls -l anaconda-ks.cfg
-rw-------. 1 root root 1330 1月  26 20:28 anaconda-ks.cfg
```

使用 getfacl 命令查看 anaconda-ks.cfg 文件的原始权限，则操作命令为：

```
[root@GDKT ~]# getfacl anaconda-ks.cfg
# file: anaconda-ks.cfg
# owner: root
# group: root
user::rw-
group::---
other::---
```

通过 ACL 使 liyan 用户对文件 anaconda-ks.cfg 拥有 rwx 权限，并使用 getfacl 命令查看设置了 ACL 的 install.log 文件，则操作命令为：

```
[root@GDKT ~]# setfacl -m u:liyan:rwx /anaconda-ks.cfg
[root@GDKT ~]# cd /
[root@GDKT /]# getfacl anaconda-ks.cfg
# file: anaconda-ks.cfg
# owner: root
# group: root
user::rw-
user:liyan:rwx
group::---
mask::rwx
other::---
```

通过以上的显示内容，可以看出 liyan 用户已经拥有了 anaconda-ks.cfg 文件的 rwx 权限。再次使用 ls -l 命令查看 anaconda-ks.cfg 文件信息，操作命令如下：

```
[root@GDKT /]# ls -l anaconda-ks.cfg
-rw-rwx---+ 1 root root 1330 3月   9 11:56 anaconda-ks.cfg
```

通过 ls -l 查看的文件权限后面多了一个“+”号，这就表示了文件存在 ACL 权限。

2. 针对用户组的 ACL 设置

通过 ACL 使 test 用户组对文件 anaconda-ks.cfg 拥有 rw 权限，并使用 getfacl 命令查看设置了 ACL 的 anaconda-ks.cfg 文件，则操作命令为：

```
[root@GDKT /]# setfacl -m g:test:rw anaconda-ks.cfg
[root@GDKT /]# getfacl anaconda-ks.cfg
# file: anaconda-ks.cfg
# owner: root
# group: root
user::rw-
user:liyan:rwx
group::---
group:test:rw-
mask::rwx
other::---
```

通过以上显示内容，可以看出 test 用户组已经拥有了 anaconda-ks.cfg 文件的 rwx 权限。

3. 删除 ACL 设置

如果要还原 anaconda-ks.cfg 文件的原始权限，需要删除用户 liyan 以及用户组 test 对 anaconda-ks.cfg 文件的相关权限，可以使用 -x 参数实现，则操作命令为：

```
[root@GDKT /]# setfacl -x u:liyan anaconda-ks.cfg
[root@GDKT /]# setfacl -x g:test anaconda-ks.cfg
[root@GDKT /]# getfacl anaconda-ks.cfg
# file: anaconda-ks.cfg
# owner: root
# group: root
user::rw-
group::---
mask::---
other::---
```

这时候发现还有个 mask 的权限没有去掉，执行以下命令：

```
[root@GDKT /]# setfacl -x m:: anaconda-ks.cfg
[root@GDKT /]# getfacl anaconda-ks.cfg
# file: anaconda-ks.cfg
# owner: root
# group: root
user::rw-
group::---
other::---
```

经过了上面的操作才算把 anaconda-ks.cfg 文件的权限还原了，实在有点不方便，而且在使用参数 -x 时，不能单独删除某个权限，否则会出现错误提示。比如命令 setfacl -x u:yufei:rwx anaconda-ks.cfg 在执行后，会提示无效的参数。

更为直接和便捷的方法是使用 -b 参数删除所有 ACL 权限，若要还原 anaconda-ks.cfg 文件的原始权限，则操作命令为：

```
[root@GDKT /]# setfacl -b anaconda-ks.cfg
```

-b 参数，一次性把所有 ACL 权限全部清空，还原成文件的原来权限。

4. ACL 的 mask 设置与有效权限（effective）

在 Linux 权限中，对于 rw-rw-r-- 来说，当中的那个 rw- 是指用户组所拥有的权限。但是在 ACL 中，这种情况只是在 ACL_MASK 不存在的情况下成立。如果文件有 ACL_MASK 值，那么当中那个 rw- 代表的就是 mask 值而不再是用户组权限了。

下面的例子将会详细解释 ACL 的 mask 设置。

在 tom 用户的家目录下有一个 test.sh 脚本文件（可以执行），以长格式显示该文件，则操作命令为：

```
[root@GDKT /]# groupadd admin
[root@GDKT /]# useradd -g admin tom
[root@GDKT /]# passwd tom
更改用户 tom 的密码。
新的 密码:
无效的密码: 密码未通过字典检查 - 过于简单化 / 系统化
重新输入新的 密码:
passwd: 所有的身份验证令牌已经成功更新。
[root@GDKT /]# su tom
[tom@GDKT /]$ cd
[tom@GDKT ~]$ touch test.sh
[tom@GDKT ~]$ ll
总用量 0
-rw-r--r--. 1 tom admin 0 3月   9 12:12 test.sh
```

```
[tom@GDKT ~]$ chmod u+x test.sh
[tom@GDKT ~]$ ls -l test.sh
-rwxr--r--. 1 tom admin 0 3月   9 12:12 test.sh
```

通过以上显示内容，可以看到 test.sh 文件只有文件的拥有者 tom 拥有可读可写可执行的权限，而其所属的组 admin 只有可读的权限。现在想让用户 john 也对 test.sh 文件具有和 tom 一样的权限，则操作命令为：

```
[tom@GDKT ~]$ su
密码：
[root@GDKT tom]# useradd john
[root@GDKT tom]# setfacl -m u:john:rwx test.sh
[root@GDKT tom]# getfacl --omit-header test.sh
user::rwx
user:john:rwx
group::r--
mask::rwx
other::r--
```

通过以上显示的内容，可以看到用户 john 已经拥有了 rwx 权限。而此时的 mask 值也被设定为 rwx 权限。这是因为 ACL_MASK 定义了 ACL_USER、ACL_GROUP_OBJ 和 ACL_GROUP 的最大权限，而此时只有 ACL_USER（user:john:rwx）、ACL_GROUP_OBJ（group::r--）两项，可以看出其最大值为 rwx，所以 mask 值显示为 rwx。现在再来看 test.sh 的 Linux 权限，使用 ls -l 显示该文件，命令如下：

```
[root@GDKT tom]# ls -l test.sh
-rwxrwxr--+ 1 tom admin 0 3月   9 12:12 test.sh
```

尽管以上文件的权限显示为 rwxrwxr--，但如果现在 admin 组的用户想要执行 test.sh 脚本文件，仍会被拒绝操作。原因在于实际上 admin 组的用户只有可写（r--）权限。这里当中显示的 rwx 是 ACL_MASK 的值而不是用户组的权限。所以从这里就可以知道，如果一个文件后面有 + 标记，都需要用 getfacl 确认它的实际权限，以免发生混淆。

假如现在设置 test.sh 的 mask 值为只有读取的权限，则操作命令为：

```
[root@GDKT tom]# setfacl -m m::r test.sh
[root@GDKT tom]# getfacl --omit-header test.sh
user::rwx
user:john:rwx#effective:r--
group::r--
mask::r--
other::r--
```

此时可以看到 ACL_USER 旁边多了个 #effective:r--，也就是说，现在 John 用户只有可读的权限。这是因为 ACL_MASK 定义了 ACL_USER、ACL_GROUP_OBJ 和 ACL_GROUP 的最大权限，而此时 mask 值显示为只有可读（r）权限，那么 ACL_USER 的最大权限也就是可读（r）权限。虽然这里给 ACL_USER 设置了其他权限，但是其真正有效果的只有可读权限。

5. 默认权限

上面所讲的都是 Access ACL，也就是对文件而言。下面简单介绍一下 Default ACL。Default ACL 是指对于一个目录进行默认权限设置，并且在此目录下建立的文件都将继承此目录的 ACL。

比如现在 tom 用户建立了一个 data 目录，操作命令如下：

```
[root@GDKT tom]# su tom
[tom@GDKT ~]$ mkdir data
```

tom 希望所有在此目录下建立的文件都可以被 john 用户访问，那么就可以对 data 目录设置 Default ACL，操作命令为：

```
[root@GDKT tom]# su tom
[tom@GDKT ~]$ mkdir data
[tom@GDKT ~]$ setfacl -m d:u:john:rw data
```

```
[tom@GDKT ~]$ getfacl --omit-header data/
user::rwx
group::r-x
other::r-x
default:user::rwx
default:user:john:rw-
default:group::r-x
default:mask::rwx
default:other::r-x
```

若 tom 用户在 data 目录下建立一个 test.txt 文件，则操作命令为：

```
[tom@GDKT ~]$ touch data/test.txt
```

再分别使用长格式显示该文件和使用 getfacl 命令显示该文件 ACL 设置，操作命令为：

```
[tom@GDKT ~]$ ll data/test.txt
-rw-rw-r--+ 1 tom admin 0 3月   9 12:25 data/test.txt
[tom@GDKT ~]$ getfacl --omit-header data/test.txt
user::rw-
user:john:rw-
group::r-x#effective:r--
mask::rw-
other::r--
```

通过以上内容，可以看到 tom 用户在 data 目录下建立的文件，john 用户自动就拥有了读写权限。

质量监控单（教师完成）

工单实施栏目评分表

评分项	分值	作答要求	评审规定	得分
任务资讯	3	问题回答清晰准确，能够紧扣主题，没有明显错误项	对照标准答案错误一项扣 0.5 分，扣完为止	
任务实施	7	有具体配置图例，各设备配置清晰正确	A 类错误点一次扣 1 分，B 类错误点一次扣 0.5 分，C 类错误点一次扣 0.2 分	
任务扩展	4	各设备配置清晰正确，没有配置上的错误	A 类错误点一次扣 1 分，B 类错误点一次扣 0.5 分，C 类错误点一次扣 0.2 分	
其他	1	日志和问题项目填写详细，能够反映实际工作过程	没有填或者太过简单每项扣 0.5 分	
合计得分				

职业能力评分表

评分项	等级	作答要求	等级
知识评价	A|B|C	A：能够完整准确地回答任务资讯的所有问题，准确率在 90% 以上。 B：能够基本完成作答任务资讯的所有问题，准确率在 70% 以上。 C：对基础知识掌握得非常差，任务资讯和答辩的准确率在 50% 以下。	
能力评价	A|B|C	A：熟悉各个环节的实施步骤，完全独立完成任务，有能力辅助其他学生完成规定的工作任务，实施快速，准确率高（任务规划和任务实施正确率在 85% 以上）。 B：基本掌握各个环节实施步骤，有问题能主动请教其他同学，基本完成规定的工作任务，准确率较高（任务规划和任务实施正确率在 70% 以上）。 C：未完成任务或只完成了部分任务，有问题没有积极向其他同学请教，工作实施拖拉，不积极，各个部分的准确率在 50% 以下。	

续表

评分项	等级	作答要求	等级
态度素养评价	A | B | C	A：不迟到、不早退，对人有礼貌，善于帮助他人，积极主动完成规定工作任务，工作台完整整洁，回答老师提问科学。 B：不迟到、不早退，在教师督导和他人辅导下，能够完成规定工作任务，回答老师提问较准确。 C：未完成任务或只完成了部分任务，有问题没有积极向其他同学请教，工作实施拖拉不积极，不能准确回答老师提出的问题，各个部分的准确率在 50% 以下。	

教师评语栏

工单7（Linux系统的软件包管理）

工作任务单			
工单编号	C2019111110043	工单名称	Linux 系统的软件包管理
工单类型	基础型工单	面向专业	计算机网络技术
工单大类	网络运维	能力面向	专业能力
职业岗位	网络运维工程师、网络安全工程师、网络工程师		
实施方式	实际操作	考核方式	操作演示
工单难度	中等	前序工单	
工单分值	18 分	完成时限	8 学时
工单来源	教学案例	建议组数	99
组内人数	1	工单属性	院校工单
版权归属	潘军		
考核点	RPM、YUM		
设备环境	虚拟机 VMware Workstations 15 和 CentOS 7.2		
教学方法	在常规课程工单制教学当中，可采用手把手教的方式引导学生学习和训练 CentOS 7.2 操作系统的软件包管理的相关职业能力和素养。		
用途说明	本工单可用于网络技术专业 Linux 服务器配置与管理课程或者综合实训课程的教学实训，特别是聚焦于 CentOS 7.2 Linux 操作系统软件包管理的训练，对应的职业能力训练等级为初级。		
工单开发	潘军	开发时间	2019-03-04

实施人员信息							
姓名		班级		学号		电话	
隶属组		组长		岗位分工		伙伴成员	

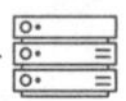

任务目标

实施该工单的任务目标如下：

知识目标

1．了解 RPM 提供的功能。
2．了解 YUM 相对于 RPM 所具有的优点。

能力目标

1．能够通过 RPM 安装及管理软件包。
2．能够通过 YUM 安装及管理软件包。
3．了解源代码安装软件包。

素养目标

1．理解知识产权保护对我国创新发展的重要意义。
2．激发学生的学习热情和创新精神。
3．培养学生规划管理能力和实践动手能力。
4．培养学生创新意识和创新能力。

任务介绍

腾翼网络公司的服务器通过优化服务、合理分配和调度系统的进程，已经高效稳定地运行了。但是 Linux 作为网络操作系统，必然要承载各类常用的网络服务，如 Web 服务、FTP 服务、DNS 服务等，而这些服务一般需要手动安装到服务器，所以掌握系统常用的服务类软件的安装对于管理员来说是非常重要的。

强国思想专栏

保护知识产权就是保护创新

"党的二十大报告指出，深化科技体制改革，深化科技评价改革，加大多元化科技投入，加强知识产权法治保障，形成支持全面创新的基础制度。"

在Linux操作系统中使用的软件大部分是开源的，所谓开源就是任何人都能得到软件的源代码。使用开源产品时，不但需表明产品来自开源软件和注明源代码编写者姓名，还应把所修改产品返回给开源软件，否则所修改产品就可视为侵权，这也就意味着开源软件也是有版权的。软件知识产权是计算机软件人员对自己的研发成果依法享有的权利。党的十八大以来，习近平总书记把握世界大势，立足推动科技自立自强、加快建设科技强国，高度重视知识产权保护工作，对全面加强知识产权保护提出一系列新思想新论断新要求。

知识产权是创新发展的源头活水。放眼世界，凡是知识进步、经济繁荣的国家，无一不是知识产权制度完善的国家。

任务资讯（4 分）

（2 分）1．RPM 可以提供哪些功能？

（2 分）2．YUM 相对于 RPM 有什么优点？

注意：任务资讯中的问题可以参看视频 1。

视频 1

CentOS 7.2 软件安装简介

任务规划

任务规划如下：

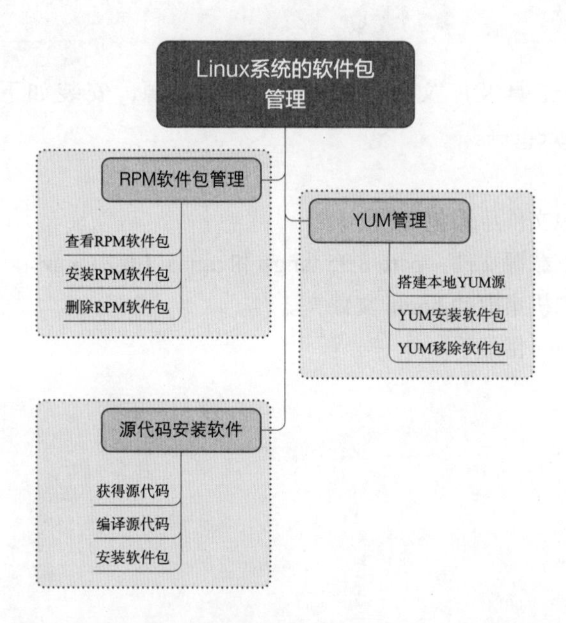

任务实施（9 分）

任务一：RPM 软件包管理

（1 分）（1）查询系统中已安装的全部 RPM 软件包。

（1 分）（2）查询 telnet-server 服务的软件包是否安装。

（1 分）（3）安装 telnet-server 软件包（注意要使用软件包的全名，如 telnet-server-0.17-59.el7.x86_64.rpm）。

（1 分）（4）删除 telnet-server 软件包。

任务二：YUM 方式安装软件

（2 分）（1）搭建本地 YUM 源。

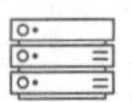

（2 分）（2）安装 telnet-server 软件包（YUM 方式无须使用软件包全名）。

（1 分）（3）移除 telnet-server 软件包。

注意：任务一、二可以参看视频 2 及视频 3。

视频2

CentOS 7.2 RPM 安装软件

视频3

CentOS 7.2 YUM 安装软件

任务扩展（4 分）

（1 分）（1）安装编译工具及库文件。配置 YUM 本地源，安装如下软件：zlib zlib-devel libtool openssl openssl-devel gcc g++ gcc-g++。

（1 分）（2）对下载的源文件压缩包解压：

① 从注释 8 和注释 9 中下载源文件：pcre-8.35.tar.gz 和 nginx-1.6.2.tar.gz。

② 源文件直接拖放到虚拟机桌面的 home 文件夹。

③ 用 tar 命令解压缩到 /root 目录下。

（1 分）（3）安装 pcre。

① 进入安装包目录。

② 编译安装。

③ 查看 pcre 版本。

（1 分）4．安装 Nginx。

① 进入安装目录。

② 编译安装。

③ 查看 Nginx 的版本。

注意：扩展任务可以参看视频 4，pcre 软件下载参看软件 1，Nginx 软件下载参看软件 2。

视频4

CentOS 7.2 源代码安装软件

软件1

pcre 下载

软件2

Nginx 下载

工作日志（0.5 分）

（0.5 分）实施工单过程中填写如下日志：

工作日志表

日　期	工作内容	问题及解决方式

总结反思（0.5 分）

(0.5 分) 请编写完成本任务的工作总结：

学习资源集

任务资讯

一、RPM 软件包管理

1. RPM 简介

RPM（Redhat package manager）是由 Red Hat 公司提出的一种软件包管理标准，可用于软件包的安装、查询、更新升级、校验、卸载已安装的软件包，以及生成 .rpm 格式的软件包等，其功能均是通过 rpm 命令结合使用不同的命令参数实现的。由于功能十分强大，RPM 已成为目前 Linux 各发行版本中应用最广泛的软件包格式之一。

RPM 软件包的名称具有特定的格式，其格式为：

```
软件名称　版本号（包括主版本和次版本号）　软件运行的硬件平台 .rpm
```

比如，Telnet 服务器程序的软件包名称为 telnet-server-0.17-46.el6.i686.rpm，其中的 telnet-server 为软件的名称，0.17-46.el6 为软件的版本号，i686 是软件运行的硬件平台，最后的 .rpm 是文件的扩展名，代表文件是 RPM 类型的软件包。

RPM 软件包中的文件以压缩格式存储，并拥有一个定制的二进制头文件，其中包含有关于本软件包和内容的相关信息，便于对软件包信息进行查询。

2. RPM 的功能

RPM 可提供以下功能：

（1）安装、卸载：可以安装或卸载相关软件包。

（2）升级：可对单个软件包进行升级，而保留用户原来的配置。

（3）查询：可以针对整个软件包的数据或是某个特定的文件进行查询，也可以方便地查出某个文件属于哪个软件包。

（4）校验：若删除了某个重要文件，而又不知道该文件属于哪个软件包，需要此文件时，可使用 RPM 查

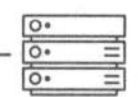

询已经安装的软件包中少了哪些文件，是否需要重新安装，并且可以检验出安装的软件包是否已被其他人修改过。

（5）检查依赖关系：检查软件包是否存在依赖关系，避免由于不兼容而被系统拒绝安装。

3. RPM 的使用权限

RPM 软件的安装、卸载、升级等相关操作只有 root 用户才有权限使用，对于查询功能任何用户都可以操作；如果普通用户拥有安装目录的权限，也可以进行安装。

二、YUM 管理

1. YUM 简介

YUM（Yellow dog Updater, Modified）是一个在 Fedora 和 Red Hat 以及 CentOS 中的 shell 前端软件包管理器。基于 RPM 包管理，能够从指定的服务器自动下载 RPM 包并且安装，可以自动处理依赖性关系，并且一次安装所有依赖的软件包，无须烦琐地一次次下载、安装。

在使用 RPM 安装软件包时，经常会出现依赖性关系的提示，比如说要想安装软件包 A，必须先安装软件包 B，否则，软件包 A 将无法被安装。这是由于 RPM 软件包一般都是将软件先编译并打包，通过打包的 RPM 包中默认有一个数据库记录，记录这个软件要安装时必须要依赖的其他软件。当安装某软件时，RPM 会先根据软件中记录的数据查询 Linux 系统中依赖的其他软件是否已安装，如果安装则继续安装该软件，未安装则无法安装该软件，这种情况是用户所不愿面对的。而 YUM 恰恰可以检查软件包的依赖性并自动为用户解决，大大方便了 RPM 软件包的安装，使用户能够感受到便捷的操作。

2. YUM 常用命令

1）安装程序

```
yum install                     # 全部安装
yum install package1            # 安装指定的安装包
yum groupinsall group1          # 安装程序组
```

2）更新和升级

```
yum update                      # 全部更新
yum update package1             # 更新指定程序包 package1
yum check-update                # 检查可更新的程序
yum upgrade package1            # 升级指定程序包 package1
yum groupupdate group1          # 升级程序组 group1
```

3）查找和显示

```
yum info package1               # 显示安装包信息 package1
yum list                        # 显示所有已经安装和可以安装的程序包
yum list package1               # 显示指定程序包安装情况 package1
yum groupinfo group1            # 显示程序组 group1 信息
yum search string               # 根据关键字 string 查找安装包
yum deplist package1            # 查看程序 package1 依赖情况
```

4）删除程序

```
yum remove package1             # 删除程序包 package1
yum groupremove group1          # 删除程序组 group1
```

5）清除缓存

```
yum clean packages              # 清除缓存目录下的软件包
yum clean headers               # 清除缓存目录下的 headers
yum clean oldheaders            # 清除缓存目录下旧的 headers
```

3. 搭建 YUM 仓库

由于 YUM 安装方式很好地解决了软件包依赖性的问题，所以备受青睐，越来越多的人在 Linux 下安装软件时都会采用 YUM 方式。基于这样的背景，目前很多企业都在 Internet 上提供 YUM 源，以方便用户在 Linux 下安装软件，但是由于访问速度和费用成本的限制，有的企业也会在内部搭建一个 YUM 仓库。这也就决定了

YUM 源分为两大类型：本地 YUM 源与网络 YUM 源，本地 YUM 源可以使用安装光盘或 iso 镜像文件来搭建，网络 YUM 源可以通过建立 FTP 服务器或 Web 服务器来搭建。具体操作会在任务实施中详细展示。

任务实施

任务一：RPM 方式安装软件

CentOS 7 使用 rpm 命令实现对 RPM 软件包进行维护和管理，由于 rpm 命令的功能十分强大，因此，rpm 命令的参数选项也特别多，通过在 shell 命令行中输入 rpm 命令，可查看其用法提示，其中详细列出了该命令的全部参数选项。当命令中同时选用多个参数时，这些参数可合并在一起表达。下面将按其功能用途，介绍最常用的几个参数选项。

1. 查询 RPM 软件包

查询 RPM 软件包使用 -q 参数，要进一步查询软件包中的其他方面的信息，可结合使用一些相关的参数。

1）查询系统中已安装的全部 RPM 软件包

若要查看系统中已安装了哪些 RPM 软件包，可使用 rpm -qa 命令实现，其中 a 参数代表全部（all）。一般系统安装的软件包较多，为便于分屏浏览，可结合管道操作符和 less 命令实现，其命令用法为：

```
[root@localhost ~]# rpm -qa | less
```

若要查询包含某关键字的软件包是否已安装，可结合管道操作符和 grep 命令实现。比如，若要在已安装的软件包中查询包含 ftp 关键字的软件包的名称，则实现的命令为：

```
[root@localhost ~]# rpm -qa | grep ftp
```

2）查询指定的软件包是否已安装

命令用法：

```
rpm -q 软件包名称列表
```

该命令可同时查询多个软件包，各软件包名称之间用空格分隔，若指定的软件包已安装，将显示该软件包的完整名称（包含版本号信息），若没有安装，则会提示该软件包没有安装。

比如，若要查询 vsftpd 软件包是否已安装，则操作命令为：

```
[root@localhost ~]# rpm -q vsftpd
vsftpd-3.0.2-25.el7.x86_64
```

若要查询 telnet-server 服务的软件包是否已安装，则操作命令为：

```
[root@localhost ~]# rpm -q telnet-server
package telnet-server is not installed
```

根据输出的提示信息，说明该软件包还没有被安装。

3）查询软件包的描述信息

命令用法：

```
rpm -qi 软件包名称
```

例如，若要查看 vsftpd 软件包的描述信息，则实现命令为：

```
[root@localhost ~]# rpm -qi vsftpd
Name        : vsftpd
Version     : 3.0.2
Release     : 25.el7
Architecture: x86_64
Install Date: 2019年08月07日 星期三 09时52分38秒
Group       : System Environment/Daemons
Size        : 361335
License     : GPLv2 with exceptions
Signature   : RSA/SHA256, 2018年11月12日 星期一 22时48分54秒,Key ID 24c6a8a7f4a80eb5
```

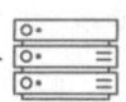

```
Source RPM   : vsftpd-3.0.2-25.el7.src.rpm
Build Date   : 2018年10月31日 星期三 03时45分10秒
Build Host   : x86-01.bsys.centos.org
Relocations : (not relocatable)
Packager     : CentOS BuildSystem <http://bugs.centos.org>
Vendor       : CentOS
URL          : https://security.appspot.com/vsftpd.html
Summary      : Very Secure Ftp Daemon
Description :
vsftpd is a Very Secure FTP daemon. It was written completely from scratch.
```

4）查询软件包中的文件列表

命令用法：

```
rpm -ql 软件包名称
```

命令中的 l 参数是 list 的缩写，可用于查询显示已安装软件包中所包含文件的文件名以及安装位置。例如，若要查询 vsftpd 软件包包含哪些文件，以及这些文件都安装在什么位置，则实现的命令为：

```
[root@localhost ~]# rpm -ql vsftpd
/etc/logrotate.d/vsftpd
/etc/pam.d/vsftpd
/etc/vsftpd
/etc/vsftpd/ftpusers
/etc/vsftpd/user_list
/etc/vsftpd/vsftpd.conf
/etc/vsftpd/vsftpd_conf_migrate.sh
/usr/lib/systemd/system-generators/vsftpd-generator
/usr/lib/systemd/system/vsftpd.service
/usr/lib/systemd/system/vsftpd.target
/usr/lib/systemd/system/vsftpd@.service
/usr/sbin/vsftpd
/usr/share/doc/vsftpd-3.0.2
/usr/share/doc/vsftpd-3.0.2/AUDIT
/usr/share/doc/vsftpd-3.0.2/BENCHMARKS
/usr/share/doc/vsftpd-3.0.2/BUGS
/usr/share/doc/vsftpd-3.0.2/COPYING
/usr/share/doc/vsftpd-3.0.2/Changelog
/usr/share/doc/vsftpd-3.0.2/EXAMPLE
/usr/share/doc/vsftpd-3.0.2/EXAMPLE/INTERNET_SITE
/usr/share/doc/vsftpd-3.0.2/EXAMPLE/INTERNET_SITE/README
/usr/share/doc/vsftpd-3.0.2/EXAMPLE/INTERNET_SITE/README.configuration
/usr/share/doc/vsftpd-3.0.2/EXAMPLE/INTERNET_SITE/vsftpd.conf
/usr/share/doc/vsftpd-3.0.2/EXAMPLE/INTERNET_SITE/vsftpd.xinetd
/usr/share/doc/vsftpd-3.0.2/EXAMPLE/INTERNET_SITE_NOINETD
/usr/share/doc/vsftpd-3.0.2/EXAMPLE/INTERNET_SITE_NOINETD/README
/usr/share/doc/vsftpd-3.0.2/EXAMPLE/INTERNET_SITE_NOINETD/README.configuration
/usr/share/doc/vsftpd-3.0.2/EXAMPLE/INTERNET_SITE_NOINETD/vsftpd.conf
/usr/share/doc/vsftpd-3.0.2/EXAMPLE/PER_IP_CONFIG
/usr/share/doc/vsftpd-3.0.2/EXAMPLE/PER_IP_CONFIG/README
/usr/share/doc/vsftpd-3.0.2/EXAMPLE/PER_IP_CONFIG/README.configuration
/usr/share/doc/vsftpd-3.0.2/EXAMPLE/PER_IP_CONFIG/hosts.allow
/usr/share/doc/vsftpd-3.0.2/EXAMPLE/README
/usr/share/doc/vsftpd-3.0.2/EXAMPLE/VIRTUAL_HOSTS
/usr/share/doc/vsftpd-3.0.2/EXAMPLE/VIRTUAL_HOSTS/README
/usr/share/doc/vsftpd-3.0.2/EXAMPLE/VIRTUAL_USERS
/usr/share/doc/vsftpd-3.0.2/EXAMPLE/VIRTUAL_USERS/README
```

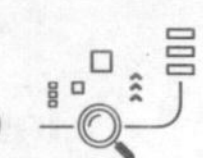

```
/usr/share/doc/vsftpd-3.0.2/EXAMPLE/VIRTUAL_USERS/README.configuration
/usr/share/doc/vsftpd-3.0.2/EXAMPLE/VIRTUAL_USERS/logins.txt
/usr/share/doc/vsftpd-3.0.2/EXAMPLE/VIRTUAL_USERS/vsftpd.conf
/usr/share/doc/vsftpd-3.0.2/EXAMPLE/VIRTUAL_USERS/vsftpd.pam
/usr/share/doc/vsftpd-3.0.2/EXAMPLE/VIRTUAL_USERS_2
/usr/share/doc/vsftpd-3.0.2/EXAMPLE/VIRTUAL_USERS_2/README
/usr/share/doc/vsftpd-3.0.2/FAQ
/usr/share/doc/vsftpd-3.0.2/INSTALL
/usr/share/doc/vsftpd-3.0.2/LICENSE
/usr/share/doc/vsftpd-3.0.2/README
/usr/share/doc/vsftpd-3.0.2/README.security
/usr/share/doc/vsftpd-3.0.2/REWARD
/usr/share/doc/vsftpd-3.0.2/SECURITY
/usr/share/doc/vsftpd-3.0.2/SECURITY/DESIGN
/usr/share/doc/vsftpd-3.0.2/SECURITY/IMPLEMENTATION
/usr/share/doc/vsftpd-3.0.2/SECURITY/OVERVIEW
/usr/share/doc/vsftpd-3.0.2/SECURITY/TRUST
/usr/share/doc/vsftpd-3.0.2/SIZE
/usr/share/doc/vsftpd-3.0.2/SPEED
/usr/share/doc/vsftpd-3.0.2/TODO
/usr/share/doc/vsftpd-3.0.2/TUNING
/usr/share/doc/vsftpd-3.0.2/vsftpd.xinetd
/usr/share/man/man5/vsftpd.conf.5.gz
/usr/share/man/man8/vsftpd.8.gz
/var/ftp
/var/ftp/pub
```

5）查询某文件所属的软件包

命令用法：

```
rpm -qf 文件或目录的全路径名
```

利用该命令，可以查询显示某个文件或目录是通过安装哪个软件包产生的，但要注意并不是系统中的每一个文件都一定属于某个软件包，比如用户自己创建的文件，就不属于任何一个软件包。

例如，若要查询显示 /etc/httpd/conf 目录是安装哪一个软件包产生的，则实现命令为：

```
[root@localhost ~]# rpm -qf /etc/httpd/conf
httpd-2.4.6-89.el7.centos.1.x86_64
```

6）查询未安装的软件包信息

在安装一个软件包前，通常需要了解一下有关该软件包的相关信息，比如该软件包的描述信息、文件列表等，此时可增加使用 p 参数来实现。

查询软件包的描述信息，命令用法：

```
rpm -qpi 软件包文件全路径名
```

查询软件包的文件列表，命令用法：

```
rpm -qpl 软件包文件全路径名
```

查询软件包所安装的软件的名称，命令用法：

```
rpm -qp 软件包文件全路径名
```

例如，telnet-server-0.17-46.el6.i686.rpm 软件包位于 iso 镜像文件的 Packages 目录中，在安装前想了解一下该软件包的文件列表及安装的位置，则实现的操作命令为：

```
[root@localhost ~]# mount /dev/cdrom /media
[root@localhost ~]# rpm -qpl /media/Packages/telnet-server-0.17-46.el6.i686.rpm
warning: telnet-server-0.17-46.el6.i686.rpm: Header V3 RSA/SHA256 Signature, key ID
fd431d51: NOKEY
/etc/xinetd.d/telnet
/usr/sbin/in.telnetd
```

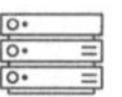

```
/usr/share/man/man5/issue.net.5.gz
/usr/share/man/man8/in.telnetd.8.gz
/usr/share/man/man8/telnetd.8.gz
[root@localhost ~]# umount /dev/cdrom
```

2. 安装 RPM 软件包

安装 RPM 软件使用 -i 参数，通常还结合使用 v 和 h 参数。其中 v 参数代表 verbose，使用该参数在安装过程中将显示较详细的安装信息；h 参数代表 hash，在安装过程中将通过显示一系列“#”来表示安装的进度。因此安装 RPM 软件包的通常用法为：

```
rpm -ivh 软件包全路径名
```

例如，若要安装 telnet-server-0.17-46.el6.i686.rpm 软件包，则操作命令为：

```
[root@localhost ~]# mount /dev/cdrom /media
[root@localhost ~]# rpm -ivh /media/Packages/telnet-server-0.17-46.el6.i686.rpm
warning: /media/Packages/telnet-server-0.17-46.el6.i686.rpm: Header V3 RSA/SHA256 Signature,
key ID fd431d51: NOKEY
Preparing...                ########################################### [100%]
   1:telnet-server          ########################################### [100%]
[root@localhost ~]# rpm -q telnet-server
telnet-server-0.17-46.el6.i686
```

根据查询的输出信息，说明 Telnet 服务器的软件包安装成功。telnet 服务受 xinetd 服务的管理，默认情况下并未启用该服务，若要启用该服务，则执行以下命令即可。

```
[root@localhost ~]# chkconfig telnet on
[root@localhost ~]# service xinetd restart
停止 xinetd:                                    [ 确定 ]
正在启动 xinetd:                                [ 确定 ]
```

telnet 服务启动后，在 Windows 系统中就可使用“telnet Linux 主机 IP 地址”命令，登录到 Linux 服务器，并可对 Linux 服务器进行远程管理和操作。

在安装软件包时，若要安装的软件包中某个文件已在安装其他软件包时安装，此时系统会报错，提示该文件不能被安装，若要让 rpm 命令忽略该错误信息，可在命令中增加使用“- -replacefiles”参数选项。

有时一个软件包可能还依赖于其他软件包，即只有在安装了所依赖的特定软件包后，才能安装该软件包，此时，只需要按系统给出的提示信息，先安装所依赖的软件包，然后再安装所要安装的软件包即可。

若要忽略所有依赖关系和文件问题，强制安装 RPM 软件包，可使用以下参数选项。

```
rpm -ivh --force --nodeps 软件包文件全路径名
```

注意：这种强制安装的软件包不能保证完全发挥功能，所以建议慎用。

3. 删除 RPM 软件包

删除 RPM 软件包使用 -e 参数，命令用法：

```
rpm -e 软件包名称
```

例如，若要删除 telnet-server 软件包，则实现命令为：

```
rpm -e telnet-server
```

4. 升级 RPM 软件包

若要将某软件包升级为较高版本的软件包，此时可采用升级安装的方式。升级安装使用 -U 参数实现，该参数的功能是先卸载旧版，然后再安装新版软件包。为了更详细地显示安装过程，通常也结合 v 和 h 参数使用，其用法为：

```
rpm -Uvh 软件包文件全路径名
```

若指定的 RPM 包并未安装，则系统将会直接进行安装。

5. 软件包的验证

对软件包进行验证可保证软件包是安全的、合法有效的。若验证通过，将不会产生任何输出，若验证未通过，将显示相关信息，此时应考虑删除或重新安装。

验证软件包是通过比较从软件包中安装的文件和软件包中原始文件的信息进行的，验证主要是比较文件的大小、MD5 校验码、文件权限、类型、属主和用户组等。

验证软件包使用 -V 参数，要验证所有已安装的软件包，使用命令 rpm -Va。

若要根据 RPM 文件来验证软件包，则命令用法为：

```
rpm -Vp rpm包文件名
```

任务二：YUM 方式安装软件

1. 将 CentOS 7 的 iso 镜像文件挂载到“media”中

```
[root@localhost ~]# mount /dev/cdrom /media
```

2. 查看系统中是否安装了 yum 软件包

```
[root@localhost ~]# rpm -qa | grep yum
yum-utils-1.1.26-11.el6.noarch
PackageKit-yum-0.5.8-13.el6.i686
yum-3.2.27-14.el6.noarch
yum-metadata-parser-1.1.2-14.1.el6.i686
yum-rhn-plugin-0.9.1-5.el6.noarch
PackageKit-yum-plugin-0.5.8-13.el6.i686
```

根据提示信息，yum 软件包已经安装到系统中。若未安装，则执行以下命令：

```
[root@localhost ~]# rpm -ivh /media/Package/yum-utils-1.1. 26-11.el6.noarch.rpm
[root@localhost ~]# rpm -ivh /media/Package/yum-3.2.27-14.el6.noarch.rpm
```

3. 搭建本地 YUM 源

在 Linux 系统中，YUM 源的配置文件是在 /etc/yum.repos.d 目录中的 *.repo 文件，该文件的名字可以任意起，但是扩展名一定要是 .repo。在此准备搭建一个本地源，所以将该文件称为 local.repo，文件中的内容需要手动输入，具体操作如下。

```
[root@localhost ~]# cd /etc/yum.repos.d
[root@localhost yum.repos.d]# vim local.repo
[local]                  # 指定 YUM 源标签，在所有 YUM 源中不能重复
name=local               # 指定 YUM 源名称，在本机定义的源中不重复即可
baseurl=file:///media    # 指定 YUM 源的路径，file:// 代表本地源
enabled=1                # 设置为 1 代表 YUM 源可用，0 代表 YUM 源不可用
gpgcheck=0               # 设置为 0 代表不进行数字签名检查，1 则代表检查
```

4. 测试 YUM 安装软件包

```
[root@localhost ~]# rpm -q telnet-server
未安装软件包 telnet-server
[root@localhost ~]# yum -y install telnet-server      # -y 参数表示自动选择 yes，不用手动选择
已加载插件：fastestmirror, langpacks
Loading mirror speeds from cached hostfile
正在解决依赖关系
--> 正在检查事务
---> 软件包 telnet-server.x86_64.1.0.17-64.el7 将被 安装
--> 解决依赖关系完成
依赖关系解决
==========================================================================
 Package        架构      版本              源      大小      事务概要
==========================================================================
正在安装：
 telnet-server  x86_64   1:0.17-64.el7     name    41 k      安装  1 软件包
```

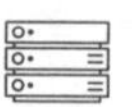

```
总下载量：41 k
安装大小：55 k
Downloading packages:
Running transaction check
Running transaction test
Transaction test succeeded
Running transaction
  正在安装    : 1:telnet-server-0.17-64.el7.x86_64                1/1
  验证中      : 1:telnet-server-0.17-64.el7.x86_64                1/1

已安装：
  telnet-server.x86_64 1:0.17-64.el7

完毕！
```

通过输出信息可以看出，telnet-server 已经被安装完成，说明本地的 YUM 源已经搭建好并能够顺利完成软件包的安装。

任务扩展

使用 RPM 包或是 YUM 方式安装软件非常简单，但在实际应用中，很多时候获取的是软件的源代码。因此，用源代码安装软件仍然是一个重要方法，需要管理员掌握。

使用源代码安装软件，可以按用户的需要，选择用户制定的安装方式进行安装，而不仅仅靠在安装包中预先设置的参数进行安装。

1. 安装编译工具及库文件

```
[root@GDKT ~]# yum -y install zlib zlib-devel libtool openssl
openssl-devel make gcc gcc-c++ g++
```

通过 Linux 的相关网站，可以很方便地获取软件包的源代码。很多源代码会被打包成 .tar 格式，再通过压缩得到扩展名为 tar.gz 的文件包。

在 Linux 系统中下载好 tar.gz 格式的软件包之后，通过 gzip 或 tar 命令将压缩包进行解压，得到源代码文件。接下来就可以对其进行编译安装了。

比如，目前已经将 pcre 和 nginx 的最新版本 pcre-8.35.tar.gz 和 nginx-1.6.2.tar.gz 压缩包下载到了 Linux 系统中，输入以下命令，实现下载的源文件压缩包解压。

```
[root@GDKT ~]# tar pcre-8.35.tar.gz
[root@GDKT ~]# tar nginx-1.6.2.tar.gz #pcre 的作用是让 nginx 支持 Rewrite 功能
```

执行以上解压命令后，源文件将自动解压到 pcre-8.35 和 nginx-1.6.2 目录中。

2. 安装 pcre

从网站或其他渠道获取应用程序的源代码之后，还需要将源代码编译为可执行文件，才能进行安装。

例如，将上面解压后的软件的源代码进行编译，具体步骤如下：

1）进入安装包目录

```
[root@GDKT ~]# cd pcre-8.35/
[root@GDKT pcre-8.35]#
```

2）编译安装

```
[root@GDKT pcre-8.35]# ./configure
[root@GDKT pcre-8.35]# make && make install
```

3）查看 PCRE 版本

```
[root@GDKT pcre-8.35]# pcre-config --version
8.35
```

3. 安装 nginx

通过编译得到安装程序的二进制执行文件后，还需要将软件安装到系统中，才能供用户使用。

1）进入安装目录

```
[root@GDKT pcre-8.35]# cd ../nginx-1.6.2/
[root@GDKT nginx-1.6.2]#
```

2）编译安装

```
[root@GDKT nginx-1.6.2]# ./configure --prefix=/usr/local/webserver/
nginx --with-http_stub_status_module --with-http_ssl_module --with-pcre=/root/pcre-8.35
[root@GDKT nginx-1.6.2]# make && make install
```

3）查看 nginx 的版本

```
[root@GDKT nginx-1.6.2]# /usr/local/webserver/nginx/sbin/nginx -v
nginx version: nginx/1.6.2
```

到此，关于 nginx 的源代码安装就完成了。

质量监控单（教师完成）

工单实施栏目评分表

评分项	分值	作答要求	评审规定	得分
任务资讯	3	问题回答清晰准确，能够紧扣主题，没有明显错误项	对照标准答案错误一项扣 0.5 分，扣完为止	
任务实施	7	有具体配置图例，各设备配置清晰正确	A 类错误点一次扣 1 分，B 类错误点一次扣 0.5 分，C 类错误点一次扣 0.2 分	
任务扩展	4	各设备配置清晰正确，没有配置上的错误	A 类错误点一次扣 1 分，B 类错误点一次扣 0.5 分，C 类错误点一次扣 0.2 分	
其他	1	日志和问题项目填写详细，能够反映实际工作过程	没有填或者太过简单每项扣 0.5 分	
合计得分				

职业能力评分表

评分项	等级	作答要求	等级
知识评价	A | B | C	A：能够完整准确地回答任务资讯的所有问题，准确率在 90% 以上。 B：能够基本完成作答任务资讯的所有问题，准确率在 70% 以上。 C：对基础知识掌握得非常差，任务资讯和答辩的准确率在 50% 以下。	
能力评价	A | B | C	A：熟悉各个环节的实施步骤，完全独立完成任务，有能力辅助其他学生完成规定的工作任务，实施快速，准确率高（任务规划和任务实施正确率在 85% 以上）。 B：基本掌握各个环节实施步骤，有问题能主动请教其他同学，基本完成规定的工作任务，准确率较高（任务规划和任务实施正确率在 70% 以上）。 C：未完成任务或只完成了部分任务，有问题没有积极向其他同学请教，工作实施拖拉，不积极，各个部分的准确率在 50% 以下。	
态度素养评价	A | B | C	A：不迟到、不早退，对人有礼貌，善于帮助他人，积极主动完成规定工作任务，工作台完整整洁，回答老师提问科学。 B：不迟到、不早退，在教师督导和他人辅导下，能够完成规定工作任务，回答老师提问较准确。 C：未完成任务或只完成了部分任务，有问题没有积极向其他同学请教，工作实施拖拉不积极，不能准确回答老师提出的问题，各个部分的准确率在 50% 以下。	

续表

教师评语栏
______________________________ ______________________________ ______________________________ ______________________________ ______________________________ 注意：本活页式教材模板设计版权归工单制教学联盟所有，未经许可不得擅自应用。

工单 8（Linux 系统的 TAR 包管理）

<table>
<tr><th colspan="4">工作任务单</th></tr>
<tr><td>工单编号</td><td>C2019111110044</td><td>工单名称</td><td>Linux 系统的 TAR 包管理</td></tr>
<tr><td>工单类型</td><td>基础型工单</td><td>面向专业</td><td>计算机网络技术</td></tr>
<tr><td>工单大类</td><td>网络运维</td><td>能力面向</td><td>专业能力</td></tr>
<tr><td>职业岗位</td><td colspan="3">网络运维工程师、网络安全工程师、网络工程师</td></tr>
<tr><td>实施方式</td><td>实际操作</td><td>考核方式</td><td>操作演示</td></tr>
<tr><td>工单难度</td><td>较易</td><td>前序工单</td><td></td></tr>
<tr><td>工单分值</td><td>10 分</td><td>完成时限</td><td>4 学时</td></tr>
<tr><td>工单来源</td><td>教学案例</td><td>建议组数</td><td>99</td></tr>
<tr><td>组内人数</td><td>1</td><td>工单属性</td><td>院校工单</td></tr>
<tr><td>版权归属</td><td>潘军</td><td></td><td></td></tr>
<tr><td>考核点</td><td colspan="3">tar、打包、压缩、解压</td></tr>
<tr><td>设备环境</td><td colspan="3">虚拟机 VMware Workstations 15 和 CentOS 7.2</td></tr>
<tr><td>教学方法</td><td colspan="3">在常规课程工单制教学当中，可采用手把手教的方式引导学生学习和训练 CentOS 7.2 操作系统的 TAR 包管理的相关职业能力和素养。</td></tr>
<tr><td>用途说明</td><td colspan="3">本工单可用于网络技术专业 Linux 服务器配置与管理课程或者综合实训课程的教学实训，特别是聚焦于 CentOS 7.2 Linux 操作系统 TAR 包管理的训练，对应的职业能力训练等级为初级。</td></tr>
<tr><td>工单开发</td><td>潘军</td><td>开发时间</td><td>2019-03-04</td></tr>
</table>

<table>
<tr><th colspan="8">实施人员信息</th></tr>
<tr><td>姓名</td><td></td><td>班级</td><td></td><td>学号</td><td></td><td>电话</td><td></td></tr>
<tr><td>隶属组</td><td></td><td>组长</td><td></td><td>岗位分工</td><td></td><td>伙伴成员</td><td></td></tr>
</table>

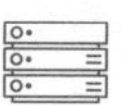

任务目标

实施该工单的任务目标如下：

知识目标

1. 了解 TAR 的作用和功能。
2. 了解 TAR 命令的功能参数。

能力目标

1. 能够通过 TAR 命令及参数打包或释放档案文件。
2. 能够通过 TAR 命令及参数实现对 TAR 包进行压缩或解压缩。

素养目标

1. 了解灾难备份技术，引导学生树立安全风险意识。
2. 鼓励学生多实践、多积累，提高应对突发事件的水平。
3. 培养学生规划管理能力和实践动手能力。
4. 培养学生敬业精神和处理突发事件的能力。

任务介绍

数据备份是容灾的基础，腾翼网络公司的管理员经过了解，发现 TAR 命令可以轻松搞定 Linux 系统的数据备份，于是决定学习 TAR 包管理来备份服务器上的数据，以防管理员出现操作失误或系统故障导致数据丢失。

强国思想专栏

灾难备份技术防范重要信息系统风险

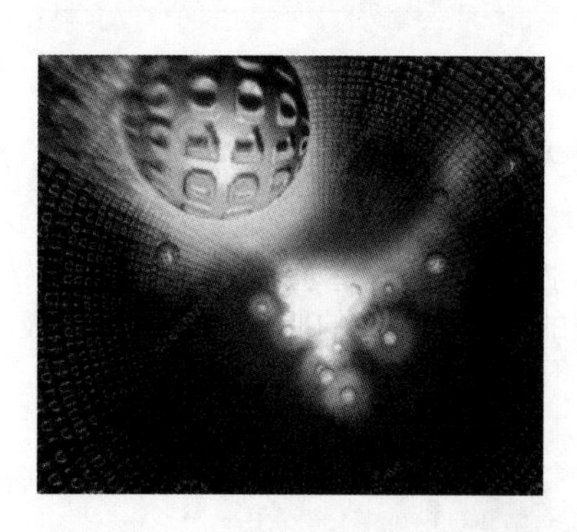

中华人民共和国国务院颁布的《重要信息系统灾难恢复指南》中定义，灾难是指由于人为或自然的原因，造成系统运行严重故障或瘫痪，使信息系统支持的业务功能停顿或服务水平不可接受、达到特定的时间的突发事件。

灾难备份技术是指为了降低灾难发生的概率以及灾难发生时或发生以后造成的损失而采取的各种防范措施。提高应对信息系统在运行过程中出现的各种突发事件的应急处置能力，有效预防和最大程度地降低信息系统各类突发事件的危害和影响，保障信息系统安全、稳定运行。

灾难备份的主要目标是保护数据和系统的完整性，使业务数据损失最少甚至没有业务数据损失。

任务资讯（2 分）

（0.5 分）1．tar 命令中创建新的档案文件应该使用哪个参数？

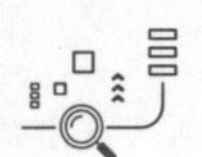

（0.5 分）2．tar 命令中从档案文件中释放文件应该使用哪个参数？

（0.5 分）3．用 gzip 来压缩文件或解压文件应该使用哪个参数？

（0.5 分）4．用 bzip2 来压缩文件或解压文件应该使用哪个参数？

注意： 任务资讯中的问题可以参看视频 1 及。

视频1

CentOS 7.2 TAR 包管理简介

任务规划

任务规划如下：

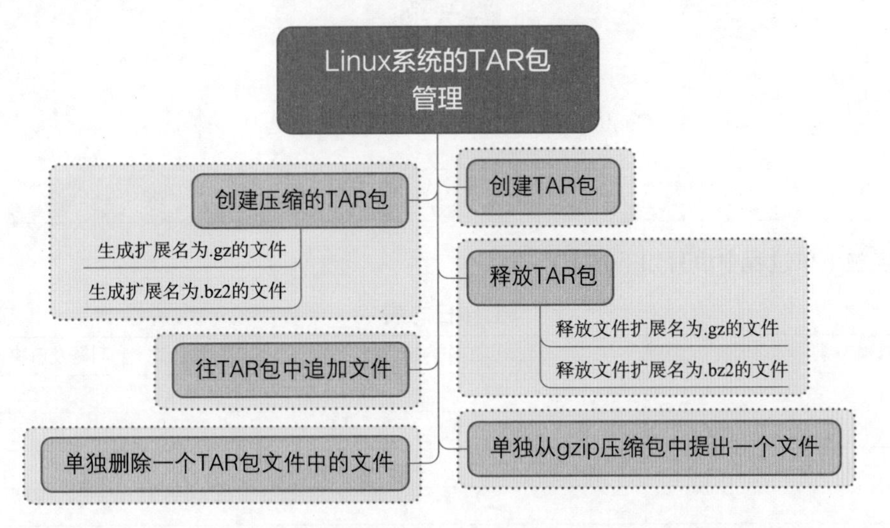

任务实施（4 分）

（1 分）（1）在 /root 目录下，将 /etc 目录下的文件打包成 mylinux_etc.tar。

（1 分）（2）在 /root 目录下，将 /etc 目录下的文件打包并压缩为 mylinux_etc.tar.gz。

（1 分）（3）将 /root 目录下的 anaconda-ks.cfg 和 initial-setup-ks.cfg 文件打包并压缩为 test.tar.bz2。

（1 分）（4）在 /root 目录下，释放压缩文件 mylinux_etc.tar.gz。

注意： 任务实施可以参看视频 2。

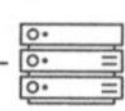

视频2

CentOS 7.2 TAR 包压缩、解压缩和查询

任务扩展（3 分）

（1 分）（1）在 /root 目录下，追加 /boot 到当前目录下的 TAR 包文件 mylinux_etc.tar 中。

（1 分）（2）从 mylinux_etc.tar.gz 压缩包文件中单独提取出 etc 目录中的 passwd 文件。

（1 分）（3）从 mylinux_etc.tar 压缩包文件中单独删除 etc 目录中的 shadow 文件。

注意： 扩展任务可以参看视频 3。

视频3

CentOS 7.2 TAR 包管理扩展命令选项

工作日志（0.5 分）

（0.5 分）实施工单过程中填写如下日志：

工作日志表

日　期	工作内容	问题及解决方式

总结反思（0.5 分）

（0.5 分）请编写完成本任务的工作总结：

学习资源集

任务资讯

一、TAR 包简介

TAR 是 Linux 系统下一种标准的文件打包格式，使用 tar 程序打出来的包称为 TAR 包，TAR 包文件通常都是以 .tar

结尾的。生成 TAR 包后，就可以用其他程序进行压缩了。

tar 可以为文件和目录创建备份。利用 tar，用户可以为某一特定文件创建备份，也可以在备份中改变文件，或者向备份中加入新的文件。tar 最初被用来在磁带上创建备份，现在，用户可以在任何设备上创建备份。利用 tar 命令可以把一大堆文件和目录打包成一个文件，这对于备份文件或将几个文件组合成为一个文件进行网络传输是非常有用的。

二、tar 命令的介绍

使用 tar 命令来实现 TAR 包的创建或恢复，生成的 TAR 包文件的扩展名为 .tar，该命令只负责将多个文件打包成一个文件，但并不压缩文件，因此通常的做法是再配合其他压缩命令（如 gzip 或 bzip2）对 TAR 包进行压缩或解压缩，为方便使用，tar 命令内置了相应的参数选项，来实现直接调用相应的压缩解压缩命令，以实现对 TAR 文件的压缩或解压。该命令的基本用法为：

```
tar  option  file-list
```

option 为 tar 命令的功能参数，根据需要可同时选用多个，执行“tar --help”命令可获得用法帮助。其常用的功能参数有：

[-c]：该参数为创建新的档案文件。

[-r]：该参数会把要存档的文件追加到档案文件的末尾。

[-t]：该参数会列出档案文件的内容，查看已经备份了哪些文件。

[-u]：该参数的作用为更新文件，用新增的文件取代原备份文件，如果在备份文件中找不到要更新的文件，则把它追加到备份文件的最后。

[-x]：该参数是指从档案文件中释放文件。

另外，tar 命令还有一些辅助的功能参数：

[-b]：该选项用来说明区块的大小，系统预设值为 20（20 × 512 B）。

[-f]：该参数用来指定包文件名。

[-m]：在还原文件时，把所有文件的修改时间设定为现在。

[-M]：创建多卷的档案文件，以便在几个磁盘中存放。

[-v]：详细报告 tar 处理的文件信息。

[-w]：每一步都要求确认。

[-z]：用 gzip 来压缩文件，生成 .gz 格式的压缩包；也可用来解压缩 .gz 的压缩文件。

[-j]：用 bzip2 来压缩文件，生成 .bz2 格式的压缩包；也可以解压缩 .bz2 的压缩文件。

[-C]：用于指定包解压释放到的目录路径。

file-list 为要打包的文件名列表（文件名之间用空格分隔）或目录名，或者是要解压缩的包文件名。

任务实施

1. 创建 TAR 包

命令用法：

```
tar -cvf  tar包文件名  要备份的目录或文件名
```

命令功能：将指定的目录或文件打包成扩展名为 .tar 的包文件。其中的参数 -c 代表创建 TAR 包文件，参数 v 表示显示详细信息，参数 f 用于指定包文件名。

例如，若要将 /etc 目录下的文件打包成 mylinux_etc.tar，则实现命令为：

```
[root@GDKT ~]# tar -cvf mylinux_etc.tar /etc/
```

命令执行后，在 /root 目录中会生成一个名为 mylinux_etc.tar 的文件。

2. 创建压缩的 TAR 包

直接生成的 TAR 包没有压缩，所生成的文件一般较大，为节省磁盘空间，通常需要生成压缩格式的 TAR

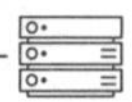

包文件，此时可在 TAR 命令中增加使用 -z 或 -j 参数，以调用 gzip 或 bzip2 程序对其进行压缩，压缩后的文件扩展名分别为 .gz、.bz 或 .bz2，其命令用法为：

```
tar -[ z | j ]cvf 压缩的 tar 包文件名  要备份的目录或文件名
```

例如，若要将 /etc 目录下的文件打包并压缩为 mylinux_etc.tar.gz，则实现命令为：

```
[root@GDKT ~]# tar -zcvf mylinux_etc.tar.gz /etc/
```

最后在 /root 目录中就会生成 mylinux_etc.tar.gz 文件。

若要打包并压缩为 .bz2 格式的压缩包，则实现命令为：

```
[root@GDKT ~]# tar -jcvf mylinux_etc.tar.bz2 /etc/
```

若要将 /root 目录下的 anaconda-ks.cfg 和 initial-setup-ks.cfg 文件打包并压缩为 test.tar.bz2，则操作命令为：

```
[root@GDKT ~]# tar -jcvf test.tar.bz2 anaconda-ks.cfg initial-setup-ks.cfg
anaconda-ks.cfg
initial-setup-ks.cfg
[root@GDKT ~]# file test.tar.bz2
test.tar.bz2: bzip2 compressed data, block size = 900k
```

3. 查询 TAR 包中文件列表

在释放解压 TAR 包文件之前，有时需要了解一下 TAR 包中的文件目录列表，此时可使用带 -t 参数的 tar 命令实现，其用法为：

```
tar -t [ z | j ][v]f  tar 包文件名
```

例如，若要查询 mylinux_etc.tar 中的文件目录列表，则实现命令为：

```
[root@GDKT ~]# tar -tf mylinux_etc.tar
```

若要显示文件列表中每个文件的详细情况，可增加使用 -v 参数，此时的文件列表方式类似于“ls -l”命令。比如：

```
[root@GDKT ~]# tar -tvf mylinux_etc.tar
```

若要查看 .gz 压缩包中的文件列表，则还应增加使用 -z 参数；若要查看 .bz 或 .bz2 格式的压缩包的文件列表，则应增加 -j 参数。例如：

```
[root@GDKT ~]# tar -tzvf mylinux_etc.tar.gz
[root@GDKT ~]# tar -tjvf mylinux_etc.tar.bz2
```

4. 释放 TAR 包

释放 TAR 包使用 -x 参数，其命令用法为：

```
tar -xvf  tar 包文件名
```

对 .gz 格式的压缩包，增加 -z 参数，.bz 或 .bz2 压缩包，增加 -j 参数，此时的命令用法为：

```
tar -[ z | j ]xvf  压缩的 tar 包文件名
```

例如，若要释放软件包 VMwareTools-10.0.10-4301679.tar.gz，则实现的命令为：

```
[root@GDKT ~]# tar -zxvf  VMwareTools-10.0.10-4301679.tar.gz
```

若要释放软件包 iptables-1.4.7.tar.bz2，则实现的命令为：

```
[root@GDKT ~]# tar -jxvf iptables-1.4.7.tar.bz2
```

tar 命令的参数也可不要“-”，比如释放 iptables-1.4.7.tar.bz2 软件包的命令也可以表达为：

tar jxvf iptables-1.4.7.tar.bz2

tar 命令在释放软件包时，将按原备份路径释放和恢复，若要将软件包释放到指定的位置，可使用“-C 路径名”参数指定要释放到的位置。

比如，假设在当前目录下有名为 VMwareTools-9.6.1-1378637.tar.gz 的软件包，现要将其释放到 /usr/local/src 目录下，则释放命令为：

```
[root@GDKT ~]# tar -zxvf  VMwareTools-10.0.10-4301679.tar.gz-C /usr/local/src
```

任务扩展

1. 往 TAR 包文件中追加文件

向 TAR 包中追加文件使用 -r 参数，其命令用法为：

```
tar -rf  tar 包文件名  要追加的文件
```

例如，追加 /boot 到当前目录下的 TAR 包文件 mylinux_etc.tar 中，则实现命令为：

```
[root@GDKT ~]# tar -rf mylinux_etc.tar /boot
```

2. 单独从一个 gzip 压缩包中提取出一个文件

单独从一个 gzip 压缩包中提取出一个文件，使用 --get 参数，其用法为：

```
tar -zf  压缩的 tar 包文件名  --get  要提取的文件
```

比如，从 mylinux_etc.tar.gz 压缩包文件中单独提取出 etc 目录中的 passwd 文件，则实现的命令为：

```
[root@GDKT ~]# tar zf mylinux_etc.tar.gz --get etc/passwd
[root@GDKT ~]# ls
anaconda-ks.cfg mylinux mylinux_etc.tar.gz  模板  文档  桌面
etc mylinux_etc.tar   test.tar.bz2          视频  下载
initial-setup-ks.cfg  mylinux_etc.tar.bz2   公共  图片  音乐
[root@GDKT ~]# cd etc/
[root@GDKT etc]# ls
passwd
```

3. 单独删除 TAR 包中的一个文件

若要单独删除 TAR 包中的一个文件，可使用 --delete 参数，其用法为：

```
tar -f  tar 包文件名  --delete  要删除的文件
```

比如，从 mylinux_etc.tar 压缩包文件中单独删除 etc 目录中的 shadow 文件，则实现的命令为：

```
[root@GDKT ~]# tar -f mylinux_etc.tar --delete etc/shadow
```

注意： 该操作只针对 tar 文件，不针对 .gz 等压缩文件。

质量监控单（教师完成）

工单实施栏目评分表

评分项	分值	作答要求	评审规定	得分
任务资讯	3	问题回答清晰准确，能够紧扣主题，没有明显错误项	对照标准答案错误一项扣 0.5 分，扣完为止	
任务实施	7	有具体配置图例，各设备配置清晰正确	A 类错误点一次扣 1 分，B 类错误点一次扣 0.5 分，C 类错误点一次扣 0.2 分	
任务扩展	4	各设备配置清晰正确，没有配置上的错误	A 类错误点一次扣 1 分，B 类错误点一次扣 0.5 分，C 类错误点一次扣 0.2 分	
其他	1	日志和问题项目填写详细，能够反映实际工作过程	没有填或者太过简单每项扣 0.5 分	
合计得分				

职业能力评分表

评分项	等级	作答要求	等级
知识评价	A | B | C	A：能够完整准确地回答任务资讯的所有问题，准确率在 90% 以上。 B：能够基本完成作答任务资讯的所有问题，准确率在 70% 以上。 C：对基础知识掌握得非常差，任务资讯和答辩的准确率在 50% 以下。	

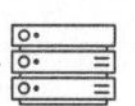

续表

评分项	等级	作答要求	等级
能力评价	A | B | C	A：熟悉各个环节的实施步骤，完全独立完成任务，有能力辅助其他学生完成规定的工作任务，实施快速，准确率高（任务规划和任务实施正确率在 85% 以上）。 B：基本掌握各个环节实施步骤，有问题能主动请教其他同学，基本完成规定的工作任务，准确率较高（任务规划和任务实施正确率在 70% 以上）。 C：未完成任务或只完成了部分任务，有问题没有积极向其他同学请教，工作实施拖拉，不积极，各个部分的准确率在 50% 以下。	
态度素养评价	A | B | C	A：不迟到、不早退，对人有礼貌，善于帮助他人，积极主动完成规定工作任务，工作台完整整洁，回答老师提问科学。 B：不迟到、不早退，在教师督导和他人辅导下，能够完成规定工作任务，回答老师提问较准确。 C：未完成任务或只完成了部分任务，有问题没有积极向其他同学请教，工作实施拖拉不积极，不能准确回答老师提出的问题，各个部分的准确率在 50% 以下。	

教师评语栏

工单 9（服务与进程管理）

工作任务单			
工单编号	C2019111110065	工单名称	服务与进程管理
工单类型	基础型工单	面向专业	计算机网络技术
工单大类	网络运维	能力面向	专业能力
职业岗位	网络运维工程师、网络安全工程师、网络工程师		
实施方式	实际操作	考核方式	操作演示
工单难度	中等	前序工单	
工单分值	20 分	完成时限	8 学时
工单来源	教学案例	建议组数	99
组内人数	1	工单属性	院校工单
版权归属	潘军		
考核点	进程、nice、systemd、top、ps		
设备环境	虚拟机 VMware Workstations 15 和 CentOS 7.2		
教学方法	在常规课程工单制教学当中，可采用手把手教的方式引导学生学习和训练 CentOS 7.2 操作系统的服务与进程管理的相关职业能力和素养。		
用途说明	本工单可用于网络技术专业 Linux 服务器配置与管理课程或者综合实训课程的教学实训，特别是聚焦于 CentOS 7.2 Linux 操作系统服务与进程管理的训练，对应的职业能力训练等级为初级。		
工单开发	潘军	开发时间	2019-03-04

实施人员信息							
姓名		班级		学号		电话	
隶属组		组长		岗位分工		伙伴成员	

任务目标

实施该工单的任务目标如下：

知识目标

1. 了解 Linux 系统的服务。
2. 了解 Linux 系统的进程及 1 号进程。

能力目标

1. 能够通过命令实现 Linux 系统的服务管理。
2. 能够通过命令查看、调度和结束系统的进程。

素养目标

1. 了解图灵奖，激发学生求知欲和学习动力。
2. 激发学生科技强国的使命感和爱国主义精神。
3. 培养学生规划管理能力和实践动手能力。
4. 培养学生向榜样学习、热爱劳动、精益求精的工作态度。

任务介绍

腾翼网络公司的服务器中运行着 CentOS 7.2 操作系统，由于默认启动的服务器程序较多，系统运行比较缓慢。现要求公司的管理员对系统服务进行适当优化，减少一些不必要的自启动服务。同时，为了更好地了解和控制 Linux 服务器的有序运行，需要管理员熟悉进程管理和计划任务设置的相关操作，以完成相应的服务运行维护任务。

强国思想专栏

图灵奖被誉为“计算机界的诺贝尔奖”

图灵奖，全称A.M.图灵奖（ACM A.M Turing Award），是由美国计算机协会（ACM）于1966年设立的计算机奖项，名称取自艾伦·麦席森·图灵（Alan M. Turing），旨在奖励对计算机事业作出重要贡献的个人。图灵奖对获奖条件要求极高，评奖程序极严，一般每年仅授予一名计算机科学家。图灵奖是计算机领域的国际最高奖项，被誉为“计算机界的诺贝尔奖”。

从1966年至2020年，图灵奖共授予74名获奖者。2000年，中国科学家姚期智获图灵奖，这是中国人首次也是目前唯一一次获得图灵奖。

艾伦·麦席森·图灵（Alan M. Turing），英国数学家、逻辑学家，被称为计算机之父、人工智能之父。图灵对于人工智能的发展有诸多贡献，提出了一种用于判定机器是否具有智能的试验方法，即图灵测试。此外，图灵提出的著名的图灵机模型为现代计算机的逻辑工作方式奠定了基础。

任务资讯（3 分）

（0.5 分）1. CentOS 7.2 运行时，进程号为 1 的进程名称是什么？

（0.5 分）2. 显示在所有系统单元中是否有语法错误的命令是什么？

（0.5分）3. 动态跟踪显示最新日志信息的命令是什么？

（0.5分）4. 显示 journal 记录的所有日志的命令是什么?

（0.5分）5. 什么是进程?

（0.5分）6. 在 CentOS 7.2 中，什么是服务（Service）?

注意：任务资讯中的问题可以参看视频 1。

视频1

Linux 进程和服务简介

任务规划

任务规划如下：

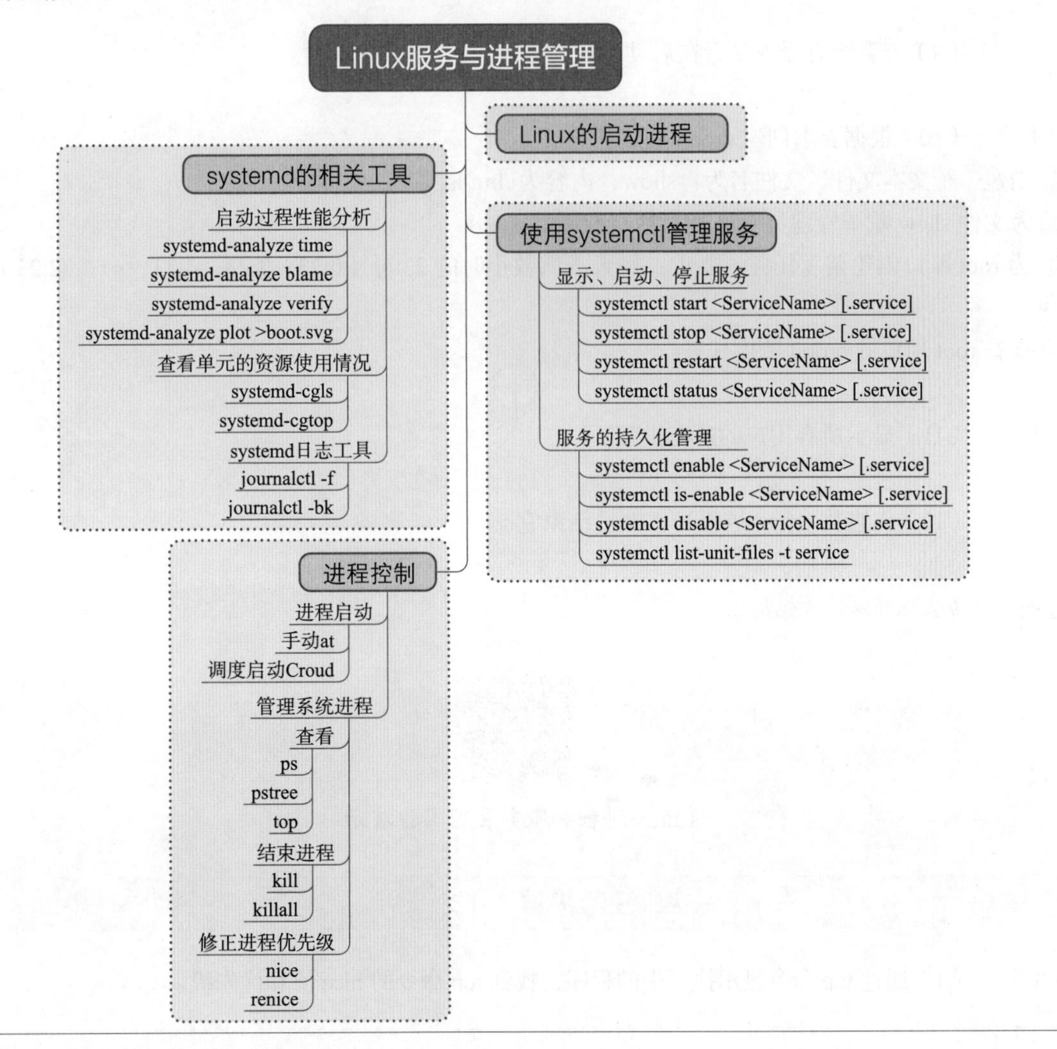

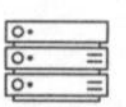

任务实施（12 分）

（1 分）（1）查看 crond 服务的状态信息和日志信息。

（1 分）（2）停止 crond 服务，然后再查看 crond 服务是否在运行。

（1 分）（3）分别启动和重启 crond 服务并验证服务是否运行。

（1 分）（4）查看当前已运行的所有服务。

（1 分）（5）显示当前系统的所有服务。

（1 分）（6）显示当前系统中处于失败的服务。

（1 分）（7）在系统启动时停用名为 crond 的服务。

（1 分）（8）在系统启动时启用名为 crond 的服务。

（1 分）（9）查看所有服务是否在启动系统时启用。

（1 分）（10）根据要求创建 crond 调度任务。
① 创建一个文本文件，文件名为：show，内容为 /bin/ls -las。
② 为文件 show 赋予管理员 root 拥有执行权限。
③ 为 root 账户创建调度任务，要求：每天逢偶数小时的 23 分（0:23、2:23、4:23、…、22:23）执行脚本 show。
④ 查看 root 用户的 crond 调度任务。

（1 分）（11）显示所有用户的所有进程。

（1 分）（12）先查找 crond 进程号，然后结束它。

注意：任务实施可以参看视频 2。

视频2

Linux 进程和服务管理实验演示

任务扩展（4 分）

（1 分）（1）通过 top 命令显示执行中的程序，找到 top 命令的 nice 值和优先级。

（1 分）（2）使用 nice 命令修改 top 优先级，nice 值为 -5。

（1 分）（3）通过 top 命令查看到 systmed 的 PID 为 1，修改 systmed 进程的优先级为 -10。

（1 分）（4）执行 top 命令进入进程显示界面，输入 r 后，把 PID=1 的进程的优先级修改为 15。

注意： 扩展任务可以参看视频 3。

视频3

Linux 系统修改进程优先级 nice

工作日志（0.5 分）

（0.5 分）实施工单过程中填写如下日志：

工作日志表

日　期	工作内容	问题及解决方式

总结反思（0.5 分）

（0.5 分）请编写完成本任务的工作总结：

学习资源集

任务资讯

一、Linux 的启动过程

系统的引导和初始化是操作系统实现控制的第一步，了解 Linux 系统的启动和初始化过程，对于进一步理

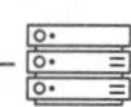

解和掌握 Linux 是十分有益的。

Linux 的启动大体经历以下五个阶段：

（1）主机加电并进行硬件自检后，读取并加载硬盘 MBR 中的启动引导器（GRUB 或 LILO），供用户选择要启动的操作系统。

（2）当用户选择了启动项或自动超时后，启动引导器从磁盘加载 kemel 和 initramfs 到内存（initramfs 是以 gzip 压缩的 cpio 归档文件，其中包含启动时所需的所有必要硬件的内核模块以及初始化脚本等）。

（3）启动引导器将系统控制权交给内核，并为其传递启动引导器的内核命令行中指定的选项以及 initramfs 在内存中的位置。

（4）Linux 内核初始化。

① kemel 从 initramfs 启动 systemd 的工作副本 /sbin/init(PID=O)。

② initramfs 的 systemd 执行 initrd.target 目标的所有单元（包括其依赖的单元）。

③ 内核在 initramfs 中查找所有硬件的驱动程序，随后内核初始化这些硬件。

④ initrd-root-fs.target 以只读形式将系统实际的 root 文件系统挂载到 /sysroot。

⑤ 执行 initrd.target 目标的其他相关单元。

⑥ initrd-switch-root.target 切换 root 文件系统（从 initramfs 的 root 文件系统切换到系统实际 root 文件系统），并将控制权交给实际 root 文件系统上的 systemd 实例。

（5）执行本地系统的第一个进程 systemd。

① systemd 使用系统中安装的 systemd 副本（PID=1）自行重新执行。

② systemd 查找系统配置的默认目标或从内核命令行传递的默认目标。

③ systemd 启动默认目标 default.target 的所有单元并自动解决单元间的依赖关系。若默认目标为 multi-user.target，则最终启用文本登录屏幕。若默认目标为 graphical.target，则最终启用图形登录屏幕。

二、systemd 的相关工具

1. 启动过程性能分析

systemd 提供了系统工具 systemd-analyze 用于识别和定位引导相关的问题或性能影响。使用 systemd-analyze 可以检测引导过程，找出在启动过程中出错的单元，然后跟踪并改正引导组件的问题。表 9-1 中列出了 systemd-analyze 命令的使用方法。

表 9-1 启动过程性能分析

命　令	说　明
systemd-analyze time	显示内核和普通用户空间启动时所花的时间
systemd-analyze blame	列出所有正在运行的单元，按从初始化开始到当前所花的时间排序，从而获知哪些服务在引导过程中花费较长时间
systemd-analyze verify	显示在所有系统单元中是否有语法错误
systemd-analyze plot > boot.svg	将整个引导过程写入一个 SVG 格式的文件

2. 查看单元的资源使用情况

systemd 使用内核的 cgroup 子系统跟踪系统中的进程，表 9-2 中列出了 systemd-cgls 和 systemd-cgtop 命令的使用方法。

表 9-2 利用 cgroup 查看单元的资源使用情况

命　令	说　明
systemd-cgls	以递归显示 systemd 利用的 cgroup 结构层次
systemd-cgtop	每个 cgroup 中的 systemd 单元的资源使用情况（包括 CPU、内存、I/O 等）

3．systemd 的日志工具

systemd 内置了 systemd-journald 守护进程负责记录事件的二进制日志，同时提供了 joumalctl 命令用于查看 journal 的日志。表 9-3 中列出了 joumalctl 命令的使用方法。

表 9-3　启动过程性能分析

命　令	说　明
journalctl	显示 journal 记录的所有日志
journalctl --since yesterday	显示自昨天以来记录的日志（类似的可以使用 today 表示今天）
journalctl -f	动态跟踪显示最新日志信息
journalctl -p er	显示日志级别为 err 的日志
journalctl -k	显示内核日志
journalctl -b	显示最近一次的启动日志
journalctl -b -l -p err	显示上一次启动时的错误日志
journalctl -u sshd.service	显示 systemd 指定单元的日志
journalctl_COMM=sshd	显示进程名为 sshd 的相关日志
journalctl_COMM=sudo -since "00:00" --until "08:00"	显示指定时间之内的进程名 sudo 的日志

注意：

（1）在 journalctl 中可以使用日志记录字段名筛选（如 COMM 等）日志，可用的日志字段名可参考 man 7 systemd.journal-fields。

（2）Systemd 的 systemd-journald 默认将日志记录到 tmpfs 文件系统的 /run/log/j ournal/ 目录，也就是说 systemd-journald 仅记录从开机以来的日志。若要配置其持久化存储需执行如下命令：

```
# mkdir -p -m 2775 /var/logfiournal
# chgrp systemd-journal /var/log/journal
# systemctl restart systemd-journald
```

三、守护进程与初始化系统

Linux 服务器的主要任务是为本地或远程用户提供各种服务。通常 Linux 系统上提供服务的程序是由运行在后台的守护程序（Daemon）执行的。一个实际运行中的 Linux 系统一般会有多个这样的程序在运行。这些后台守护进程在系统开机后就运行了，并且在时刻地监听前台客户的服务请求，一旦客户发出了服务请求，守护进程便为它们提供服务。Windows 系统中的守护进程称为“服务”。

（1）按照服务类型，守护进程可以分为如下两类。

① 系统守护进程：如 dbus、crond、cups、rsyslogd 等。

② 网络守护进程：如 sshd、httpd、postfix、xinetd 等。

系统初始化进程是一个特殊的守护进程，其 PID 为 1，它是所有其他守护进程的父进程或祖先进程。也就是说，系统上所有的守护进程都是由系统初始化进程进行管理的（如启动、停止等）。

（2）在 Linux 的发展历史中，使用过 3 种 Linux 初始化系统。

① SysVinit：这种传统的初始化系统最初是为 UNIX System V 系统创建的，直到几年前大多数 Linux 系统还在使用 SysVinit，SysVinit 提供了一种易于理解的基于运行级别的方式来启动和停止服务。RHEL/CentOS 5 及之前的版本一直使用 SysVinit。

② Upstart：这种初始化系统最初是由 Ubuntu 创建的，随后推广在 Debian、Fedora/RHEL/CentOS 中使用。Upstart 改进了服务之间依赖关系的处理，可以大大提高系统的启动时间。RHEL/CentOS 6 使用 Upstart。

③ systemd：是一种由 freedesktop.org 最初创建的先进的初始化系统。systemd 是最复杂的初始化系

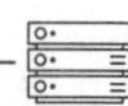

统，同时也提供了更多的灵活性。systemd 不仅提供了启动和停止服务的功能，而且也提供了管理套接字（sockets）、设备（devices）、挂载点（mount points）、交换区（swap areas）以及其他类型的系统管理单元。systemd 用在最近发布的大多数 Linux 发行版本中（如 Fedora/RHEL、Debian、openSUSE、Mageia、Gentoo），RHEL/CentOS 7 使用 systemd。

本任务专注于使用 systemctl 命令工具管理基于 systemd 的服务。

四、Linux 的进程管理

1. 进程的概念

Linux 是一个多用户、多任务的操作系统，在同一时间允许有许多用户向操作系统发出各种操作命令。当运行一个命令时，系统至少会建立一个进程运行该命令，通常将一个开始执行但是还没有结束的程序的实例称为进程。程序是一种包含可执行代码的文件。

进程由程序产生，是一个运行着的、要占用系统运行资源的程序，但是进程并不等于程序，进程是动态的，而程序是静态的文件，多个进程可以并发调用同一个程序，一个程序可以启动多个进程。每一个进程还可以有许多子进程，依次循环下去，从而产生子孙进程。当程序被系统调用到内存以后，系统会给程序分配一定的资源（如内存、设备等），然后进行一系列的复杂操作，使程序变成进程以供系统调用。

为了充分利用系统资源，系统对进程区分了不同的状态，将进程分为新建、运行、阻塞、就绪和完成 5 个状态。新建表示进程正在被创建，运行表示进程正在运行，阻塞表示进程正在等待某一事件发生，就绪是表示系统正在等待 CPU 来执行命令，而完成则表示进程已经结束，系统正在回收资源。

进程在运行期间，会用到很多资源，如内存资源和 CPU 资源，当某一个进程占用 CPU 资源时，别的进程必须等待正在运行的进程空闲 CPU 后才能运行，通常会存在很多进程在等待，内核通过调度算法来决定将 CPU 分配给哪个进程。

系统在刚刚启动时，运行于内核方式，此时只有一个初始化进程在运行，该进程首先做系统的初始化，然后执行初始化程序（一般是 /sbin/init）。初始化进程是系统的第一个进程，以后的所有进程都是初始化进程的子进程。在 shell 下执行程序启动的进程就是 shell 进程的子进程，一般情况下，只有子进程结束后，才能继续父进程，若是从后台启动的，则不用等待子进程结束。

为了区分不同的进程，系统会给每个进程分配唯一的进程标识符（进程号）。Linux 是一个多进程的操作系统，每个进程都是独立的，都有自己的权限及任务，当某一进程失败时不会导致别的进程失败。

Linux 系统的进程大体可分为交互进程、批处理进程和监控进程（守护进程）3 种。交互进程是在 shell 下通过执行程序所产生的进程，可在前台运行，也可在后台运行；批处理进程是一个进程序列；监控进程通常又称守护进程，它是 Linux 系统启动时就自动启动产生的进程，并在后台运行。

2. 作业的概念

正在执行的一个或多个相关进程称为一个作业，即一个作业可以包含一个或多个进程，比如，在执行使用了管道和重定向操作的命令时，该作业就包含了多个进程。通过使用作业控制，可以同时运行多个作业，并在需要时在作业之间进行切换。

作业控制指的是控制正在运行的进程的行为。比如，用户可以挂起一个进程，等一会儿再继续执行该进程。shell 将记录所有启动的进程情况，在每个进程运行过程中，用户可以任意地挂起进程或重新启动进程。作业控制是许多 shell（包括 bash 和 tcsh）的一个特性，使用户能在多个独立作业间进行切换。

任务实施

任务一：使用 systemctl 管理服务

1. 显示、启动和停止服务

在系统运行中。可以使用 systemctl 命令显示、启动、停止和重启指定的服务。表 9-4 中列出了管理指定服务使用的 systemctl 命令。

表 9–4 使用 systemctl 命令管理服务

命 令	说 明
systemctl start <ServiceName>[.service]	启动名为 ServiceName 的服务
systemctl stop <ServiceName>[.service]	停止名为 ServiceName 的服务
systemctl restart <ServiceName>[.service]	重启名为 ServiceName 的服务
systemctl try-restart <ServiceName>[.service]	仅当名为 ServiceName 的服务正在运行时才重新启动它
systemctl reload<ServiceName>[.service]	重新加载名为 ServiceName 服务的配置文件
systemctl status <ServiceName>[.service]	查看名为 ServiceName 服务的状态信息及日志信息
systemctl is-active<ServiceName>[.service]	查看名为 ServiceName 的服务是否正在运行
systemctl [list-units] --type service 或 systemctl [list-units] -t service	显示当前已运行的所有服务
systemctl [list-units] --type service --all 或 systemctl [list-units] -at service	显示所有服务
systemctl [list-unils] --type service --failed 或 systemctl [list-units] -t service --failed	显示已加载的但处于 failed 状态的服务

下面给出一个使用 systemctl 命令管理服务的例子。

```
[root@GDKT ~]# systemctl status crond # 查看crond服务的状态信息和日志信息
  crond.service - Command Scheduler
   Loaded: loaded (/usr/lib/systemd/system/crond.service; enabled;vendor preset: enabled)
   Active: active (running) since Wed 2019-03-20 15:13:46 CST; 1h 33min ago
 Main PID: 1549 (crond)
   CGroup: /system.slice/crond.service
           └─1549 /usr/sbin/crond -n
Mar 20 15:13:46 GDKT systemd[1]: Started Command Scheduler.
Mar 20 15:13:46 GDKT systemd[1]: Starting Command Scheduler...
Mar 20 15:13:46 GDKT crond[1549]: (CRON) INFO (RANDOM_DELAY will be
scaled with factor 80% if used.)
Mar 20 15:13:47 GDKT crond[1549]: (CRON) INFO (running with inotify support)
[root@GDKT ~]# systemctl stop crond                # 停止Crond服务
[root@GDKT ~]# systemctl is-active crond           # 查看Crond服务是否在运行
inactive
[root@GDKT ~]# systemctl start crond               # 启动Crond服务
[root@GDKT ~]# systemctl is-active crond
active
[root@GDKT ~]# systemctl restart crond             # 重启Crond服务
[root@GDKT ~]# systemctl is-active crond
active
[root@GDKT ~]# systemctl -t service                # 查看当前已运行的服务
UNIT               LOAD    ACTIVE  SUB      DESCRIPTION
abrt-ccpp.service  loaded  active  exited   Install ABRT coredump hook
abrt-oops.service  loaded  active  running  ABRT kernel log watcher
abrt-xorg.service  loaded  active  running  ABRT Xorg log watcher
...
[root@GDKT ~]# systemctl -at service               # 显示所有服务
  UNIT               LOAD    ACTIVE   SUB     DESCRIPTION
abrt-ccpp.service    loaded  active   exited  Install ABRT coredump hook
abrt-oops.service    loaded  active   running ABRT kernel log watcher
abrt-vmcore.service  loaded  inactive dead    Harvest vmcores for ABRT
abrt-xorg.service    loaded  active   running ABRT Xorg log watcher
...
[root@GDKT ~]# systemctl -t service -failed        # 显示处于失败的服务
```

```
0 loaded units listed. Pass --all to see loaded but inactive units, too.
To show all installed unit files use 'systemctl list-unit-files'.
```

2. 服务的持久化管理

所谓持久化管理，就是管理某项服务是否在每次启动系统过程中启动，可以使用表 9-5 中列出的 systemctl 命令实现管理。

表 9-5　使用 systemctl 命令实现服务的持久化管理

命　令	说　明
systemctl enable <ServiceName>[.service]	在系统启动时启用名为 ServiceName 的服务
systemctl is-enable <ServiceName>[.service]	在启动系统时停用名为 ServiceName 的服务
systemctl disable <ServiceName>[.service]	查看名为 ServiceName 的服务是否在启动系统时启用
systemctl list-unit-files --type service 或 systemctl list-unit-files -t service	查看所有服务是否在启动系统时启用

下面给出一个使用 systemctl 命令管理服务持久化的例子。

```
[root@GDKT ~]# systemctl is-enabled crond        # 显示 crond 服务是否在启动系统时启用
enabled
[root@GDKT ~]# systemctl disable crond           # 在系统启动时停用名为 crond 的服务
Removed symlink /etc/systemd/system/multi-user.target.wants/crond.service.
[root@GDKT ~]# systemctl is-enabled crond
disabled
[root@GDKT ~]# systemctl enable crond            # 在系统启动时启用名为 crond 的服务
Created symlink from /etc/systemd/system/multi-user.target.wants/crond.service to /usr/lib/
systemd/system/crond.service.
[root@GDKT ~]# systemctl list-unit-files -t service  # 查看所有服务是否在启动系统时启用
UNIT FILE                                  STATE
abrt-ccpp.service                          enabled
abrt-oops.service                          enabled
abrt-pstoreoops.service                    disabled
abrt-vmcore.service                        enabled
abrt-xorg.service                          enabled
abrtd.service                              enabled
accounts-daemon.service                    enabled
alsa-restore.service                       static
...
注意：状态为 static 的服务由 systemd 在开机时启动。这类服务不能使用 systemctlenable|disable 命令手工管理，
即静态服务不能动态管理
[root@GDKT ~]# systemctl list-unit-files -t service | grep -v static  # 使用 |grep 屏蔽那些无需动态管理的服务
UNIT FILE                                  STATE
abrt-ccpp.service                          enabled
abrt-oops.service                          enabled
abrt-pstoreoops.service                    disabled
...
```

任务二：进程控制

1. 进程的启动

在输入需要运行的程序名来执行一个程序时，此时也就启动了一个进程。每个进程都有一个进程号（PID），用于系统识别和调度该进程。启动进程有两个主要途径，即手工启动和调度启动。

1）手工启动

由用户在 shell 命令行下输入要执行的程序来启动一个进程，即为手工启动进程。其启动方式又分为前台启

动和后台启动，默认为前台启动。若在要执行的命令后面跟随一个字符“&”，则为后台启动，此时进程在后台运行，shell 可继续运行和处理其他程序。

2）调度启动

调度启动是事先设置好在某个时间要运行的程序，当到了预设时间后，由系统自动启动。在对 Linux 系统进行维护和管理的过程中，有时需要进行一些比较费时而且占用资源较多的操作，为了不影响正常的服务，在深夜或者其他空闲时间由系统自行启动运行。在 Linux 中可以实现 at 调度和 cron 调度。

（1）at 命令：

命令用法：

```
at [ -f 文件名 ] [ -m ] 时间
```

该命令至少需要指定一条要执行的命令、一个计划执行时间才能正常运行。

参数说明：

[-f 文件名]：用于指定计划执行的命令序列存放在哪个文件中。若省略该参数，执行 at 命令后，将出现“at>”提示符，此时用户可在该提示符下，输入所要执行的命令，输入完每一行命令后按【Enter】键，所有命令序列输入完毕后，按【Ctrl+Z】组合键结束 at 命令的输入。

[-m]：作业结束后发送邮件给执行 at 命令的用户。

[时间]：该参数用于指定任务执行的时间，可包含日期信息，其表达方式可采用绝对时间表达法，也可采用相对时间表达法。

绝对时间表达分为“hh:mm”和“hh:mm 日期”两种形式。其中时间一般采用 24 小时制，也可采用 12 小时制，然后再加上 am（上午）或 pm（下午）来说明是上午还是下午；日期的格式可表达为“month day”、“mm/dd/yy”和“dd.mm.yy”3 种形式，但应注意日期必须放在时间之后。另外，还可以用 today 代表今天的日期，tomorrow 代表明天的日期。

比如若要表达 2019-10-16 下午 2:30，则表达形式可以是：

2:30pm 10/16/2019

14:30 16.10.2019

14:30 October 16

相对时间表达法适合于安排后不久就要执行的情况，该表达法以当前时间 now 为基准，然后递增若干个时间单位，其时间单位可以是 minutes（分钟）、hours（小时）、days（天）、weeks（星期），表达格式为“now + num 时间单位”。

比如若要表达 5 小时后，则表达方法为 now +5 hours。

假设要计划执行的命令都事先写入了 /tmp/myjob 文件中，现要求在今晚 11:50 执行，则实现命令为：

```
[root@GDKT ~]# at -f /tmp/myjob 23:50 today
job 1 at 2019-3-23 23:50
```

在任何情况下，root 用户均可以执行该命令，对于其他用户是否有权执行该命令，取决于 /etc/at.allow 和 /etc/at.deny 两个配置文件。如果 /etc/at.allow 文件存在，则只有在该文件中列表的用户才有权执行 at 命令；如果该文件不存在，则检查 /etc/at.deny 文件是否存在，在该文件中列表的用户均不能执行 at 命令；若这两个文件均不存在，则只有 root 用户可以执行。Linux 默认一个空的 /etc/at.deny 配置文件，即所有用户均可以执行 at 命令。

（2）cron 命令：

crontab 计划调度服务可在指定的日期和时间执行预定的命令，其计划任务的表达方式为：

```
minute hour day month day of the week command
```

前面 5 个域用空格分隔，分别表示执行后面 command 命令的分钟数（0~59）、小时数（0~23）、天数（0~31）、月份（0~12）和星期数（0~7、0 或 7 代表星期天）。每个域均可用“*”代表任意值，可用“~”表达一个范围，

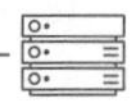

用逗号分隔表达一个值的列表。表 9-6 为 crontab 文件的时间字段举例。

表 9-6　crontab 文件的时间字段举例

命　令	说　明
* * * * *	每分钟
*/5 * * * *	每隔 5 分钟
30 0 * * *	每天凌晨 0:30
0 4,8-18,22 * * *	每天 4:00,22:00 以及 8~18 的每个整点
10 */6 * * *	每天从 0 点开始每隔 6 小时 10 分（0:10、6:10、12:10、18:10）
23 0-23/2 * * *	每天逢偶数小时的 23 分（0:23、2:23、4:23、…、22:23）
30 1 1,15 * *	每月 1 日和 15 日凌晨 1:30
5 1 * * 7	每周日凌晨 1:05
0 22 * * 1-5	每周一至周五晚 10 点
30 4 1,15 * *	每月 1 日和 15 日早 4:30 分

例如，若要在每天 23 点自动执行 /usr/bin/backup，则设置方法为：

```
[root@GDKT ~]# crontab -e
```

执行以上命令后，将调用 vi 编辑器供用户输入计划要执行的任务。

```
* 23 * * * /usr/bin/backup
```

输入完后，保存退出 vi 即可。

2. 管理系统的进程

1）查看系统的进程

Linux 系统中每个运行着的程序都是系统中的一个进程，要查看系统当前的进程，可使用 ps 命令实现。其用法为“ps 命令选项”。

该命令的命令选项很多，可执行 ps --help 命令查看，其参数有的要加“-”，有的不加。

此处仅介绍几个常用的参数。

若省略参数，直接执行 ps 命令，则仅显示当前控制台的进程，例如：

```
[root@GDKT ~]# ps
  PID TTY          TIME CMD
14755 pts/1    00:00:00 bash
26652 pts/1    00:00:00 ps
```

u 参数表示输出进程用户所属的信息。带上 u 参数后，将显示更详细的信息。例如：

```
[root@GDKT ~]# ps -u
USER      PID %CPU %MEM    VSZ   RSS TTY      STAT START   TIME  COMMAND
root    13467  0.0  2.0 313676 80704 tty1     Ssl+ 06:40   0:09 /usr/bin/Xorg :0 -background none
-noreset -audit 4 -ve
root    14691  0.0  0.0 116276  2880 pts/0    Ss+  06:41   0:00 bash
root    14755  0.0  0.0 116168  3092 pts/1    Ss   06:43   0:00 -bash
root    14758  0.0  0.0 116036  2756 pts/2    Ss   06:43   0:00 -bash
root    14854  0.8  0.0 147076  2984 pts/2    S+   06:43   1:48 top
root    27737  0.0  0.0 139492  1624 pts/1    R+   10:14   0:00 ps -u
```

参数 a 表示显示系统中所有用户的进程；参数 x 用于显示没有控制台的进程以及后台进程。参数 a 与 x 同时使用，可用于显示系统中的所有进程，另外要显示系统中的所有进程，也可以直接使用 -e 参数实现。通常情况下，系统中运行的进程很多，可使用管道操作符和 less 命令查看，其实现命令为 ps -e u|less 或 ps axu|less。

主机运行的服务越多，被攻击者入侵的可能性就会越大，作为管理员应该经常查看系统运行的进程和服务，对于异常的和不需要的进程和服务，应及时将其结束，并通过修改系统的自启动服务，来关闭不需要的自启动服务。作为服务器，应坚持服务够用的原则，所提供的服务越少越好，不要安装和开启一些与所提供服务无关的服务。

另外，若要查看各进程的继承关系，可使用 pstree 命令或 pstree|less 或 pstree -pu|less 命令实现，该命令以树状结构方式列出系统中正在运行的各进程之间的继承关系。

2）结束系统的进程

在 Linux 系统的运行过程中，有时某个进程由于异常情况，对系统停止了反应，此时就需要停止该进程的运行。另外，当发现一些不安全的异常进程时，也需要强行终止该进程的运行，为此，Linux 提供了 kill 和 killall 命令来结束进程的运行。

（1）kill 命令：

该命令使用进程号结束指定进程的运行。可使用 ps 命令获得该进程的进程号，然后再使用 kill 命令将该进程“杀死”，其用法为：

```
kill [ -9 ] 进程号
```

kill 命令向指定的进程发送终止运行的信号，进程在收到信号后，会自动结束本进程，并处理好结束前的相关事务，属于安全结束进程，不会导致 Linux 系统的崩溃或不稳定。

参数 -9 用于强行结束指定进程的运行，适合于结束已经“死掉”而没有能力自动结束的进程。带上该参数后，该命令属于非正常结束进程。

为了查看指定进程的进程号，可使用管道操作和 grep 命令相结合的方式实现，比如，若要查看 crond 进程对应的进程号，则实现命令为：

```
[root@GDKT ~]# ps -e | grep crond
  1686 ?        00:00:00 crond
```

从其输出信息可知，该进程的进程号为 1686，若要结束该进程，则执行命令：

```
[root@GDKT ~]# kill 1686
```

（2）killall 命令：

该命令使用进程名来结束指定进程的运行。若系统存在同名的多个进程，则这些进程将全部结束运行，其用法为：

```
killall [ -9 ] 进程名
```

参数 -9 用于强行结束指定进程的运行，属于非正常结束。

例如，若要结束 xinetd 进程的运行，则实现命令为：

```
[root@GDKT ~]# killall crond
```

任务扩展

进程对 CPU 资源分配就是指进程的优先权（priority）。优先权高的进程有优先执行权利。配置进程优先权对多任务环境的 Linux 很有用，可以改善系统性能。还可以把进程运行到指定的 CPU 上，这样一来，把不重要的进程安排到某个 CPU，可以大大改善系统的整体性能。

在 Linux 系统中，使用 ps -l 命令查看系统进程将会输出以下内容。

```
[root@GDKT ~]# ps -l
F S  UID    PID   PPID  C PRI  NI ADDR SZ WCHAN  TTY      TIME       CMD
4 S    0  14755  14744  0  80   0 - 29042 wait   pts/1  00:00:00   bash
0 R    0  34479  14755  0  80   0 - 34343 -      pts/1  00:00:00   ps
```

通过以上内容，可以看到这样几个重要信息：

♦ UID：代表执行者的身份。

♦ PID：代表该进程的代号。

♦PPID：代表该进程是由哪个进程发展衍生而来的，亦即父进程的代号。

♦PRI：代表该进程可被执行的优先级，其值越小越早被执行。

♦NI：代表该进程的 nice 值。

对于前面 3 个信息不过多解释，主要介绍一下后两个信息：PRI 与 NI 。PRI 代表的是进程的优先级，或者说是程序被 CPU 执行的先后顺序，此值越小进程的优先级别越高。NI 代表的是 nice 值，其表示进程可被执行的优先级的修正数值，其范围是从 -20 到 19。PRI 值越小越先执行，那么加入 nice 值后，将会使得 PRI 变为：PRI（new）=PRI（old）+ nice。这样，当 nice 值为负值时，那么该程序的优先级值将会变小，即其优先级会变高，则其越先被执行。在没有明确指定的情况下，每个进程的默认 nice 值都是 0。root 用户可以为他的任意进程设置任意 nice 值（-20~19），普通用户只能选择 0~19 之间的值为他们的进程定级。

注意：在此需要强调一点，进程的 nice 值不是进程的优先级，它们不是一个概念，但是进程的 nice 值会影响进程的优先级变化。

修改进程优先级的命令主要有两个：nice、renice。

1. nice

nice 命令主要用来设置进程的 nice 值，从而改变进程执行的优先权等级。nice 命令的语法格式如下：

```
nice [-n <优先等级>][--help][--version][执行指令]
```

常用参数：

[-n<优先等级>或 -<优先等级>=<优先等级>]：设置欲执行的指令的优先权等级。等级的范围从 -20~19，其中 -20 最高，19 最低，只有系统管理者可以设置负数的等级。

[–help]：在线帮助。

[–version]：显示版本信息。

下面通过 top 命令显示执行中的程序，如图 9-1 所示。

```
[root@GDKT~]# top
```

从图 9-1 显示的信息可以看出，此时 top 命令的 nice 值为 0，优先级为 20。

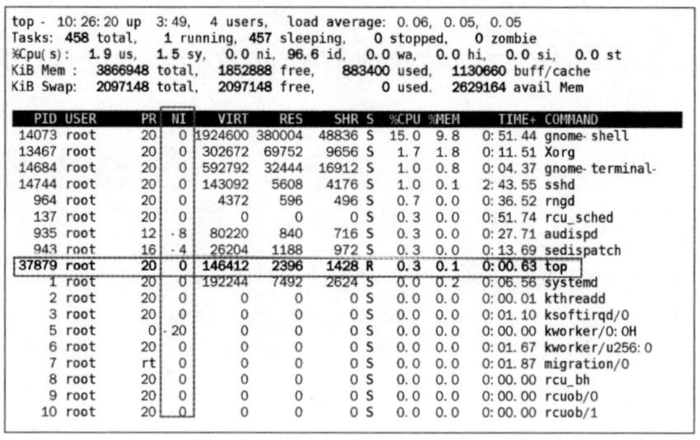

```
top - 10:26:20 up  3:49,  4 users,  load average: 0.06, 0.05, 0.05
Tasks: 458 total,   1 running, 457 sleeping,   0 stopped,   0 zombie
%Cpu(s):  1.9 us,  1.5 sy,  0.0 ni, 96.6 id,  0.0 wa,  0.0 hi,  0.0 si,  0.0 st
KiB Mem :  3866948 total,  1852888 free,   883400 used,  1130660 buff/cache
KiB Swap:  2097148 total,  2097148 free,        0 used.  2629164 avail Mem

  PID USER      PR  NI    VIRT    RES    SHR S  %CPU %MEM     TIME+ COMMAND
14073 root      20   0 1924600 380004  48836 S  15.0  9.8   0:51.44 gnome-shell
13467 root      20   0  302672  69752   9656 S   1.7  1.8   0:11.51 Xorg
14684 root      20   0  592792  32444  16912 S   1.0  0.8   0:04.37 gnome-terminal-
14744 root      20   0  143092   5608   4176 S   1.0  0.1   2:43.55 sshd
  964 root      20   0    4372    596    496 S   0.7  0.0   0:36.52 rngd
  137 root      20   0       0      0      0 S   0.3  0.0   0:51.74 rcu_sched
  935 root      12  -8   80220    840    716 S   0.3  0.0   0:27.71 audispd
  943 root      16  -4   26204   1188    972 S   0.3  0.0   0:13.69 sedispatch
37879 root      20   0  146412   2396   1428 R   0.3  0.1   0:00.63 top
    1 root      20   0  192244   7492   2624 S   0.0  0.2   0:06.56 systemd
    2 root      20   0       0      0      0 S   0.0  0.0   0:00.01 kthreadd
    3 root      20   0       0      0      0 S   0.0  0.0   0:01.10 ksoftirqd/0
    5 root       0 -20       0      0      0 S   0.0  0.0   0:00.00 kworker/0:0H
    6 root      20   0       0      0      0 S   0.0  0.0   0:01.67 kworker/u256:0
    7 root      rt   0       0      0      0 S   0.0  0.0   0:01.87 migration/0
    8 root      20   0       0      0      0 S   0.0  0.0   0:00.00 rcu_bh
    9 root      20   0       0      0      0 S   0.0  0.0   0:00.00 rcuob/0
   10 root      20   0       0      0      0 S   0.0  0.0   0:00.00 rcuob/1
```

图 9-1　显示进程的优先级

使用 nice 命令修改 top 优先级，如图 9-2 所示。

```
[root@GDKT ~]# nice - -5 top          # 修改 top 的 nice 值为 -5
```

从图 9-2 所显示的信息可以看出，使用 nice 命令后，top 的 nice 值变成了 -5，优先级变成的 15，优先级已经提高了。

2. renice

renice 命令用来调整已经在运行的进程的 nice 值，从而调整进程的优先级。renice 命令的语法格式如下：

```
renice [优先等级][-g <程序群组名称>...][-p <程序识别码>...][-u <用户名称>...]
```

常用参数：

[-g <程序群组名称>]：使用程序群组名称，修改所有隶属于该程序群组的程序的优先权。

[-p < 程序识别码 >]：指定 PID 值，改变该程序的优先权等级，此参数为预设值。

[-u < 用户名称 >]：指定用户名称，修改所有隶属于该用户的程序的优先权。

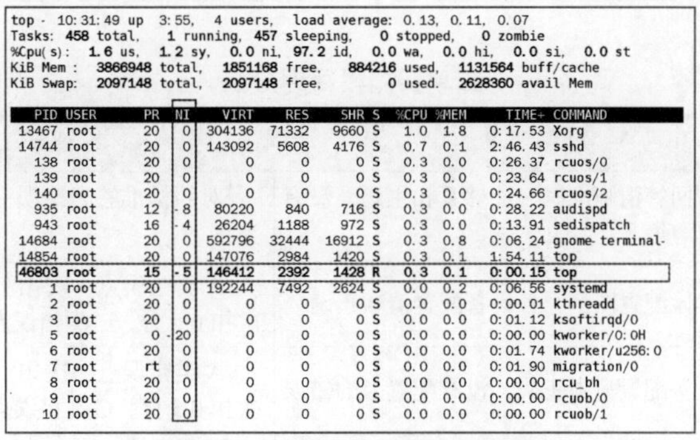

```
top - 10:31:49 up  3:55,  4 users,  load average: 0.13, 0.11, 0.07
Tasks: 458 total,   1 running, 457 sleeping,   0 stopped,   0 zombie
%Cpu(s):  1.6 us,  1.2 sy,  0.0 ni, 97.2 id,  0.0 wa,  0.0 hi,  0.0 si,  0.0 st
KiB Mem :  3866948 total,  1851168 free,   884216 used,  1131564 buff/cache
KiB Swap:  2097148 total,  2097148 free,        0 used.  2628360 avail Mem

  PID USER      PR  NI    VIRT    RES    SHR S  %CPU %MEM     TIME+ COMMAND
13467 root      20   0  304136  71332   9660 S   1.0  1.8   0:17.53 Xorg
14744 root      20   0  143092   5608   4176 S   0.7  0.1   2:46.43 sshd
  138 root      20   0       0      0      0 S   0.3  0.0   0:26.37 rcuos/0
  139 root      20   0       0      0      0 S   0.3  0.0   0:23.64 rcuos/1
  140 root      20   0       0      0      0 S   0.3  0.0   0:24.66 rcuos/2
  935 root      12  -8   80220    840    716 S   0.3  0.0   0:28.22 audispd
  943 root      16  -4   26204   1188    972 S   0.3  0.0   0:13.91 sedispatch
14684 root      20   0  592796  32444  16912 S   0.3  0.8   0:06.24 gnome-terminal-
14854 root      20   0  147076   2984   1420 S   0.3  0.1   1:54.11 top
46803 root      15  -5  146412   2392   1428 R   0.3  0.1   0:00.15 top
    1 root      20   0  192244   7492   2624 S   0.0  0.2   0:06.56 systemd
    2 root      20   0       0      0      0 S   0.0  0.0   0:00.01 kthreadd
    3 root      20   0       0      0      0 S   0.0  0.0   0:01.12 ksoftirqd/0
    5 root       0 -20       0      0      0 S   0.0  0.0   0:00.00 kworker/0:0H
    6 root      20   0       0      0      0 S   0.0  0.0   0:01.74 kworker/u256:0
    7 root      rt   0       0      0      0 S   0.0  0.0   0:01.90 migration/0
    8 root      20   0       0      0      0 S   0.0  0.0   0:00.00 rcu_bh
    9 root      20   0       0      0      0 S   0.0  0.0   0:00.00 rcuob/0
   10 root      20   0       0      0      0 S   0.0  0.0   0:00.00 rcuob/1
```

图9-2　修改后的进程优先级

比如，现在要修改 systmed 进程的优先级为 -10，通过 top 命令查看到 init 的 PID 值为 1，则操作命令为：

```
[root@ GDKT ~]# renice -10 -p 1
1: old priority 0, new priority -10
```

另外，也可以通过 top 命令修改已运行进程的 nice 值。

执行 top 命令进入进程显示界面。

```
[root@GDKT ~]# top
```

按【r】键会看到“PID to renice：”提示信息，如图 9-3 所示，在此输入进程的 PID 值，然后按【Enter】键，将会出现“Renice PID xxx to value:”提示信息，在此输入准备设置的 nice 值，然后按【Enter】键，完成进程优先级的设置。

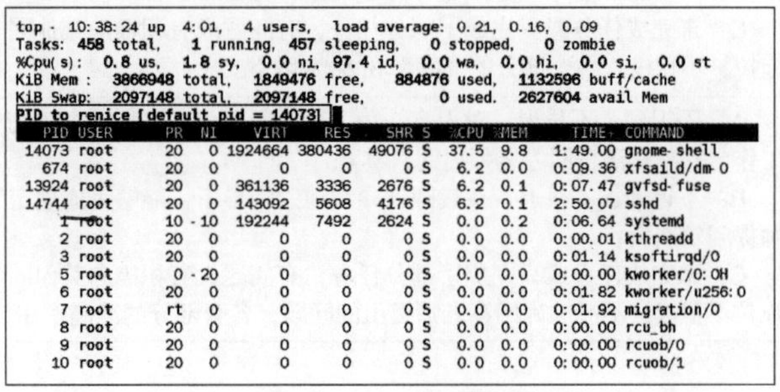

```
top - 10:38:24 up  4:01,  4 users,  load average: 0.21, 0.16, 0.09
Tasks: 458 total,   1 running, 457 sleeping,   0 stopped,   0 zombie
%Cpu(s):  0.8 us,  1.8 sy,  0.0 ni, 97.4 id,  0.0 wa,  0.0 hi,  0.0 si,  0.0 st
KiB Mem :  3866948 total,  1849476 free,   884876 used,  1132596 buff/cache
KiB Swap:  2097148 total,  2097148 free,        0 used.  2627604 avail Mem
PID to renice [default pid = 14073]
  PID USER      PR  NI    VIRT    RES    SHR S  %CPU %MEM     TIME+ COMMAND
14073 root      20   0 1924664 380436  49076 S  37.5  9.8   1:49.00 gnome-shell
  674 root      20   0       0      0      0 S   6.2  0.0   0:09.36 xfsaild/dm-0
13924 root      20   0  361136   3336   2676 S   6.2  0.1   0:07.47 gvfsd-fuse
14744 root      20   0  143092   5608   4176 S   6.2  0.1   2:50.07 sshd
    1 root      10 -10  192244   7492   2624 S   0.0  0.2   0:06.64 systemd
    2 root      20   0       0      0      0 S   0.0  0.0   0:00.01 kthreadd
    3 root      20   0       0      0      0 S   0.0  0.0   0:01.14 ksoftirqd/0
    5 root       0 -20       0      0      0 S   0.0  0.0   0:00.00 kworker/0:0H
    6 root      20   0       0      0      0 S   0.0  0.0   0:01.82 kworker/u256:0
    7 root      rt   0       0      0      0 S   0.0  0.0   0:01.92 migration/0
    8 root      20   0       0      0      0 S   0.0  0.0   0:00.00 rcu_bh
    9 root      20   0       0      0      0 S   0.0  0.0   0:00.00 rcuob/0
   10 root      20   0       0      0      0 S   0.0  0.0   0:00.00 rcuob/1
```

图9-3　进程界面

比如，在“PID to renice：”提示信息后输入 systemd 的 PID 值 1，然后按【Enter】键，将会出现“Renice PID 1 to value:”提示信息，在此输入 -5，确定后将会发现 init 的优先级从原来的 10 变成了 15，如图 9-4 所示。

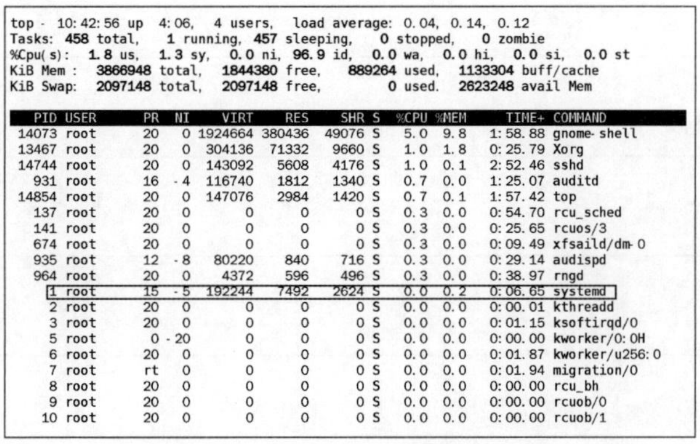

```
top - 10:42:56 up  4:06,  4 users,  load average: 0.04, 0.14, 0.12
Tasks: 458 total,   1 running, 457 sleeping,   0 stopped,   0 zombie
%Cpu(s):  1.8 us,  1.3 sy,  0.0 ni, 96.9 id,  0.0 wa,  0.0 hi,  0.0 si,  0.0 st
KiB Mem :  3866948 total,  1844380 free,   889264 used,  1133304 buff/cache
KiB Swap:  2097148 total,  2097148 free,        0 used.  2623248 avail Mem

  PID USER      PR  NI    VIRT    RES    SHR S  %CPU %MEM     TIME+ COMMAND
14073 root      20   0 1924664 380436  49076 S   5.0  9.8   1:58.88 gnome-shell
13467 root      20   0  304136  71332   9660 S   1.0  1.8   0:25.79 Xorg
14744 root      20   0  143092   5608   4176 S   1.0  0.1   2:52.46 sshd
  931 root      16  -4  116740   1812   1340 S   0.7  0.0   1:25.07 auditd
14854 root      20   0  147076   2984   1420 S   0.7  0.1   1:57.42 top
  137 root      20   0       0      0      0 S   0.3  0.0   0:54.70 rcu_sched
  141 root      20   0       0      0      0 S   0.3  0.0   0:25.65 rcuos/3
  674 root      20   0       0      0      0 S   0.3  0.0   0:09.49 xfsaild/dm-0
  935 root      12  -8   80220    840    716 S   0.3  0.0   0:29.14 audispd
  964 root      20   0    4372    596    496 S   0.3  0.0   0:38.97 rngd
    1 root      15  -5  192244   7492   2624 S   0.0  0.2   0:06.65 systemd
    2 root      20   0       0      0      0 S   0.0  0.0   0:00.01 kthreadd
    3 root      20   0       0      0      0 S   0.0  0.0   0:01.15 ksoftirqd/0
    5 root       0 -20       0      0      0 S   0.0  0.0   0:00.00 kworker/0:0H
    6 root      20   0       0      0      0 S   0.0  0.0   0:01.87 kworker/u256:0
    7 root      rt   0       0      0      0 S   0.0  0.0   0:01.94 migration/0
    8 root      20   0       0      0      0 S   0.0  0.0   0:00.00 rcu_bh
    9 root      20   0       0      0      0 S   0.0  0.0   0:00.00 rcuob/0
   10 root      20   0       0      0      0 S   0.0  0.0   0:00.00 rcuob/1
```

图9-4　systemd进程的优先级

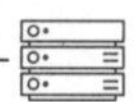

质量监控单（教师完成）

工单实施栏目评分表

评分项	分值	作答要求	评审规定	得分
任务资讯	3	问题回答清晰准确，能够紧扣主题，没有明显错误项	对照标准答案错误一项扣 0.5 分，扣完为止	
任务实施	7	有具体配置图例，各设备配置清晰正确	A 类错误点一次扣 1 分，B 类错误点一次扣 0.5 分，C 类错误点一次扣 0.2 分	
任务扩展	4	各设备配置清晰正确，没有配置上的错误	A 类错误点一次扣 1 分，B 类错误点一次扣 0.5 分，C 类错误点一次扣 0.2 分	
其他	1	日志和问题项目填写详细，能够反映实际工作过程	没有填或者太过简单每项扣 0.5 分	
合计得分				

职业能力评分表

评分项	等级	作答要求	等级
知识评价	A | B | C	A：能够完整准确地回答任务资讯的所有问题，准确率在 90% 以上。 B：能够基本完成作答任务资讯的所有问题，准确率在 70% 以上。 C：对基础知识掌握得非常差，任务资讯和答辩的准确率在 50% 以下。	
能力评价	A | B | C	A：熟悉各个环节的实施步骤，完全独立完成任务，有能力辅助其他学生完成规定的工作任务，实施快速，准确率高（任务规划和任务实施正确率在 85% 以上）。 B：基本掌握各个环节实施步骤，有问题能主动请教其他同学，基本完成规定的工作任务，准确率较高（任务规划和任务实施正确率在 70% 以上）。 C：未完成任务或只完成了部分任务，有问题没有积极向其他同学请教，工作实施拖拉，不积极，各个部分的准确率在 50% 以下。	
态度素养评价	A | B | C	A：不迟到、不早退，对人有礼貌，善于帮助他人，积极主动完成规定工作任务，工作台完整整洁，回答老师提问科学。 B：不迟到、不早退，在教师督导和他人辅导下，能够完成规定工作任务，回答老师提问较准确。 C：未完成任务或只完成了部分任务，有问题没有积极向其他同学请教，工作实施拖拉不积极，不能准确回答老师提出的问题，各个部分的准确率在 50% 以下。	

教师评语栏

工单 10（Linux 系统配置网络连接）

工作任务单			
工单编号	C2019111110049	工单名称	Linux 系统配置网络连接
工单类型	基础型工单	面向专业	计算机网络技术
工单大类	网络运维	能力面向	专业能力
职业岗位	网络运维工程师、网络安全工程师、网络工程师		
实施方式	实际操作	考核方式	操作演示
工单难度	较易	前序工单	
工单分值	10 分	完成时限	4 学时
工单来源	教学案例	建议组数	99
组内人数	1	工单属性	院校工单
版权归属	潘军		
考核点	网络连接、网卡、网关、子网掩码		
设备环境	虚拟机 VMware Workstations 15 和 CentOS 7.2		
教学方法	在常规课程工单制教学当中，可采用手把手教的方式引导学生学习和训练 CentOS 7.2 操作系统网络连接配置的相关职业能力和素养。		
用途说明	本工单可用于网络技术专业 Linux 服务器配置与管理课程或者综合实训课程的教学实训，特别是聚焦于 CentOS 7.2 Linux 操作系统网络连接配置的训练，对应的职业能力训练等级为初级。		
工单开发	潘军	开发时间	2019-03-11

实施人员信息							
姓名		班级		学号		电话	
隶属组		组长		岗位分工		伙伴成员	

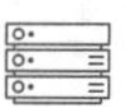

任务目标

实施该工单的任务目标如下：

知识目标

1. 了解 Linux 系统定义的网络接口类型。
2. 了解 Linux 系统常用的网络配置文件。

能力目标

1. 熟悉网络配置参数及配置文件。
2. 掌握网卡的常用操作命令。
3. 掌握网卡配置文件、配置网络参数和图形界面配置网络参数。

素养目标

1. 通过“网络强国”战略思想，激发学生学习网络知识的兴趣。
2. 为学生投身网络强国时代大潮，成为担当民族复兴大任的时代新人指明了奋斗方向。
3. 培养学生规划管理能力和实践动手能力。
4. 培养学生的奋斗精神和创造力。

任务介绍

腾翼网络公司的服务器要向网络中的用户提供服务，就必须要与其他主机进行连接和通信，而进行正确的网络配置是服务器与其他主机通信的前提。网络配置通常包括配置主机名、网卡 IP 地址、子网掩码、默认网关（默认路由）、DNS 服务器等方面。

强国思想专栏

网络强国是国家战略

习近平总书记高度重视网络强国建设，多次作出重要论述和重大部署。在网络强国战略指引下，我国网信事业取得了历史性成就。

“党的二十大报告中提出，以中国式现代化全面推进中华民族伟大复兴，要加快建设制造强国、质量强国、航天强国、交通强国、网络强国、数字中国。”蓝图已经绘就，号角已经吹响，中国将坚持以构建网络空间命运共同体理念为指引，推动构建更加公平合理、开放包容、安全稳定、富有生机活力的网络空间，让互联网更好造福世界各国人民。

任务资讯（3 分）

（1 分）1. 什么是主机名？查看当前主机的名称使用哪个命令？

（1 分）2．Linux 中定义的网络接口有哪几种?

（1 分）3．在 Linux 中常用的网络配置文件有哪些?

注意： 任务资讯中的问题可以参看视频 1。

视频1

CentOS 7.2 网络配置基础

任务规划

任务规划如下：

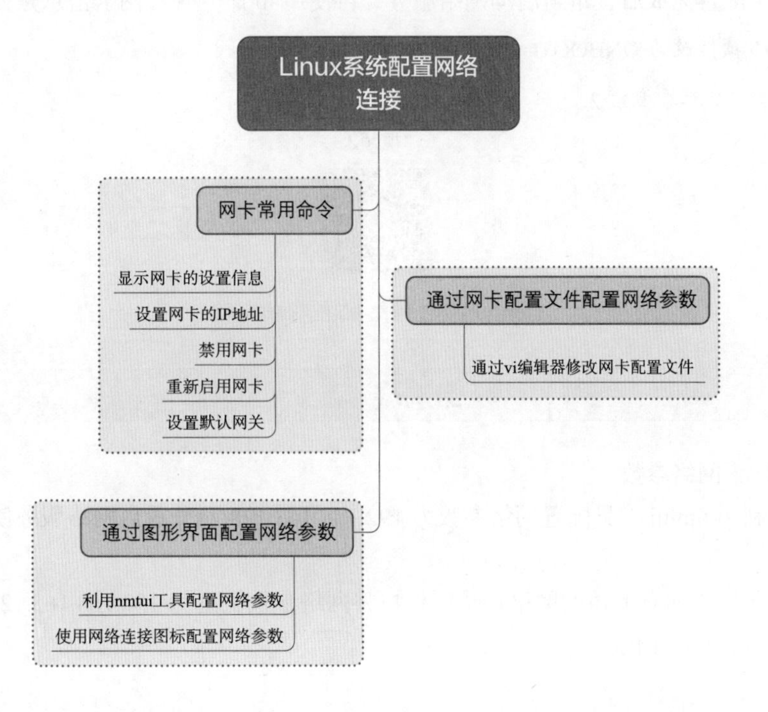

任务实施（4 分）

任务一：网卡的常用操作命令

（0.5 分）（1）使用 ip 命令显示当前网卡的设置信息（包括 IP 地址）。

（0.5 分）（2）使用 ip 命令设置网卡多 IP 地址（Secondary）为 192.168.89.156，子网掩码为 255.255.255.0，完成后使用 ip 显示当前网卡信息。

（0.5 分）（3）使用 ip route 命令设置当前网卡的默认网关为 192.168.89.1，完成后显示当前系统的路由信息。

注意：网关地址根据主机实际 IP 地址确定，保证最后一位是 1 即可。

（0.5 分）（4）禁用网卡。

（0.5 分）（5）重新启动网卡，使用 ip 命令显示当前网卡信息，观察网卡的地址是否有变化。

任务二：通过网卡配置文件配置网络参数

（0.5 分）（1）使用 more 命令查看网卡的配置文件。

（0.5 分）（2）使用 vim 编辑器打开网卡配置文件，将 IP 地址设置为 192.168.89.121，掩码设置为 255.255.255.0。

（0.5 分）（3）配置完成后，重新启动网络服务，再使用 ip 命令查看网卡信息是否修改成功。

注意：ONBOOT 项修改为 ONBOOT=yes。

注意：任务实施可以参看视频 2。

视频2

CentOS 7.2 网络配置基础实验

任务扩展（2 分）

通过图形界面配置网络参数

（1 分）（1）利用 nmtui 工具配置网络参数为 192.168.163.128/24，重启网络服务使配置生效。

（1 分）（2）使用桌面右上角的网络连接图标再将网络参数配置为 192.168.163.128/24，然后重启网络服务，观察网卡信息是否有变化。

注意：扩展任务可以参看视频 3。

视频3

CentOS 7.2 图形界面配置网络参数

工作日志（0.5 分）

（0.5 分）实施工单过程中填写如下日志：

工作日志表

日　期	工作内容	问题及解决方式

总结反思（0.5 分）

（0.5 分）请编写完成本任务的工作总结：

学习资源集

任务资讯

一、网络配置参数

1. 主机名

主机名用于标识一台主机的名称，在网络中主机具有唯一性。要查看当前主机的名称，可使用 hostname 命令，若要临时设置主机名，可使用"hostname 新主机名"命令实现，该命令不会将新主机名保存到 /etc/hostname 配置文件中，因此，重新启动系统后，主机名将恢复为配置文件中所设置的主机名。

```
[root@GDKT ~]# hostname
GDKT
```

若要临时设置主机名为 linuxserver，则实现命令为：

```
[root@GDKT ~]# hostname linuxserver
[root@GDKT ~]# hostname
linuxserver
```

在设置了新主机名之后，"#"左边的提示符还不能同步更改，使用 logout 注销（在命令行界面下使用 logout 命令，在图形界面下选择菜单中的注销命令即可）重新登录后，即可显示出新的主机名。

若要使主机名更改永久生效，则应直接在 /etc/hostname 配置文件中进行修改，系统启动时，会从该配置文件中获得主机名信息，并进行主机名的设置。

2. IP 地址与子网掩码

在 TCP/IP 网络中，一台主机要与网络中的其他主机进行通信，就必须拥有一个 IP 地址，该地址在本网络范围内必须是唯一的，否则会造成 IP 地址冲突。IP 地址设置在主机的网卡上，网卡的 IP 地址等同于主机的 IP 地址。

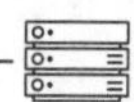

IP 地址采用点分十进制的表示法，形式为“x.x.x.x”，其中 x 的取值范围为 0~255。传统上 IP 地址分为 A、B、C、D、E 五类，其中 A、B、C 三类是常用的。

从一个 IP 地址直接判断它属于哪类地址的方法是，判断它的第一个十进制整数所在的范围。下面列出了各类地址第一个十进制整数的起止范围。

♦ A 类网络的 IP 地址范围为：1.0.0.0 ~ 126.255.255.255。

♦ B 类网络的 IP 地址范围为：128.0.0.0 ~ 191.255.255.255。

♦ C 类网络的 IP 地址范围为：192.0.0.0 ~ 223.255.255.255。

在所有的 IP 地址当中，以“127”开头的 IP 地址不可用于指定主机的 IP 地址。它被称为回环地址，供计算机的各个网络进程之间进行通信时使用。

子网掩码（subnet mask）又称网络掩码、地址掩码、子网络遮罩，它是一种用来指明一个 IP 地址的哪些位标识的是主机所在的子网。子网掩码不能单独存在，它必须结合 IP 地址一起使用。子网掩码只有一个作用，就是将某个 IP 地址划分成网络地址和主机地址两部分。A 类地址对应的子网掩码为 255.0.0.0，B 类地址对应的子网掩码为 255.255.0.0，C 类地址对应的子网掩码为 255.255.255.0。

3. 网关地址

设置主机的 IP 地址与子网掩码后，主机就可以使用 IP 地址与同一网段的其他主机进行通信了，但是不能与不同网段的主机进行通信。而要实现不同网段主机之间的通信就必须通过网关实现。

比如，现在有两个网络 A 和 B，其中 A 网络的 IP 地址为 192.168.10.0/ 255.255.255.0，B 网络的 IP 地址为 192.168.20.0/255.255.255.0。通过子网掩码可以判定这两个网络中的主机分属于不同的网络中。网络 A 中的主机要与网络 B 中的主机通信，就会把数据包发往自己的网关，再由其转发到网络 B 的网关，网络 B 的网关再转发给其中的某台主机。网络 B 中的主机与网络 A 中的主机通信时也是如此过程。因此，为了实现不同网段主机之间的通信，必须设置网关地址。

4. DNS 域名服务器地址

虽然 IP 地址可以定位网络中的主机，但是不便于记忆，因此，通常人们使用容易记忆的域名来代替难以记忆的 IP 地址，使域名与 IP 地址形成相互映射的关系。为了能够使用域名，需要为计算机指定至少一个 DNS 域名服务器。由这个 DNS 域名服务器完成域名解析工作。Internet 中存在着大量的 DNS 域名服务器，每台 DNS 域名服务器都保存着其管辖区域中主机域名与 IP 地址的映射关系。

5. Linux 的网络接口

Linux 中定义了不同的网络接口，其中包括：

1）lo 接口

lo 接口表示本地回环接口，用于网络测试以及本地主机各网络进程之间的通信。无论什么应用程序，只要使用回环地址（127 开头的地址）发送数据都不进行任何正式的网络数据传输。

2）en 接口

en 表示网卡设备接口，其设备名用 enXXX 来表示，其中 X 为一个或多个字符，代表物理网卡的序号。

3）virbr0 接口

virbr0 是一个虚拟的网络连接端口，默认为 0 号虚拟网络连接端口，通过虚拟机进行移植操作系统时，默认会以 nat 的网络地址转移，这时就用到了 virbr0。

4）ppp 接口

ppp 表示 ppp 设备接口，并附加数字来反映 ppp 设备的序号。如第一个 ppp 接口的设备名称为 ppp0，第二个 ppp 接口的设备名称为 ppp1。采用 ISDN 或 ADSL 等方式接入 Internet 时使用 ppp 接口。

二、常用网络配置文件

1. 网络配置文件

网络配置文件 /etc/sysconfig/network 用于对网络服务进行总体配置，说是全局设置，默认里面啥也没有，可

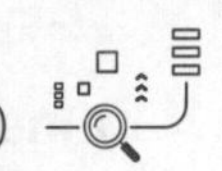

以添加全局默认网关。从 Centos 7 开始，网络由 NetworkManager 服务负责管理，相对于旧的 /etc/init.d/network 脚本，NetworkManager是动态的、事件驱动的网络管理服务。旧的 /etc/init.d/network 以及 ifup、ifdown 等依然存在，但是处于备用状态，即 NetworkManager 运行时，多数情况下这些脚本会调用 NetworkManager 完成网络配置任务；NetworkManager 没有运行时，这些脚本就按照老传统管理网络。

2. 网卡配置文件

网卡的设备名、IP 地址、子网掩码以及默认网关等配置信息保存在网卡的配置文件中，一块网卡对应一个配置文件，该配置文件位于 /etc/sysconfig/network-scripts 目录中，其配置文件名具有以下格式：

```
ifcfg- 网卡类型以及网卡的序号
```

下面介绍 CentOS7 网卡的命名规则。

1）网卡命名的策略

systemd 对网络设备的命名方式如下：

规则 1：如果 Firmware 或者 BIOS 提供的设备索引信息可用就用此命名，如 eno1，否则使用规则 2。

规则 2：如果 Firmware 或 BIOS 的 PCI-E 扩展插槽可用就用此命名，如 ens1，否则使用规则 3。

规则 3：如果硬件接口的位置信息可用就用此命名，如 enp2s0。

规则 4：根据 MAC 地址命名，比如 enx7d3e9f。默认不开启。

规则 5：上述均不可用时回归传统命名方式。

上面的所有命名规则需要依赖于一个安装包：biosdevname。

2）前两个字符的含义

en 以太网 Ethernet。

wl 无线局域网 WLAN。

ww 无线广域网 WWLAN。

3）第三个字符根据设备类型来选择

```
format description
```

o 集成设备索引号。

s 扩展槽的索引号。

x s 基于 MAC 进行命名。

p s PCI 扩展总线。

4）配置回归传统命名方式

步骤 1：编辑内核参数。

在 GRUB_CMDLINE_LINUX 中加入 net.ifnames=0 即可。

```
[root@GDKT ~]#vim /etc/default/grub
GRUB_CMDLINE_LINUX="crashkernel=auto net.ifnames=0 rhgb quiet"
```

步骤 2：为 grub2 生成配置文件。

编辑完 grub 配置文件以后不会立即生效，需要生成配置文件。

```
[root@GDKT ~]#grub2-mkconfig -o /etc/grub2.cfg
```

步骤 3：操作系统重启。

```
[root@GDKT~]#reboot
```

步骤 4：验证。

```
[root@GDKT~]#ip a
```

在网卡配置文件中，每一行为一个配置项目，左边为项目名称，右边为当前设置值，中间用“=”连接。配置文件中主要项目的功能与含义如下所示。

```
#cat /etc/sysconfig/network-scripts/ifcfg-eno16777736
```

```
                          // 网络类型：Ethernet 以太网
TYPE=Ethernet             // 引导协议：自动获取、static 静态、none 不指定
BOOTPROTO=dhcp
DEFROUTE=yes              // 启动默认路由
PEERDNS=yes               // 不启用 IPv4 错误检测功能
PEERROUTES=yes
IPV4_FAILURE_FATAL=no
IPV6INIT=yes              // 启用 IPv6 协议
IPV6_AUTOCONF=yes         // 自动配置 IPv6 地址
IPV6_DEFROUTE=yes         // 启用 IPv6 默认路由
IPV6_PEERDNS=yes
IPV6_PEERROUTES=yes
IPV6_FAILURE_FATAL=no     // 不启用 IPv6 错误检测功能
NAME=eno16777736          // 网卡设备的别名
UUID=fa8f12aa-2f96-4065-8730-de937f74fed2
                          // 网卡设备的 UUID 唯一标识号
DEVICE=eno16777736        // 网卡的设备名称
ONBOOT=no                 // 开机没有自动激活网卡
// 以下项目为网卡静态 IP 的内容
DNS1=6.6.6.6              // DNS 域名解析服务器的 IP 地址
IPADDR=192.168.1.199      // 网卡的 IP 地址
PREFIX=24                 // 子网掩码
GATEWAY=192.168.1.1       // 默认网关地址
```

在 Linux 安装程序的最后，会要求对网卡的 IP 地址、子网掩码、默认网关以及 DNS 服务器进行指定和配置，正常安装的 Linux 系统，其网卡已配置并可正常工作。根据需要也可以重新对其进行配置和修改。

3. resolv.conf 配置文件

正确设置了 IP 地址和网关地址后，就可用 IP 地址与其他主机通信了，但此时还无法用域名与其他主机进行通信，为此，必须为当前主机指定至少一个 DNS 服务器的 IP 地址，以便当前主机能用该 DNS 服务器进行域名解析。在 Linux 系统中，最多可同时指定 3 个 DNS 服务器的 IP 地址。

/etc/resolv.conf 配置文件用于配置 DNS 客户，该文件包含了主机的域名搜索顺序和 DNS 服务器的 IP 地址。在配置文件中，使用 nameserver 配置项来指定 DNS 服务器的 IP 地址，查询时就按 nameserver 在配置文件中的顺序进行，且只有当第一个 nameserver 指定的域名服务器没有反应时，才使用下面一个 nameserver 指定的域名服务器进行域名解析。

```
[root@GDKT ~]# cat /etc/resolv.conf
# Generated by NetworkManager
search localdomain
nameserver 192.168.163.1
```

若还要添加可用的 DNS 服务器地址，则利用 vim 编辑器在其中添加即可。比如，若要再添加 121.18.74.45 和 121.18.66.45 这两个 DNS 服务器，则在配置文件中添加以下两行内容：

```
nameserver  121.18.74.45
nameserver  121.18.66.45
```

另外，还可以用 domain 指定当前主机所在域的域名。

4. hosts 配置文件

hosts 配置文件是早期实现主机名称解析的一种方法，其中包含了 IP 地址和主机名之间的映射关系，该配置文件位于 /etc 目录下。在进行名称解析时，系统会直接读取该文件中设置的 IP 地址和主机名的映射记录。在 hosts 文件中的每一行对应一条记录，每行由三部分组成：IP 地址、主机完全域名和别名（可选），每个部分由空格分隔开。该配置文件的默认内容如下：

```
[root@GDKT ~]# cat /etc/hosts
127.0.0.1    localhost localhost.localdomain localhost4 localhost4.localdomain4
::1          localhost localhost.localdomain localhost6 localhost6.localdomain6
```

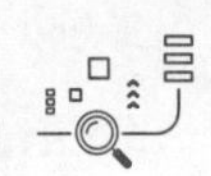

在没有指定域名服务器（DNS）时，网络程序一般通过查询该文件来获得某个主机对应的 IP 地址。利用该文件，可实现在本机上的域名解析。例如，要将域名为 yx.gongdanketang.com 的主机 IP 地址指向 192.168.1.100，则只需要在该文件中添加如下一行内容即可：

```
192.168.1.100      yx.gongdanketang.com
[root@localhost ~]# ping yx.gongdanketang.com       # 测试域名解析是否生效
```

5. nsswitch.conf 配置文件

要设置名称解析的先后顺序，可利用 /etc/nsswitch.conf 配置文件中的“hosts：”配置项来指定，其默认解析顺序为 hosts 文件、DNS 服务器。对于 UNIX 系统，还可用 NIS 服务器进行解析。

```
[root@GDKT ~]# grep hosts /etc/nsswitch.conf
#hosts:  db files nisplus nis dns  # 其中的 files 代表用 hosts 文件来进行名称解析
hosts:      files dns
```

任务实施

任务一：网卡的常用操作命令

有许多工具可用来管理 Linux 计算机上的 TCP/IP 协议套件。在之前版本的 CentOS 中，一些比较重要的网络管理命令包括 ifconfig、arp、netstat 和 route，这些命令已被弃用。ip 工具支持更高级的功能。为便于过渡到使用 ip 工具，表 10-1 提供了已被弃用的命令列表，以及对应的 ip 命令。

表 10-1 ifconfig、arp、netstat 命令以及对应的 ip 命令

项目名称	设置值	功　能
过时的命令	CentOS 7.2 中的等效命令	说明
ifconfig	ip [-s] link ip addr	显示所有网络接口的连接状态和 IP 地址信息
ifconfig eth0 192.168.122.150 netmask 255.255.255.0	ip addr add 192.168.122.150/24 dev eth0	将 IP 地址和子网掩码分配给 eth0 接口
arp	ip neigh	显示 arp 表
route netstat -r	ip route	显示路由表
netstat -tulpna	ss -tupna	显示所有侦听套接字和非侦听套接字，以及它们属于哪个程序

1. 显示网卡的设置信息

要显示网卡的设置信息，可使用 ip 命令实现，其通常用法有以下几种。

显示当前活动的网卡的设置，命令用法为：

```
[root@GDKT ~]# ip link show
1: lo: <LOOPBACK,UP,LOWER_UP> mtu 65536 qdisc noqueue state UNKNOWN mode DEFAULT
    link/loopback 00:00:00:00:00:00 brd 00:00:00:00:00:00
2: eno16777736: <BROADCAST,MULTICAST,UP,LOWER_UP> mtu 1500 qdisc pfifo_fast  state UP
mode DEFAULT qlen 1000
    link/ether 00:0c:29:8d:22:e3 brd ff:ff:ff:ff:ff:ff
3: virbr0: <NO-CARRIER,BROADCAST,MULTICAST,UP> mtu 1500 qdisc noqueue state DOWN mode DEFAULT
    link/ether 00:00:00:00:00:00 brd ff:ff:ff:ff:ff:ff
4: virbr0-nic: <NO-CARRIER,BROADCAST,MULTICAST,UP> mtu 1500 qdisc pfifo_fast state
DOWN mode DEFAULT qlen 500
    link/ether 52:54:00:2f:4e:18 brd ff:ff:ff:ff:ff:ff
```

要查看 IP 地址信息可以使用 ip address show，命令用法为：

```
[root@GDKT ~]# ip address show
```

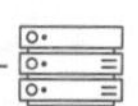

```
1: lo: <LOOPBACK,UP,LOWER_UP> mtu 65536 qdisc noqueue state UNKNOWN
    link/loopback 00:00:00:00:00:00 brd 00:00:00:00:00:00
    inet 127.0.0.1/8 scope host lo
       valid_lft forever preferred_lft forever
    inet6 ::1/128 scope host
       valid_lft forever preferred_lft forever
2: eno16777736: <BROADCAST,MULTICAST,UP,LOWER_UP> mtu 1500 qdisc pfifo_fast state UP qlen 1000
    link/ether 00:0c:29:8d:22:e3 brd ff:ff:ff:ff:ff:ff
    inet 192.168.163.128/24 brd 192.168.163.255 scope global dynamic eno16777736
       valid_lft 983sec preferred_lft 983sec
    inet6 fe80::20c:29ff:fe8d:22e3/64 scope link
       valid_lft forever preferred_lft forever
3: virbr0: <NO-CARRIER,BROADCAST,MULTICAST,UP> mtu 1500 qdisc noqueue state DOWN
    link/ether 00:00:00:00:00:00 brd ff:ff:ff:ff:ff:ff
    inet 192.168.122.1/24 brd 192.168.122.255 scope global virbr0
       valid_lft forever preferred_lft forever
4: virbr0-nic: <NO-CARRIER,BROADCAST,MULTICAST,UP> mtu 1500 qdisc pfifo_fast state DOWN qlen 500
    link/ether 52:54:00:2f:4e:18 brd ff:ff:ff:ff:ff:ff
```

显示指定网卡的设置信息，命令用法为：

```
[root@GDKT ~]# ip address show eno16777736
2: eno16777736: <BROADCAST,MULTICAST,UP,LOWER_UP> mtu 1500 qdisc pfifo_fast state UP
qlen 1000
    link/ether 00:0c:29:8d:22:e3 brd ff:ff:ff:ff:ff:ff
    inet 192.168.163.128/24 brd 192.168.163.255 scope global dynamic eno16777736
       valid_lft 1699sec preferred_lft 1699sec
    inet6 fe80::20c:29ff:fe8d:22e3/64 scope link
       valid_lft forever preferred_lft forever
```

显示指定网卡的统计网络性能信息，接收数据包和发送数据包，命令用法为：

```
[root@GDKT ~]# ip -s link show eno16777736
2: eno16777736: <BROADCAST,MULTICAST,UP,LOWER_UP> mtu 1500 qdisc pfifo_fast state
UP mode DEFAULT qlen 1000
    link/ether 00:0c:29:8d:22:e3 brd ff:ff:ff:ff:ff:ff
    RX: bytes  packets  errors  dropped overrun mcast
    6712463    88139    0       0       0       0
    TX: bytes  packets  errors  dropped carrier collsns
    17236190   125987   0       0       0       0
[root@GDKT ~]#
```

查看网卡信息还可以使用 nmcli 命令，命令用法为：

```
[root@GDKT ~]# nmcli connection show
NAME      UUID                                  TYPE            DEVICE
virbr0    f52f777e-fdef-4fc8-8c94-ee034dc3eee5  bridge   virbr0
有线连接 1 4fff0f3c-2778-4fb2-9179-0df1a44a91fd 802-3-ethernet  --
eno16777736  fa8f12aa-2f96-4065-8730-de937f74fed2  802-3-ethernet  eno16777736
[root@GDKT ~]# nmcli dev status
DEVICE       TYPE      STATE        CONNECTION
virbr0       bridge    connected    virbr0
eno16777736  ethernet  connected    eno16777736
virbr0-nic   ethernet  unavailable  --
lo           loopback  unmanaged    --
```

查看网络接口设备属性，命令用法为：

```
[root@GDKT ~]# ethtool eno16777736
Settings for eno16777736:
        Supported ports: [ TP ]
```

```
        Supported link modes:   10baseT/Half 10baseT/Full
                                100baseT/Half 100baseT/Full
                                1000baseT/Full
        Supported pause frame use: No
        Supports auto-negotiation: Yes
        Advertised link modes:  10baseT/Half 10baseT/Full
                                100baseT/Half 100baseT/Full
                                1000baseT/Full
        Advertised pause frame use: No
        Advertised auto-negotiation: Yes
        Speed: 1000Mb/s
        Duplex: Full
        Port: Twisted Pair
        PHYAD: 0
        Transceiver: internal
        Auto-negotiation: on
        MDI-X: off (auto)
        Supports Wake-on: d
        Wake-on: d
        Current message level: 0x00000007 (7)
                               drv probe link
        Link detected: yes
```

ip 命令十分灵活。例如：ip a s 命令在功能上等效于 ip addr show 或 ip address show。

2. 设置网卡的多 IP 地址

利用合适的选项，ip 命令可以为选定的网卡修改很多其他配置。表 10-2 列出其中部分选项。

表 10-2　ip 命令选项

命　令	说　明
ip addr add |delete IP 地址 / 掩码长度 dev 网卡接口名称	为网卡添加或删除多 IP
ip link set dev 网卡设备名 up	启动指定接口
ip link set dev 网卡设备名 down	禁用指定接口
ip addr flush dev 网卡设备名	从指定接口中删除所有 IP 地址
ip link set dev 网卡设备名 txqlen N	改变指定接口的传输队列长度
ip link set dev 网卡设备名 mtu N	设置最大的传输单元 N，单位为字节
ip link set dev 网卡设备名 promisc on	启用混合模式，允许网络适配器读取收到的所有包，而不只是针对主机的包。可用于分析网络中出现的问题，或者尝试解读其他主机之间的信息
ip link set dev 网卡设备名 promisc off	禁用混合模式

要设置网卡的多 IP 地址，可使用以下命令实现：

```
ip addr add  IP 地址 / 掩码长度  dev  网卡接口名称
```

例如，若要将当前网卡 eno16777736 的辅助 IP 地址设置为 192.168.163.129，子网掩码为 255.255.255.0，则实现命令为：

```
[root@GDKT ~]# ip addr add 192.168.163.129/24 dev eno16777736
[root@GDKT ~]# ip a show eno16777736
2: eno16777736: <BROADCAST,MULTICAST,UP,LOWER_UP> mtu 1500 qdisc pfifo_fast state UP qlen 1000
    link/ether 00:0c:29:8d:22:e3 brd ff:ff:ff:ff:ff:ff
    inet 192.168.163.128/24 brd 192.168.163.255 scope global dynamic eno16777736
       valid_lft 1102sec preferred_lft 1102sec
    inet 192.168.163.129/24 scope global secondary eno16777736
       valid_lft forever preferred_lft forever
    inet6 fe80::20c:29ff:fe8d:22e3/64 scope link
```

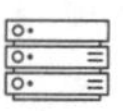

```
        valid_lft forever preferred_lft forever
```

从输出信息可以看到网卡 eno1677736 的原 IP 地址没有修改，只是增加了一个辅助地址。

该命令不会修改网卡的配置文件，所设置的 IP 地址仅对本次有效，重启系统或网卡被禁用后又重启，其 IP 地址将重新恢复为网卡配置文件中指定的 IP 地址。

2. 禁用网卡

若要禁用网卡设备，可使用以下命令实现：

```
ip link set dev 网卡设备名 down
```

例如，若要临时禁用 virbr0 网卡，则实现命令为：

```
ip link set dev virbr0 down
```

3. 重新启用网卡

网卡被禁用后，若要重新启用网卡，其命令为：

```
ip link set dev 网卡设备名 up
```

例如，若要重新启动 virbr0 网卡，则实现命令为：

```
ip link set dev virbr0 up
```

4. 设置默认网关

网关是将当前网段中的主机与其他网络的主机相连接并实现通信的一个设备。设置了主机的 IP 地址和子网掩码后，就可与同网段的其他主机进行通信了，但是此时还无法与其他网段的主机进行通信，为了实现与不同网段的主机进行通信，必须设置默认网关地址。网关地址必须是当前网段的地址，不能是其他网段的地址。

设置默认网关也即设置默认路由，可使用 Linux 系统提供的 ip 命令实现，该命令主要用于添加或删除路由信息。下面分别介绍该命令的功能和用法：

1）查看当前路由信息

若要查看当前系统的路由信息，其实现命令为 ip route 或 ip route show。

```
[root@GDKT ~]# ip route
192.168.122.0/24 dev virbr0  proto kernel  scope link  src 192.168.122.1
192.168.163.0/24 dev eno16777736  proto kernel  scope link  src 192.168.163.128  metric 100
```

2）添加 / 删除默认网关

若要添加默认网关，其命令用法为：

```
ip route add 0.0.0.0/0 via 网关 IP 地址 dev 网卡设备名
```

删除默认网关，命令用法为：

```
ip route del 0.0.0.0/0 via 网关 IP 地址 dev 网卡设备名
```

例如，若要设置网卡 eth0 的默认网关地址为 192.168.89.1，则实现命令为：

```
[root@GDKT ~]# ip route add 0.0.0.0/0 via 192.168.163.1 dev eno16777736
[root@GDKT ~]# ip route show
default via 192.168.163.1 dev eno16777736
192.168.122.0/24 dev virbr0  proto kernel  scope link  src 192.168.122.1
192.168.163.0/24 dev eno16777736  proto kernel  scope link  src 192.168.163.128  metric 100
```

若要删除默认网关，则实现命令为：

```
[root@GDKT ~]# ip route del 0.0.0.0/0 via 192.168.163.1 dev eno16777736
[root@GDKT ~]# ip route show
192.168.122.0/24 dev virbr0  proto kernel  scope link  src 192.168.122.1
192.168.163.0/24 dev eno16777736  proto kernel  scope link  src 192.168.163.128  metric 100
```

3）添加 / 删除路由信息

在系统当前路由表中添加路由记录，其命令用法为：

```
ip route add 目的网络地址 / 掩码长度  via 网关 IP 地址 dev 网卡设备名
```

若要删除某条路由信息，则命令用法为：

```
ip route del 目的网络地址 / 掩码长度  via 网关 IP 地址 dev 网卡设备名
```

4）添加永久的静态路由

ip route 指令对路由的修改不能保存，重启就丢失了。把 ip route 指令写到 /etc/rc.local 也是徒劳的。/etc/sysconfig/network 配置文件仅仅可以提供全局默认网关，语法同 Centos 6 一样：

```
GATEWAY=<ip address>
```

永久静态路由需要写到 /etc/sysconfig/network-scripts/route-interface 文件中，比如添加两条静态路由：

```
[root@GDKT ~]# vim /etc/sysconfig/network-scripts/route-eno116777736
[root@GDKT ~]# cat /etc/sysconfig/network-scripts/route-eno116777736
10.15.100.0/24 via 192.168.163.1 dev eno16777736
10.15.110.0/24 via 192.168.163.1 dev eno16777736
[root@GDKT ~]#
```

重启计算机，或者重新启用设备 eno 才能生效。

```
[root@GDKT ~]# nmcli dev disconnect eno16777736
Device 'eno16777736' successfully disconnected.
[root@GDKT ~]# nmcli dev connect eno16777736
Device 'eno16777736' successfully activated with 'fa8f12aa-2f96-4065-8730-de937f74fed2'
```

任务二：通过网卡配置文件配置网络参数

配置网卡可以使用 vim 编辑器，编辑修改网卡的配置文件。关于网卡配置文件中的相关项目与其功能在前面已作介绍，下面对如何配置该文件进行说明。

若要查看网卡 eno16777736 的配置文件的内容，则操作命令为：

```
[root@GDKT ~]# cat /etc/sysconfig/network-scripts/ifcfg-eno16777736
TYPE=Ethernet
BOOTPROTO=none
DEFROUTE=yes
IPV4_FAILURE_FATAL=yes
IPV6INIT=yes
IPV6_AUTOCONF=yes
IPV6_DEFROUTE=yes
IPV6_FAILURE_FATAL=no
NAME=eno16777736
UUID=fa8f12aa-2f96-4065-8730-de937f74fed2
DEVICE=eno16777736
ONBOOT=yes
DNS1=1.1.1.1
IPADDR=192.168.163.128
PREFIX=24
GATEWAY=192.168.163.254
IPV6_PEERDNS=yes
IPV6_PEERROUTES=yes
```

若要给网卡 eno16777736 设置一个新的 IP 地址，先要通过 vim 编辑器打开 ifcfg- eno16777736 配置文件，然后在该文件中的“IPADDR=”项目后写新的 IP 地址，例如，要将网卡 eno16777736 的 IP 地址设置为 192.168.163.129，则修改为“IPADDR=192.168.163.129”即可。通过“GATEWAY=”可以设置 eno16777736 的默认网关，“PREFIX=”设置子网掩码长度。

注意： *若要使网卡新配置的参数生效，需要重启系统或重启网络服务，否则网卡的 IP 地址不会变化。*

重启网络服务的操作命令为：

```
[root@GDKT ~]# systemctl restart network
```

当重启系统或重启网络服务后，新的设置将会长期生效。

任务扩展

通过图形界面配置网络参数

对于网卡的配置方法，除了利用 vi 编辑器修改网卡配置文件之外，还可以通过图形界面配置网络参数。在桌面环境下，CentOS 7.2 主要有两种方法配置网络。一是利用 nmtui 网络配置工具配置网络参数；二是通过桌面网络连接图标配置网络参数。两者的界面和配置项目不同，但实质上也是通过修改网卡的配置文件实现的，配置的网络参数在重启系统或重启网络服务后会永久生效。由于修改网卡的配置文件对用户的要求比较高，这两种方法更适合于初学者。

1．利用 nmtui 工具配置网络参数

nmtui 网络配置工具采用基于字符的窗口界面，来完成对 IP 地址、子网掩码、默认网关和 DNS 域名服务器的设置。在 shell 命令行上输入并执行 nmtui 命令，即可启动该配置工具，进入工具选择界面，如图 10-1 所示。

在 nmtui 工具界面中，可以使用【↑】【↓】键移动光标选择使用的工具。在此选择 Edit a connection 选项，按【Enter】键确定，即可进入选择动作界面，如图 10-2 所示。

在选择动作界面选中需要修改的连接 eno16777736 后，选择“<Edit…>”并确定后，会进入网卡设备编辑连接界面，如图 10-3 所示，在此可以根据 IP 地址规划输入或编辑 IP 地址、子网掩码长度、网关和 DNS 等参数。完成修改后，选中界面最下方的“OK”保存配置后返回图 10-2 所示界面，选中 <quit> 返回终端 shell。

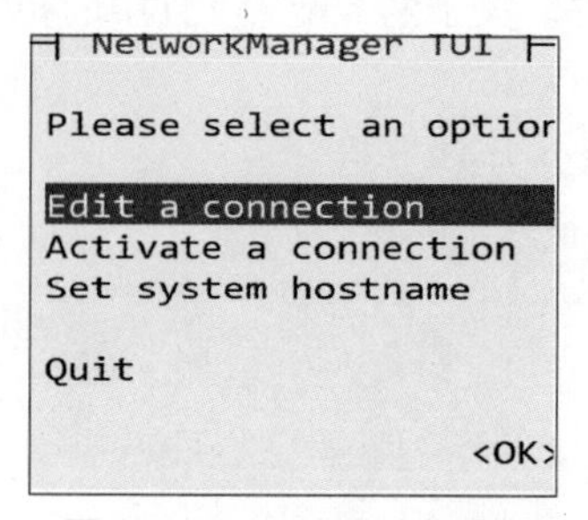

图10-1　setup工具界面

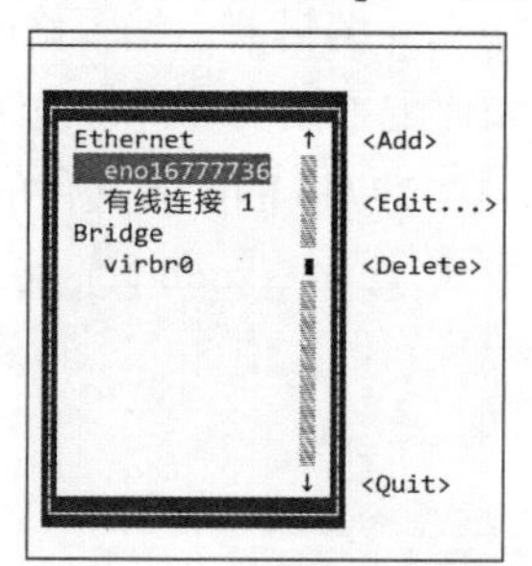

图10-2　选择动作界面

再一次在 shell 命令行中输入 nmtui，启动配置界面如图 10-1 所示，选中 <Activate a connection>。在激活连接的界面中，选中连接后，再选右边的 <Activate> 激活连接或 <Deactive> 取消激活连接，如图 10-4 所示。

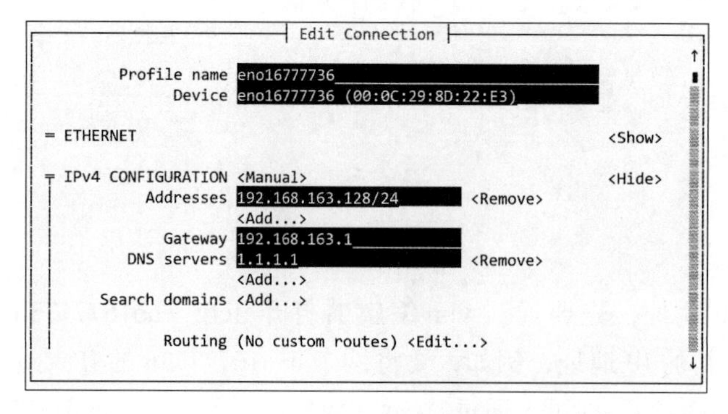

图10-3　选择设备界面

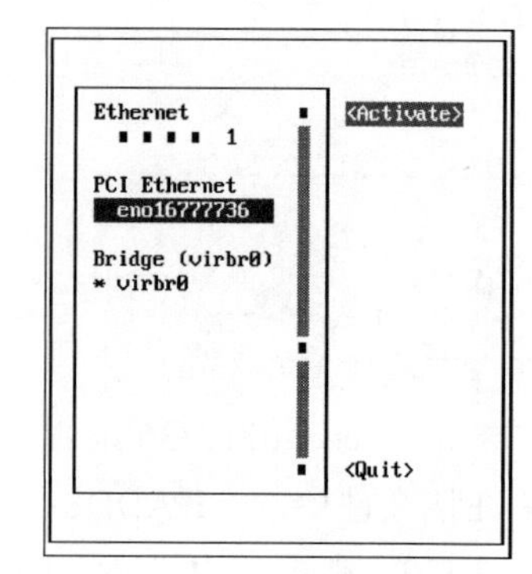

图10-4　网络配置界面

配置完成后使用【Tab】键将光标移动到 <quit> 按钮，将退回到终端 shell 界面。

使用 nmtui 配置工具进行网络配置后仅是修改了网络配置文件，并未立即生效。为使所作的配置立即生效，需要重启系统或使用 systemctl restart network 命令重启网络服务。

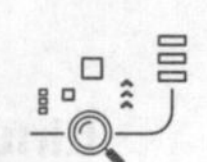

图10-5 “网络连接”对话框

注意：应用 nmtui 配置工具完成 IP 地址的修改后，仍然需要在网卡配置文件中设置“ONBOOT=YES”。

2. 使用网络连接图标配置网络参数

在桌面环境下，可以使用网络连接图标配置网络参数。由 root 用户依次选择屏幕右上角的网络连接图标下的“PCI 以太网”→“有线设置”，如图 10-5 所示。

在“网络”对话框中可以看到有线连接和活动连接的 IP 地址信息，连接的“开启”“关闭”按钮，如图 10-6 所示。单击右下角的“配置”按钮，可打开相应网卡的设置对话框，在对话框中选择“IPv4 设置”选项卡，可以对网卡的 IP 地址、子网掩码、DNS 服务器地址等参数进行设置，也可以改变网络参数获取方法、添加路由等，如图 10-7 所示。

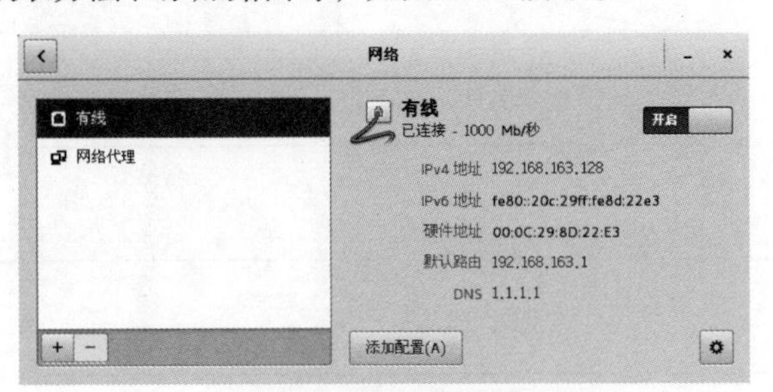

图10-6 配置网络连接

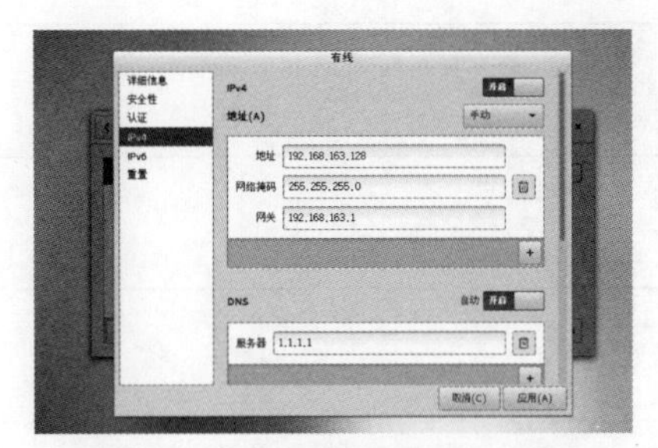

图10-7 配置网卡的IP设置

质量监控单（教师完成）

工单实施栏目评分表

评分项	分值	作答要求	评审规定	得分
任务资讯	3	问题回答清晰准确，能够紧扣主题，没有明显错误项	对照标准答案错误一项扣 0.5 分，扣完为止	
任务实施	7	有具体配置图例，各设备配置清晰正确	A 类错误点一次扣 1 分，B 类错误点一次扣 0.5 分，C 类错误点一次扣 0.2 分	
任务扩展	4	各设备配置清晰正确，没有配置上的错误	A 类错误点一次扣 1 分，B 类错误点一次扣 0.5 分，C 类错误点一次扣 0.2 分	
其他	1	日志和问题项目填写详细，能够反映实际工作过程	没有填或者太过简单每项扣 0.5 分	
合计得分				

职业能力评分表

评分项	等级	作答要求	等级
知识评价	A | B | C	A：能够完整准确地回答任务资讯的所有问题，准确率在 90% 以上。 B：能够基本完成作答任务资讯的所有问题，准确率在 70% 以上。 C：对基础知识掌握得非常差，任务资讯和答辩的准确率在 50% 以下。	
能力评价	A | B | C	A：熟悉各个环节的实施步骤，完全独立完成任务，有能力辅助其他学生完成规定的工作任务，实施快速，准确率高（任务规划和任务实施正确率在 85% 以上）。 B：基本掌握各个环节实施步骤，有问题能主动请教其他同学，基本完成规定的工作任务，准确率较高（任务规划和任务实施正确率在 70% 以上）。 C：未完成任务或只完成了部分任务，有问题没有积极向其他同学请教，工作实施拖拉，不积极，各个部分的准确率在 50% 以下。	

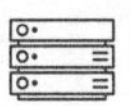

续表

评分项	等级	作答要求	等级
态度素养评价	A | B | C	A：不迟到、不早退，对人有礼貌，善于帮助他人，积极主动完成规定工作任务，工作台完整整洁，回答老师提问科学。 B：不迟到、不早退，在教师督导和他人辅导下，能够完成规定工作任务，回答老师提问较准确。 C：未完成任务或只完成了部分任务，有问题没有积极向其他同学请教，工作实施拖拉不积极，不能准确回答老师提出的问题，各个部分的准确率在 50% 以下。	

教师评语栏

____

____

____

____

____

工单 11（Samba 服务器配置）

<table>
<tr><th colspan="4">工作任务单</th></tr>
<tr><td>工单编号</td><td>C2019111110052</td><td>工单名称</td><td>Samba 服务器配置</td></tr>
<tr><td>工单类型</td><td>基础型工单</td><td>面向专业</td><td>计算机网络技术</td></tr>
<tr><td>工单大类</td><td>网络运维</td><td>能力面向</td><td>专业能力</td></tr>
<tr><td>职业岗位</td><td colspan="3">网络运维工程师、网络安全工程师、网络工程师</td></tr>
<tr><td>实施方式</td><td>实际操作</td><td>考核方式</td><td>操作演示</td></tr>
<tr><td>工单难度</td><td>中等</td><td>前序工单</td><td></td></tr>
<tr><td>工单分值</td><td>15 分</td><td>完成时限</td><td>8 学时</td></tr>
<tr><td>工单来源</td><td>教学案例</td><td>建议组数</td><td>99</td></tr>
<tr><td>组内人数</td><td>1</td><td>工单属性</td><td>院校工单</td></tr>
<tr><td>版权归属</td><td>潘军</td><td></td><td></td></tr>
<tr><td>考核点</td><td colspan="3">Samba、文件共享、smb</td></tr>
<tr><td>设备环境</td><td colspan="3">虚拟机 VMware Workstations 15 和 CentOS 7.2</td></tr>
<tr><td>教学方法</td><td colspan="3">在常规课程工单制教学当中，可采用手把手教的方式引导学生学习和训练 Samba 服务器配置的相关职业能力和素养。</td></tr>
<tr><td>用途说明</td><td colspan="3">本工单可用于网络技术专业 Linux 服务器配置与管理课程或者综合实训课程的教学实训，特别是聚焦于 Samba 服务器配置的训练，对应的职业能力训练等级为初级。</td></tr>
<tr><td>工单开发</td><td>潘军</td><td>开发时间</td><td>2019-03-11</td></tr>
</table>

<table>
<tr><th colspan="8">实施人员信息</th></tr>
<tr><td>姓名</td><td></td><td>班级</td><td></td><td>学号</td><td></td><td>电话</td><td></td></tr>
<tr><td>隶属组</td><td></td><td>组长</td><td></td><td>岗位分工</td><td></td><td>伙伴成员</td><td></td></tr>
</table>

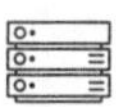

任务目标

实施该工单的任务目标如下：

知识目标

1. 了解 Samba 服务的工作原理。
2. 了解 Samba 服务的工作流程。
3. 了解 Samba 服务的连接模式。

能力目标

1. 能够安装 Samba 服务。
2. 能够搭建 Samba 服务以实现 Windows 对 Linux 的文件共享。

素养目标

1. 深入认识共享发展理念，激发学生不断创新的进取精神。
2. 倡导学生养成勤俭节约、艰苦朴素的优良品质。
3. 培养学生规划管理能力和实践动手能力。
4. 培养学生安全、规范的操作意识。
5. 培养学生求实、创新、认真的职业素质。

任务介绍

在计算机网络的众多应用中，资源共享是主要应用的一种。如果是 Windows 对 Windows 的网络环境，最简单的方法就是通过“网上邻居”来实现资源共享。不过腾翼网络公司的服务器是 Linux 操作系统，不存在“网上邻居”，要与公司中使用 Windows 操作系统的主机彼此共享资源，应该如何实现呢？ Samba 服务的出现很好地解决了这个问题。Samba 服务可以让 Linux 加入 Windows 的网上邻居，让不同的操作系统平台可以共享系统资源。

强国思想专栏

“十四五”我国共享经济新业态新模式迎来新的发展机遇

《中国共享经济发展报告（2022）》是自2016年首次发布以来的第七份年度报告。报告系统分析了2021年疫情冲击下我国共享经济发展的最新态势、面临的问题以及未来发展趋势，以期为政府决策、产业发展和公众参与提供参考借鉴。

报告指出，2021年我国共享经济继续呈现出巨大的发展韧性和潜力，全年共享经济市场交易规模约36881亿元，同比增长约9.2%；直接融资规模约2137亿元，同比增长约80.3%，共享型服务和消费继续发挥稳增长的重要作用。

报告认为，“十四五”我国共享经济新业态新模式迎来新的发展机遇，共享经济在生活服务和生产制造领域的渗透场景将更加丰富。

任务资讯（3 分）

（1 分）1. 什么是 Samba 服务？

（1 分）2. Samba 服务的工作流程是怎样的？

（1 分）3. Samba 服务的连接模式有哪几种？

注意：任务资讯中的问题可以参看视频 1

视频1

CentOS 7.2 Samba 服务简介

任务规划

任务规划如下：

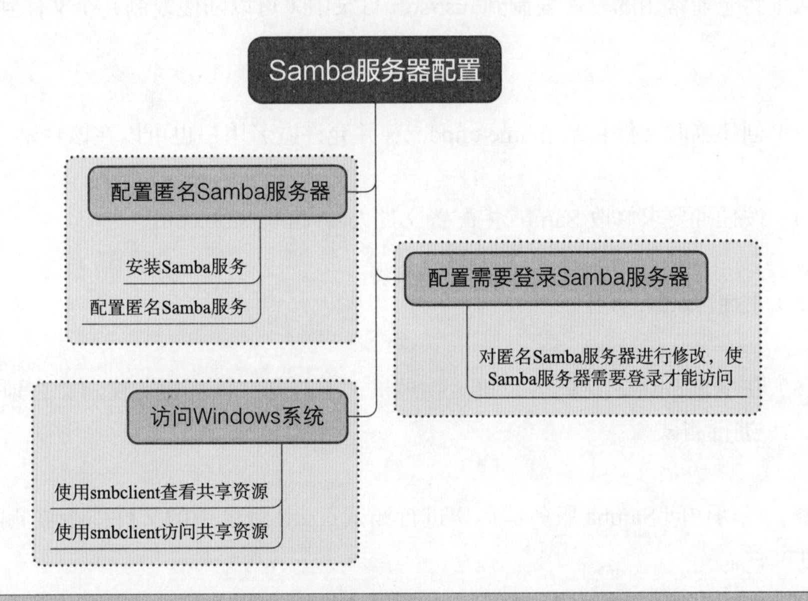

任务实施（5 分）

任务一：安装 Samba 服务

（0.5 分）（1）搭建 YUM 本地源。

（0.5 分）（2）挂载光驱。

（0.5 分）（3）使用 YUM 安装 Samba 服务。

注意：如果是第一次配置 Linux 服务或对服务配置不熟悉，请参考视频 2 中介绍的配置 CentOS 服务的基本步骤。

视频2

配置 CentOS 服务的基本步骤

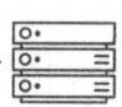

任务二：配置匿名 Samba 服务器

腾翼网络公司计划架设一台 Samba 服务器（IP 地址：192.168.89.129，IP 地址可以根据实际情况修改），用来向局域网内各客户机提供软件共享服务，常用软件的安装包都存放在服务器的 /usr/soft 目录中，要求用户只能从该目录中读取文件，而不能修改目录中的文件。另外，各客户端还可利用 Samba 服务器进行临时文件交换，即任何用户有权限将文件写到服务器的某一个目录（假设为 tmpdoc）用来存放临时文件。

注意：如果 Samba 服务器中的文件不需要用户登录就能访问，则可在 Samba 服务的主配置文件的全局设置中将 security = user 下增加设置 map to guest = Bad User。

注意：如果访问时提示无法访问，可能的原因：① Linux 系统的防火墙在起作用，可以使用命令：systemctl stop firewalld，关闭 Linux 的防火墙；② Linux 的安全机制 SELinux 的影响，可使用命令：setenforce 0，暂停 SELinux。

（0.5 分）（1）创建 /usr/soft 目录，并将该目录的权限设置为 755。

（0.5 分）（2）将企业常用的软件复制到 /usr/soft 目录中（可以随便复制几个文件到该目录中来模拟企业常用软件）。

（0.5 分）（3）创建临时文件目录 /home/tmpdoc，并允许匿名用户也可以在该目录中写入数据。

（0.5 分）（4）按任务要求修改 Samba 主配置文件 /etc/samba/smb.conf。

（0.5 分）（5）重启 Samba 服务。

（0.5 分）（6）在 Windows 系统的客户机（物理机）上打开"计算机"窗口，在地址栏中输入服务器地址 \\192.168.89.129 进行测试。

（0.5 分）（7）成功访问 Samba 服务器后，进行测试：soft 目录中的文件能否被删除？再打开 tmpdoc 目录尝试能否创建文件。

注意：任务一、二可以参看视频 3，也可以参看视频 4。

视频3

CentOS 7.2 安装 Samba 服务和配置匿名共享

视频4

CentOS 7.2 配置需登录 Samba 服务器

任务扩展（6 分）

现针对任务实施中配置的 Samba 服务器进行修改，要求各目录达到以下功能：

soft 目录：保存常用软件，所有用户都只有读的权限，管理员 admin 除外，admin 可以向该目录写入文件，用来更新安装软件包。

tmpdoc 目录：仍然作为临时的文件交换目录，所有用户都具有可读写的权限。

market 目录：保存市场部的资料，该目录只有市场部的员工可进行读写操作，其他人不能访问（经理

manager 可以访问该目录，但不能修改）。

以上条件比较复杂，需要管理三个目录，还需要创建管理员 admin、经理 manager、市场部用户组 market，并需要创建该部门的员工 wang，然后分别设置各目录的权限，最后在配置文件 smb.conf 中进行相应的配置。本任务相对任务一来说需要对权限进一步细化，可以通过设置 security 选项为 user 安全级，实现用户控制权限。

（0.5 分）（1）创建用户组 market 和用户 admin、manager、wang，并设置三个用户都不能登录系统，再把 wang 加入到 market 组中。

（0.5 分）（2）为这三个用户设置 Samba 登录密码。

（0.5 分）（3）创建目录 /home/market。

（0.5 分）（4）要求 /home/market 目录只有同组用户拥有读写权限，其他用户不能读写。

（0.5 分）（5）经理 manager 对 /home/market 目录可以查看但不能修改。

（0.5 分）（6）让管理员 admin 对 /usr/soft 目录拥有写权限。

（0.5 分）（7）将 /home/tmpdoc 目录的权限设置为 777。

（1 分）（8）按要求修改 Samba 服务的主配置文件 /etc/samba/smb.conf，完成后保存退出，重启 Samba 服务。

（0.5 分）（9）测试：在客户机（物理机）上访问 Samba 服务器，使用 manager 用户登录。

注意：测试该用户对 market 目录的权限（该用户应为只读权限）。

（0.5 分）（10）测试：再使用用户 wang 登录 Samba 服务器。

注意：测试该用户对 market 目录的权限（应为读写权限）、对 soft 目录的权限（应为只读权限）、对 tmpdoc 目录的权限（应为读写权限）。

（0.5 分）（11）测试：再使用用户 admin 登录 Samba 服务器。

注意：测试该用户对 market 目录（应该不能访问）、soft 目录（应为读写权限）和 tmpdoc 目录（应为读写权限）的权限。

注意：任务扩展可以参看视频 5。

视频5

CentOS 7.2 Smbclient 访问 Windows 共享

工作日志（0.5 分）

（0.5 分）实施工单过程中填写如下日志：

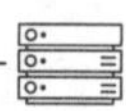

工作日志表

日　期	工作内容	问题及解决方式

总结反思（0.5 分）

（0.5 分）请编写完成本任务的工作总结：

学习资源集

任务资讯

一、Samba 服务简介

Samba是在Linux和UNIX系统上实现SMB协议的一个免费软件，由服务器及客户端程序构成。SMB(Server Messages Block，信息服务块）是一种在局域网上共享文件和打印机的通信协议，它为局域网内的不同计算机之间提供文件及打印机等资源的共享服务。SMB 协议是客户机 / 服务器型协议，客户机通过该协议可以访问服务器上的共享文件系统、打印机及其他资源。

SMB 在 Windows 出现之前就已经存在了。该协议可以追溯到 20 世纪 80 年代，它是由英特尔、微软、IBM、施乐以及 3com 等公司联合提出的。虽然在过去这些年中该协议得到了扩展，但是该协议的基本理论仍然是相同的。

微软已经将 SMB 改名为公共因特网文件系统（CIFS，Common Internet File System）。这在一定程度上是由于它想与最初的基于 NetBIOS 的 SMB 保持一定的距离。最初，NetBIOS 是一个伟大的工具，但是渐渐地显示出该工具无法处理在内部网络中连接到计算机上的全部计算机的个数，或者在因特网上无法显示连接到当前计算机上的计算机的个数。

Samba 也执行了 SMB（或者是 CIFS）的一个版本，这个版本在很大程度上与大多数 Windows 版本兼容。有时候，微软 Samba 系统会出现崩溃，唯一能够让 Samba 重新工作的方法是通过注册表将认证方式改回来。尽管存在这些细小的缺陷，并且这些缺陷在大量集成之后总是会出现，但是无论是从 Windows 连接到 Linux 机器，还是从 Linux 连接到 Windows 机器，Samba 系统对于实现文件和打印服务来说总是很稳定的。

二、Samba 服务的工作原理

1. Samba 服务工作流程

Samba 服务的功能强大，这与其通信是基于 SMB 协议有很大的关系。SMB 协议不仅能够提供目录和打

印机共享，还支持认证和权限设置等功能。在早期，SMB 运行于 NBT 协议（NetBIOS over TCP/IP）上，使用 UDP 协议的 137、138 及 TCP 协议的 139 端口，但随着后期开发，它可以直接运行于 TCP/IP 协议上，没有额外的 NBT 层，使用 TCP 协议的 445 端口。

通过 Samba 服务，Windows 用户可以通过“网上邻居”窗口查看到 Linux 服务器中共享的资源，同时 Linux 用户也能够查看到服务器上的共享资源。Samba 服务的具体工作过程如图 11-1 所示。

1）协议协商

客户端在访问 Samba 服务器时，首先由客户端发送一个 SMB negprot 请求数据报，并列出它所支持的所有 SMB 协议版本。服务器在接收到请求信息后开始响应请求，并列出希望使用的协议版本。如果没有可使用的协议版本则返回 OXFFFFH 信息，结束通信。

2）建立连接

当 SMB 协议版本确定后，客户端进程向服务器发起一个用户或共享的认证，这个过程是通过发送 SesssetupX 请求数据报实现的。客户端发送一对用户名和密码或一个简单密码到服务器，然后服务器通过发送一个 SesssetupX 应答数据报允许或拒绝本次连接。

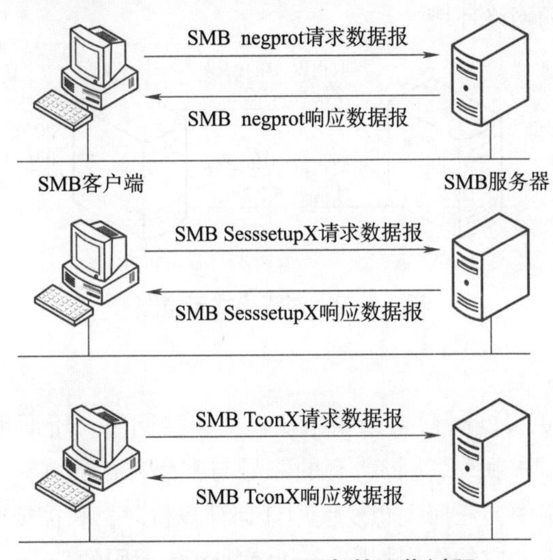

图11-1　Samba服务的工作过程

3）访问共享资源

当客户端和服务器完成了协商和认证之后，它会发送一个 Tcon 或 SMB TconX 数据报并列出它想访问网络资源的名称，之后服务器会发送一个 SMB TconX 应答数据报以表示此次连接是否被接受或拒绝。

4）断开连接

连接到相应资源，SMB 客户端就能够通过 open SMB 打开一个文件，通过 read SMB 读取文件，通过 write SMB 写入文件，通过 close SMB 关闭文件。

2. Samba 服务相关进程

Samba 服务由两个进程组成，分别是 nmbd 和 smbd。

1）nmbd

其功能是进行 NetBIOS 名称解析，并提供浏览服务显示网络上的共享资源列表。

2）smbd

其主要功能是用来管理 Samba 服务器上的共享目录、打印机等，主要针对网络上的共享资源进行管理的服务。当要访问服务器时，要查找共享文件，这时就要依靠 smbd 进程管理数据传输。

三、Samba 服务的连接模式

SAMBA 服务器的应用相当广泛，而且可以依照不同的网络连接方式，以及不同的使用者账号密码的管理

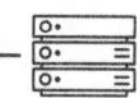

方式进行分类。最常见的连接模式为对等模式和主控模式，下面就这两种连接模式进行介绍。

1. 对等模式

所谓对等，就是指网络中的计算机的地位是相等的。采用这种模式连接的网络称为对等网，在对等网中的所有计算机均可以在自己的机器上管理自己的账号与密码，同时每一部计算机也都具有独立执行各类软件的能力。总之，对等网中的每一台计算机都是独立运行的。

那在对等网络中，如何实现资源共享？举例说明，在图 11-2 所示的网络中，假设 wing（PC A）写了一份文档，而 king（PC B）想通过网络直接取用这份文档时，那 king 就必须要知道 wing 使用的密码，并且 wing 必须要在 PC A 上面启用 Windows 的“共享”之后，才能够让 king 连接到 PC A（此时 PC A 为 Server）。而且，wing 可以随时依照自己的想法更改自己的账号密码，而不受 king 的影响。反过来说，wing 要取得 king 的资料时，同样需要取得 PC B 的账号与密码后，才能够登入 PC B（此时 PC A 为 Client）。因为 PC A、PC B 的角色与地位都同时可以为 Client 与 Server，所以就是对等网络的结构。

使用对等网的好处是每台计算机均可以独立运行，而不受他人的影响。不过，缺点就是当整个网络内的所有人员都要进行资料分享时，需要掌握大量的账号与密码信息。所以，对等网络比较适合规模较小的局域网络或者是不需要经常进行资料分享的网络环境。

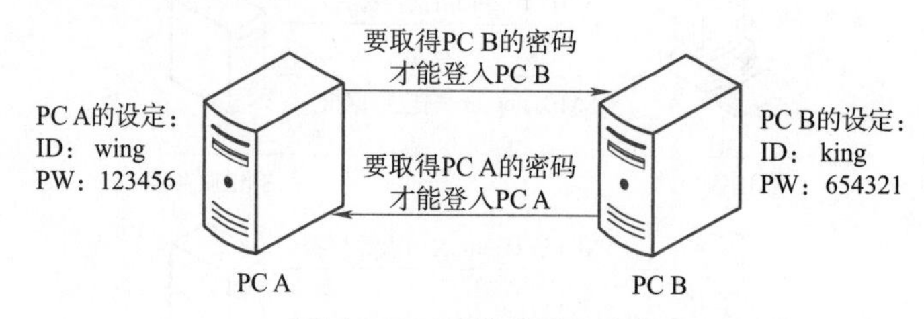

图11-2　对等模式示意图

2. 主控模式

为了便于集中管理和控制，更多的时候会采用主控模式连接网络。所谓主控模式，其概念也很简单，既然使用计算机资源需要账号与密码，那么就将所有的账号与密码都放置在一部主控计算机（Primary Domain Controller，PDC）上面，在该网络中，任何人想要使用任何计算机时，只需要在屏幕上输入账号与密码，然后由 PDC 服务器认证后，就可以获得相应的使用权限了。也就是说，不同的身份将会具有不一样的资源使用权限，其网络结构如图 11-3 所示。

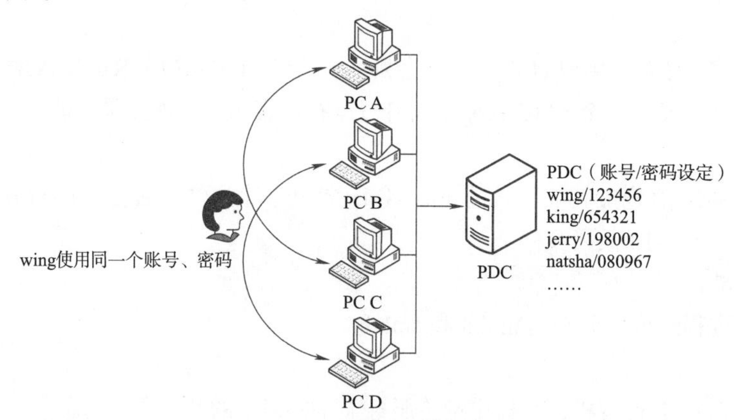

图11-3　主控模式示意图

PDC 服务器管控整个网络中的各个机器（PC A ~ PC D）的账号与密码的信息，假如有个使用者账号名称为 wing，且密码为 123456 时，他无论使用哪一台计算机（PC A ~ PC D），只要在屏幕上输入 wing 与他的密码，则该机器会先到 PDC 上面检验是否有 wing 以及 wing 的密码，并且 PDC 主机会给予 wing 这个使用者相关的资源使用权限。当 wing 在任何一台主机上面登入成功后，他就可以使用相关的资源了。

这样的网络结构比较适合人员众多且复杂的企业网络，当系统管理员要管控新进人员的计算机资源使用权时，可以直接针对 PDC 来修改，而不需要对每一台主机都去修改。对于系统管理员来说，这样的网络结构在管控账号资源上，是比较简单的。

四、Samba 服务的主配置文件

Samba 服务器的主配置文件是 /etc/samba/smb.conf，该文件几乎包含了 Samba 系统程序运行时所需要的所有配置信息。在 smb.conf 配置文件中，以分节形式分别配置不同的选项，除了 [global] 节以外，其他每一节都可以看作一个共享资源。

smb.conf 配置文件被分为多个小节，每一个由一个方括号标注的内容（如 [global]）表示开始，并包含多个参数，参数的格式为：参数名称 = 参数值。该文件内容不区分大小写，比如，参数“writable = yes”与“writable = YES”是等价的。文件以“#”和“：”开头的行表示注释行，不影响服务器的工作。

1. 全局选项

在 smb.conf 配置文件中，[global] 节用来设置全局参数，该节设置的参数直接影响整个 Samba 系统。在该节中常用的选项和含义如下。

1）基本选项

基本选项主要用来设置 Samba 服务器的一些常用选项，如属于什么工作组、名称等，常用选项如下。

♦ NetBIOS name：设置 Samba 服务器的 NetBIOS 名称，该参数也可以不设置，Samba 将使用本机域名的第一部分作为该选项的值。

♦ Workgroup：设置当前 Samba 服务器所要加入的工作组，如果 security 选项被设置为 domain，则 Workgroup 可设置为域名。

♦ Server string：用来设置本机描述，默认设置为 Samba Server，可以设置为任意字符串。

2）安全选项

用来设置访问 Samba 服务器时的安全设置，常用的安全选项如下。

♦ surity：设置 Samba 服务器的基本安全级，包括 share、user、server 和 domain 这 4 个值。根据设置的值不同，用户访问 Samba 服务器共享资源时的认证方式也不同。设置为 user 的同时，再添加上 map to guest = Bad User，可以实现匿名访问，不需要任何认证；设置为 user（默认值）时，要求提供用户名和密码进行验证；设置为 server 时，与 user 安全级类似，只不过 user 级是由 Samba 服务器依据本地账户数据库对访问用户进行身份验证，而 server 级则需要指定身份验证的服务器；设置为 domain 时，要求网络中存在一台 NT PDC（主域控制器），用户名和密码将在 NT PDC 中去验证。一般该选项只使用 share 和 user 两个安全级，server 和 domain 安全级很少用到。

♦ encrypt passwords：设置是否对密码进行加密。由于 Windows 默认状态下不能传送明文密码，这里建议设置为 yes，表示对密码进行加密。

♦ username map：该选项的值为一个文件名。所指向的文件中包含来自客户机的用户名与 Samba 服务器中 Linux 系统用户之间的映射。

♦ guest account：设置来宾账户（guest）的用户名，可以是 nobody、ftp 等不需要密码的用户。

♦ host allow：允许哪些计算机访问 Samba 服务器，可以输入多个 IP 地址，如果 IP 地址后面设置为 0 表示允许某一个子网，如 192.168.19.0 表示该子网都可以访问 Samba 服务器。

3）打印设置选项

对共享打印机的设置有以下选项。

♦ printcap name：设置从指定文件中获取打印机的描述信息（通常是 /etc/printcap 文件）。

♦ load printers：若设置为 yes，表示允许自动加载打印机列表，而不需要单独设置每一台打印机，即不使用配置文件后面 [printer] 节的内容。

♦ printing：定义打印系统的类型，默认值为 lprng，可选项有 bsd、sysv、plp、lprng、aix、hpux、qnx。

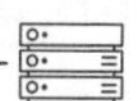

4）日志选项

对日志文件的设置有以下两个选项。

♦ log file：定义日志文件（通常设为 /var/log/samba/log.%m）。

♦ max log size：设置日志文件的大小，单位为 KB（若设置为 0，表示不限大小）。

5）网络配置选项

在全局设置中还可以设置一些网络方面的选项，常用的网络配置选项如下。

♦ interfaces：如果服务器有多个网络接口，需要在这里指定使用哪些网络接口。

♦ socket options：设置 socket 的参数，以实现最好的文件传输性能，常用的有 TCP_NODELAY、SO_KEEPALIVE、SO_REUSEADDR、SO_BROADCAST、IPTOS_LOWDELAY、IPTOS_THROUGHPUT 等。若是局域网环境，使用 IPTOS_LOWDELAY 和 TCP_NODELAY；若是广域网环境，可选择 IPTOS_THROUGHPUT。

2. 共享选项

前面介绍过，除了 [global] 节以外，其他各节都分别设置不同的共享目录。在每一个共享目录中，常用以下选项进行设置。

♦ comment：对共享目录的注释说明。

♦ writable：用户对共享目录是否可写。需要注意的是，即使这里设置为 yes，用户对 Linux 中对应目录没有写权限，也不能进行写操作。

♦ browseable：设置用户是否可浏览到该共享目录。若设置为 no，目录将隐藏，但是通过直接输入共享目录名称，仍然可以访问该共享目录。

♦ valid users：可以访问共享目录的用户列表。

♦ invalid users：禁止访问共享目录的用户列表。

♦ create mask：在共享目录中创建文件时，对文件设置的权限属性（如设置为 0644）。

♦ directory mask：在共享目录中创建目录时设置的权限属性（如设置为 0755）。

♦ readonly：设置共享目录是否为只读模式。

♦ public：设置共享目录是否允许匿名访问。

♦ guest ok：与 public 相同。

♦ path：设置共享目录对应 Linux 文件系统中的哪一个目录。

♦ writable：设置为 yes，表示该共享目录允许写操作。与此选项具有相同作用的还有 write ok 选项。

♦ read only：设置是否只读，若设置为 no，与 writable=yes 的意思相同。

♦ read list：只能以读权限访问共享目录的用户列表。

♦ write list：具有写权限的用户列表，无论 writable 和 read list 设置的是什么，在该选项中设置的用户都具有写权限。

3. 特殊设置选项

在 smb.conf 文件中，还有两个特殊的节：[home] 和 [printers]，这两节的设置是针对在 Samba 服务器中拥有账号的用户进行的。

1）设置用户 home 目录选项

对在 Samba 服务器中拥有账号的用户，可使用账号登录到 Samba 服务器，则可以对应地看到用户自己的 home 目录。在 [home] 节常用如下选项进行设置。

♦ comment：对 home 目录的注释说明。

♦ writable：用户对 home 目录是否可写，通常设置为 yes，表示用户对自己的 home 目录有写权限。

♦ browseable：设置其他用户是否可浏览到该 home 目录（设置为 no，将会隐藏该目录）。

♦ valid users：可以访问 home 目录的用户。

◆ create mask：在 home 目录中创建文件时，对文件设置的权限属性（如设置为 0664）。

◆ directory mask：在 home 目录中创建目录时设置的权限属性（如设置为 0775）。

◆ read only：设置目录是否为只读模式。

2）设置共享打印机

在 [printers] 节定义共享打印机的相关选项，使 Linux 可以通过 Samba 向网络中其他计算机提供打印服务，常用设置选项如下。

◆ comment：对打印机的注释说明。

◆ path：设置打印机 spool 目录。

◆ browseable：设置其他用户是否可浏览到打印机。

◆ guest ok：设置 guest 用户是否可使用打印机。

◆ writable：该选项必须设为 no。

◆ printable：打印机是否允许使用，设置为 yes 才能使用网络打印。

五、添加 Samba 用户

当在 [global] 节中设置 security 选项为 user 时，要访问 Samba 服务器中的共享资源，用户必须输入用户名和密码，经过认证才能访问。这里的用户名必须是 Linux 系统中存在的用户名（即在 /etc/passwd 文件中登记的用户），而登录的密码则需要使用 Samba 提供的程序 smbpasswd 单独创建。

为了系统安全，通常是在 Linux 中创建一个无登录密码的用户，这些用户就不能登录到 shell，然后使用 smbpasswd 创建登录 Samba 服务器的密码即可。smbpasswd 命令的格式如下：

```
smbpasswd  [选项]  [用户名]
```

常用的选项如下：

[-a]：添加用户。

[-d]：禁止用户。

[-e]：允许用户。

[-x]：删除用户。

例如，使用以下命令可以创建 test 用户并创建该用户的 Samba 密码。

```
[root@GDKT~]# useradd test
[root@GDKT~]# smbpasswd -a test
New SMB password:
Retype new SMB password:
```

执行以上命令，将提示输入登录 Samba 服务器的密码，完成后 test 用户便可以登录到 Samba 服务器。

任务实施

任务一：安装 Samba 服务

默认情况下，Linux 系统不会安装 Samba 服务，管理员可以使用下面的命令检查系统是否安装了该服务。

```
[root@GDKT ~]# rpm -q samba
package samba is not installed
```

看到上面的提示信息，可以判断系统未安装 Samba 服务，如果要安装该服务，可以使用 RPM 软件包安装方式，也可以使用 YUM 安装。下面介绍如何使用 YUM 安装 Samba 服务。

（1）搭建 YUM 本地源，操作如下：

```
[root@ GDKT ~]# cd /etc/yum.repos.d
[root@ GDKT yum.repos.d]# vim local.repo
[local]
name=local
```

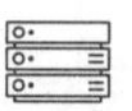

```
baseurl=file:///media
enabled=1
gpgcheck=0
```

（2）挂载光盘，操作命令如下：

```
[root@ GDKT ~]# mount /dev/cdrom /media
```

（3）安装 Samba 服务，操作命令如下：

```
[root@ GDKT ~]# yum install -y samba*
```

因为 Samba 服务需要安装三个包：samba、samba-common 和 samba-client，所以在此使用 samba* 可以一次将 Samba 服务所需的软件包都安装上。

任务二：配置匿名 Samba 服务器

如果 Samba 服务器中的文件不需要用户登录就能访问，则可在全局设置中将 security 设置为 share。下面以腾翼网络公司的应用实例介绍配置匿名 Samba 服务器的方法。

实例背景：腾翼网络公司计划架设一台 Samba 服务器，用来向局域网内各客户机提供软件共享服务，常用软件的安装包都存放在服务器的 /usr/soft 目录中，要求用户只能从该目录中读取文件，而不能修改目录中的文件。另外，各客户端还可利用 Samba 服务器进行临时文件交换，即任何用户有权限将文件写到服务器的某一个目录（假设为 tmpdoc）。

根据以上要求，可按以下步骤进行设置，最后配置出符合要求的 Samba 服务器。

（1）使用以下命令创建 /usr/soft 目录，若该目录已存在，则不需要另外创建。

```
[root@GDKT ~]# mkdir /usr/soft
```

（2）检查 /usr/soft 目录的权限属性，因为所有用户都要有读权限，因此，该目录的权限应该为 755，其操作命令如下：

```
[root@GDKT ~]# chmod 755 /usr/soft
```

（3）将企业常用的软件复制到 /usr/soft 目录中。

（4）使用以下命令创建临时的文件交换目录：

```
[root@GDKT ~]# mkdir /home/tmpdoc
```

（5）由于匿名用户也能在 /home/tmpdoc 目录中写入数据，需要将该目录的属性修改为 nobody（Samba 中使用匿名登录，默认用户名为 nobody）。其操作命令为：

```
[root@GDKT ~]# chown nobody.nobody /home/tmpdoc/
```

（6）修改 /etc/samba/smb.conf 配置文件，操作如下：

```
[root@GDKT ~]# vim /etc/samba/smb.conf
[global]                               # 开始定义全局选项
workgroup = MYGROUP                    # 工作组名称
server string = Samba Server           # 对服务器的描述字符串
Version %v                             # 设置为匿名功能共享模式
security = user                        #  Samba4.0 不在兼容 share 模式，可以使用此项配置
map to guest =Bad User                 # 也可以设置为 Bad Password
                                       # 设置日志文件的路径
log file = /var/log/samba/log.%m       # 设置日志文件的大小
max log size = 50

[soft]                                 # 定义共享目录 soft
     comment = soft                    # 对目录的说明
     path = /usr/soft                  # 设置共享目录的实际位置
     public = yes                      # 允许匿名访问该目录
     writable = no                     # 不允许写操作（该目录为只读）
```

```
[tmpdoc]                                # 定义共享目录 tmpdoc
     comment = temp doc                 # 对目录的说明
     path = /home/tmpdoc                # 设置共享目录的实际位置
     public = yes                       # 允许匿名访问该目录
     writable = yes                     # 允许写操作
```

（7）保存以上配置文件。在输入配置选项时，有可能因为手误等原因输入错误的内容。Samba 软件包中提供了一个检查命令 testparm，可通过该命令对配置文件进行检查。建议在配置完成后使用该命令进行检查。

（8）修改配置文件并保存后，需要重启 Samba 服务，操作命令如下：

```
[root@GDKT ~]# systemctl start smb
```

至此，Samba 服务器就配置完成了。

（9）测试是否达到要求。首先关闭 Windows 和 CentOS 7.2 的防火墙以及 CentOS 7.2 的 Selinux。操作命令如下：

```
[root@GDKT ~]# systemctl stop firewalld
[root@GDKT ~]# setenforce 0
```

然后在 Windows 中打开“计算机”窗口，在地址栏中输入服务器的地址：\\ServerIP，如图 11-4 所示。

（10）输入地址后，按【Enter】键可以看到服务器中有两个共享目录，分别是 soft 和 tmpdoc 目录，如图 11-5 所示。

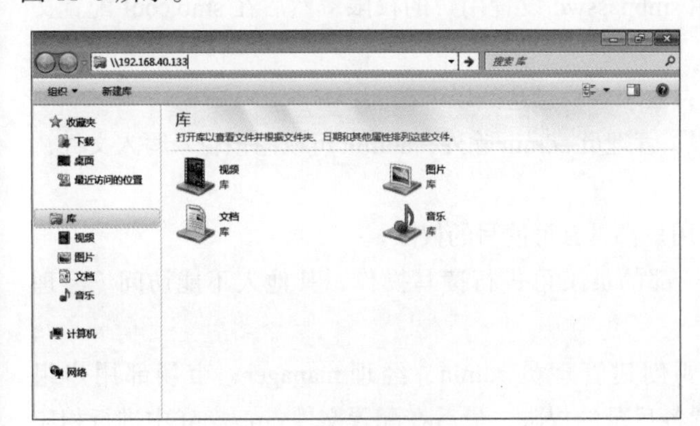

图11-4　输入服务器地址

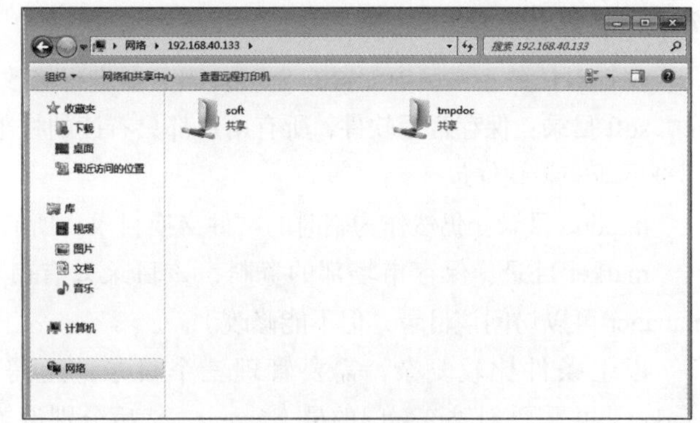

图11-5　共享目录

（11）双击打开 soft 目录，可以看到其中的一些文件，如图 11-6 所示。

（12）选中一个文件，进行删除操作，将会显示图 11-7 所示的错误提示，即无法删除该目录中的文件。同样，在该目录中也无法创建文件。

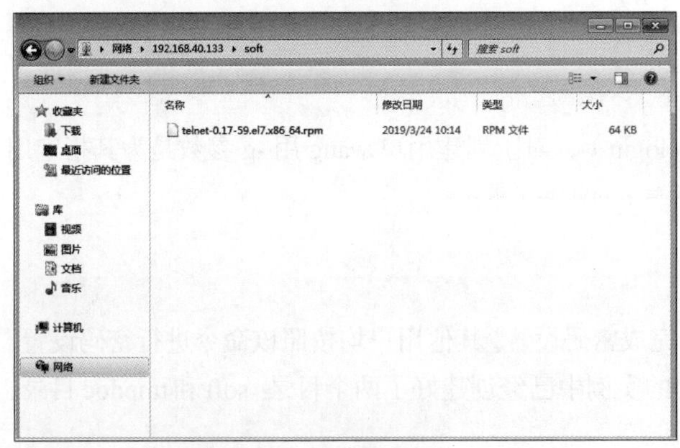

图11-6　soft目录

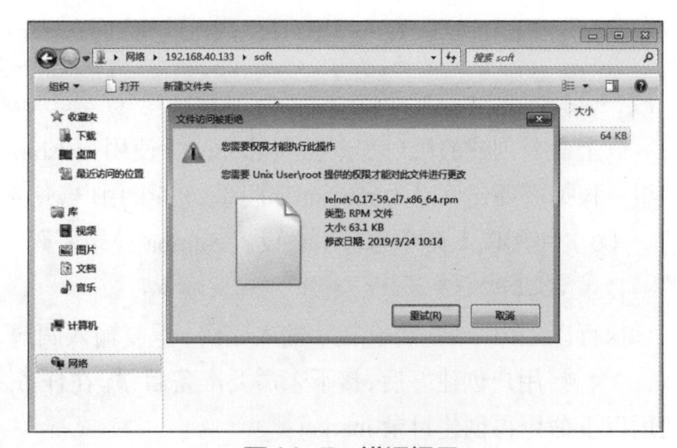

图11-7　错误提示

（13）按类似的方法，打开 tmpdoc 目录，试着在该目录中创建文件和目录，能成功创建（即匿名用户对该目录有写权限），如图 11-8 所示。

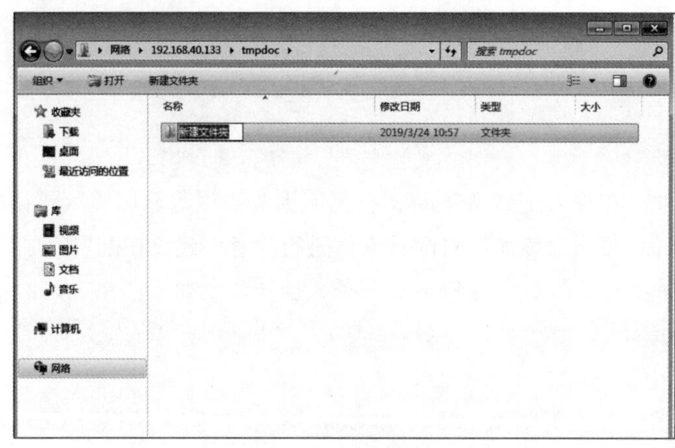

图11-8　新建目录

任务扩展

在任务实施的实例中创建匿名 Samba 服务器的权限控制很简单，分为只读和可读写两种权限。如果需要对权限进一步细化，则可通过设置 security 选项为 user 安全级，来实现用户控制权限。这种方式的操作步骤要复杂一些，首先需要在服务器端添加用户和用户组，并用 smbpasswd 设置用户的权限，然后在 smb.conf 配置文件中对不同用户和用户组的权限进行设置。

现针对任务一实例中配置的 Samba 服务器进行修改，要求各目录达到以下功能：

soft 目录：保存常用软件，所有用户都只有读的权限，管理员 admin 除外，admin 可以向该目录写入文件，用来更新安装软件包。

tmpdoc 目录：仍然作为临时的文件交换目录，所有用户都具有可读写的权限。

market 目录：保存市场部的资料，该目录只有市场部的员工可进行读写操作，其他人不能访问（经理 manager 可以访问该目录，但不能修改）。

以上条件比较复杂，需要管理三个目录，还需要创建管理员 admin、经理 manager、市场部用户组 market，并需要创建该部门的员工 wang，然后分别设置各目录的权限，最后在配置文件 smb.conf 中进行相应的配置。具体操作步骤如下：

（1）使用以下命令创建用户组 market：

```
[root@GDKT ~]# groupadd market
```

（2）使用以下命令创建用户：

```
[root@GDKT ~]# useradd -s /sbin/nologin admin
[root@GDKT ~]# useradd -s /sbin/nologin manager
[root@GDKT ~]# useradd -g market -s /sbin/nologin wang
```

以上命令创建的用户都不能登录 shell（使用 -s /sbin/nologin），对于创建用户 wang 用 -g 参数是为其指定用户组，根据需要还可以为 market 部门添加多个用户。

（3）使用以下命令为各用户设置 Samba 登录密码：

```
[root@GDKT~]# smbpasswd -a admin
```

执行以上命令后，将会提示输入密码，重复输入两遍，完成密码设置。其他用户均按照该命令进行密码设置。

（4）将用户创建好后，接下来需要准备目录。在任务一的实例中已经创建好了两个目录：soft 和 tmpdoc 目录，使用以下命令再创建目录 market：

```
[root@GDKT ~]# mkdir /home/market
```

（5）market 目录只有同组用户有读写权限，其他用户不能读写，使用以下命令设置该目录隶属的组：

```
[root@GDKT ~]# chgrp market /home/market
```

（6）经理 manager 对 market 目录可以查看，但不能修改。如果将 manager 添加到 market 组中，又将具有了写的权限。这里使用另一个技巧，将 manager 设置为 market 目录的拥有者，使用以下命令：

```
[root@GDKT ~]# chown manager /home/market
```

（7）使用以下命令修改 market 目录的权限：

```
[root@GDKT  ~]# chmod 570 /home/market
```

以上权限设置为拥有者没有写的权限，但同组用户有写的权限，其他用户没有任何权限。

（8）由于 /usr/soft 目录中 admin 需要有写权限，因此，使用以下命令将 admin 改为其属主即可：

```
[root@GDKT  ~]# chown admin /usr/soft
```

（9）由于所有用户都需要登录，因此登录到 Samba 服务器后，就不会是 nobody 用户了。为了使所有用户都对 tmpdoc 目录具有写的权限，使用以下命令将该目录的权限设置为 777：

```
[root@GDKT ~]# chmod 777 /home/tmpdoc
```

（10）经过以上准备工作，完成了文件系统和用户名的准备，接下来编辑 smb.conf 配置文件，具体内容如下：

```
[root@localhost ~]# vim /etc/samba/smb.conf
[global]
workgroup = MYGROUP
server string = Samba Server Version %v  # 设置为 user 安全级
security = user
log file = /var/log/samba/log.%m
max log size = 50

[soft]
comment = soft
path = /usr/soft
public = yes                      # 设置 admin 为具有写权限的用户
writable = no
write list = admin

[tmpdoc]
comment = temp doc
path = /home/tmpdoc
public = yes
writable = yes

[market]
comment = market directory        # 不支持匿名访问该目录
path = /home/market               # 定义有写权限的是 market 用户组
public = no                       # 定义有访问权限的是 market 组和 manager 用户
write list = @market
valid users = @market,manager
```

（11）使用 testparm 命令检查 smb.conf 配置文件，各项参数都设置正确后，使用以下命令重启 smb 服务：

```
[root@GDKT ~]# systemctl restart smb
```

重启 Samba 服务后，该 Samba 服务器就支持本任务中要求具备的功能了。不过，实际测试表明，还需要修改 /etc/hosts 文件，把服务器的 IP 地址和主机名添加到文件末尾。

（12）测试是否达到要求。首先在 Windows 中打开“计算机”窗口，在地址栏中输入服务器的地址：\\192.168.40.133，按【Enter】键将会弹出登录提示框，如图 11-9 所示。

（13）首先使用 manager 用户登录，输入其用户名和密码，将会看到服务器中的共享目录，除了原有的两个目录，还可以看到 market 目录和 manager 目录，如图 11-10 所示。

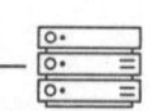

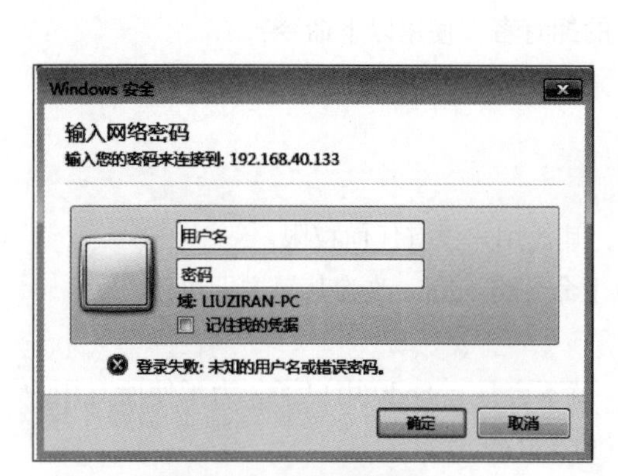

图11-9　登录提示框

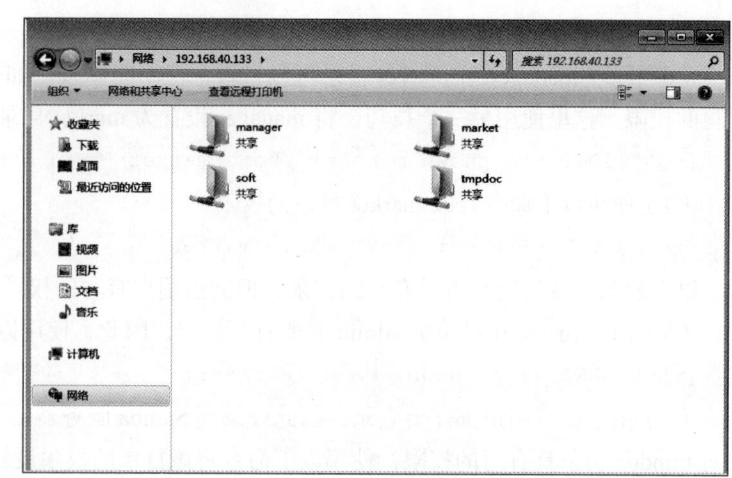

图11-10　共享目录

manager 用户只能访问 market 目录，但不能修改，试着在该目录中新建文件或目录，将会显示如图 11-11 所示的错误提示。manager 用户对 soft 目录只有读的权限；对于 tmpdoc 目录，有可读可写的权限，具体测试不再列出。

接着使用 wang 用户登录进行测试，登录后会看到如图 11-12 所示的共享目录，除了原有的目录，还能看到 market 目录和 wang 目录。

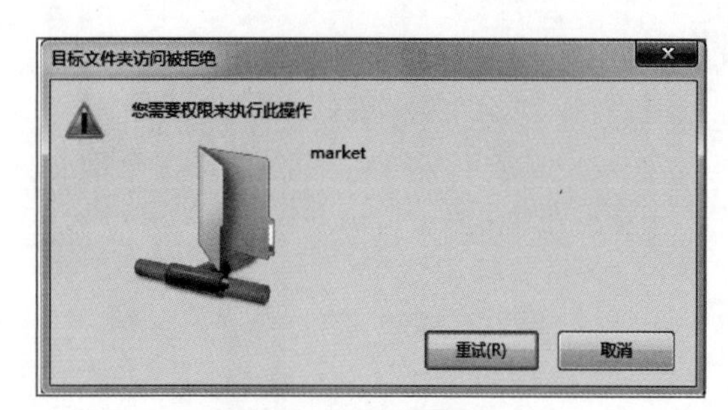

图11-11　错误提示

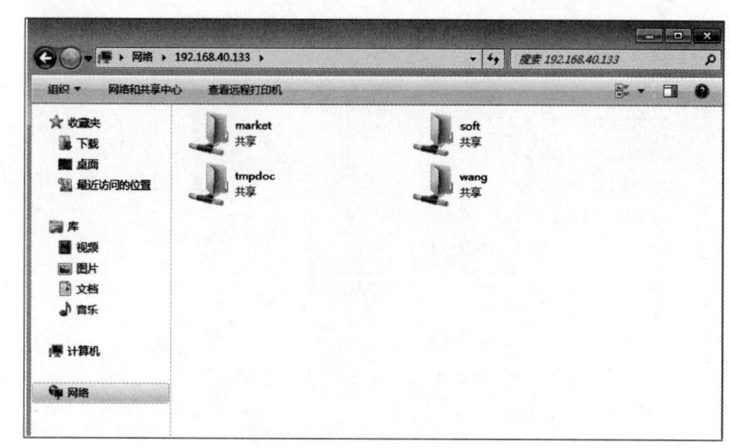

图11-12　共享目录

wang 用户属于 market 组，可以在 market 目录下进行读写操作，但是对 soft 目录只有读的权限，若在 soft 目录下试着创建文件或目录，将会显示如图 11-13 所示的错误提示。wang 用户除了对 market 目录可进行读写操作，对 tmpdoc 目录也可以。

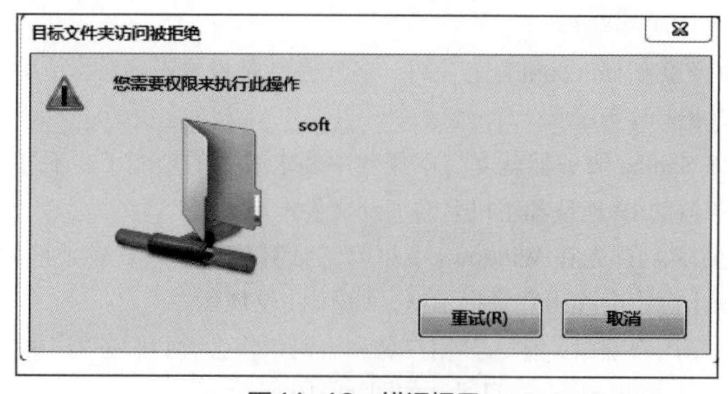

图11-13　错误提示

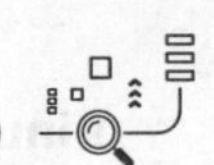

最后可以使用 admin 用户登录 Samba 服务器进行测试，会发现该用户不能访问 market 目录，但是可以访问 soft 目录和 tmpdoc 目录，并能在这两个目录下进行读写操作。

注意： 在 Windows 客户机访问 Samba 服务器时，常出现的一种现象，在建立了访问 Samba 服务器的连接之后，再次访问该服务器时，不再出现身份认证对话框，这样便无法更换用户身份。造成这一现象的原因是 Windows 本身的机制问题，更确切地说这是 smb 服务的问题，由于 NetBIOS 服务是面向连接的，当客户与 Samba 服务器建立连接后，此连接在一段时间内始终是活跃的，所以当用户再次访问该服务器时，便采用了前面的身份而无须再次验证身份。

可以在 Windows 系统的命令行中运行以下命令来解决该问题：

```
net use * /del /y
```

通过以上测试，可以看出本次配置的 Samba 服务器已经完全符合所要求的功能。从本例的设置可看出，配置 Samba 服务器，首先必须将 Linux 文件系统中的权限规划设计好。例如，在本例中，如果不将 tmpdoc 目录的权限设置为 777，则所有用户都不能在该目录中创建文件。

质量监控单（教师完成）

工单实施栏目评分表

评分项	分值	作答要求	评审规定	得分
任务资讯	3	问题回答清晰准确，能够紧扣主题，没有明显错误项	对照标准答案错误一项扣 0.5 分，扣完为止	
任务实施	7	有具体配置图例，各设备配置清晰正确	A 类错误点一次扣 1 分，B 类错误点一次扣 0.5 分，C 类错误点一次扣 0.2 分	
任务扩展	4	各设备配置清晰正确，没有配置上的错误	A 类错误点一次扣 1 分，B 类错误点一次扣 0.5 分，C 类错误点一次扣 0.2 分	
其他	1	日志和问题项目填写详细，能够反映实际工作过程	没有填或者太过简单每项扣 0.5 分	
合计得分				

职业能力评分表

评分项	等级	作答要求	等级
知识评价	A|B|C	A：能够完整准确地回答任务资讯的所有问题，准确率在 90% 以上。 B：能够基本完成作答任务资讯的所有问题，准确率在 70% 以上。 C：对基础知识掌握得非常差，任务资讯和答辩的准确率在 50% 以下。	
能力评价	A|B|C	A：熟悉各个环节的实施步骤，完全独立完成任务，有能力辅助其他学生完成规定的工作任务，实施快速，准确率高（任务规划和任务实施正确率在 85% 以上）。 B：基本掌握各个环节实施步骤，有问题能主动请教其他同学，基本完成规定的工作任务，准确率较高（任务规划和任务实施正确率在 70% 以上）。 C：未完成任务或只完成了部分任务，有问题没有积极向其他同学请教，工作实施拖拉，不积极，各个部分的准确率在 50% 以下。	
态度素养评价	A|B|C	A：不迟到、不早退，对人有礼貌，善于帮助他人，积极主动完成规定工作任务，工作台完整整洁，回答老师提问科学。 B：不迟到、不早退，在教师督导和他人辅导下，能够完成规定工作任务，回答老师提问较准确。 C：未完成任务或只完成了部分任务，有问题没有积极向其他同学请教，工作实施拖拉不积极，不能准确回答老师提出的问题，各个部分的准确率在 50% 以下。	

教师评语栏

注意：本活页式教材模板设计版权归工单制教学联盟所有，未经许可不得擅自应用。

工单 12（NFS 服务器配置）

工作任务单			
工单编号	C2019111110052	工单名称	NFS 服务器配置
工单类型	基础型工单	面向专业	计算机网络技术
工单大类	网络运维	能力面向	专业能力
职业岗位	网络运维工程师、网络安全工程师、网络工程师		
实施方式	实际操作	考核方式	操作演示
工单难度	中等	前序工单	
工单分值	18 分	完成时限	4 学时
工单来源	教学案例	建议组数	99
组内人数	1	工单属性	院校工单
版权归属	潘军		
考核点	NFS、网络文件共享、rpcbind、showmount		
设备环境	虚拟机 VMware Workstations 15 和 CentOS 7.2		
教学方法	在常规课程工单制教学当中，可采用手把手教的方式引导学生学习和训练 NFS 服务器配置的相关职业能力和素养。		
用途说明	本工单可用于网络技术专业 Linux 服务器配置与管理课程或者综合实训课程的教学实训，特别是聚焦于 NFS 服务器配置的训练，对应的职业能力训练等级为初级。		
工单开发	潘军	开发时间	2019-03-11

实施人员信息							
姓名		班级		学号		电话	
隶属组		组长		岗位分工		伙伴成员	

任务目标

实施该工单的任务目标如下：

知识目标

1. 了解 NFS 服务的主要功能。
2. 了解 RPC 的概念。
3. 了解 NFS 服务器端需要启动的服务。

能力目标

1. 能够安装 NFS 服务。
2. 能够配置 NFS 服务器端。
3. 能够配置 NFS 客户端实现自动挂载共享目录。

素养目标

1. 了解碳达峰碳中和，树立学生的环保意识。
2. 倡导学生绿色、环保、低碳的学习生活方式。
3. 培养学生规划管理能力和实践动手能力。
4. 培养学生勤俭节约、低碳环保的职业素养。

任务介绍

腾翼公司发现信息中心机房的 Linux 服务器越来越多，需要在服务器间共享的资料也日益增多。为了满足日益增长的网络业务数据处理的需要，配置一台中心 NFS 服务器用来放置所有用户的共享目录可能会带来便利。这些目录能被输出到网络以便用户不管在哪台工作站上登录，总能得到相同的共享目录。

强国思想专栏

"双碳"战略倡导绿色、环保、低碳的生活方式

双碳，即碳达峰与碳中和的简称。中国力争2030年前实现碳达峰，2060年前实现碳中和。

"双碳"战略倡导绿色、环保、低碳的生活方式。加快降低碳排放步伐，有利于引导绿色技术创新，提高产业和经济的全球竞争力。中国持续推进产业结构和能源结构调整，大力发展可再生能源，在沙漠、戈壁、荒漠地区加快规划建设大型风电光伏基地项目，努力兼顾经济发展和绿色转型同步进行。

碳达峰与碳中和事关人类生命的安全，希望同学们可以从我做起，从小事做起，为实现碳达峰碳中和贡献自己的力量。

任务资讯（3 分）

（0.6 分）1. NFS 服务的主要功能是什么？

（0.6 分）2．NFS 客户端如何访问服务器端的共享资源？

（0.6 分）3．什么是 RPC？

（0.6 分）4．在 NFS 服务器端需要启动哪些服务？

（0.6 分）5．当客户端有 NFS 文件存取需求时，向服务器端请求文件过程有哪些？

注意：任务资讯中的问题可以参看视频 1。

视频1

CentOS 7.2 NFS 功能简介

任务规划

任务规划如下：

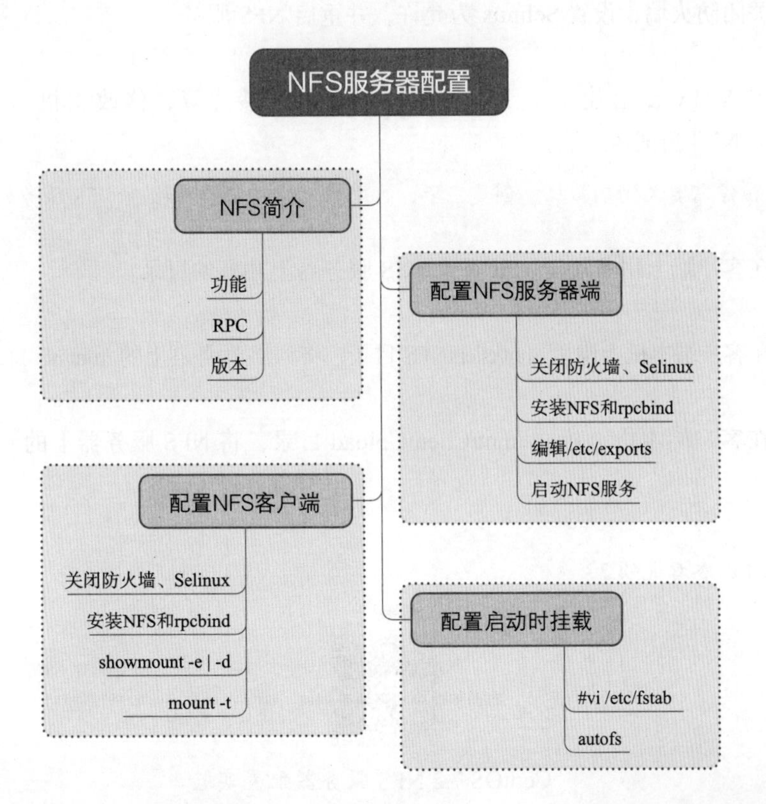

任务实施（9 分）

腾翼公司现需配置一台 NFS 服务器，NFS 服务器的 IP 地址为 192.168.163.130/24。共享的要求如下所述：

（1）共享 /mnt/share 目录，允许 192.168.163.0/24 网段的计算机访问该共享目录，可进行读写操作。

（2）共享 /mnt/managerdata 目录，允许公司 manager 用户利用 IP 地址为 192.168.163.10 主机对该共享

目录拥有读写权限。

（3）共享 /mnt/upload 目录，允许该目录作为 192.168.163.0/24 网段主机利用该目录作为上传目录，其中 /mnt/upload 的用户和所属组为 nfsupload，UID 和 GID 均为 123。

（4）共享 /mnt/nfs 目录，该目录除允许 192.168.163.0/24 网段的用户访问外，也向 Internet 提供数据内容，设置该目录为只读。

注意： P 地址可以根据虚拟机的实际 IP 进行调整。

注意： 由于学习 NFS 服务器已经不是初次配置 Linux 服务了，所以，本地 YUM 源建立的过程和防火墙关闭以及 Selinux 的配置不再赘述。

（1分）（1）在 NFS 服务器端安装 NFS 服务软件包。

（1分）（2）根据需求在服务器端创建相应目录和测试文件。

（1分）（3）根据需求在服务器端设置共享目录的权限属性。

（1分）（4）在服务端编辑 /etc/exports 文件，配置共享目录和相应权限等参数。

（1分）（5）关闭防火墙，设置 Selinux 为允许，并重启 NFS 服务。

（1分）（6）在 VMware 上建立基于 NFS 服务器端的链接克隆，修改主机名为 client，IP 地址为 192.168.163.10，作为 NFS 测试客户端。

注意： 创建克隆镜像需要关闭虚拟机，创建完毕，再次启动虚拟机，请检查 NFS 服务的状态是否为启动。

（1分）（7）在客户端上用 showmount 查看 NFS 服务器上共享的目录。

（1分）（8）在客户端本机上建立 /mnt/clientNFS 目录，将 NFS 服务器上的 /mnt/nfs 目录挂载到该目录。

（1分）（9）在客户端本机上建立 /mnt/ClientUpload 目录，将 NFS 服务器上的 /mnt/upload 目录挂载到该目录。

注意： 任务实施可以参看视频 2。

视频2

CentOS 7.2 NFS 服务器配置实验

任务扩展（5分）

任务一：配置启动时自动挂载 NFS 共享目录

（1分）（1）在客户端上修改 /etc/fstab 文件，配置启动时自动挂载服务器端的 NFS 共享目录。

注意：任务扩展是任务实施实验的继续。

（0.5 分）（2）重启客户端虚拟机，重新登录后，验证 NFS 共享目录。

任务二：客户端配置 Autofs 自动挂载共享目录

（0.5 分）（1）在客户端上安装 autofs。

（1 分）（2）编辑主配置文件 /etc/auto.master，在末尾添加需挂载的目录信息。

注意：内容为 /nfs_share /etc/auto.nfs。

（1 分）（3）编辑加载配置文件 auto.nfs，添加需要挂载的文件系统。

（1 分）（4）重启 autofs 服务器，验证是否自动挂载。

注意：任务扩展可以参看视频 3

视频3

CentOS 7.2 客户端自动挂载共享目录和文件

工作日志（0.5 分）

（0.5 分）实施工单过程中填写如下日志：

工作日志表

日　　期	工作内容	问题及解决方式

总结反思（0.5 分）

（0.5 分）请编写完成本任务的工作总结：

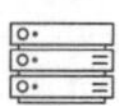

学习资源集

任务资讯

NFS（Network File System，网络文件系统）的主要功能是通过网络（一般是局域网）让不同的主机系统之间可以共享文件或目录。NFS 客户端（一般为应用服务器，如 Web）可以通过挂载（mount）的方式将 NFS 服务端共享的数据目录挂载到 NFS 客户端本地系统中（就是某一个挂载点下）。从 NFS 客户端的机器本地看，NFS 服务端共享的目录就好像是客户自己的磁盘分区或者目录一样，而实际上却是远端的 NFS 服务端的目录。

NFS 网络文件系统类似 Windows 系统的网络共享、安全功能、网络驱动器映射，这也和 Linux 系统里的 Samba 服务类似。应用于互联网中小型集群架构后端作为数据共享，如果是大型网站，那么有可能还会用到更复杂的分布式文件系统，如 Moosefs（mfs）、glusterfs、FastDFS。

一、NFS 简介

NFS 采用客户机 / 服务器工作模型，是分布式计算系统的一个组成部分，可实现在网络上共享和装配远程文件系统，如图 12-1 所示。

NFS 提供了一种在类 UNIX 系统上共享文件的方法。在 NFS 的服务器端共享文件系统：在客户端可以将 NFS 服务器端共享的文件系统挂载到自己的系统中，在客户端看来使用 NFS 的远端文件就像是在使用本地文件一样，只要具有相应的权限就可以使用各种文件操作命令（如 cp、cd、mv 和 rm 等）对共享的文件进行相应的操作。Linux 操作系统既可以作为 NFS 服务器也可以作为 NFS 客户，这就意味着它可以把文件系统共享给其他系统，也可以挂载从其他系统上共享的文件系统。

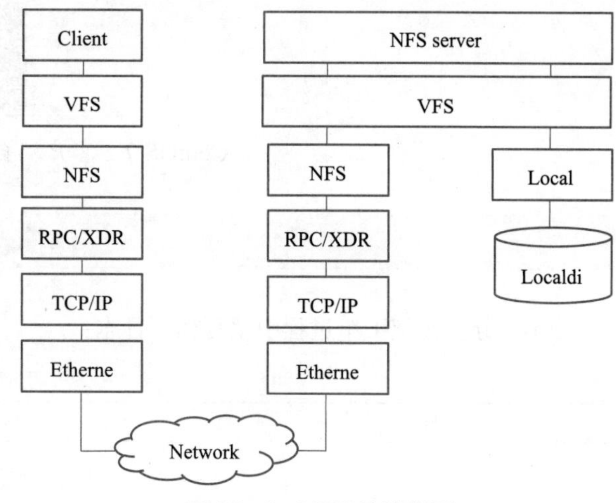

图12-1　NFS协议模型

NFS 除了可以实现基本的文件系统共享之外，还可以结合远程网络启动实现无盘工作站（PXE 启动系统，所有数据均在服务器的磁盘阵列上）或瘦客户工作站（本地启动系统，本地磁盘存储了常用的系统工具，而所有 /home 目录的用户数据被放在 NFS 服务器上并且在网络上处处可用）。

NFS 协议有多个版本，表 12-1 中列出了 NFS 的不同协议版本及其说明。

表 12-1　NFS 协议版本

协议版本	说明	与 RPC 相同	传输协议	RPC 标准
NFSv2	诞生于 20 世纪 80 年代的协议标准	需要	UDP	RFC 1094
NFSv3	具有更好的可扩展性、支持大文件（超过 2 GB）、异步写入以及使用 TCP 传输协议	需要	TCP/UDP	RFC 1813
NFSv4	内置了远程挂装和文件锁定协议支持，支持通过 Kerberos 进行安全用户身份验证	不需要	TCP	RFC 3530
NFSv4.1	支持更高扩展性和更高性能的并行 NFS（pNFS）	不需要	TCP	RFC 5661

CentOS 7 支持 NFSv3、NFSv4 和 NFSv4.1 客户端，默认使用 NFSv4 协议。

NFSv3 协议只是一种远程文件系统规范，本身并没有网络传输功能，而是基于远程过程调用（Remote Procedure Call，RPC）协议实现的。

二、RPC 和 XDR

RPC 最初由 Sun 公司提出，提供了一个面向过程的远程服务的接口。它可以通过网络从远程主机程序上请求服务，而不需要了解底层网络技术的协议，RPC 工作在 OSI 模型的会话层（第 5 层），可以为遵从 RPC 协议的应用层协议提供端口注册功能。

RPC 协议也是基于客户机 / 服务器工作模型的，如图 12-2 所示。

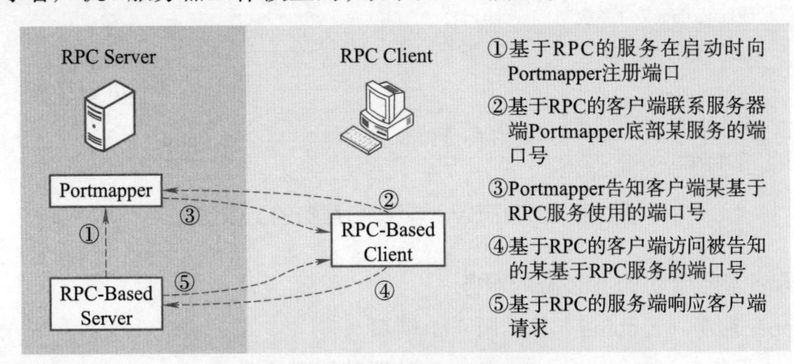

图12-2 RPC协议模型

RPC 服务首先要开启一个 Portmapper 服务（在 CentOS 中是 rpcbind），负责为其他基于 RPC 的服务注册端口，即将 RPC 程序编号转换为互联网上使用的通用地址。

基于 RPC 的服务程序有许多，典型的是 NFS 和 NIS。用户可以在 /etc/rpc 文件中看到这些基于 RPC 的服务程序。

为了独立于不同类型的机器，基于 RPC 服务和客户端交换的所有数据都会在发送端转换为外部数据表示格式（Extenal Data Representation format，XDR），并在接收端再将数据转换回数据的本机表示。XDR 工作在 OSI 模型的表示层（第 6 层）。RPC 依赖于标准的 UDP 和 TCP 套接字将 XDR 格式数据传输到远程主机。

三、RPC 与 NFSv3

NFSv3 使用多种基于 RPC 的守护进程提供网络文件系统共享服务。这些基于 RPC 的守护进程启动时会主动向 RPC 的 Portmapper 注册端口，Portmapper 监听 111 端口，为客户端请求返回基于 RPC 服务的正确端口号。表 12-2 中列出了与 NFSv3 相关的 RPC 服务。

表 12-2 与 NFSv3 相关的 RPC 服务

服　务	说　明	端口号
rpcbind	提供 Portmapper 服务，用于将基于 RPC 的服务程序编号映射到端口的守护进程	111
rpc.nfsd	实现了用户级别的 NFS 服务，主要功能仍由内核的 nfsd 模块处理。用户级别的 rpc.nfsd 仅指定内核服务监听的套接字、NFS 协议版本以及可以使用多少内核线程等	2049
rpc.mountd	实现服务器端 NFS 挂装协议，提供 NFS 的一种辅助服务用于满足 NFS 客户端的挂装请求	20048
rpc.statd	实现了网络状态监控（Network Status Monitor，NSM）RPC 协议，当 NFS 服务器意外宕机或重启时通知 NFS 客户。rpc.statd 由 nfslock 服务自动启动，无须用户配置	随机

注意： NFSv3 还涉及如下 3 项服务。

（1）nfslock：使用 RPC 进程允许 NFS 客户锁定 NFS 服务器上的文件。

（2）lockd：是一个同时运行于客户端和服务器端的内核线程，实现了网络锁管理器（Network Lock Manager，NLM）协议，允许 NFSv3 客户锁定服务器上的文件。当 nfsd 运行时，会自动启动无须用户干预。

（3）rpc.rquotad：为远程用户提供用户配额信息。当 nfsd 服务启动时 rpc.rquotad 会自动启动，无须用户配置。

图 12-3 展示了 NFSv3 与 RPC 服务的工作过程。

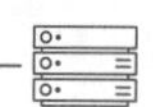

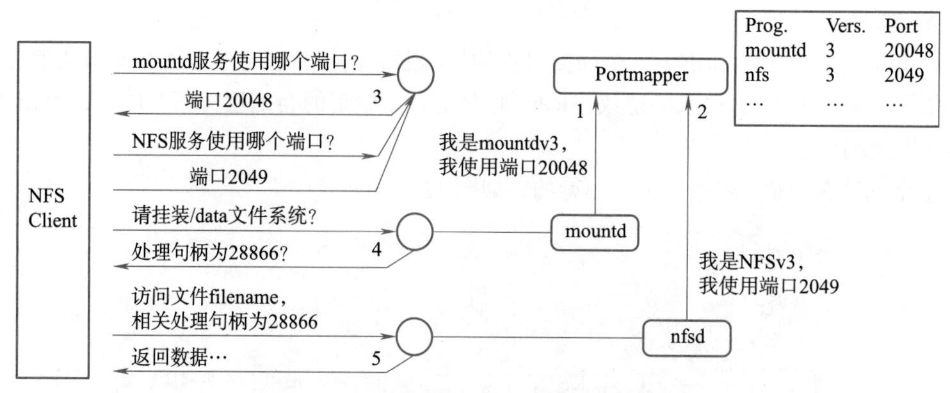

图12-3 NFSv3与RPC服务的工作过程

首先在 NFS 服务器端需要启动如下必需的服务。

（1）启动 Portmapper 服务（rpcbind）并监听 111 端口。

（2）启动 rpc.mountd 服务，rpc.mountd 向 Portmapper 注册其使用的端口 20048。

（3）启动 rpc.nfsd 服务，rpc.nfsd 向 Portmapper 注册其使用的端口 2049。

当客户端有 NFS 文件存取需求时，向服务器端请求文件过程如下。

（1）客户端向服务器端的 Portmapper（端口 111）咨询 rpc.mountd 使用的端口号，Portmapper 查找端口映射表并找到对应的已注册的 rpc.mountd 守护进程端口后，返回其使用的端口号 20048 给客户端。

（2）客户端向服务器端的 Portmapper（端口 111）咨询 rpc nfsd 使用的端口号，Portmapper 查找端口映射表并找到对应的已注册的 rpc.nfsd 守护进程端口后，返回其使用的端口号 2049 给客户端。

（3）客户端通过已获取的端口号 20048 向服务器端的 rpc.mountd 提起挂装文件系统的请求，服务器端返回文件系统处理句柄。

（4）客户端通过已获取的端口号 2049 向服务器端的 rpc.nfsd 提起文件访问请求，服务器端返回相应的数据。

四、NFSv4 简介

NFSv4 内置了远程挂装和文件锁定等协议支持，因此 NFSv4 不再需要与 rpcbind、rpc.mountd、rpc.statd 和 lockd 互动。但是，当 NFS 服务器端使用 exportfs 命令时仍然需要 rpc.mountd 守护进程，但不参与跨越线路的操作。NFSv4 的 NFS 服务仍然监听 tcp:2049 端口。

注意： NFSv4 还涉及可选的 rpc.idmapd 服务：用于映射跨越线路的 NFSv4 名称（形式为 user@domain）和本地 UID/GID。要使 NFSv4 的 idmapd 起作用，需要配置 /etc/idmapd.conf 文件，至少应该通过 Domain 参数指定 NFSv4 映射域，若不指定则表示 NFSv4 映射域与 DNS 域一致。

任务实施

一、NFS 服务器端配置

（1）在 NFS 服务器端安装 NFS 服务软件包。

```
[root@GDKT ~]# yum -y install rpcbind
[root@GDKT ~]# yum -y install nfs-utils
```

（2）创建相应目录和测试文件。

```
//创建目录
[root@GDKT ~]# mkdir -p /mnt/share
[root@GDKT ~]# mkdir -p /mnt/managerdata
[root@GDKT ~]# mkdir -p /mnt/upload
[root@GDKT ~]# mkdir -p /mnt/nfs
//创建测试文件
[root@GDKT ~]# touch /mnt/share/share1.txt /mnt/share/share2.txt
[root@GDKT ~]# touch /mnt/managerdata/data1.txt /mnt/managerdata/data2.txt
```

```
[root@GDKT ~]# touch /mnt/upload/upload.txt
[root@GDKT ~]# touch /mnt/nfs/nfs1.txt /mnt/nfs/nfs2.txt
```

（3）设置共享目录的权限属性。

```
//要求1
[root@GDKT ~]# chmod 1777 /mnt/share
[root@GDKT ~]# ll -d /mnt/share
drwxrwxrwt 2 root root 40 Mar 29 09:28 /mnt/share
//要求2
[root@GDKT ~]# useradd manager
[root@GDKT ~]# passwd manager
Changing password for user manager.
New password:
BAD PASSWORD: The password is shorter than 8 characters
Retype new password:
passwd: all authentication tokens updated successfully.
[root@GDKT ~]# cat /etc/passwd | grep manager
manager:x:1001:1001::/home/manager:/bin/bash
[root@GDKT ~]# chmod 7000 /mnt/managerdata
[root@GDKT ~]# chown -R manager:manager /mnt/managerdata
[root@GDKT ~]# ll -d /mnt/managerdata
d--S--S--T 2 manager manager 38 Mar 29 09:29 /mnt/managerdata
//要求3
[root@GDKT ~]# groupadd -g 123 nfsupload
[root@GDKT ~]# useradd -g 123 -M nfsupload
[root@GDKT ~]# chown -R nfsupload:nfsupload /mnt/upload
[root@GDKT ~]# ll -d /mnt/upload
drwxr-xr-x 2 nfsupload nfsupload 23 Mar 29 09:29 /mnt/upload
//要求4
[root@GDKT ~]# ll -d /mnt/nfs
drwxr-xr-x 2 root root 36 Mar 29 09:29 /mnt/nfs
```

（4）编辑 /etc/exports 文件，添加内容如下：

```
/mnt/share 192.168.163.0/24(rw,no_root_squash)
/mnt/managerdata 192.168.163.10(rw)
/mnt/upload 192.168.163.0/24(rw,all_squash,anonuid=123,anongid=123)
/mnt/nfs 192.168.163.0/24(ro)  *(rw,all_squash)
```

（5）关闭防火墙，设置 Selinux 为允许，并重启 NFS 服务。

```
[root@GDKT ~]# systemctl stop firewalld
[root@GDKT ~]# systemctl disable firwalld
[root@GDKT ~]# setenforce 0
setenforce: SELinux is disabled
[root@GDKT ~]# systemctl restart nfs
```

二、NFS 客户端配置

在 VMware 上建立链接克隆，修改主机名为 client，IP 地址为 192.168.163.10，如图 12-4 所示。

图12-4　建立链接克隆

（1）在 NFS 客户端安装客户端软件。

```
[root@Client ~]# yum -y install nfs-utils
[root@Client ~]# systemctl start rpcbind
[root@Client ~]# systemctl start nfs
```

（2）查看 NFS 服务器上共享的目录。

```
[root@Client ~]# showmount -e 192.168.163.130
Export list for 192.168.163.130:
/mnt/nfs          (everyone)
```

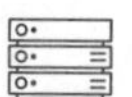

```
/mnt/upload       192.168.163.0/24
/mnt/share        192.168.163.0/24
/mnt/managerdata 192.168.163.10
```

（3）在客户端本机上建立 /mnt/clientNFS 目录，将 NFS 服务器上的 /mnt/nfs 目录挂载到该目录。

```
[root@Client ~]# mkdir /mnt/ClientNFS
[root@Client ~]# mount -t nfs 192.168.163.130:/mnt/nfs /mnt/ClientNFS
[root@Client ~]# cd /mnt/ClientNFS
[root@GDKT ClientNFS]# ls nfs1.txt nfs2.txt
nfs1.txt  nfs2.txt
[root@Client ClientNFS]# touch nfs3.txt
touch: cannot touch ‘nfs3.txt’: Read-only file system
```

（4）在客户端本机上建立 /mnt/ClientUpload 目录，将 NFS 服务器上的 /mnt/upload 目录挂载到该目录。

```
[root@Client ClientNFS]# mkdir /mnt/ClientUpload
[root@Client ClientNFS]# mount -t nfs 192.168.163.130:/mnt/upload /mnt/ClientUpload
[root@Client ClientNFS]# ll -a /mnt/ClientUpload/
total 0
drwxr-xr-x  2 nfsupload nfsupload 23 Mar 29 09:29 .
drwxr-xr-x. 8 root      root      94 Mar 29 10:16 ..
-rw-r--r--  1 nfsupload nfsupload  0 Mar 29 09:29 upload.txt
[root@Client ClientNFS]# cd /mnt/ClientUpload/
[root@Client ClientUpload]# groupadd -g 123 nfsupload
groupadd: group ‘nfsupload’ already exists
[root@Client ClientUpload]# useradd -g 123 -u 123 -M nfsupload
useradd: user ‘nfsupload’ already exists
[root@Client ClientUpload]# ll -a /mnt/ClientUpload/
total 0
drwxr-xr-x  2 nfsupload nfsupload 23 Mar 29 09:29 .
drwxr-xr-x. 8 root      root      94 Mar 29 10:16 ..
-rw-r--r--  1 nfsupload nfsupload  0 Mar 29 09:29 upload.txt
```

可以看到 root 用户创建的文件属主仍是 nfsupload。

任务扩展

1. 在启动时挂载 NFS 文件系统

```
[root@Client ~]# vi /etc/fstab
[root@Client ~]# tail -4 /etc/fstab
192.168.163.130:/mnt/nfs        /mnt/nfs     nfs   defaults   0 0
192.168.163.130:/mnt/upload     /mnt/upload  nfs   defaults   0 0
192.168.163.130:/mnt/share      /mnt/share   nfs   defaults   0 0
```

2. 基于 autofs 的自动挂载

autofs 可以在使用到挂载文件系统时自动挂载，当长时间不使用时自动卸载，配置灵活方便。

（1）安装 autofs（默认已经安装）：

```
[root@Client ~]# yum -y install autofs
```

（2）编辑主配置文件 /etc/auto.master，在末尾添加需挂载的目录信息。

格式为：

```
本机挂载主目录 对应的加载配置文件名 - 挂载参数
```

挂载参数同 mount 的挂载参数，多个参数以逗号分隔。此处的挂载参数可以与对应的加载配置文件中定义的参数产生叠加作用。

示例：

```
[root@Client ~]# vim /etc/auto.master
```

```
[root@Client ~]# tail -1 /etc/auto.master
/nfs_share  /etc/auto.nfs
```

注意： nfs_share 是没有建立的目录，如果已经存在，会出问题。

（3）编辑加载配置文件，添加需要挂载的文件系统。

格式为：

```
挂载目录 - 挂载参数 挂载文件系统
```

挂载参数同 mount 的挂载参数，多个参数以逗号分隔。

示例：

```
[root@Client ~]# vim /etc/auto.master
[root@Client ~]# tail -1 /etc/auto.master
/nfs_share  /etc/auto.nfs
[root@Client ~]# vi /etc/auto.nfs
[root@Client ~]# cat /etc/auto.nfs
share         192.168.163.130:/mnt/share
managerdata   192.168.163.130:/mnt/managerdata
upload        192.168.163.130:/mnt/upload
nfs           192.168.163.130:/mnt/nfs
*             192.168.163.130:/mnt/nfs
[root@Client ~]# systemctl start autofs
[root@Client ~]# systemctl enable autofs
Created symlink from /etc/systemd/system/multi-user.target.wants/autofs.service to /
usr/lib/systemd/system/autofs.service.
```

质量监控单（教师完成）

工单实施栏目评分表

评分项	分值	作答要求	评审规定	得分
任务资讯	3	问题回答清晰准确，能够紧扣主题，没有明显错误项	对照标准答案错误一项扣 0.5 分，扣完为止	
任务实施	7	有具体配置图例，各设备配置清晰正确	A 类错误点一次扣 1 分，B 类错误点一次扣 0.5 分，C 类错误点一次扣 0.2 分	
任务扩展	4	各设备配置清晰正确，没有配置上的错误	A 类错误点一次扣 1 分，B 类错误点一次扣 0.5 分，C 类错误点一次扣 0.2 分	
其他	1	日志和问题项目填写详细，能够反映实际工作过程	没有填或者太过简单每项扣 0.5 分	
合计得分				

职业能力评分表

评分项	等级	作答要求	等级
知识评价	A | B | C	A：能够完整准确地回答任务资讯的所有问题，准确率在 90% 以上。 B：能够基本完成作答任务资讯的所有问题，准确率在 70% 以上。 C：对基础知识掌握得非常差，任务资讯和答辩的准确率在 50% 以下。	
能力评价	A | B | C	A：熟悉各个环节的实施步骤，完全独立完成任务，有能力辅助其他学生完成规定的工作任务，实施快速，准确率高（任务规划和任务实施正确率在 85% 以上）。 B：基本掌握各个环节实施步骤，有问题能主动请教其他同学，基本完成规定的工作任务，准确率较高（任务规划和任务实施正确率在 70% 以上）。 C：未完成任务或只完成了部分任务，有问题没有积极向其他同学请教，工作实施拖拉，不积极，各个部分的准确率在 50% 以下。	

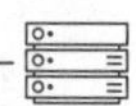

续表

评分项	等级	作答要求	等级
态度素养评价	A | B | C	A：不迟到、不早退，对人有礼貌，善于帮助他人，积极主动完成规定工作任务，工作台完整整洁，回答老师提问科学。 B：不迟到、不早退，在教师督导和他人辅导下，能够完成规定工作任务，回答老师提问较准确。 C：未完成任务或只完成了部分任务，有问题没有积极向其他同学请教，工作实施拖拉不积极，不能准确回答老师提出的问题，各个部分的准确率在 50% 以下。	

教师评语栏

工单 13（DNS 服务器配置）

工作任务单			
工单编号	C2019111110053	**工单名称**	DNS 服务器配置
工单类型	基础型工单	**面向专业**	计算机网络技术
工单大类	网络运维	**能力面向**	专业能力
职业岗位	网络运维工程师、网络安全工程师、网络工程师		
实施方式	实际操作	**考核方式**	操作演示
工单难度	中等	**前序工单**	
工单分值	20 分	**完成时限**	8 学时
工单来源	教学案例	**建议组数**	99
组内人数	1	**工单属性**	院校工单
版权归属	潘军		
考核点	DNS、bind、域名解析、Chroot		
设备环境	虚拟机 VMware Workstations 15 和 CentOS 7.2		
教学方法	在常规课程工单制教学当中，可采用手把手教的方式引导学生学习和训练 DNS 服务器配置的相关职业能力和素养。		
用途说明	本工单可用于网络技术专业 Linux 服务器配置与管理课程或者综合实训课程的教学实训，特别是聚焦于 DNS 服务器配置的训练，对应的职业能力训练等级为初级。		
工单开发	潘军	**开发时间**	2019-03-11

实施人员信息						
姓名		**班级**		**学号**		**电话**
隶属组		**组长**		**岗位分工**		**伙伴成员**

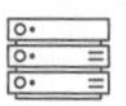

任务目标

实施该工单的任务目标如下：

知识目标

1. 了解 DNS 服务的相关概念和工作原理。
2. 理解 DNS 域名空间结构。
3. 理解 DNS 的查询模式分类。

能力目标

1. 能够在 Linux 操作系统平台上安装并配置 DNS 服务器。
2. 掌握 DNS 相关配置文件的配置选项，掌握正向解析和反向解析，熟悉 DNS 负载均衡以及 DNS 转发。

素养目标

1. 通过国家顶级域名“.CN”，激发学生的民族自豪感。
2. 鞭策学生努力学习、为国贡献。
3. 培养学生规划管理能力和实践动手能力。
4. 培养学生良好的职业道德与敬业精神。

任务介绍

腾翼网络公司的服务器要向网络中的用户提供服务，就必须要与其他主机进行连接和通信，而进行正确的网络配置是服务器与其他主机通信的前提。网络配置通常包括配置主机名、网卡 IP 地址、子网掩码、默认网关（默认路由）、DNS 服务器等方面。

强国思想专栏

.CN域名已成为全球最具影响力的的通用域名

.CN域名是中国国家顶级域名，是以 .CN 为后缀的域名，包括在 .CN下直接注册的二级域名和在 .CN二级域下注册的三级域名。

.CN域名属于国家地区顶级域名，CN代表中国。中国互联网络信息中心（CNNIC）是 .CN域名注册管理机构，负责运行和管理相应的 .CN 域名系统，维护中央数据库。.CN是全球唯一由中国管理的国际顶级域名。选择注册 .cn域名的企业越来越多，已经超越 .com，成为全球最具影响力的的通用域名。

中国互联网络信息中心公布最新统计数据显示，截至2022年6月，我国域名总数为3380万个，“.CN”域名数为1786万个。

任务资讯（2 分）

（0.4 分）1．DNS 的作用是什么？

（0.4 分）2．如何理解 DNS 域名空间结构？

（0.4 分）3．DNS 的查询模式有哪两类？

（0.4 分）4．在 Linux 下配置 DNS 需用到哪几个配置文件？

（0.4 分）5．正向区域文件与反向区域文件的差别有哪些？

注意： 任务资讯中的问题可以参看视频 1。

视频1

CentOS 7.2 DNS 基础理论

任务规划

任务规划如下：

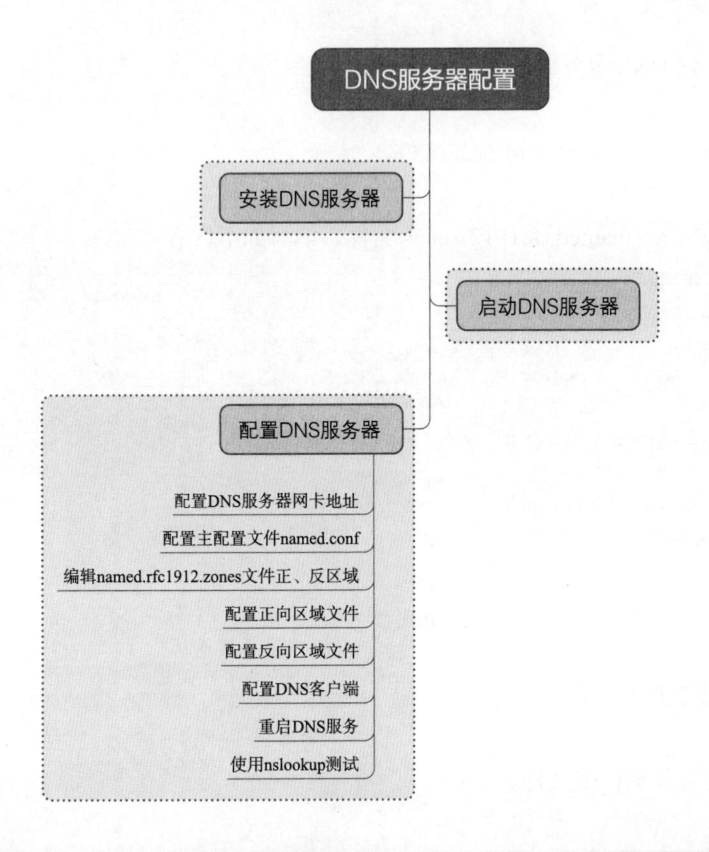

任务实施（9 分）

任务一：安装并启动 DNS 服务器

腾翼网络公司的管理员计划搭建一个 DNS 服务器，但在搭建之前需要先安装 DNS 服务器。本任务通过 YUM 安装 DNS 服务器，并启动 DNS 服务器。

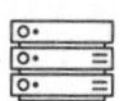

（0.5 分）（1）安装 DNS 服务器软件。

（0.5 分）（2）启动 DNS 服务器。

任务二：DNS 服务器配置

腾翼网络公司的管理员要为公司配置一台 DNS 服务器，该服务器的 IP 地址设置为 192.168.89.129，DNS 服务器的域名为 dns.tengyi.com.cn。要求为公司内各服务器的域名提供正反向解析服务，具体要求如下：

DNS 服务器	dns.tengyi.com.cn	⟷	192.168.89.129	
Web 服务器	www.tengyi.com.cn	⟷	192.168.89.129	
FTP 服务器	ftp.tengyi.com.cn	⟷	192.168.89.129	
邮件服务器	mail.tengyi.com.cn	⟷	192.168.89.129	MX 记录

注意： ① 为了确保作业结果的唯一性，请大家把域名 tengyi 全部置换为个人姓名全拼；② 服务器的 IP 地址可以根据虚拟机的实际情况进行调整，但要使用静态 IP。

（0.5 分）（1）配置 DNS 服务器的网卡地址。

（0.5 分）（2）编辑 /etc/named.conf 配置文件。

（0.5 分）（3）编辑 /etc/named.rfc1912.zones 文件，填写如下内容：

```
zone "tengyi.com.cn" IN {
        type master;
        file "tengyi.com.cn.zone";
        allow-update { none; };
};
zone "89.168.192.in-addr.arpa" IN {
        type master;
        file "192.168.89.zone";
        allow-update { none; };
};
```

注意： 把 tengyi 置换为个人姓名全拼，以下相同。

（0.5 分）（4）配置正向区域文件。

（0.5 分）（5）配置反向区域文件。

（0.5 分）（6）用 named-checkconf 和 named-checkzone 检查配置文件的语法，重启 DNS 服务。

（0.5 分）（7）修改客户端 Windows 7 主机的 DNS 地址。

（0.5 分）（8）在 Windows 7 上使用 nslookup 命令测试各类 DNS 解析记录。

任务三：启用 bind-chroot 功能，加固 DNS 服务器安全

下面介绍如何在 chroot 监牢中运行 BIND，这样它就无法访问文件系统中除“监牢”以外的其他部分。例如，在这个任务中，将 BIND 的运行根目录改为 /var/named/chroot/。当然，对于 BIND 来说，这个目录就是 /（根目录）。“jail”（监牢，下同）是一个软件机制，其功能是使得某个程序无法访问规定区域之外的资源，同样也为了增强安全性（chroot“监牢”，所谓“监牢”就是指通过 chroot 机制来更改某个进程所能看到的根目录，即将某进程限制在指定目录中，保证该进程只能对该目录及其子目录的文件进行操作，从而保证整个服务器的安全）。Bind Chroot DNS 服务器的默认“监牢”为 /var/named/chroot。

按照下列步骤，在 CentOS 7.2 上部署 Bind Chroot DNS 服务器。

（0.5 分）（1）安装 Bind Chroot DNS 服务器。

（0.5 分）（2）复制 Bind 相关文件，准备 bind-chroot 环境。

（0.5 分）（3）在 bind-chroot 的目录中创建相关文件。

（0.5 分）（4）将 Bind 锁定文件设置为可写。

（0.5 分）（5）将 /etc/named.conf 复制到 bind-chroot 目录。

（0.5 分）（6）将 /var/named 下的区域文件复制到 /var/named/chroot/var/named 目录下。

（0.5 分）（7）停止 named 服务，启动 named-chroot 服务并设置开机自启动 named-chroot 服务。

（0.5 分）（8）重新在客户端测试 DNS 功能。

注意：（1）任务一、二、三可以参见视频 2 至 4。
（2）实验完成后，请做好快照保存起来，后续的 Web 网站和邮件服务器的配置任务直接应用本工单的 DNS。

视频2

任务一 安装 DNS 服务器

视频3

任务二 主域名服务器的配置方法

视频4

任务三 配置 bind-chroot

任务扩展（8 分）

任务一：辅助 DNS 服务器配置

为了缓解主 DNS 服务器的通信量，减少主 DNS 服务器压力，保证域名解析服务的可靠性，腾翼网络公司的管理员准备再配置一台辅助 DNS 服务器，其 IP 地址设置为 192.168.89.130。辅助 DNS 服务器的配置比较简单。首先需要在服务器中安装 BIND 软件包，然后修改主配置文件 named.conf 即可，不需要另外创建每个域名对应的区域配置文件。

要配置辅助 DNS 服务器，首先必须要有一台主 DNS 服务器。这里以任务实施中配置的 DNS 服务器为主 DNS 服务器，再配置一台辅助 DNS 服务器。

注意： ① 如果主 DNS 的区域文件没有复制过来，应该是防火墙 Firewalld 或 Selinux 的影响，可使用命令：systemctl stop firewalld 和 setenforce 0 禁用防火墙、暂停 Selinux。执行这两条命令后，再查看 /var/named/slaves 目录，就能看到主 DNS 服务器的区域文件了。② 域名依然是个人姓名全拼。

（0.5 分）（1）修改主 DNS 服务器中的 named.conf 文件。

（0.5 分）（2）编辑主 DNS 服务器正向区域文件。

（0.5 分）（3）编辑主 DNS 服务器反向区域文件。重启 named-chroot 服务。

（0.5 分）（4）在需要配置辅助 DNS 的服务器上安装 BIND 软件包。

（0.5 分）（5）在辅助服务器上启动 DNS 服务。

（0.5 分）（6）在辅助 DNS 服务器上编辑 named.conf 文件。

（0.5 分）（7）在辅助 DNS 服务器上编辑 named.rfc1912.zones 文件。

（0.5 分）（8）查看 /var/named/slaves 目录。

（0.5 分）（9）重启 DNS 服务。

（0.5 分）（10）再次查看 /var/named/slaves 目录。

（0.5 分）（11）编辑网卡脚本文件，设置本机使用的 DNS 服务器为辅助 DNS 服务器的 IP 地址（192.168.89.130）。

（0.5 分）（12）在 Windows 7 客户机上使用 nslookup 命令测试辅助 DNS。

任务二：简单 DNS 负载均衡

腾翼网络公司的管理员发现，公司 FTP 服务器的访问量很大，致使 FTP 服务器的负担过重，为了进行简单的负载均衡，可以多添加两台服务器提供 FTP 服务，使这三台 FTP 服务器的内容完全相同，通过对 DNS 进行配置将访问 FTP 服务的用户进行分流，以达到均衡负载的目的。后添加的两台 FTP 服务器的 IP 地址为 192.168.89.245 和 192.168.89.246，这三台 FTP 服务器统一使用一个域名 ftp.tengyi.com.cn。

根据以上要求，在 DNS 主服务器上完成配置。对于 DNS 的主配置文件 named.conf 不需要进行任何修改，只需要修改区域配置文件 tengyi.com.cn.zone 和 192.168.89.zone 即可。

注意： 把 tengyi 置换为个人姓名全拼。

（0.5 分）（1）修改正向区域文件。

（0.5 分）（2）修改反向区域文件。

（0.5 分）（3）重启 DNS 服务。

（0.5 分）（4）测试解析效果。

注意：扩展任务可以参看视频 5。

视频5

辅助域名服务器和简单 DNS 负载均衡

工作日志（0.5 分）

（0.5 分）实施工单过程中填写如下日志：

工作日志表

日　期	工作内容	问题及解决方式

总结反思（0.5 分）

（0.5 分）请编写完成本任务的工作总结：

学习资源集

任务资讯

一、DNS 简介

DNS（domain name server，域名服务器）用于实现域名和 IP 地址的相互转换。有了域名服务系统，就可将网络中的每个主机名当作一个符号地址，来使用网络所提供的资源。对用户而言，使用主机名比使用数字式的

IP 地址更为直观、方便和易于记忆；而对于资源的提供者，也更容易把自己的品牌和服务内容反映在主机名（域名）之中，从而起到更好的宣传作用。

当在客户机的浏览器中输入要访问的主机名（域名）时，就会触发一个 IP 地址的查询请求，该请求会自动发送到默认的 DNS 服务器，DNS 服务器就会从数据库中查询该主机名所对应的 IP 地址，并将找到的 IP 地址作为查询结果返回。浏览器获得 IP 地址后，就根据 IP 地址，在 Internet 中定位所要访问的资源。

DNS 服务器分为 3 种，高速缓存服务器（cache-only server）、主服务器（primary name server）和辅助服务器（second name server）。

DNS 域名空间被组织成一个树状结构，每个域名对应树中的一个节点。每个域代表名字空间中特定的一块，并由一个行政实体进行管理。而域名树的根称为“.”，在根之下就是顶级域。顶级域一般分为两种，一种称为普通顶级域，表示组织性或行政性机构，如 com、edu 等；另一种称为国家（或地区）代码顶级域，如 cn、ca 等。

常用的普通顶级域如表 13-1 所示，而部分国家（或地区）代码顶级域如表 13-2 所示。

表 13-1　普通顶级域名

域	用　途	域	用　途
ac	科研机构	mil	军事机构
aero	航空运输业	mobi	手机类网络
biz	商业公司	museum	博物馆类
com	工、商、金融等企业	name	个人注册
coop	商业合作社	net	网络机构
edu	教育机构	org	非营利组织
gov	政府部门	pro	专业人员
info	提供信息服务的企业	tel	电话方面
int	国际组织	travel	旅游类

表 13-2　国家（或地区）代码顶级域

代　码	国家（或地区）	代　码	国家（或地区）
br	巴西	in	印度
ca	加拿大	kp	朝鲜
ch	瑞士	kr	韩国
cn	中国	se	瑞典
de	德国	uk	英国
fr	法国	us	美国

二、DNS 的查询模式

按照 DNS 搜索区域的类型，DNS 的区域可分为正向搜索区域和反向搜索区域，正向搜索是 DNS 服务器要实现的主要功能，它根据计算机的 DNS 名称（即域名），解析出相应的 IP 地址；而反向搜索则是根据计算机的 IP 地址解析出它的 DNS 名称。

1. 按照查询方式分类

1）递归查询

只要发出递归查询，服务器必须回答目标 IP 与域名的映射关系。一般客户机和服务器之间属递归查询，即当客户机向 DNS 服务器发出请求后，若 DNS 服务器本身不能解析，则会向另外的 DNS 服务器发出查询请求，得到结果后转交给客户机。

2）循环查询

服务器收到一次循环查询回复一次结果，这个结果若不是目标 IP 与域名的映射关系，将会继续向其他服务器进行查询，直至找到拥有所查询的映射关系的服务器为止。一般 DNS 服务器之间属循环查询，若 DNS2 不能响应 DNS1 的请求，则它会将 DNS3 的 IP 给 DNS1，以便再向 DNS3 发出请求。

2. 按照查询内容分类

1）正向查询

正向查询就是根据域名，搜索出对应的 IP 地址。

2）反向查询

反向查询与正向查询刚好相反，它是利用 IP 地址查询出对应的域名。

三、DNS 资源记录

DNS 服务器在提供名称解析服务时，会查询自己的数据库。在数据库中包含描述 DNS 区域资源信息的资源记录（Resource Record，RR）。常见的资源记录如表 13-3 所示。

表 13-3　常见资源记录

组	类　型	功　能
区记录	SOA	起始授权机构记录，定义了区域的全局参数，在一个区域是唯一的
	NS	域名服务记录，在一个区域至少有一条，记录了某个区域的授权服务器
可选记录	CNAME	别名记录，为主机记录添加别名
	TXT	文本记录，表示注释
基本记录	A	主机地址记录，域名解析为 IP 地址的映射
	AAAA	IPv6 地址记录，域名解析为 IPv6 地址的映射
	PTR	反向地址记录，IP 地址解析为域名的映射
	MX	邮件交换器记录，用于控制邮件的路由

四、DNS 配置选项

1. BIND 简介

BIND（Berkeley Internet Name Daemon）是现今互联网上最常使用的 DNS 服务器软件，使用 BIND 作为服务器软件的 DNS 服务器约占所有 DNS 服务器的九成。BIND 现在由互联网系统协会（Internet Systems Consortium）负责开发与维护。

BIND 配置文件包括主配置文件 /etc/named.conf、根域文件 /var/named/named.ca、区域配置文件以及其他辅助文件。

在 BIND 中，采用了 chroot 技术来保护 DNS 的安全。chroot 可以改变程序运行时所参考的根目录位置，即将某个指定的子目录作为程序的虚拟根目录，并且对程序运行时可以使用的系统资源及用户权限和所在目录进行严格控制，程序只在这个虚拟的根目录中具有权限，一旦跳出该目录就无任何权限。例如，在 CentOS 7 中，/var/name/chroot 实际上是根目录（/）的虚拟目录，所以虚拟目录中的 /etc 目录实际上是 /var/named/chroot/etc 目录，而 /var/named 目录实际上是 /var/named/chroot/var/named 目录。chroot 功能的优点是：如果有黑客通过 BIND 侵入系统，也只能被限定在 chroot 目录及其子目录中，其破坏力也仅局限在该虚拟目录中，不会威胁到整个服务器的安全。

对于 DNS 主配置文件，在 BIND 9 中有特殊约定，系统在完成 DNS 的安装后，chroot 机制并未启用，即只有 /etc/named.conf 文件，而没有建立 /var/named/chroot/etc/named.conf 文件，若期望建立该文件还需要启动 DNS 服务。

2. 了解配置文件

配置 DNS 时，需要对多个配置文件进行修改，首先需要了解这些配置文件的作用。注意，以下文件需要安装 DNS 并启动服务后才能看到。

1）/var/named/chroot/etc/named.conf 文件

这是 DNS 服务器的主配置文件，在该文件中可设置通用参数，来实现对 DNS 服务器的配置。

2）/var/named/chroot/var/named/named.ca 文件

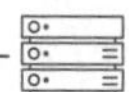

该文件是根域 DNS 服务器指向的文件，利用该文件可以让 DNS 服务器找到根服务器，并初始化 DNS 的缓冲区。用户一般不要随便修改该文件。

3）/var/named/chroot/etc/named.rfc1912.zones 文件

该文件是 named.conf 的辅助区域配置文件。除了根域外，其他所有区域配置建议在 named.rfc1912.zones 文件中配置，主要是为了方便管理，不轻易破坏主配置文件 named.conf。

4）区域配置文件

区域配置文件有正向区域文件和反向区域文件两类。正向区域文件用于实现域名到 IP 地址的转换，反向区域文件用于实现 IP 地址到域名的转换。DNS 默认存在的正向区域文件为 /var/named/chroot/var/named/named.localhost，即本地主机正向解析文件；DNS 默认存在的反向区域文件为 /var/named/chroot/var/named/named.loopback，即本地主机反向解析文件。

3. 主配置文件 named.conf

BIND 软件包安装后提供了一个样本配置文件，可在此基础上进行删除、添加和修改，来实现对 DNS 服务器的配置。下面以该样本配置文件为例，介绍主配置文件的格式和常用配置命令。

1）named.conf 配置文件的内容

```
[root@ localhost ~]# cat /var/named/chroot/etc/named.conf | less
options {
    listen-on port 53 { 127.0.0.1; };      # 指定服务侦听的 IP 地址和端口
    listen-on-v6 port 53 { ::1; };         # IPv6 监听端口
    directory  "/var/named";               # 指定区域文件存放的位置
    dump-file  "/var/named/data/cache_dump.db";
                                           # 指定转储文件的存放位置
    statistics-file "/var/named/data/named_stats.txt";
                                           # 指定统计文件的存放位置及文件名
    memstatistics-file "/var/named/data/named_mem_stats.txt";
    allow-query     { localhost; };        # 指定允许查询的机器列表
    recursion yes;                         # 指定是否允许递归查询

    dnssec-enable yes;
    dnssec-validation yes;
    dnssec-lookaside auto;
    /* Path to ISC DLV key */
    bindkeys-file "/etc/named.iscdlv.key";
};

logging {
    channel default_debug {
        file "data/named.run";
        severity dynamic;
    };
};

zone "." IN {                              # 定义 “.”（根）区域
    type hint;                             # 定义区域类型为根域服务器
    file "named.ca";                       # 指定该区域的数据库文件为 named.ca
};

include "/etc/named.rfc1912.zones";        # 定义 named.conf 的辅助区域配置文件
```

2）配置文件详解

（1）options 配置段。options 字段主要用来设置全局选项，如定义文件的默认保存目录、转发器等。常用的配置项命令及功能如下：

♦ directory：用来定义服务器的区域文件的默认路径。

♦ forwarders：列出要用来作为转发器的服务器的 IP 地址。即列出本地 DNS 服务器不能解析的域名查询请求被转发给哪些服务器，这样可绕过从根服务器开始按正常流程检索的正常过程。此选项也可以设置在转发区域条目中。

（2）区域声明。区域声明使用 zone，其基本格式为：

```
zone "区域名称" IN {
    type 配置项；
    file 配置项；
    其他配置项；
};
```

注意： 以上配置语句除第一句以外均以"；"结束。

在 zone 配置段中，通常使用以下两个配置项命令：

♦ type：设置区域的类型，一般有 master（主 DNS 服务器）、slave（辅助 DNS 服务器）和 hint（根域服务器）3 种。

♦ file：指定区域文件的名称，应在文件名两边使用双引号。

4. 正向区域文件

正向区域文件是指保存一个正向区域的 DNS 解析数据的文件。该文件可由系统管理员进行维护，如进行添加或删除解析信息等操作。下面以 DNS 默认存在的 named.localhost 文件为例，介绍正向解析区域文件的格式和各部分的含义。

```
[root@localhost ~]# cat /var/named/chroot/var/named/named.localhost
$TTL 1D
@  IN SOA @ rname.invalid. (
                              0       ; serial
                              1D      ; refresh
                              1H      ; retry
                              1W      ; expire
                              3H )    ; minimum
   NS     @
   A      127.0.0.1
   AAAA   ::1
```

下面依次介绍各行的含义：

1）$TTL 1D

该行用来设置域的默认生存时间 TTL（time to live），时间单位为天。1D 代表 1 天（day），也可用秒表示，1D 即为 86 400 s，则等价表达为 $TTL 86400s。

2）@ IN SOA @ rname.invalid. (

@ 符号代表当前的域，也就是在 zone 配置段定义的域名；IN 代表地址类别；SOA 是主域名服务器区域文件中一定要设置的，用于开始权威的域名信息记录，宣布该服务器具有权威性的名字空间。

SOA 之后的 @ 代表的是 DNS 主机名；再之后应填写域名服务器管理员的 E-mail 地址，由于"@"符号在区域文件中的特殊含义，管理员的 E-mail 地址中不能使用"@"符号，而使用"."符号代替，并在 E-mail 地址的最后，还要加上一个"."符号，因此，管理员的 E-mail 地址便从 rname@invalid. 简约表达为 rname.invalid.。

3）括号中 3~7 行值的含义

分号为注释符，之后的文字用于对该行的数值进行注解说明。

♦ serial 行前面的值，代表该区域文件的版本号或序列号。每当修改了该文件的内容后，应记住更改此序列号，以便让其他服务器从该服务器检索信息时，知道发生了更改，从而执行更新操作。序列号可以是任意的数字，但不能多于 10 位。常用的序列号格式为"年月日当天修改次数"，如"2014110901"表示 2014 年 11 月 9 日第 1 次修改。每次修改完该文件内容应该同时手工修改版本号，要注意新版本号要大于旧版本号，辅助 DNS 服务器要用到此参数。

♦ refresh 行前面的值代表更新的时间周期。此处设置为 1D，代表 1 天。

♦ retry 行前面的值代表在更新出现通信故障时的重试时间。此处设置为 1H，代表 1 小时（hour）。

♦ expire 行前面的值代表重新执行更新动作后仍然无法完成更新任务而终止更新的时间。此处设置为 1W，代表 1 周（week）。

♦ minimum 行前面的值代表客户域名查询的记录，在域名服务器上放置的时间，即设置记录的缓存时间。此处设置为 3H，代表 3 小时。

4）NS @

该行用于添加一条 NS（名称服务器）记录，用于指定权威的名称服务器。即该语句用于指定域名服务器，NS 之后应放置当前域名服务器的名称，此行的 @ 代表当前域名服务器。

5）A 127.0.0.1

该行用于添加一条 A（Address）记录，即地址记录。用于指定一个名称所对应的 IP 地址。域名的正向解析就是通过添加 A 记录实现的，有多少个域名需要解析，就添加多少条 A 记录。该条记录的含义就是将 localhost 解析为 127.0.0.1。

6）AAAA ::1

该行用于添加一条 AAAA 记录，表示 IPv6 地址记录。用于指定一个名称所对应的 IPv6 地址。该条记录的含义就是将 localhost 解析为 ::1。

5. 反向区域文件

反向区域文件是指保存 IP 地址到域名解析信息的文件。DNS 默认存在的反向区域文件 named.loopback 的内容为：

```
[root@localhost ~]# cat /var/named/chroot/var/named/named.loopback
$TTL 1D
@   IN SOA @ rname.invalid. (
                                        0       ; serial
                                        1D      ; refresh
                                        1H      ; retry
                                        1W      ; expire
                                        3H )    ; minimum
    NS      @
    A       127.0.0.1
    AAAA    ::1
    PTR     localhost.
```

在该文件中的内容与正向区域文件基本相同，只是多了最后一行内容。

最后一行的 PTR 用于定义一个 PTR 记录，即定义一条反向解析记录。该行的 localhost，代表将 127.0.0.1 这个地址解析为 localhost 域名。

任务实施

任务一：安装 DNS 服务器

1. 安装 DNS 服务器软件

```
[root@GDKT ~]# systemctl stop firewalld
[root@GDKT ~]# systemctl disable firewalld
Removed symlink /etc/systemd/system/dbus-org.fedoraproject.FirewallD1.service.
Removed symlink /etc/systemd/system/basic.target.wants/firewalld.service.
[root@GDKT ~]# setenforce 0
[root@GDKT ~]# getenforce
Permissive
[root@GDKT ~]# mkdir /etc/yum.repos.d/repo
[root@GDKT ~]# mv /etc/yum.repos.d/*.repo /etc/yum.repos.d/repo
[root@GDKT ~]# vim /etc/yum.repos.d/local.repo
[root@GDKT ~]# cat /etc/yum.repos.d/local.repo
[local]
```

```
name=local
baseurl=file:///media
enabled=1
gpgcheck=0
[root@GDKT ~]# mount /dev/cdrom /media/
mount: /dev/sr0 is write-protected, mounting read-only
[root@GDKT ~]# yum -y install bind*
```

2. 启动 DNS 服务器

```
[root@GDKT named]# systemctl restart named
```

任务二：DNS 服务器配置

1. 配置 DNS 服务器的网卡地址

```
[root@GDKT ~]# vim /etc/sysconfig/network-scripts/ifcfg-eno33559296
HWADDR=00:0C:29:AE:0A:82
TYPE=Ethernet
BOOTPROTO=none
DEFROUTE=yes
IPV4_FAILURE_FATAL=no
IPV6INIT=yes
IPV6_AUTOCONF=yes
IPV6_DEFROUTE=yes
IPV6_FAILURE_FATAL=no
NAME=eno33559296
UUID=adf5b544-4c40-4b7b-97d5-eb55e667c786
ONBOOT=yes
IPADDR=192.168.89.129
PREFIX=24
DNS1=192.168.89.129
IPV6_PEERDNS=yes
IPV6_PEERROUTES=yes
```

2. 编辑 /etc/named.conf 配置文件

```
[root@GDKT ~]# vim /etc/named.conf
[root@GDKT ~]# cat /etc/named.conf

options {
    listen-on port 53 { any; };
    listen-on-v6 port 53 { any; };
    directory       "/var/named";
    dump-file       "/var/named/data/cache_dump.db";
    statistics-file "/var/named/data/named_stats.txt";
    memstatistics-file "/var/named/data/named_mem_stats.txt";
    allow-query     { any; };

    recursion yes;

    dnssec-enable yes;
    dnssec-validation yes;

    /* Path to ISC DLV key */
    bindkeys-file "/etc/named.iscdlv.key";

    managed-keys-directory "/var/named/dynamic";

    pid-file "/run/named/named.pid";
    session-keyfile "/run/named/session.key";
};
```

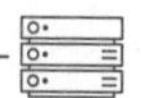

```
logging {
    channel default_debug {
        file "data/named.run";
        severity dynamic;
    };
};

zone "." IN {
    type hint;
    file "named.ca";
};

include "/etc/named.rfc1912.zones";
include "/etc/named.root.key";
```

3. 编辑 /etc/named.rfc1912.zones 文件

填写如下内容：

```
zone "tengyi.com.cn" IN {
    type master;
    file "tengyi.com.cn.zone";
    allow-update { none; };
};
zone "89.168.192.in-addr.arpa" IN {
    type master;
    file "192.168.89.zone";
    allow-update { none; };
};
```

注意： 把 tengyi 置换为个人姓名全拼，以下相同。

```
[root@GDKT named]# vim /etc/named.rfc1912.zones
[root@GDKT named]# tail /etc/named.rfc1912.zones
zone "liuziran.com.cn" IN {
    type master;
    file "liuziran.com.cn.zone";
    allow-update { none; };
};
zone "89.168.192.in-addr.arpa" IN {
    type master;
    file "192.168.89.zone";
    allow-update { none; };
};
```

4. 配置正向区域文件

在 /var/named 目录下创建正向区域文件。为了加快创建速度、提高准确性，可以将此目录下的模板文件 named.localhost 复制过来，然后在该文件的基础上直接编辑即可。

```
[root@GDKT ~]# cd /var/named
[root@GDKT named]# cp -p named.localhost liuziran.com.cn.zone
[root@GDKT named]# vim liuziran.com.cn.zone
[root@GDKT named]# cat liuziran.com.cn.zone
$TTL 1D
@       IN SOA  dns.liuziran.com.cn. rname.invalid. (
                                0       ; serial
                                1D      ; refresh
                                1H      ; retry
                                1W      ; expire
                                3H )    ; minimum
        NS      dns.liuziran.com.cn.
        A       127.0.0.1
```

```
        AAAA    ::1
        MX 10   mail.liuziran.com.cn.
dns     A       192.168.89.129
www     A       192.168.89.241
ftp     A       192.168.89.242
mail    A       192.168.89.243
```

5. 配置反向区域文件

```
[root@GDKT named]# cp -p named.loopback 192.168.89.zone
[root@GDKT named]# vim 192.168.89.zone
[root@GDKT named]# cat 192.168.89.zone
$TTL 1D
@       IN SOA dns.liuziran.com.cn.rname.invalid. (
                                        0       ; serial
                                        1D      ; refresh
                                        1H      ; retry
                                        1W      ; expire
                                        3H )    ; minimum
        NS      dns.liuziran.com.cn.
        A       127.0.0.1
        AAAA    ::1
        PTR     localhost.
        MX 10   mail.liuziran.com.cn.
129     PTR     dns.liuziran.com.cn.
241     PTR     www.liuziran.com.cn.
242     PTR     ftp.liuziran.com.cn.
243     PTR     mail.liuziran.com.cn.
```

6. 用 named-checkconf 和 named-checkzone 检查配置文件的语法，重启 DNS 服务

```
[root@GDKT named]# named-checkconf
[root@GDKT named]# named-checkzone liuziran.com /var/named/liuziran.com.cn.zone
zone liuziran.com/IN: liuziran.com/MX 'mail.liuziran.com.cn.liuziran.com' has no address
records (A or AAAA)
zone liuziran.com/IN: loaded serial 0
OK
[root@GDKT named]# systemctl restart named
[root@GDKT named]# systemctl enable named
Created symlink from /etc/systemd/system/multi-user.target.wants/
named.service to /usr/lib/systemd/system/named.service.
```

7. 修改客户端 Windows 7 主机的 DNS 地址（见图 13-1）

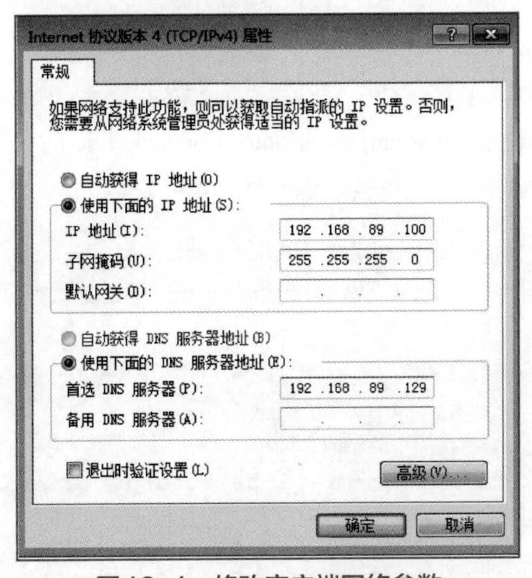

图13-1　修改客户端网络参数

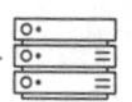

8. 使用 nslookup 命令测试（见图 13-2 和图 13-3）

图13-2　使用nslookup测试

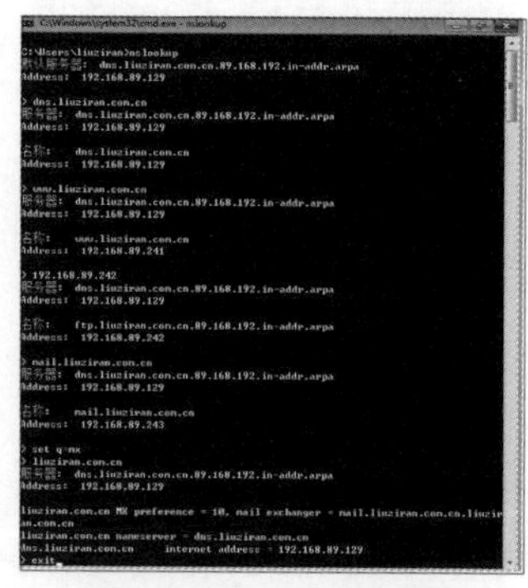

图13-3　测试效果

任务三：启用 bind-chroot 功能，加固 DNS 服务器安全

1. 安装 Bind Chroot DNS 服务器

```
[root@GDKT ~]# yum install bind-chroot bind -y
Loaded plugins: fastestmirror, langpacks
Loading mirror speeds from cached hostfile
Package 32:bind-chroot-9.9.4-29.el7.x86_64 already installed and latest version
Package 32:bind-9.9.4-29.el7.x86_64 already installed and latest version
Nothing to do
```

任务一中已经安装了。

2. 拷贝 bind 相关文件，准备 bind-chroot 环境

```
[root@GDKT ~]# cp -R /usr/share/doc/bind-*/sample/var/named/* /var/named/chroot/var/named/
```

3. 在 bind-chroot 目录中创建相关文件

```
[root@GDKT ~]# touch /var/named/chroot/var/named/data/cache_dump.db
[root@GDKT ~]# touch /var/named/chroot/var/named/data/named_stats.txt
[root@GDKT ~]# touch /var/named/chroot/var/named/data/named_mem_stats.txt
[root@GDKT ~]# touch /var/named/chroot/var/named/data/named.run
[root@GDKT ~]# mkdir /var/named/chroot/var/named/dynamic
[root@GDKT ~]# touch /var/named/chroot/var/named/dynamic/managed-keys.bind
```

4. 将 Bind 锁定文件设置为可写

```
[root@GDKT ~]# chmod -R 777 /var/named/chroot/var/named/data
[root@GDKT ~]# chmod -R 777 /var/named/chroot/var/named/dynamic
```

5. 将 /etc/named.conf 复制到 bind-chroot 目录

```
[root@GDKT ~]# cp -p /etc/named.conf /var/named/chroot/etc/named.conf
```

6. 将 /var/named 下的区域文件复制到 /var/named/chroot/var/named 目录下

```
[root@GDKT ~]# cp -p /var/named/*.zone /var/named/chroot/var/named/
[root@GDKT ~]# ls /var/named/chroot/var/named
192.168.89.zone  dynamic        my.external.zone.db  named.ca     named.localhost  slaves
data             liuziran.com.cn.zone  my.internal.zone.db  named.empty  named.loopback
```

7. 开机自启动 bind-chroot 服务

```
[root@GDKT ~]# /usr/libexec/setup-named-chroot.sh /var/named/chroot on
[root@GDKT ~]# systemctl stop named
[root@GDKT ~]# systemctl disable named
Removed symlink /etc/systemd/system/multi-user.target.wants/named.service.
[root@GDKT ~]# systemctl start named-chroot
[root@GDKT ~]# systemctl enable named-chroot
Created symlink from /etc/systemd/system/multi-user.target.wants/
```

```
named-chroot.service to /usr/lib/systemd/system/named-chroot.service.
```

8. 重新在客户端测试 DNS 功能（见图 13-4）

```
C:\Users\liuziran>nslookup
默认服务器:  dns.liuziran.com.cn.89.168.192.in-addr.arpa
Address:  192.168.89.129

> www.liuziran.com.cn
服务器:  dns.liuziran.com.cn.89.168.192.in-addr.arpa
Address:  192.168.89.129

名称:    www.liuziran.com.cn
Address:  192.168.89.241
```

图13-4　在客户端测试DNS功能

任务扩展

辅助 DNS 服务器配置

1. 修改主 DNS 服务器中的 named.conf 文件

确保主DNS服务器已配置好，并修改主DNS服务器中的named.conf文件，在options配置段中添加以下语句:

```
options {
    directory "/var/named";
    allow-transfer  { 192.168.89.130; };
};
[root@GDKT ~]# vi /var/named/chroot/etc/named.conf
[root@GDKT ~]# grep allow-transfer /etc/named.conf
        allow-transfer {192.168.89.130;};
```

2. 编辑主 DNS 服务器正向区域文件

编辑主DNS服务器正向区域文件 /var/named/chroot/var/named/tengyi.com.cn.zone，添加如下双色加粗的内容:

```
[root@GDKT ~]# vim /var/named/chroot/var/named/liuziran.com.cn.zone
[root@GDKT ~]# cat /var/named/chroot/var/named/liuziran.com.cn.zone
$TTL 1D
@       IN SOA  dns.liuziran.com.cn. rname.invalid. (
                        0       ; serial
                        1D      ; refresh
                        1H      ; retry
                        1W      ; expire
                        3H )    ; minimum
  NS      dns.liuziran.com.cn.
  NS      slave.liuziran.com.cn.
      A       127.0.0.1
      AAAA    ::1
      MX 10   mail.liuziran.com.cn
dns   A       192.168.89.129
www   A       192.168.89.241
ftp   A       192.168.89.242
mail  A       192.168.89.243
slave A       192.168.89.130
```

3. 编辑主 DNS 服务器反向区域文件

编辑主 DNS 服务器反向区域文件 /var/named/chroot/var/named/192.168.89.zone，添加如下双色加粗的内容：

```
[root@GDKT ~]# vim /var/named/chroot/var/named/192.168.89.zone
[root@GDKT ~]# cat /var/named/chroot/var/named/192.168.89.zone
$TTL 1D
@       IN SOA dns.liuziran.com.cn. rname.invalid. (
                        0       ; serial
                        1D      ; refresh
                        1H      ; retry
                        1W      ; expire
                        3H )    ; minimum
  NS    dns.liuziran.com.cn.
```

```
  NS    slave.liuziran.com.cn.
        A       127.0.0.1
        AAAA    ::1
        PTR     localhost.
        MX 10   mail.liuziran.com.cn.
129     PTR     dns.liuziran.com.cn.
241     PTR     www.liuziran.com.cn.
242     PTR     ftp.liuziran.com.cn.
243     PTR     mail.liuziran.com.cn.
130     PTR     slave.liuziran.com.cn.
[root@GDKT ~]# systemctl restart named-chroot
```

4. 在需要配置辅助 DNS 的服务器上安装 BIND 软件包

安装过程参照基本任务。

```
[root@slave ~]# mount /dev/cdrom /media/
mount: /dev/sr0 is write-protected, mounting read-only
[root@slave ~]# yum -y install bind
```

5. 在辅助服务器上启动 DNS 服务

安装完成后，在辅助服务器上启动 DNS 服务：

```
[root@slave ~]# systemctl start named
```

6. 在辅助 DNS 服务器上编辑 named.conf 文件

在辅助 DNS 服务器上编辑 named.conf 文件，具体内容如下：

```
[root@slave ~]# vim /etc/named.conf
[root@slave ~]# cat /etc/named.conf

options {
    listen-on port 53 { any; };
    listen-on-v6 port 53 { any; };
    directory       "/var/named";
    dump-file       "/var/named/data/cache_dump.db";
    statistics-file "/var/named/data/named_stats.txt";
    memstatistics-file "/var/named/data/named_mem_stats.txt";
    recursing-file  "/var/named/data/named.recursing";
    secroots-file   "/var/named/data/named.secroots";
    allow-query     { any; };

    recursion yes;

    dnssec-enable yes;
    dnssec-validation yes;

    /* Path to ISC DLV key */
    bindkeys-file "/etc/named.iscdlv.key";

    managed-keys-directory "/var/named/dynamic";

    pid-file "/run/named/named.pid";
    session-keyfile "/run/named/session.key";
};

logging {
    channel default_debug {
        file "data/named.run";
        severity dynamic;
    };
};
```

```
zone "." IN {
    type hint;
    file "named.ca";
};

include "/etc/named.rfc1912.zones";
include "/etc/named.root.key";
```

7. 在辅助 DNS 服务器上编辑 named.rfc1912.zones 文件

使用 vi 编辑 named.rfc1912.zones 文件，添加如下内容：

```
[root@slave ~]# vim /etc/named.rfc1912.zones
[root@slave ~]# tail /etc/named.rfc1912.zones
zone "liuziran.com.cn" IN {
    type slave;
file "slaves/liuziran.com.cn.zone";
masterfile-format text;
    masters { 192.168.89.129; };
};
zone "89.168.192.in-addr.arpa" IN {
    type slave;
file "slaves/192.168.89.zone";
masterfile-format text;
    masters { 192.168.89.129; };
};
```

8. 查看 /var/named/slaves 目录

使用以下命令查看 /var/named/slaves 目录，可看到该目录中没有任何文件。

```
[root@slave ~]# ls /var/named/slaves/
```

9. 重启 DNS 服务

使用命令重启 DNS 服务。

```
[root@slave ~]# systemctl restart named
```

10. 再次查看 /var/named/slaves 目录

重启 DNS 服务后，再次查看 /var/named/slaves 目录，可以看到如下内容。

```
[root@slave ~]# ls /var/named/slaves/
192.168.89.zone  liuziran.com.cn.zone
```

11. 编辑网卡脚本文件，设置本机使用的 DNS 服务器为辅助 DNS 服务器的 IP 地址（192.168.89.130）

```
[root@slave ~]# vim /etc/sysconfig/network-scripts/ifcfg-eno16780032
[root@slave ~]# cat /etc/sysconfig/network-scripts/ifcfg-eno16780032
TYPE=Ethernet
BOOTPROTO=none
DEFROUTE=yes
IPV4_FAILURE_FATAL=no
IPV6INIT=yes
IPV6_AUTOCONF=yes
IPV6_DEFROUTE=yes
IPV6_FAILURE_FATAL=no
NAME=eno16780032
UUID=2b05f7b6-acee-4d3c-8672-de3ad2ea085e
DEVICE=eno16780032
ONBOOT=no
IPADDR=192.168.89.130
PREFIX=24
DNS1=192.168.89.130
IPV6_PEERDNS=yes
```

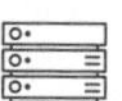

```
IPV6_PEERROUTES=yes
```

12. 使用 nslookup 命令测试辅助 DNS（见图 13-5 和图 13-6）

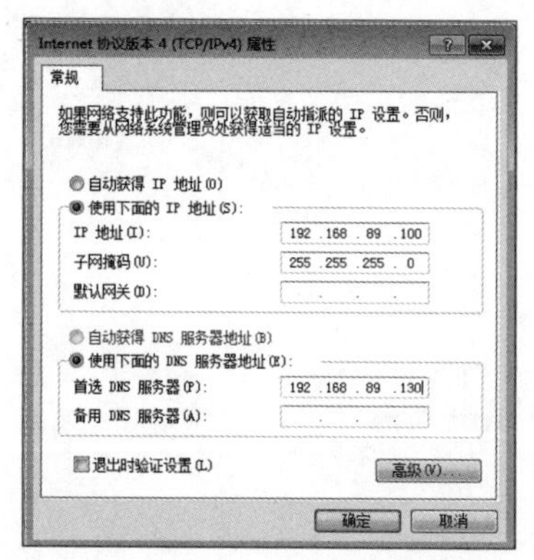
图13-5　在客户端修改网络参数

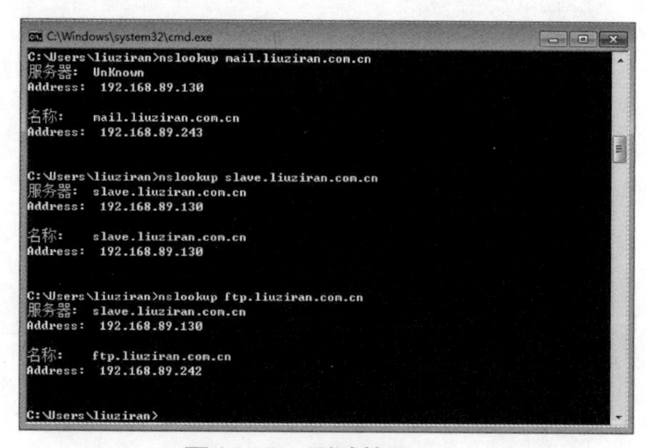
图13-6　测试效果

任务二：简单 DNS 负载均衡

1. 修改正向区域文件

修改 /var/named/chroot/var/named/liuziran.com.cn.zone 文件的内容如下：

```
[root@GDKT ~]# cd /var/named/chroot/var/named/
[root@GDKT named]# vim liuziran.com.cn.zone
TTL 1D
@       IN SOA  dns.liuziran.com.cn. rname.invalid. (
                            0       ; serial
                            1D      ; refresh
                            1H      ; retry
                            1W      ; expire
                            3H )    ; minimum
        NS      dns.liuziran.com.cn.
        A       127.0.0.1
        AAAA    ::1
        MX  10  mail.liuziran.com.cn
dns     A       192.168.89.129
www      A       192.168.89.241
ftp     A       192.168.89.242
mail     A       192.168.89.243
# 后添加的两台 ftp 服务器的 A 记录
ftp     A       192.168.89.245
ftp     A       192.168.89.246
```

2. 修改反向区域文件

同样，在反向区域解析文件 192.168.89.zone 中也添加以下两行：

```
245     PTR      ftp.liuziran.com.cn
246     PTR      ftp.liuziran.com.cn
```

3. 重启 DNS 服务

```
[root@GDKT ~]# systemctl restart named-chroot
```

4. 测试解析效果

重启 DNS 服务后，使用 host 命令进行正向解析的测试：

```
[root@GDKT ~]# host ftp.liuziran.com.cn
ftp.liuziran.com.cn has address 192.168.89.245
ftp.liuziran.com.cn has address 192.168.89.242
ftp.liuziran.com.cn has address 192.168.89.246
```

质量监控单（教师完成）

工单实施栏目评分表

评分项	分值	作答要求	评审规定	得分
任务资讯	3	问题回答清晰准确，能够紧扣主题，没有明显错误项	对照标准答案错误一项扣 0.5 分，扣完为止	
任务实施	7	有具体配置图例，各设备配置清晰正确	A 类错误点一次扣 1 分，B 类错误点一次扣 0.5 分，C 类错误点一次扣 0.2 分	
任务扩展	4	各设备配置清晰正确，没有配置上的错误	A 类错误点一次扣 1 分，B 类错误点一次扣 0.5 分，C 类错误点一次扣 0.2 分	
其他	1	日志和问题项目填写详细，能够反映实际工作过程	没有填或者太过简单每项扣 0.5 分	
合计得分				

职业能力评分表

评分项	等级	作答要求	等级
知识评价	A | B | C	A：能够完整准确地回答任务资讯的所有问题，准确率在 90% 以上。 B：能够基本完成作答任务资讯的所有问题，准确率在 70% 以上。 C：对基础知识掌握得非常差，任务资讯和答辩的准确率在 50% 以下。	
能力评价	A | B | C	A：熟悉各个环节的实施步骤，完全独立完成任务，有能力辅助其他学生完成规定的工作任务，实施快速，准确率高（任务规划和任务实施正确率在 85% 以上）。 B：基本掌握各个环节实施步骤，有问题能主动请教其他同学，基本完成规定的工作任务，准确率较高（任务规划和任务实施正确率在 70% 以上）。 C：未完成任务或只完成了部分任务，有问题没有积极向其他同学请教，工作实施拖拉，不积极，各个部分的准确率在 50% 以下。	
态度素养评价	A | B | C	A：不迟到、不早退，对人有礼貌，善于帮助他人，积极主动完成规定工作任务，工作台完整整洁，回答老师提问科学。 B：不迟到、不早退，在教师督导和他人辅导下，能够完成规定工作任务，回答老师提问较准确。 C：未完成任务或只完成了部分任务，有问题没有积极向其他同学请教，工作实施拖拉不积极，不能准确回答老师提出的问题，各个部分的准确率在 50% 以下。	

教师评语栏

工单 14（Apache2 服务器配置）

工作任务单			
工单编号	C2019111110054	工单名称	Apache2 服务器配置
工单类型	基础型工单	面向专业	计算机网络技术
工单大类	网络运维	能力面向	专业能力
职业岗位	网络运维工程师、网络安全工程师、网络工程师		
实施方式	实际操作	考核方式	操作演示
工单难度	中等	前序工单	
工单分值	24 分	完成时限	8 学时
工单来源	教学案例	建议组数	99
组内人数	1	工单属性	院校工单
版权归属	潘军		
考核点	Web、服务器、网站、httpd、虚拟主机、Apache、SSL、https、http		
设备环境	虚拟机 VMware Workstations 15 和 CentOS 7.2		
教学方法	在常规课程工单制教学当中，可采用手把手教的方式引导学生学习和训练 Apache2 服务器配置的相关职业能力和素养。		
用途说明	本工单可用于网络技术专业 Linux 服务器配置与管理课程或者综合实训课程的教学实训，特别是聚焦于 Apache2 服务器配置训练，对应的职业能力训练等级为初级。		
工单开发	潘军	开发时间	2019-03-11

实施人员信息							
姓名		班级		学号		电话	
隶属组		组长		岗位分工		伙伴成员	

任务目标

实施该工单的任务目标如下：

知识目标

1．了解 HTTP 协议的工作原理及工程过程。

2．了解虚拟主机及类型。

3．了解 Apache 主配置文件所包含的主要配置命令。

能力目标

1．能够安装 Apache 及基本配置。

2．能够配置 Apache 虚拟主机实现一机多站。

3．掌握 Apache 的 SSL 配置。

素养目标

1．了解网络安全法对网站运营者的要求，倡导学生遵规守法、诚实信用。

2．倡导学生文明上网、绿色上网，防止个人信息被窃取、泄露和非法使用。

3．培养学生规划管理能力和实践动手能力。

4．培养学生严谨、规范的职业素质。

任务介绍

腾翼网络公司为了顺应互联网发展趋势，决定让网络部的工程人员架设一台 Web 服务器，并能提供安全加密的 Web 服务，用于公司业务的拓展、产品的推广。公司网络部的管理员经过市场调研，决定使用用户量最大的一个 WWW 服务器软件 Apache 来架设公司的 Web 服务器。

强国思想专栏

《网络安全法》中网站运营者要遵守的规定

网络安全法第九条规定，网络运营者开展经营和服务活动，必须遵守法律、行政法规，尊重社会公德，遵守商业道德，诚实信用，履行网络安全保护义务，接受政府和社会的监督，承担社会责任。

网络安全法第四十三条规定，个人发现网络运营者违反法律、行政法规的规定或者双方的约定收集、使用其个人信息的，有权要求网络运营者删除其个人信息；发现网络运营者收集、存储的其个人信息有错误的，有权要求网络运营者予以更正。网络运营者应当采取措施予以删除或者更正。

网络安全法第四十九条规定，网络运营者应当建立网络信息安全投诉、举报制度，公布投诉、举报方式等信息，及时受理并处理有关网络信息安全的投诉和举报。

网络不是法外之地，倡导学生学生文明上网、绿色上网，遵规守法、诚实信用，防止个人信息被窃取、泄露和非法使用。

任务资讯（5 分）

（1 分）1．HTTP 协议的工作原理是什么？

（1 分）2．HTTP 协议有哪些工作过程？

（1 分）3．Apache 主配置文件包含哪些主要配置命令（最少列出 5 个）？各配置命令如何使用？

（1 分）4．什么是虚拟主机？有哪几种类型？

（1 分）5．SSL 协议的工作原理是什么？ HTTPS 默认使用的端口号是多少？

注意： 问题 1 ~ 2 可以参看视频 1，问题 3 可参看视频 2，问题 4 可参看视频 3，问题 5 可参看视频 4。

视频1	视频2	视频3	视频4

HTTP 工作原理和工作过程	Apache 简介和主配置文件	Apache 配置虚拟主机	SSL 和基于 SSL 的虚拟主机简介

任务规划

任务规划如下：

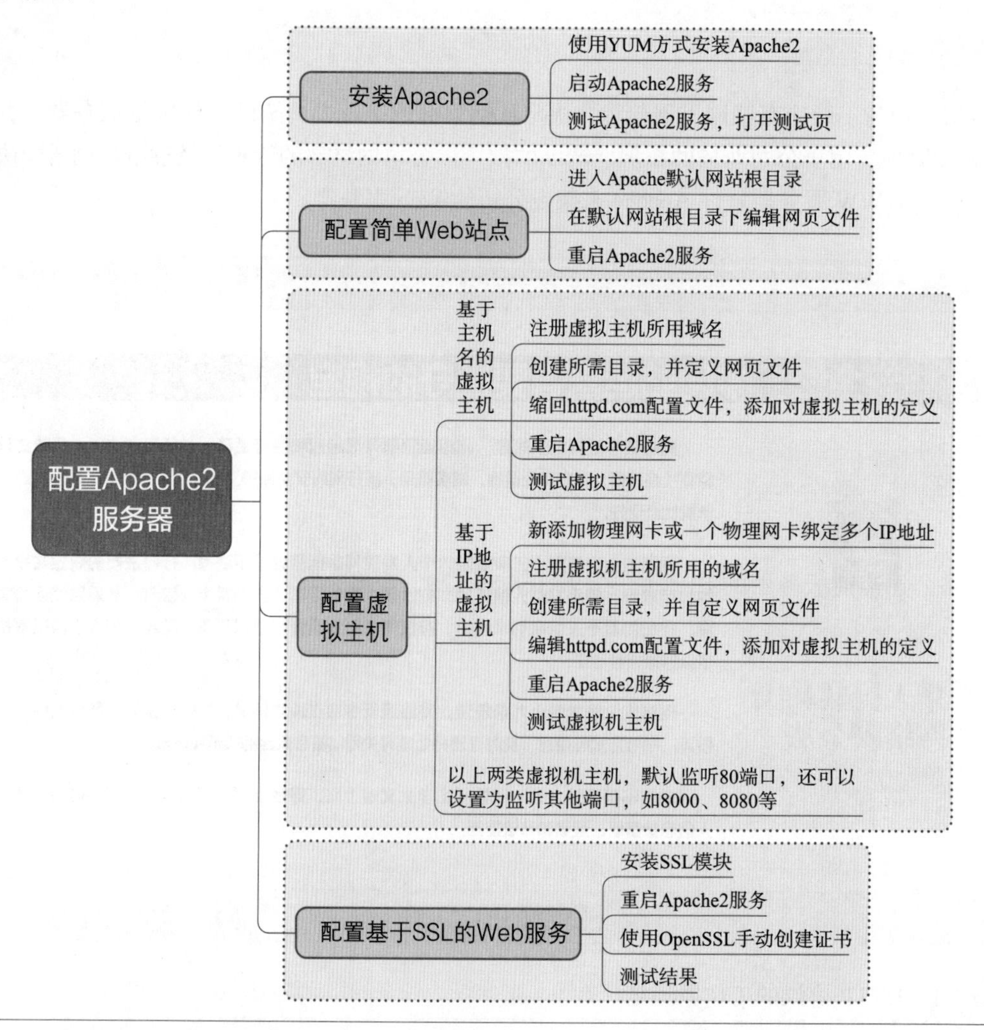

任务实施（14 分）

任务一：安装 Apache

腾翼网络公司的管理员计划为公司搭建一个 Web 服务器，但在搭建之前需要先安装 Apache 服务器程序。本任务将介绍安装 Apache 服务器的方法，并介绍启动、关闭和重启 Apache 服务器的方法。

注意： 完成此工单之前，应该已经完成 YUM 本地 repo 文件的建立，关闭了防火墙和 Selinux，配置了 IP 地址。由于此课程工单所有服务器配置之前都做以上相同的准备工作。所以，准备工作的具体操作不再赘述。

（0.5 分）（1）安装 Apache 服务器程序。

（0.5 分）（2）启动 Apache 服务器。

（0.5 分）（3）测试 Web 服务。

任务二：配置简单 Web 站点

腾翼网络公司的管理员为了掌握 Web 服务器的搭建流程，准备先搭建一个简单的 Web 站点来熟悉该过程，然后循序渐进地完成更复杂的配置。如果要搭建一个简单的 Web 的站点，只需要在 Web 服务器的站点根目录中创建相关的 .html 网页文件，再重启服务即可。

（0.5 分）（1）进入 Web 服务器的站点根目录。

（0.5 分）（2）在站点根目录下编辑主页文件 index.htm（内容自定义为本人姓名）。

（0.5 分）（3）重启 Apache 服务。

（0.5 分）（4）打开浏览器，测试简单 Web 站点的主页效果。

任务三：配置基于主机名的虚拟主机

实例 1：

腾翼网络公司当前服务器的 IP 地址为 192.168.89.129，现要在该服务器上创建两个基于域名的虚拟主机，使用端口为标准的 80，其域名分别为 www1.myweb.com.cn 和 www2.myweb.com.cn，站点根目录分别为 /var/www/myweb1 和 /var/www/myweb2，Apache 服务器原来的主站点采用域名 www.myweb.com.cn 进行访问。

注意： 请把 myweb 置换为个人姓名全拼。IP 地址可以和此工单的地址不一致（下同）。

（0.5 分）（1）注册虚拟主机所要使用的域名

方法一：修改 /etc/hosts 文件。

方法二：修改 BIND 服务器的主机 A 记录，实现域名解析（用此方法额外加 3 分）。

（0.5 分）（2）创建所需的目录，分别创建 index.html 页面文件，并分别输入不同的内容，以示区别。

（0.5 分）（3）编辑 httpd.conf 配置文件，文件末尾中添加对虚拟主机的定义。

（0.5 分）（4）保存 httpd.conf 配置文件，重启 Apache 服务。

（0.5 分）（5）测试虚拟主机。

实例 2：

腾翼网络公司当前服务器的 IP 地址为 192.168.89.129，现要在该服务器创建两个基于域名的虚拟主机，域名分别为 www3.myweb.com.cn 和 www4.myweb.com.cn，每个虚拟主机的 80 端口和 8080 端口，分别服务于一个 Web 站点，其站点根目录分别为 /var/www/myweb3-80、/var/www/myweb3-8080、/var/www/myweb4-80 和 /var/www/myweb4-8080。

注意：请把 myweb 置换为个人姓名全拼。

（0.5 分）（1）注册虚拟主机所使用的域名。

注意：要求同任务 3 的实例 1。同样的，使用 BIND 服务器解析域名额外加 3 分。

（0.5 分）（2）创建各站点所需的目录，再分别创建一个内容不同的 index.html 文件（内容自定义）

（0.5 分）（3）编辑 httpd.conf 配置文件，设置 Listen 指令监听的端口为 80 和 8080。

（0.5 分）（4）在 httpd.conf 配置文件中添加对虚拟主机的定义。

（0.5 分）（5）保存 httpd.conf 配置文件，然后重启 Apache 服务器。

（0.5 分）（6）测试各 Web 站点。

任务四：配置基于 IP 地址的虚拟主机

实例 1：

腾翼网络公司当前服务器有两块网卡 eno16777736 和 eno33554984，eno16777736 网卡的 IP 地址为 192.168.89.129，eno33554984 网卡的 IP 地址为 192.168.90.129。eno16777736 网卡用作基于主机名的虚拟主机，现在用 eno33554984 网卡，为其绑定多个 IP 地址，用于提供基于 IP 地址的虚拟主机。eno33554984 网卡的配置文件为 /etc/sysconfig/network-scripts/ifcfg-eno33554984，eno33554984 网卡绑定的 IP 地址设置为 192.168.90.130。

现在使用 192.168.90.129 和 192.168.90.130 两个 IP 地址，使其对应的域名分别为 www5.liuziran.com.cn 和 www6.liuziran.com.cn，试为其创建基于 IP 地址的虚拟主机，端口使用 80。这两个站点的根目录分别为 /var/www/w5 和 /var/www/w6。

（0.5 分）（1）添加新的网卡，类型为 VMNet8，并为网卡绑定 IP 地址。

注意：CentOS 7 的网卡名称不一定和实验背景描述的相同。

（0.5 分）（2）注册虚拟主机所要使用的域名。

注意：要求同任务 3 的实例 1。同样的，使用 BIND 服务器解析域名额外加 3 分。

（0.5 分）（3）创建 Web 站点根目录，分别创建内容不同的 index.html 主页文件。

（0.5 分）（4）配置虚拟主机，保存配置文件。

（0.5 分）（5）重启 Apache 服务器，然后测试虚拟主机。

实例 2：

在实例 1 的基础上，为这两个域再增加 8080 端口，使其也能在 8080 端口发布另外的 Web 站点。在 8080 端口的 Web 站点根目录，分别为 /var/www/w5-8080 和 /var/www/w6-8080。

（0.5 分）（1）创建所需的站点根目录，再分别创建 index.html 文件。

（0.5 分）（2）编辑 httpd.conf 配置文件，设置 Listen 指令监听的端口为 80 和 8080。

（0.5 分）（3）在 httpd.conf 配置文件中添加对虚拟主机的定义。

（0.5 分）（4）保存 httpd.conf 配置文件，然后重启 Apache 服务器。

（0.5 分）（5）测试各 Web 站点。

注意：任务一～任务四可以参看视频 5 至视频 8。

视频5

任务一 安装和启动 Apache

视频6

任务二 配置简单的 Web 站点

视频7

任务三 基于主机名的虚拟主机

视频8

任务四 基于 IP 地址的虚拟主机

任务扩展（4 分）

（1 分）（1）安装 SSL 模块。

（1 分）（2）安装完成，重启 Apache 服务。

（1 分）（3）使用 OPENSSL 手动创建证书。

（1 分）（4）进行测试（注意网址是否变为 https:// 的表达形式）。

注意：任务扩展可以参看视频 9。

视频9

HTTP 启动 SSL 协议实现安全访问

工作日志（0.5 分）

（0.5 分）实施工单过程中填写如下日志：

工作日志表

日　期	工作内容	问题及解决方式

总结反思（0.5 分）

（0.5 分）请编写完成本任务的工作总结：

学习资源集

任务资讯

一、HTTP 简介

HTTP（HyperText Transfer Protocol，超文本传输协议）是用于从 WWW 服务器传输超文本到本地浏览器的传输协议。它可以使浏览器更加高效，使网络传输减少。它不仅保证计算机正确快速地传输超文本文档，还确定传输文档中的哪一部分，以及哪部分内容首先显示（如文本先于图形）等。

HTTP 是客户端浏览器或其他程序与 Web 服务器之间的应用层通信协议。在 Internet 的 Web 服务器上存放的都是超文本信息，客户机需要通过 HTTP 协议传输所要访问的超文本信息。HTTP 包含命令和传输信息，不仅可用于 Web 访问，也可以用于其他因特网 / 内联网应用系统之间的通信，从而实现各类应用资源超媒体访问的集成。

访问 WWW 服务器时，使用的域名前都以 http:// 的形式开头，表示访问的是一个支持 HTTP 协议的 WWW 服务器中的网页。因此，在浏览器中输入网址时，大部分时候前面都需要添加上 http:// 这部分内容。在浏览器的地址栏中输入的网站地址称为 URL（统一资源定位符）。就像每家每户都有一个门牌地址一样，每个网页也都有一个 Internet 地址。当在浏览器的地址栏中输入一个 URL 或是单击一个超链接时，URL 就确定了要浏览的地址。浏览器通过 HTTP 协议，将 Web 服务器上站点的网页代码提取出来，并翻译成漂亮的网页。

HTTP 协议具有无连接和无状态两个特点。

无连接：无连接的含义就是限制每次连接只处理一个请求。服务器处理完客户的请求并收到客户的应答后，立即断开连接。采用这种方式可以节省传输时间。

无状态：HTTP 协议是无状态协议。无状态是指协议对于事务处理没有记忆能力。缺少状态意味着如果后续处理需要前面的信息，则它必须重传，这样可能导致每次连接传送的数据量增大。

二、HTTP 工作方式

HTTP 协议是基于请求 / 响应方式进行工作的。客户机与服务器建立连接后，发送一个请求给服务器。服务器接到请求后，给予相应的响应信息。而服务器不会主动请求客户机做什么。

在 Internet 中，HTTP 通信通常发生在 TCP/IP 连接之上。其默认端口是 TCP 80，也可使用其他端口。HTTP 的具体工作过程如下。

1）建立连接

建立连接是通过申请套接字（Socket）实现的。客户机打开一个套接字并将其约束在一个端口上，如果成功，就相当于建立了一个虚拟文件，以后就可以在该虚拟文件上写数据并通过网络向外传送。

2）发送请求信息

建立连接后，客户机会发送一个请求信息到服务器的监听端口上，完成提出请求的动作。

3）发送响应信息

服务器在监听端口接收到客户机的请求之后，按请求的内容进行处理（如获取一个网页），在处理完客户的请求之后向客户机发送响应信息。客户机收到服务器的响应信息后，开始处理连接中的数据。

4）关闭连接

客户机和服务器双方都可以通过关闭套接字来结束 TCP/IP 对话。如客户机在下载网页信息时，可通过关闭浏览器来关闭会话。

三、Apache 配置文件

Apache 的配置文件 httpd.conf 位于 /etc/httpd/conf 目录下，是包含了若干指令的纯文本文件，在 Apache 启动时，会自动读取配置文件中的内容，并根据配置指令影响 Apache 服务器的运行。配置文件改变后，只有在下次启动或重新启动后才会生效。若是用源代码安装的 Apache，则其配置文件可能不在 /etc/httpd/conf 目录下，而在用户设置的安装位置了。

配置文件中的内容分为注释行和服务器配置命令行。行首有“#”的即为注释行，注释不能出现在指令的后边，除了注释行和空行外，服务器会认为其他行都是配置命令行。配置文件中的指令不区分大小写，但指令的参数通常是对大小写比较敏感的。对于较长的配置命令，行末可使用反斜杠“\”换行，但反斜杠与下一行之间不能有任何其他字符（包括空格）。

整个配置文件总体上划分为三部分（section），第一部分为全局环境设置，主要用于设置 ServerRoot、主进程号的保存文件、对进程的控制、服务器侦听的 IP 地址和端口以及要装载的动态状态模块（Dynamic Shared Object，DSO）等；第二部分是服务器的主要配置指定位置；第三部分用于设置和创建虚拟主机。

Apache 的配置命令由内核和模块共同提供，配置命令很多，下面介绍一些常用的配置命令。

1. 常规配置命令

1）ServerRoot

用于设置服务器的根目录，默认设置为 /etc/httpd，一般不需要修改。服务器根目录是 Apache 配置文件和日志文件的基础目录，也是所有和 Apache 服务器相关的文件的根目录。若 Apache 的安装位置发生改变，则应更改，该配置命令的用法为：

```
ServerRoot  apache安装路径
```

2）ServerName

设置服务器用于辨识自己的主机名和端口号，该设置仅用于重定向和虚拟主机的识别。该配置命令的用法为：

```
ServerName  完整的域名 [: 端口号 ]
```

对于 Internet Web 服务器，应保证该名称是 DNS 服务器中的有效记录。默认配置文件中对此没有设置，应根据服务器的实际情况进行设置。

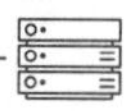

比如当前 Web 服务器的域名为 www.wing.com，则可设置为：

```
ServerName  www.wing.com
```

或设置为：

```
ServerName  www.wing.com: 80
```

当没有指定 ServerName 时，服务器会尝试对 IP 地址进行反向查询来获得主机名。如果在服务器中没有指定端口号，服务器会使用接收请求的端口。为了加强可靠性和可预测性，应使用 ServerName 显式地指定一个主机名和端口号。

3）Listen

Listen 命令告诉服务器接收来自指定端口或者指定地址的某端口的请求。如果 Listen 仅指定了端口，则服务器会监听本机的所有地址，如果指定了地址和端口，则服务器只监听来自该地址和端口的请求。利用多个 Listen 指令，可以指定要监听的多个地址和端口，比如，在使用虚拟主机时，对不同的 IP、主机名和端口需要作出不同的响应，此时就必须明确指出要监听的地址和端口。其命令用法为：

```
Listen  [ IP 地址 ] 端口号
```

Web 服务器使用标准的 80 端口，若要对当前主机的 80 端口进行监听，则配置命令为：

```
Listen  80
```

假设当前服务器绑定了 61.186.190.109 和 61.186.190.110 两个 IP 地址，现需要对其 80 端口和 8080 端口进行监听，则配置命令为：

```
Listen  61.186.190.109: 80
Listen  61.186.190.109: 8080
Listen  61.186.190.110: 80
Listen  61.186.190.110: 8080
```

4）ServerAdmin

用于设置 Web 站点管理员的 E-mail 地址。当服务器产生错误时（如指定的网页无法找到），服务器返回给客户端的错误信息中将包含该邮件地址，以告诉用户该向谁报告错误。其命令用法为：

```
ServerAdmin  E-mail 地址
```

5）DocumentRoot

用于设置 Web 服务器的站点根目录，其命令用法为：

```
DocumentRoot  目录路径名
```

默认设置为：

```
DocumentRoot /var/www/html
```

设置时注意，目录路径名的最后不能加“/”，否则将会发生错误。

6）DirectoryIndex

用于设置站点主页文件的搜索顺序，各文件间用空格分隔。

例如，要将主页文件的搜索顺序设置为 index.php、index.htm、index.html、default.htm，则配置命令为：

```
DirectoryIndex index.php index.htm index.html default.htm
```

7）User 与 Group

User 用于设置服务器以哪种用户身份来响应客户端的请求。Group 用于设置将由哪一组来响应用户的请求。可用“#”加用户 ID 号或组 ID 号来表达，默认设置为：

```
User apache
Group apache
```

为了系统安全考虑，可将 User 与 Group 设置为权限较小的 nobody。千万不要把 User 与 Group 设置为 root。

8）AddDefaultCharset

用于指定默认的字符集。命令用法为：

```
AddDefaultCharset  字符集名称
```

Apache 默认的字符集为 UTF-8，对于含有中文字符的网页，若网页中没有指定字符集，则在显示中文时会出现乱码，解决的办法就是将默认字符集设置为 GB2312，其配置命令为：

```
AddDefaultCharset  GB2312
```

2. 性能配置命令

1）持续连接配置

一般情况下，每个 HTTP 请求和响应都使用一个单独的 TCP 连接，服务器每次接收一个请求时，都会打开一个 TCP 连接并在请求结束后关闭该连接。若能对多个处理重复使用同一个连接，则可减少打开 TCP 连接和关闭 TCP 连接的负担，从而提高服务器的性能。

（1）TimeOut：用于设置连接请求超时的时间，单位为秒。默认设置值为 60，超过该时间，连接将断开。若网速较慢，可适当调大该值。

（2）KeepAlive：用于启用持续的连接或者禁用持续的连接。其命令用法：KeepAlive On|Off。配置文件中的默认设置为 KeepAlive On。

（3）MaxKeepAliveRequests：用于设置在一个持续连接期间允许的最大 HTTP 请求数目。若设置为 0，则没有限制；默认设置为 100，可以将该值适当加大，以提高服务器的性能。

（4）KeepAliveTimeout：用于设置在关闭 TCP 连接之前，等待后续请求的秒数。一旦接收请求建立了 TCP 连接之后，就开始计时，若超出该设定值还没有接收到后续的请求，则该 TCP 连接将被断开。默认设置为 15 s。

2）控制 Apache 进程

对于使用 prefork 多道处理模块的 Apache 服务器，对进程的控制，可在 prefork.c 模块中进行设置或修改。配置文件的默认设置为：

```
<IfModule prefork.c>
StartServers           8
MinSpareServers        5
MaxSpareServers        20
ServerLimit            256
MaxClients             256
MaxRequestsPerChild    4000
</IfModule>
```

在配置文件中，属于特定模块的指令要用 <IfModule > 指令包含起来，使之有条件地生效。<IfModule prefork.c> 表示如果 prefork.c 模块存在，则在 <IfModule prefork.c> 与 </IfModule > 之间的配置指令将被执行，否则不会被执行。下面分别介绍各配置项的功能。

（1）StartServers：用于设置服务器启动时启动的子进程的个数。

（2）MinSpareServers：用于设置服务器中空闲子进程（即没有 HTTP 处理请求的子进程）数目的下限。若空闲子进程数目小于该设置值，父进程就会以极快的速度生成子进程。

（3）MaxSpareServers：用于设置服务器中空闲子进程数目的上限。若空闲子进程超过该设置值，则父进程就会停止多余的子进程。一般只有在站点非常繁忙的情况下，才有必要调大该设置值。

（4）ServerLimit：默认的 MaxClient 最大是 256 个线程，如果想设置更大的值，就得加上 ServerLimit 参数。20000 是 ServerLimit 参数的最大值。如果需要更大，则必须编译 Apache，此前都是不需要重新编译 Apache。生效前提：必须放在其他指令的前面。

（5）MaxClients：限定同一时间客户端最大接入请求的数量（单个进程并发线程数），默认为 256。任何超过 MaxClients 限制的请求都将进入等候队列，一旦一个连接被释放，队列中的请求将得到服务。要增大这个值，必须同时增大 ServerLimit（与 MaxClient 值相同）。

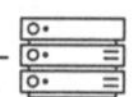

（6）MaxRequestsPerChild：每个子进程在其生存期内允许处理的最大请求数量，默认为4000。当到达上限后，子进程将会结束。如果 MaxRequestsPerChild 设置为 0，子进程将永远不会结束。

3. 日志配置命令

对于 Web 站点，日志文件必不可少，它记录着服务器处理的所有请求、运行状态和一些错误或警告等信息。要了解服务器上发生了什么，就必须检查日志文件，虽然日志文件只记录已经发生的事件，但是它会让管理员知道服务器遭受的攻击，并有助于判断当前系统是否提供了足够的安全保护等级。

1）ErrorLog

用于指定服务器存放错误日志文件的位置和文件名，默认设置为 ErrorLog logs/error_log。

此处的路径是相对于 ServerRoot 目录的路径。在 error_log 日志文件中，记录了 Apache 守护进程 httpd 发出的诊断信息和服务器在处理请求时所产生的出错信息。在启动 Apache 服务器出现故障时，应查看该文件以了解出错原因。

2）LogLevel

用于设置记录在错误日志中的信息的详细程度。依照重要性降序排列，其记录级别如表 14-1 所示。

表 14-1　记录级别

级　别	说　明	级　别	说　明
emerg	紧急，系统将无法使用	warn	警告情况
alert	必须立即采取措施	notice	一般重要情况
crit	致命情况	info	普通信息
error	错误情况	debug	出错级别信息

当指定了某特定级别后，所有级别高于它的信息也将被记录在日志文件中。配置文件中的默认设置级别为 warn，可根据需要进行调整。级别设置过低，将会导致日志文件急剧增大。

4. 容器与访问控制指令

1）容器指令简介

容器指令通常用于封装一组指令，使其在容器条件成立时有效，或者用于改变指令的作用域。容器指令通常成对出现，具有以下格式特点：

```
< 容器指令名 参数 >
    …
</ 容器指令名 >
```

比如：

```
<IfModule mod_mime_magic.c>
   MIMEMagicFile conf/magic
</IfModule>
```

<IfModule> 容器用于判断指定的模块是否存在，若存在，则包含于其中的指令将有效，否则会被忽略。此处配置指令的含义是：若 mod_mime_magic 模块存在，则用 MIMEMagicFile 指令，将 conf/magic 配置文件包含进当前的配置文件中。<IfModule> 容器可以嵌套使用。

除了 <IfModule> 容器外，Apache 还提供了 <Directory>、<Files>、<Location>、<VirtualHost> 等容器指令。其中，<VirtualHost> 用于定义虚拟主机；<Directory>、<Files>、<Location> 等容器指令主要用来封装一组指令，使指令的作用域限制在容器指定的目录、文件或某个以 URL 开始的地址。在容器中，通过使用访问控制指令，可实现对这些目录、文件或 URL 地址的访问控制。

2）访问控制指令

访问控制指令由 Apache 的内建模块 mod_access 提供，它能实现基于 Internet 主机名的访问控制，其主机名可以是域名，也可以是一个 IP 地址，建议尽量使用 IP 地址，以减少 DNS 域名解析。相关的指令主要有 Allow、Deny 和 Order。

（1）Allow：

命令用法：

```
Allow from host-list
```

命令功能：指定允许访问的主机。host-list 代表主机名列表，各主机名间用空格分隔。该指令常用于 <Directory>、<Files>、<Location> 等容器中，以设置允许访问指定目录、文件或 URL 地址的主机。

比如，允许 61.186.190.189 主机访问，则实现命令为：

```
Allow from 61.186.190.189
```

若要允许所有的主机访问，则实现命令为：

```
Allow from all
```

（2）Deny：

命令用法：

```
Deny from host-list
```

命令功能：该命令与 Allow 命令刚好相反，用于指定禁止访问的主机名。

（3）Order：

命令用法：

```
Order allow,deny | deny,allow | mutual-failure
```

命令功能：用于指定 allow 和 deny 语句，哪一个先执行。其具体用法有以下三种。

♦ Order allow,deny：allow 语句在 deny 语句之前执行。若主机没有被特别指出允许访问，则该主机将被拒绝访问该资源。

♦ Order deny,allow：deny 在 allow 之前进行控制。若主机没有被特别指出拒绝访问，则该主机将被允许访问。

♦ Order mutual-failure：只有那些在 allow 语句中被指定，同时又没有出现在 deny 语句中的主机，才允许访问。若主机在两条指令中都没有出现，则将被拒绝访问。

3）对目录、文件和 URL 操作的容器

（1）<Directory> 容器。<Directory> 容器用于封装一组指令，使其对指定的目录及其子目录有效。该指令不能嵌套使用，其命令用法如下：

```
<Directory 目录名 >
    …
</Directory>
```

容器中所指定的目录名可以采用文件系统的绝对路径，也可以是包含通配符的表达式。比如要设置所有主机均能访问 /etc/httpd/conf 目录，则容器配置指令为：

```
<Directory /etc/httpd/conf>
    Order allow, deny
    Allow from all
</Directory>
```

若要禁止所有主机通过 Apache 服务访问文件系统的根目录，则配置指令为：

```
<Directory />
  Order deny,allow
    Deny from all
</Directory>
```

目录名可使用“*”或“？”通配符，“*”代表任意个字符，但不能通配“/”符号。“？”代表一个任意的字符。

（2）<Files> 容器。<Files> 容器作用于指定的文件，而不管该文件实际存在于哪个目录。其命令用法如下：

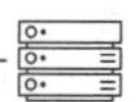

```
<Files 文件名>
   …
</Files>
```

文件名可以是一个具体的文件名，也可以使用“*”和“？”通配符。另外，还可以使用正则表达式来表达多个文件，此时要在正则表达式前多加一个“~”符号。

该容器通常嵌套在 <Directory> 容器中使用，以限制其所作用的文件系统范围。比如：

```
<Directory /etc/httpd/conf>
   <Files private.html>
     Order allow, deny
     Deny from all
   </Files>
</Directory>
```

以上配置将拒绝对 conf 目录及其所有子目录下的 private.html 文件进行访问。

③ <Location> 容器。<Location> 容器是针对 URL 地址进行访问限制的，而不是 Linux 的文件系统。其命令用法如下：

```
<Location URL>
   …
</Location>
```

比如要拒绝除 61.186.190.190 以外的主机，对 URL 以 /assistant 开头的访问，则配置命令为：

```
<Location /assistant>
Order deny,allow
Deny from all
Allow from 61.186.190.190
</Location>
```

在<Location>容器中，/assistant代表Web站点根目录下的assistant目录。而在<Directory>容器中，最左边的“/”代表的是 Linux 文件系统的根目录。

通过以上设置后，除 61.186.190.190 主机外，对 Web 站点根目录下的 assistant 目录，以及对其子目录中的页面访问，都将被禁止。

5. htaccess 文件

.htaccess 文件又称分布式配置文件，在该文件中也可放置一些配置指令，以作用于该文件所在的目录以及其下的所有子目录。该文件可位于多个目录中，以分别对这些目录进行控制。功能上类似于 <Directory> 容器，但 <Directory> 和 <Location> 容器不能用在 .htaccess 文件中，<Files> 容器可以用于该文件。

.htaccess 文件在 httpd.conf 配置文件中，由以下命令配置指定。

```
AccessFileName .htaccess
```

.htaccess 文件的语法与主配置文件相同。由于对每次请求都会读取 .htaccess 文件，所以对这些文件的修改会立即生效。

任务实施

任务一：安装 Apache

1. 安装 Apache 服务器程序

```
[root@GDKT ~]# yum -y install httpd
```

2. 启动 Apache 服务器

```
[root@GDKT ~]# systemctl start httpd
```

3. 测试 Web 服务（见图 14-1）

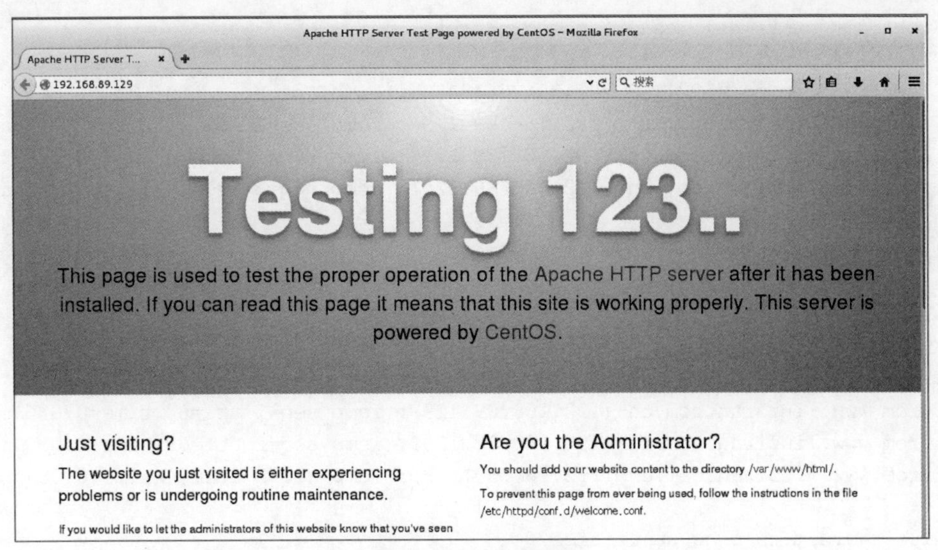

图14–1　测试页面

任务二：配置简单 Web 站点

1. 进入 Web 服务器的站点根目录

```
[root@GDKT ~]# cd /var/www/html/
```

2. 在站点根目录下编辑主页文件 index.htm（内容自定义为本人姓名）

```
[root@GDKT html]# ls
[root@GDKT html]# vim index.html
[root@GDKT html]# cat index.html
Hello! Welcome to Liuzrian's Homepage!
```

3. 重启 Apache 服务

```
[root@GDKT html]# systemctl restart httpd
```

4. 打开浏览器并测试简单 Web 站点的主页效果（见图 14–2）

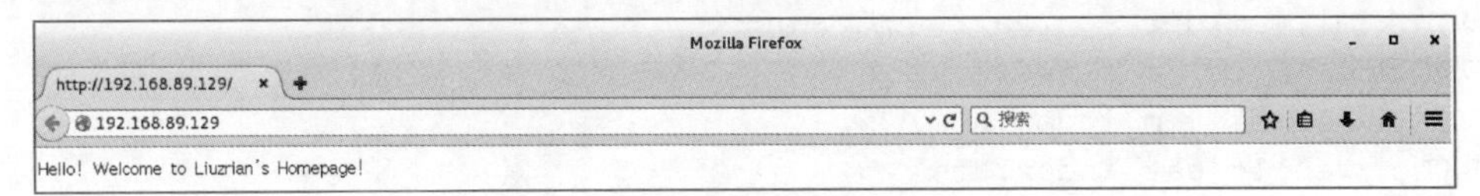

图14–2　测试简单Web站点主页

任务三：配置基于主机名的虚拟主机

实例 1：

1. 注册虚拟主机所要使用的域名

方法一：

```
[root@GDKT html]# vim /etc/hosts
[root@GDKT html]# tail -1 /etc/hosts
192.168.89.129 www.liuziran.com.cn www1.liuziran.com.cn www2.liuziran.com.cn
```

方法二：

```
[root@GDKT html]# vim /var/named/chroot/var/named/liuziran.com.cn.zone
[root@GDKT html]# tail -2 /var/named/chroot/var/named/liuziran.com.cn.zone
www1     A        192.168.89.129
www2     A        192.168.89.129
```

```
[root@GDKT html]# systemctl restart named-chroot
[root@GDKT html]# ping www.liuziran.com.cn
PING www.liuziran.com.cn (192.168.89.129) 56(84) bytes of data.
64 bytes from www.liuziran.com.cn (192.168.89.129): icmp_seq=1 ttl=64 time=0.048 ms
64 bytes from www.liuziran.com.cn (192.168.89.129): icmp_seq=2 ttl=64 time=0.040 ms
64 bytes from www.liuziran.com.cn (192.168.89.129): icmp_seq=3 ttl=64 time=0.041 ms
^C
--- www.liuziran.com.cn ping statistics ---
3 packets transmitted, 3 received, 0% packet loss, time 2000ms
rtt min/avg/max/mdev = 0.040/0.043/0.048/0.003 ms
[root@GDKT html]# ping www1.liuziran.com.cn
PING www.liuziran.com.cn (192.168.89.129) 56(84) bytes of data.
64 bytes from www.liuziran.com.cn (192.168.89.129): icmp_seq=1 ttl=64 time=0.036 ms
64 bytes from www.liuziran.com.cn (192.168.89.129): icmp_seq=2 ttl=64 time=0.039 ms
64 bytes from www.liuziran.com.cn (192.168.89.129): icmp_seq=3 ttl=64 time=0.084 ms
^C
--- www.liuziran.com.cn ping statistics ---
3 packets transmitted, 3 received, 0% packet loss, time 1999ms
rtt min/avg/max/mdev = 0.036/0.053/0.084/0.021 ms
[root@GDKT html]# ping www2.liuziran.com.cn
PING www.liuziran.com.cn (192.168.89.129) 56(84) bytes of data.
64 bytes from www.liuziran.com.cn (192.168.89.129): icmp_seq=1 ttl=64 time=0.038 ms
64 bytes from www.liuziran.com.cn (192.168.89.129): icmp_seq=2 ttl=64 time=0.035 ms
64 bytes from www.liuziran.com.cn (192.168.89.129): icmp_seq=3 ttl=64 time=0.039 ms
64 bytes from www.liuziran.com.cn (192.168.89.129): icmp_seq=4 ttl=64 time=0.044 ms
^C
--- www.liuziran.com.cn ping statistics ---
4 packets transmitted, 4 received, 0% packet loss, time 3000ms
rtt min/avg/max/mdev = 0.035/0.039/0.044/0.003 ms
[root@GDKT html]#
```

2. 创建所需的目录

分别创建 index.html 页面文件，并分别输入不同的内容，以示区别。

```
[root@GDKT html]# mkdir -p /var/www/myweb1
[root@GDKT html]# mkdir -p /var/www/myweb2
[root@GDKT html]# cd /var/www/myweb1
[root@GDKT myweb1]# vim index.html
[root@GDKT myweb1]# cat index.html
This is www1.liuziran.com.cn
[root@GDKT myweb1]# cd /var/www/myweb2
[root@GDKT myweb2]# vim index.html
[root@GDKT myweb2]# cat index.html
This is www2.liuziran.com.cn
```

3. 编辑 httpd.conf 配置文件，文件末尾中添加对虚拟主机的定义

```
[root@GDKT myweb2]# vim /etc/httpd/conf/httpd.conf
[root@GDKT myweb2]# tail -13 /etc/httpd/conf/httpd.conf
NameVirtualHost 192.168.89.129:80
<VirtualHost 192.168.89.129:80>
DocumentRoot /var/www/html
 ServerName www.liuziran.com.cn
</VirtualHost>
<VirtualHost 192.168.89.129:80>
DocumentRoot /var/www/myweb1
 ServerName www1.liuziran.com.cn
</VirtualHost>
```

```
<VirtualHost 192.168.89.129:80>
DocumentRoot /var/www/myweb2
 ServerName www2.liuziran.com.cn
</VirtualHost>
[root@GDKT myweb2]#
```

4. 保存 httpd.conf 配置文件，重启 Apache 服务

```
[root@GDKT myweb2]# systemctl restart httpd
```

5. 测试虚拟主机

启动浏览器，然后在地址栏中输入 http://www.liuziran.com.cn 并按【Enter】键，若能看到 index.html 页面的内容，则虚拟主机创建成功。再分别输入 http://www1.liuziran.com.cn 和 http://www.liuziran.com.cn 并按【Enter】键，查看虚拟主机对应的 Web 站点工作是否正常，如图 14-3 所示。

实例 2：

1. 注册虚拟主机所使用的域名

方法一：

```
[root@GDKT ~]# tail -1 /etc/hosts
192.168.89.129 www.liuziran.com.cn www1.liuziran.com.cn www2.
liuziran.com.cn www3.liuziran.com.cn www4.liuziran.com.cn
[root@GDKT ~]#
```

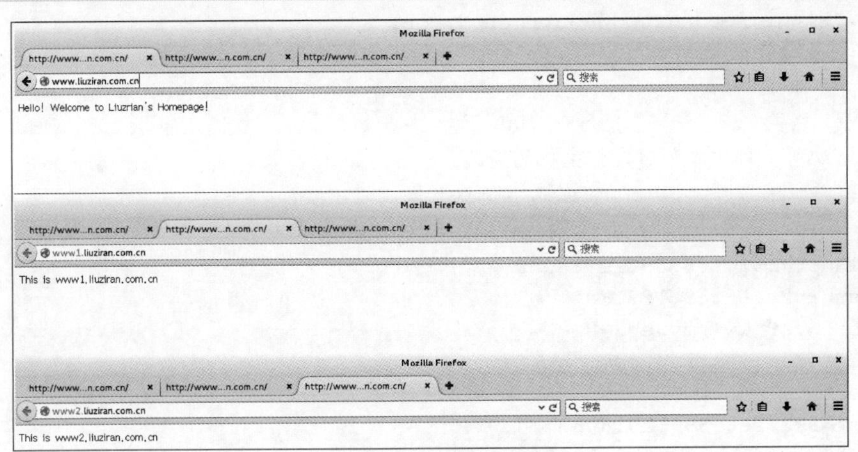

图14-3 测试页面

方法二：

```
[root@GDKT ~]# vim /var/named/chroot/var/named/liuziran.com.cn.zone
[root@GDKT ~]# tail -4 /var/named/chroot/var/named/liuziran.com.cn.zone
www1    A       192.168.89.129
www2    A       192.168.89.129
www3    A       192.168.89.129
www4    A       192.168.89.129
[root@GDKT ~]# ping www3.liuziran.com.cn
PING www.liuziran.com.cn (192.168.89.129) 56(84) bytes of data.
64 bytes from www.liuziran.com.cn (192.168.89.129): icmp_seq=1 ttl=64 time=0.046 ms
64 bytes from www.liuziran.com.cn (192.168.89.129): icmp_seq=2 ttl=64 time=0.044 ms
64 bytes from www.liuziran.com.cn (192.168.89.129): icmp_seq=3 ttl=64 time=0.042 ms
64 bytes from www.liuziran.com.cn (192.168.89.129): icmp_seq=4 ttl=64 time=0.038 ms
64 bytes from www.liuziran.com.cn (192.168.89.129): icmp_seq=5 ttl=64 time=0.040 ms
^C
--- www.liuziran.com.cn ping statistics ---
5 packets transmitted, 5 received, 0% packet loss, time 3999ms
```

```
rtt min/avg/max/mdev = 0.038/0.042/0.046/0.003 ms
[root@GDKT ~]# ping www4.liuziran.com.cn
PING www.liuziran.com.cn (192.168.89.129) 56(84) bytes of data.
64 bytes from www.liuziran.com.cn (192.168.89.129): icmp_seq=1 ttl=64 time=0.038 ms
64 bytes from www.liuziran.com.cn (192.168.89.129): icmp_seq=2 ttl=64 time=0.039 ms
64 bytes from www.liuziran.com.cn (192.168.89.129): icmp_seq=3 ttl=64 time=0.038 ms
64 bytes from www.liuziran.com.cn (192.168.89.129): icmp_seq=4 ttl=64 time=0.042 ms
^C
--- www.liuziran.com.cn ping statistics ---
4 packets transmitted, 4 received, 0% packet loss, time 2999ms
rtt min/avg/max/mdev = 0.038/0.039/0.042/0.004 ms
[root@GDKT ~]#
```

2. 创建各站点所需的目录

分别创建一个内容不同的 index.html 文件（内容自定义）。

```
[root@GDKT ~]# echo "This is www3.liuziran.com.cn" > /var/www/myweb3-80/index.html
[root@GDKT ~]# echo "This is www3.liuziran.com.cn:80" > /var/www/myweb3-80/index.html
[root@GDKT ~]# echo "This is www3.liuziran.com.cn:8080" > /var/www/myweb3-8080/index.html
[root@GDKT ~]# echo "This is www4.liuziran.com.cn:80" > /var/www/myweb4-80/index.html
[root@GDKT ~]# echo "This is www4.liuziran.com.cn:8080" > /var/www/myweb4-8080/index.html
```

3. 编辑 httpd.conf 配置文件，设置 Listen 指令监听的端口为 80 和 8080

```
[root@GDKT ~]# vi /etc/httpd/conf/httpd.conf
[root@GDKT ~]# grep ^Listen /etc/httpd/conf/httpd.conf
Listen 80
Listen 8080
```

4. 在 httpd.conf 配置文件中添加对虚拟主机的定义

```
[root@GDKT ~]# vi /etc/httpd/conf/httpd.conf
[root@GDKT ~]# tail -17 /etc/httpd/conf/httpd.conf
NameVirtualHost 192.168.89.129:8080
<VirtualHost 192.168.89.129:80>
DocumentRoot /var/www/myweb3-80
 ServerName www3.liuziran.com.cn
</VirtualHost>
<VirtualHost 192.168.89.129:8080>
DocumentRoot /var/www/myweb3-8080
 ServerName www3.liuziran.com.cn
</VirtualHost>
<VirtualHost 192.168.89.129:80>
DocumentRoot /var/www/myweb4-80
 ServerName www4.liuziran.com.cn
</VirtualHost>
<VirtualHost 192.168.89.129:8080>
DocumentRoot /var/www/myweb4-8080
 ServerName www4.liuziran.com.cn
</VirtualHost>
```

5. 保存 httpd.conf 配置文件，然后重启 Apache 服务器

```
[root@GDKT ~]# systemctl restart httpd
```

6. 测试各 Web 站点

在浏览器中分别输入以下地址，访问各自的主页，检查能否正常访问。

测试 http://www3.liuziran.com.cn，如图 14-4 所示。

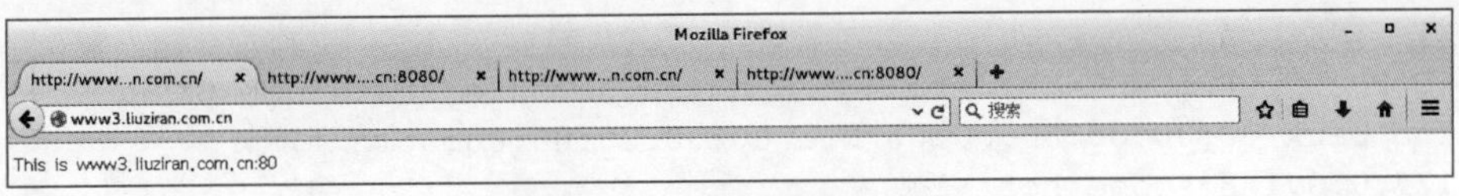

图14-4　测试页面（一）

测试 http://www3.liuziran.com.cn:8080，如图 14-5 所示。

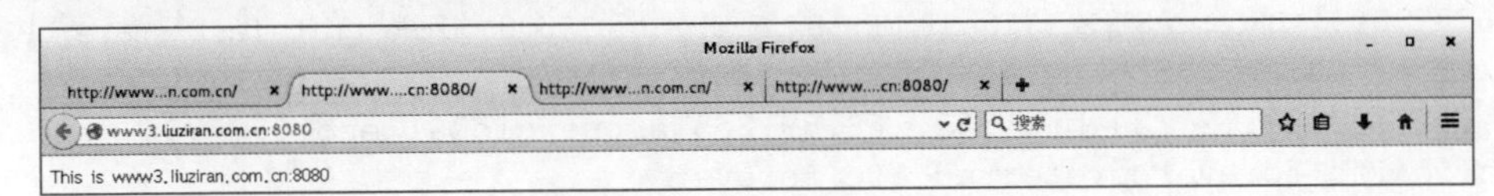

图14-5　测试页面（二）

测试 http://www4.liuziran.com.cn，如图 14-6 所示。

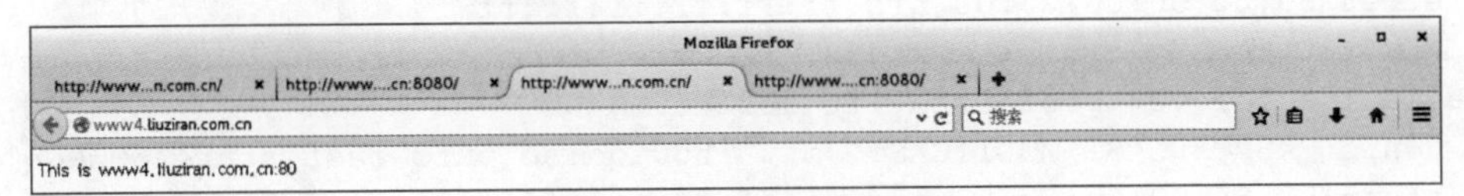

图14-6　测试页面（三）

测试 http://www4.liuziran.com.cn:8080，如图 14-7 所示。

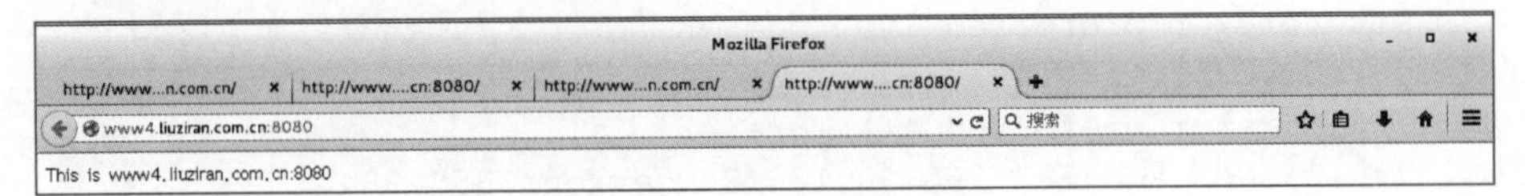

图14-7　测试页面（四）

任务四：配置基于 IP 地址的虚拟主机

实例 1：

1. 添加新网卡并绑定 IP 地址

添加新的网卡，类型为 VMNet8，并为网卡绑定 IP 地址，如图 14-8 所示。

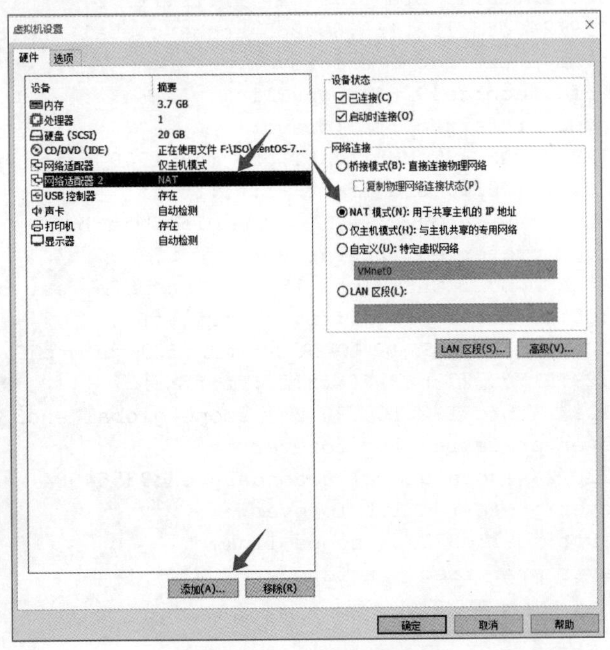

图14-8　添加新网卡

```
[root@GDKT ~]# ip a
1: lo: <LOOPBACK,UP,LOWER_UP> mtu 65536 qdisc noqueue state UNKNOWN
   link/loopback 00:00:00:00:00:00 brd 00:00:00:00:00:00
   inet 127.0.0.1/8 scope host lo
      valid_lft forever preferred_lft forever
   inet6 ::1/128 scope host
      valid_lft forever preferred_lft forever
2: eno16777736: <BROADCAST,MULTICAST,UP,LOWER_UP> mtu 1500 qdisc pfifo_fast state UP qlen 1000
   link/ether 00:0c:29:cb:ce:49 brd ff:ff:ff:ff:ff:ff
   inet 192.168.89.129/24 brd 192.168.89.255 scope global eno16777736
      valid_lft forever preferred_lft forever
   inet6 fe80::20c:29ff:fecb:ce49/64 scope link
      valid_lft forever preferred_lft forever
3: virbr0: <NO-CARRIER,BROADCAST,MULTICAST,UP> mtu 1500 qdisc noqueue state DOWN
   link/ether 00:00:00:00:00:00 brd ff:ff:ff:ff:ff:ff
   inet 192.168.122.1/24 brd 192.168.122.255 scope global virbr0
      valid_lft forever preferred_lft forever
4: virbr0-nic: <BROADCAST,MULTICAST> mtu 1500 qdisc pfifo_fast state DOWN qlen 500
   link/ether 52:54:00:6b:3c:92 brd ff:ff:ff:ff:ff:ff
5: eno33554984: <BROADCAST,MULTICAST,UP,LOWER_UP> mtu 1500 qdisc pfifo_fast state UP qlen 1000
   link/ether 00:0c:29:91:c3:27 brd ff:ff:ff:ff:ff:ff
   inet 192.168.90.129/24 brd 192.168.90.255 scope global eno33554984
      valid_lft forever preferred_lft forever
   inet6 fe80::20c:29ff:fe91:c327/64 scope link
      valid_lft forever preferred_lft forever
[root@GDKT ~]# ip addr add 192.168.90.130/24 dev eno33554984
[root@GDKT ~]# ip a
1: lo: <LOOPBACK,UP,LOWER_UP> mtu 65536 qdisc noqueue state UNKNOWN
   link/loopback 00:00:00:00:00:00 brd 00:00:00:00:00:00
   inet 127.0.0.1/8 scope host lo
      valid_lft forever preferred_lft forever
   inet6 ::1/128 scope host
      valid_lft forever preferred_lft forever
2: eno16777736: <BROADCAST,MULTICAST,UP,LOWER_UP> mtu 1500 qdisc pfifo_fast state UP qlen 1000
   link/ether 00:0c:29:cb:ce:49 brd ff:ff:ff:ff:ff:ff
   inet 192.168.89.129/24 brd 192.168.89.255 scope global eno16777736
      valid_lft forever preferred_lft forever
   inet6 fe80::20c:29ff:fecb:ce49/64 scope link
      valid_lft forever preferred_lft forever
3: virbr0: <NO-CARRIER,BROADCAST,MULTICAST,UP> mtu 1500 qdisc noqueue state DOWN
   link/ether 00:00:00:00:00:00 brd ff:ff:ff:ff:ff:ff
   inet 192.168.122.1/24 brd 192.168.122.255 scope global virbr0
      valid_lft forever preferred_lft forever
4: virbr0-nic: <BROADCAST,MULTICAST> mtu 1500 qdisc pfifo_fast state DOWN qlen 500
   link/ether 52:54:00:6b:3c:92 brd ff:ff:ff:ff:ff:ff
5: eno33554984: <BROADCAST,MULTICAST,UP,LOWER_UP> mtu 1500 qdisc pfifo_fast state UP qlen 1000
   link/ether 00:0c:29:91:c3:27 brd ff:ff:ff:ff:ff:ff
   inet 192.168.90.129/24 brd 192.168.90.255 scope global eno33554984
      valid_lft forever preferred_lft forever
   inet 192.168.90.130/24 scope global secondary eno33554984
      valid_lft forever preferred_lft forever
   inet6 fe80::20c:29ff:fe91:c327/64 scope link
      valid_lft forever preferred_lft forever
[root@GDKT ~]#
```

2. 注册虚拟主机所要使用的域名

方法一：

```
[root@GDKT ~]# tail -3 /etc/hosts
192.168.89.129 www.liuziran.com.cn www1.liuziran.com.cn www2.liuziran.com.cn www3.
liuziran.com.cn www4.liuziran.com.cn
192.168.90.129 www5.liuziran.com.cn
192.168.90.130 www6.liuziran.com.cn
```

方法二：

```
[root@GDKT ~]# tail -6 /var/named/chroot/var/named/liuziran.com.cn.zone
www1    A       192.168.89.129
www2    A       192.168.89.129
www3    A       192.168.89.129
www4    A       192.168.89.129
www5    A       192.168.90.129
www6    A       192.168.90.130
[root@GDKT ~]# systemctl restart named-chroot
[root@GDKT ~]# ping www5.liuziran.com.cn
PING www5.liuziran.com.cn (192.168.90.129) 56(84) bytes of data.
64 bytes from www5.liuziran.com.cn (192.168.90.129): icmp_seq=1 ttl=64 time=0.038 ms
64 bytes from www5.liuziran.com.cn (192.168.90.129): icmp_seq=2 ttl=64 time=0.039 ms
64 bytes from www5.liuziran.com.cn (192.168.90.129): icmp_seq=3 ttl=64 time=0.041 ms
64 bytes from www5.liuziran.com.cn (192.168.90.129): icmp_seq=4 ttl=64 time=0.041 ms
64 bytes from www5.liuziran.com.cn (192.168.90.129): icmp_seq=5 ttl=64 time=0.040 ms
^C
--- www5.liuziran.com.cn ping statistics ---
5 packets transmitted, 5 received, 0% packet loss, time 4000ms
rtt min/avg/max/mdev = 0.038/0.039/0.041/0.008 ms
[root@GDKT ~]# ping www6.liuziran.com.cn
PING www6.liuziran.com.cn (192.168.90.130) 56(84) bytes of data.
64 bytes from www6.liuziran.com.cn (192.168.90.130): icmp_seq=1 ttl=64 time=0.039 ms
64 bytes from www6.liuziran.com.cn (192.168.90.130): icmp_seq=2 ttl=64 time=0.063 ms
64 bytes from www6.liuziran.com.cn (192.168.90.130): icmp_seq=3 ttl=64 time=0.041 ms
^C
--- www6.liuziran.com.cn ping statistics ---
3 packets transmitted, 3 received, 0% packet loss, time 2001ms
rtt min/avg/max/mdev = 0.039/0.047/0.063/0.013 ms
```

3. 创建 Web 站点根目录

分别创建内容不同的 index.html 主页文件。

```
[root@GDKT ~]# mkdir /var/www/w5
[root@GDKT ~]# mkdir /var/www/w6
[root@GDKT ~]# echo “This is www5.liuziran.com.cn ip 192.168.90.129” > /var/www/w5/index.html
[root@GDKT ~]# echo “This is www6.liuziran.com.cn ip 192.168.90.130” > /var/www/w6/index.html
```

4. 配置虚拟主机，保存配置文件

```
[root@GDKT ~]# vim /etc/httpd/conf/httpd.conf
[root@GDKT ~]# tail -8  /etc/httpd/conf/httpd.conf
<VirtualHost 192.168.90.129:80>
   DocumentRoot /var/www/w5
    ServerName www5.liuziran.com.cn
</VirtualHost>
<VirtualHost 192.168.90.130:80>
   DocumentRoot /var/www/w6
    ServerName www6.liuziran.com.cn
</VirtualHost>
```

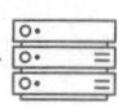

5. 重启 Apache 服务器，然后测试虚拟主机（见图 14-9）

```
[root@GDKT ~]# systemctl restart httpd
```

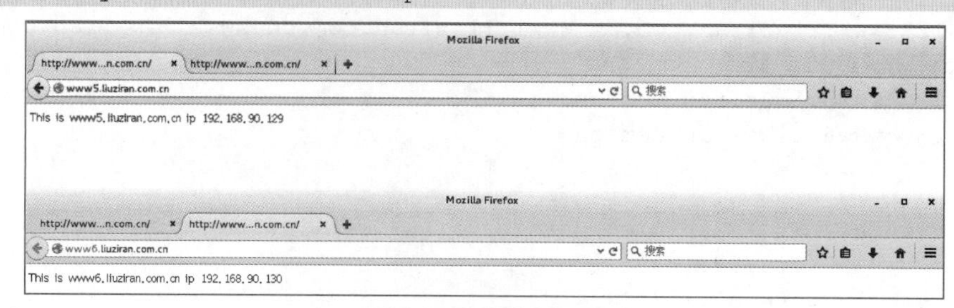

图14-9　测试页面

实例 2：

1. 创建所需的站点根目录，再分别创建 index.html 文件

```
[root@GDKT ~]# mkdir -p /var/www/w5-8080
[root@GDKT ~]# mkdir -p /var/www/w6-8080
[root@GDKT ~]# echo  "This www5.liuziran.com.cn 192.168.90.129:8080"  > /var/www/w5-8080/index.html
[root@GDKT ~]# echo  "This www6.liuziran.com.cn
192.168.90.130:8080"  > /var/www/w6-8080/index.html
```

2. 编辑 httpd.conf 配置文件，设置 Listen 指令监听的端口为 80 和 8080

```
[root@GDKT ~]# vi /etc/httpd/conf/httpd.conf
[root@GDKT ~]# grep ^Listen /etc/httpd/conf/httpd.conf
Listen 80
Listen 8080
```

注意：如果任务 3 实例 2 中已经修改过，此步骤可以略过

3. 在 httpd.conf 配置文件中添加对虚拟主机的定义

```
[root@GDKT ~]# vim /etc/httpd/conf/httpd.conf
[root@GDKT ~]# tail  /etc/httpd/conf/httpd.conf
NameVirtualHost 192.168.90.129:8080
NameVirtualHost 192.168.90.130:8080
<VirtualHost 192.168.90.129:8080>
DocumentRoot /var/www/w5-8080
 ServerName www5.liuziran.com.cn
</VirtualHost>
<VirtualHost 192.168.90.130:8080>
DocumentRoot /var/www/w6-8080
 ServerName www6.liuziran.com.cn
</VirtualHost>
```

4. 保存 httpd.conf 配置文件，然后重启 Apache 服务器

```
[root@GDKT ~]# systemctl restart httpd
```

5. 测试各 Web 站点（见图 14-10）

测试：www5.liuziran.com.cn:8080 和 www6.liuziran.com.cn:8080。

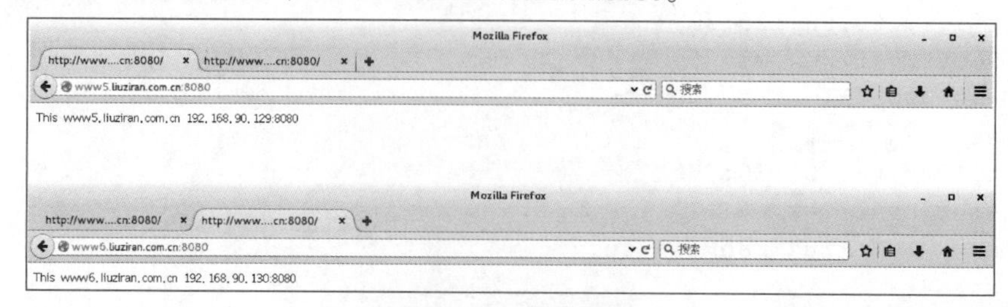

图14-10　测试页面

任务扩展

数据在网络传输中往往会被截取及窃听，一般使用 SSL（Secure Socket Layer）安全协议来实现 Web 浏览器与服务器之间的身份认证和加密数据传输。

SSL 协议位于 TCP/IP 协议与各种应用层协议之间，为数据通信提供安全支持。数据经过它流出的时候被加密，再送往 TCP/IP，而数据从 TCP/IP 流入之后先进入它这一层被解密，同时它也能够验证网络连接两端的身份，它所提供的安全机制可以保证 HTTP 交易在传输时不被监听、伪造和篡改。

基于 SSL 协议的 Web 服务，其 URL 的表达形式将从 http:// 变为 https://。HTTPS 是以安全为目标的 HTTP 通道，简单讲就是 HTTP 的安全版。HTTPS 表明它使用了 HTTP，但存在不同于 HTTP 的默认端口及一个加密 / 身份验证层（在 HTTP 与 TCP 之间）。HTTPS 的默认端口不是 80，而是 443。

现在，SSL 已经是在 Internet 上安全传输数据的事实上的标准，这个协议被集成到每一种常见的 Web 服务器和浏览器中，用于在线交易中保护信用卡号和股票交易细节等敏感信息。

下面通过一个简单的实例介绍在 Apche 服务器中部署基于 SSL 的安全的 Web 服务。

1. 安装 SSL 模块

```
[root@GDKT ~]# yum -y install mod_ssl
```

2. 安装完成，重启 Apache 服务

```
[root@GDKT ~]# systemctl restart httpd
```

3. 使用 OPENSSL 手动创建证书

```
[root@GDKT ~]# yum -y install openssl
Loaded plugins: fastestmirror, langpacks
Loading mirror speeds from cached hostfile
Package 1:openssl-1.0.1e-42.el7.9.x86_64 already installed and latest version
Nothing to do
[root@GDKT ~]# mkdir /etc/pki/tls/mycert
[root@GDKT ~]# cd /etc/pki/tls/mycert/
[root@GDKT mycert]# openssl genrsa -out server.key 1024
Generating RSA private key, 1024 bit long modulus
....................................++++++
..........................++++++
e is 65537 (0x10001)
[root@GDKT mycert]# openssl req -new -key server.key -out server.csr
You are about to be asked to enter information that will be incorporated
into your certificate request.
What you are about to enter is what is called a Distinguished Name or a DN.
There are quite a few fields but you can leave some blank
For some fields there will be a default value,
If you enter '.', the field will be left blank.
-----
Country Name (2 letter code) [XX]:cn
State or Province Name (full name) []:hebei
Locality Name (eg, city) [Default City]:baoding
Organization Name (eg, company) [Default Company Ltd]:bvtc
Organizational Unit Name (eg, section) []:jsj
Common Name (eg, your name or your server's hostname) []:gdkt
Email Address []:bensir_liu@163.com
Please enter the following 'extra' attributes
to be sent with your certificate request
A challenge password []:
An optional company name []:
[root@GDKT mycert]# openssl x509 -days 365 -req -in server.csr -signkey server.key -out server.crt
Signature ok
subject=/C=cn/ST=hebei/L=baoding/O=bvtc/OU=jsj/CN=gdkt/emailAddress=bensir_liu@163.com
Getting Private key
[root@GDKT mycert]# vim /etc/httpd/conf.d/ssl.conf
```

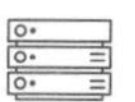

```
[root@GDKT mycert]# grep ^SSLCert /etc/httpd/conf.d/ssl.conf
SSLCertificateFile /etc/pki/tls/mycert/server.crt
SSLCertificateKeyFile /etc/pki/tls/mycert/server.key
[root@GDKT mycert]# systemctl restart httpd
```

4. 测试效果

这时新的证书便已经生效了。打开浏览器，在地址栏中输入以下网址进行测试，会弹出相关警告，在图 14-11 中单击“我已充分了解可能的风险”，并单击“添加例外”按钮，将会打开图 14-12 所示的对话框。单击“确认安全例外”按钮，将会浏览到网页的内容，如图 14-13 所示。通过图中地址栏中的信息，可以看到当前网址为 https:// 的表达形式。

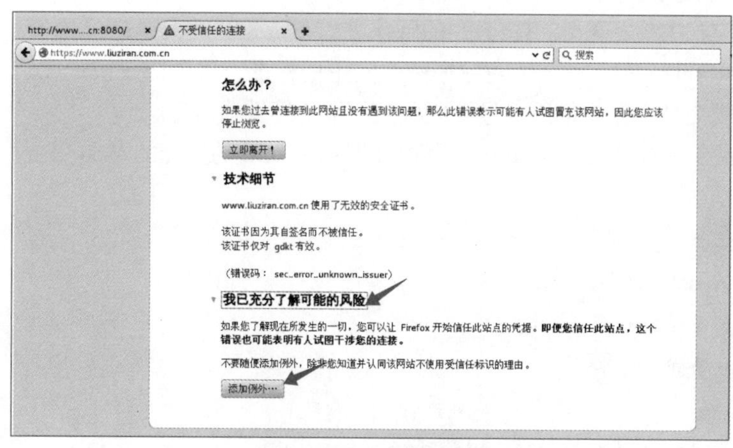

图14-11　警告页面

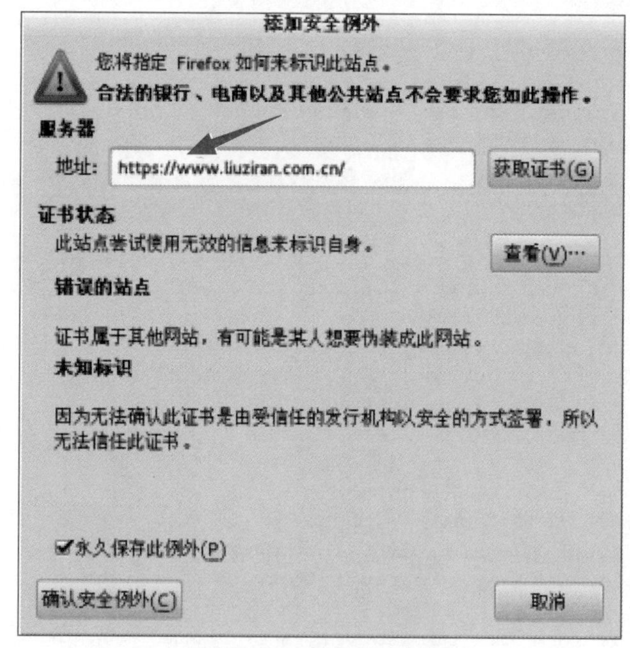

图14-12　添加安全例外

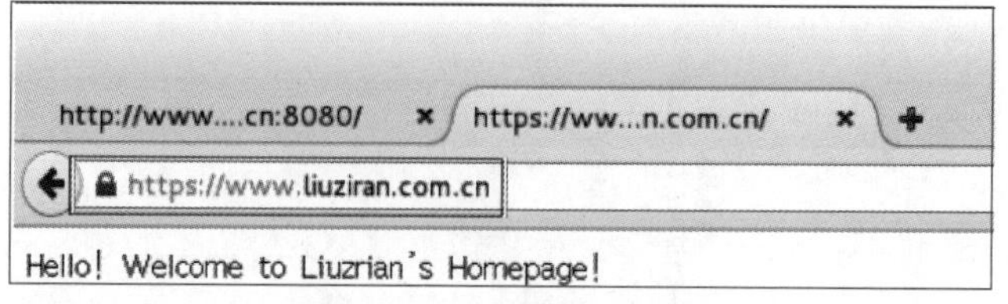

图14-13　浏览网页页面

质量监控单（教师完成）

工单实施栏目评分表

评分项	分值	作答要求	评审规定	得分
任务资讯	3	问题回答清晰准确，能够紧扣主题，没有明显错误项	对照标准答案错误一项扣 0.5 分，扣完为止	
任务实施	7	有具体配置图例，各设备配置清晰正确	A 类错误点一次扣 1 分，B 类错误点一次扣 0.5 分，C 类错误点一次扣 0.2 分	
任务扩展	4	各设备配置清晰正确，没有配置上的错误	A 类错误点一次扣 1 分，B 类错误点一次扣 0.5 分，C 类错误点一次扣 0.2 分	
其他	1	日志和问题项目填写详细，能够反映实际工作过程	没有填或者太过简单每项扣 0.5 分	
合计得分				

职业能力评分表

评分项	等级	作答要求	等级
知识评价	A | B | C	A：能够完整准确地回答任务资讯的所有问题，准确率在 90% 以上。 B：能够基本完成作答任务资讯的所有问题，准确率在 70% 以上。 C：对基础知识掌握得非常差，任务资讯和答辩的准确率在 50% 以下。	
能力评价	A | B | C	A：熟悉各个环节的实施步骤，完全独立完成任务，有能力辅助其他学生完成规定的工作任务，实施快速，准确率高（任务规划和任务实施正确率在 85% 以上）。 B：基本掌握各个环节实施步骤，有问题能主动请教其他同学，基本完成规定的工作任务，准确率较高（任务规划和任务实施正确率在 70% 以上）。 C：未完成任务或只完成了部分任务，有问题没有积极向其他同学请教，工作实施拖拉，不积极，各个部分的准确率在 50% 以下。	
态度素养评价	A | B | C	A：不迟到、不早退，对人有礼貌，善于帮助他人，积极主动完成规定工作任务，工作台完整整洁，回答老师提问科学。 B：不迟到、不早退，在教师督导和他人辅导下，能够完成规定工作任务，回答老师提问较准确。 C：未完成任务或只完成了部分任务，有问题没有积极向其他同学请教，工作实施拖拉不积极，不能准确回答老师提出的问题，各个部分的准确率在 50% 以下。	

教师评语栏

工单 15（Nginx 服务器配置）

<table>
<tr><th colspan="8">工作任务单</th></tr>
<tr><td>工单编号</td><td colspan="3">C2019111110055</td><td colspan="2">工单名称</td><td colspan="2">Nginx 服务器配置</td></tr>
<tr><td>工单类型</td><td colspan="3">基础型工单</td><td colspan="2">面向专业</td><td colspan="2">计算机网络技术</td></tr>
<tr><td>工单大类</td><td colspan="3">网络运维</td><td colspan="2">能力面向</td><td colspan="2">专业能力</td></tr>
<tr><td>职业岗位</td><td colspan="7">网络运维工程师、网络安全工程师、网络工程师</td></tr>
<tr><td>实施方式</td><td colspan="3">实际操作</td><td colspan="2">考核方式</td><td colspan="2">操作演示</td></tr>
<tr><td>工单难度</td><td colspan="3">中等</td><td colspan="2">前序工单</td><td colspan="2"></td></tr>
<tr><td>工单分值</td><td colspan="3">16 分</td><td colspan="2">完成时限</td><td colspan="2">4 学时</td></tr>
<tr><td>工单来源</td><td colspan="3">教学案例</td><td colspan="2">建议组数</td><td colspan="2">99</td></tr>
<tr><td>组内人数</td><td colspan="3">1</td><td colspan="2">工单属性</td><td colspan="2">院校工单</td></tr>
<tr><td>版权归属</td><td colspan="3">潘军</td><td colspan="2"></td><td colspan="2"></td></tr>
<tr><td>考核点</td><td colspan="7">Web 服务器、Nginx、负载均衡、反向代理</td></tr>
<tr><td>设备环境</td><td colspan="7">虚拟机 VMware Workstations 15 和 CentOS 7.2</td></tr>
<tr><td>教学方法</td><td colspan="7">在常规课程工单制教学当中，可采用手把手教的方式引导学生学习和训练 Nginx 服务器配置的相关职业能力和素养。</td></tr>
<tr><td>用途说明</td><td colspan="7">本工单可用于网络技术专业 Linux 服务器配置与管理课程或者综合实训课程的教学实训，特别是聚焦于 Nginx 服务器配置的训练，对应的职业能力训练等级为初级。</td></tr>
<tr><td>工单开发</td><td colspan="3">潘军</td><td colspan="2">开发时间</td><td colspan="2">2019-03-11</td></tr>
<tr><th colspan="8">实施人员信息</th></tr>
<tr><td>姓名</td><td></td><td>班级</td><td></td><td>学号</td><td></td><td>电话</td><td></td></tr>
<tr><td>隶属组</td><td></td><td>组长</td><td></td><td>岗位分工</td><td></td><td>伙伴成员</td><td></td></tr>
</table>

任务目标

实施该工单的任务目标如下：

知识目标

1. 了解 HTTP 协议。
2. 了解 Nginx 与 Apache 在性能上的差异。

能力目标

1. 能够编译安装 Nginx。
2. 能够使用 Nginx 部署一个简单的 Web 站点。
3. 能够配置 Nginx 虚拟主机实现一机多站。

素养目标

1. 下一代互联网（IPv6）时代由我国推出的“雪人计划”是一个具有战略意义的大事。
2. 勉励青年学生担负起实现中华民族伟大复兴的时代重任。
3. 培养学生规划管理能力和实践动手能力。
4. 培养学生爱国主义精神和良好的敬业、创新意识。

任务介绍

腾翼网络公司目前在 linux 系统平台上使用 Apache 搭建了 Web 服务，但是管理员依照技术发展趋势，发现 Nginx 性能稳定、功能丰富、运维简单，相比 Apache，用 Nginx 作为 Web 服务器：使用资源更少，支持更多并发连接，效率更高。因此，公司决定使用 Nginx 重新搭建 Web 服务器。

强国思想专栏

下一代互联网（IPv6）根服务器项目——“雪人计划”

“雪人计划（Yeti DNS Project）”由中国下一代互联网工程中心领衔发起，是基于全新技术架构的全球下一代互联网（IPv6）根服务器测试和运营实验项目，旨在打破现有的根服务器困局，为下一代互联网提供更多的根服务器解决方案。

根服务器是国际互联网最重要的战略基础设施，是互联网通信的“中枢”。“雪人计划”作为一个实验项目，目的并不在于完全改变互联网的运营模式，而在于为真正实现全球互联网的多边共治提供一种解决方案。

“雪人计划”已经在全球完成了25台IPv6跟服务器的部署，其中中国在自己的境内部署了4台，为一台主根服务器和3台辅助服务器。这样我们不再在地址分配上被别人卡脖子，这是保证我国网络主导权的一大胜利。

任务资讯（3 分）

（1 分）1. 什么是 HTTP 协议？

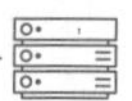

（1分）2．为什么 Nginx 性能高于 Apache？

（1分）3．什么是虚拟主机？分为哪几种类型？

注意： 任务资讯中的问题可以参看视频 1。

视频1

Nginx 简介

任务规划

任务规划如下：

- Nginx服务器配置
  - 编译安装Nginx
    - 检查并安装Nginx依赖包
    - 编译安装Nginx
    - 启动并检查安装结果
  - 部署一个简单Web站点
    - 进入Nginx默认站点目录
    - 删掉默认的首页index.html
    - 新建一个index.html，内容自定义
    - 打开浏览器测试
  - Nginx虚拟机主机配置
    - 使用hosts文件实现域名解析
    - 配置基于域名的nginx.conf内容
    - 创建域名对应的站点目录文件
    - 检查语法并重新加载Nginx
    - 配置多个基于域名的虚拟主机

任务实施（8 分）

任务一：编译安装 Nginx

注意：完成本工单要确保没有运行 Apache 等 Web 服务，否则服务将发生冲突，导致实验无法完成。

（1 分）（1）安装编译工具及库文件。

配置 YUM 本地源，安装如下软件：zlib zlib-devel libtool openssl openssl-devel gcc g++ gcc-g++。

（1 分）（2）对下载的源文件压缩包解压。

① 从注释 6 和注释 7 中下载源文件：pcre-8.35.tar.gz 和 nginx-1.6.2.tar.gz。

② 源文件直接拖放到虚拟机桌面的 home 文件夹。

③ 用 tar 命令解压缩到 /root 目录下。

（1 分）（3）安装 pcre。

① 进入安装包目录。

② 编译安装。

③ 查看 pcre 版本。

（1 分）（4）安装 Nginx。

① 进入安装目录。

② 编译安装。

③ 查看 Nginx 的版本。

④ 启动 Nginx 服务。

任务二：配置简单 Web 站点（服务器 IP 地址：192.168.89.129）

（1 分）（1）进入 Nginx 默认站点目录 /usr/local/webserver/nginx/html 下。

（1 分）（2）删除默认的首页 index.html，再新建一个 index.html，内容自定义为“hello！ my Nginx！”。

（1 分）（3）启动 Nginx 服务并验证进程和端口号。

（1 分）（4）打开浏览器，输入 http://192.168.89.129，测试网站是否可以正常访问。

注意：任务一、二可以参看视频 2 及视频 3，pcre 软件下载参看软件 1，Nginx 软件下载参看软件 2。

视频2

源代码安装 Nginx

视频3

Nginx 配置简单的 Web 站点

软件1

Pcre 下载

软件2

Nginx 下载

任务扩展（4 分）

（0.8 分）（1）使用 hosts 文件实现域名解析。

IP 地址：192.168.89.129；域名：www.tengyi.com 和 web.tengyi.com。

注意：请把 tengyi 置换为个人姓名全拼。

（0.8 分）（2）创建域名对应的站点目录及文件。

站点目录为 /etc/nginx/html/www 和 /etc/nginx/html/web，页面文件都为 index.html，但是两个站点的页面内容要有所区分。

（0.8 分）（3）在主配置文件 nginx.conf 中配置基于域名的内容。

（0.8 分）（4）检查语法并重新加载 Nginx。

（0.8 分）（5）打开浏览器，分别输入 http://www.tengyi.com 和 http://web.tengyi.com 进行测试。

注意：扩展任务可以参看视频 4。

视频4

Nginx 创建基于域名的虚拟主机

工作日志（0.5 分）

（0.5 分）实施工单过程中填写如下日志：

工作日志表

日　　期	工作内容	问题及解决方式

总结反思（0.5 分）

（0.5 分）请编写完成本任务的工作总结：

学习资源集

任务资讯

一、Nginx 简介

如果你使用过 Apache 软件，那么很快就会熟悉 Nginx 软件，与 Apache 软件类似，Nginx（engine x）是一个开源的，支持高性能、高并发的 www 服务和代理服务软件。它是由俄罗斯人 lgor Sysoev 开发的，最初被应用在俄罗斯的大型网站 www. rambler.ru 上。后来作者将源代码以类 BSD 许可证的形式开源出来供全球使用。

Nginx 因具有高并发（特别是静态资源）、占用系统资源少等特性，且功能丰富而逐渐流行起来。

在功能应用方面，Nginx 不但是一个优秀的 Web 服务软件。还具有反向代理负载均衡功能和缓存服务功能。在反向代理负载均衡功能方面，它类似于大名鼎鼎的 LVS 负载均衡及 Haproxy 等专业代理软件，但是 Nginx 部署起来更为简单、方便；在缓存服务功能方面，它又类似于 Squid 等专业的缓存服务软件。

Nginx 可以运行在 UNIX、Linux、BSD、Mac OSX、Solaris, 以及 Windows 等操作系统中。随着 Nginx 在很多大型网站中的稳定高效运行，近两年它也逐渐被越来越多的中小型网站所使用。当前流行的 Nginx Web 组合称为 LNMP 或 LEMP（即 Linux Nginx MySQL PHP），其中 LEMP 中的 E 取自 Nginx（engine x）。

Nginx 的官方介绍可以参见 http://nginx.org/en/。

二、虚拟主机

虚拟主机（virtual host）是指一台主机上运行的多个 Web 站点，每个站点均有自己独立的域名，虚拟主机对用户是透明的，就好像每个站点都在单独的一台主机上运行一样。

如果每个 Web 站点拥有不同的 IP 地址，则称为基于 IP 的虚拟主机; 若每个站点的 IP 地址相同，但域名不同，则称为基于名字或主机名的虚拟主机，使用这种技术，不同的虚拟主机可以共享同一个 IP 地址，以解决 IP 地址缺乏的问题。

要实现虚拟主机，首先必须用 Listen 指令告诉服务器需要监听的地址和端口，然后为特定的地址和端口建立一个 <VirtualHost> 段，并在该段中配置虚拟主机。

任务实施

任务一：编译安装 Nginx

注意： 完成本工单要确保没有运行 Apache 等 Web 服务，否则服务将发生冲突，导致实验无法完成。

1. 安装编译工具及库文件

```
[root@GDKT ~]# yum -y install zlib zlib-devel libtool openssl openssl-devel make
gcc gcc-c++ g++
```

2. 对下载的源文件压缩包解压

```
[root@GDKT ~]# tar zxvf pcre-8.35.tar.gz
[root@GDKT ~]# tar zxvf nginx-1.6.2.tar.gz
```

3. 安装 pcre

（1）进入安装包目录

```
[root@GDKT ~]# cd pcre-8.35/
[root@GDKT pcre-8.35]#
```

（2）编译安装

```
[root@GDKT pcre-8.35]# ./configure
[root@GDKT pcre-8.35]# make && make install
```

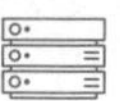

（3）查看 pcre 版本

```
[root@GDKT pcre-8.35]# pcre-config --version
8.35
```

4. 安装 Nginx

（1）进入安装目录

```
[root@GDKT pcre-8.35]# cd ../nginx-1.6.2/
[root@GDKT nginx-1.6.2]#
```

（2）编译安装

```
[root@GDKT nginx-1.6.2]# ./configure --prefix=/usr/local/webserver/nginx --with-
http_stub_status_module --with-http_ssl_module --with-pcre=/root/pcre-8.35
[root@GDKT nginx-1.6.2]# make && make install
```

（3）查看 Nginx 的版本

```
[root@GDKT nginx-1.6.2]# /usr/local/webserver/nginx/sbin/nginx -v
nginx version: nginx/1.6.2
```

到此，关于 Nginx 的源代码安装就完成了。

任务二：配置简单 Web 站点（服务器 IP 地址：192.168.89.129）

1. 进入 Nginx 默认站点目录 /usr/local/webserver/nginx/html 下

```
[root@GDKT nginx-1.6.2]# cd /usr/local/webserver/
[root@GDKT webserver]# ls
nginx
[root@GDKT webserver]# cd nginx/
[root@GDKT nginx]# ls
conf  html  logs  sbin
[root@GDKT nginx]# cd html/
[root@GDKT html]# ls
50x.html  index.html
[root@GDKT html]# pwd
/usr/local/webserver/nginx/html
```

2. 删除默认首页并新建

删除默认的首页 index.html，再新建一个 index.html，内容自定义为“hello！ my Nginx！”。

```
[root@GDKT html]# echo "hello! myNginx! ---Liuzrian20190430" > index.html
[root@GDKT html]# cat index.html
hello! myNginx! ---Liuzrian20190430
```

3. 启动 Nginx 服务并验证进程和端口号

```
[root@GDKT nginx-1.6.2]# /usr/local/webserver/nginx/sbin/nginx -c /usr/local/
webserver/nginx/conf/nginx.conf
[root@GDKT nginx-1.6.2]# ps -ef | grep nginx
root       7462      1  0 09:43 ?        00:00:00 nginx: master process /usr/local/
webserver/nginx/sbin/nginx -c /usr/local/webserver/nginx/conf/nginx.conf
nobody     7463   7462  0 09:43 ?        00:00:00 nginx: worker process
root       7941  41779  0 09:44 pts/0    00:00:00 grep --color=auto nginx
[root@GDKT nginx-1.6.2]# ss -tulnp | grep nginx
tcp    LISTEN     0      128      *:80         *:*          users:(("nginx",pid=7463,
fd=6),("nginx",pid=7462,fd=6))
```

4. 测试网站

打开浏览器，输入 http://192.168.89.129，测试网站是否可以正常访问，如图 15-1 所示。

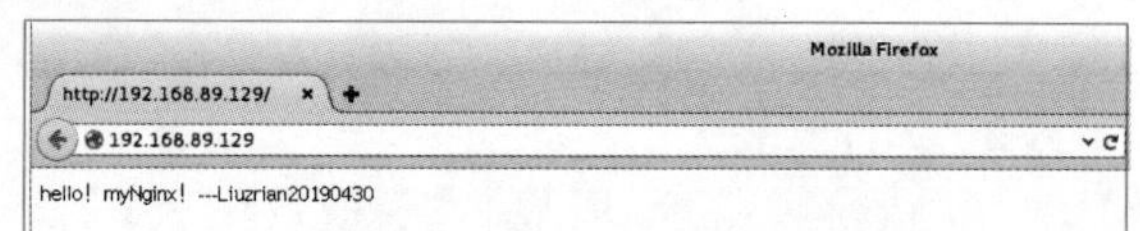

图 15-1 测试页面

任务扩展

1. 使用 hosts 文件实现域名解析（IP 地址：192.168.89.129；域名：www.tengyi.com 和 web.tengyi.com）

```
[root@GDKT nginx-1.6.2]# echo "192.168.89.129 www.liuziran.com web.liuziran.com" >> /etc/hosts
[root@GDKT nginx-1.6.2]# tail -2 /etc/hosts
::1 localhost localhost.localdomain localhost6 localhost6.localdomain6
192.168.89.129 www.liuziran.com web.liuziran.com
```

2. 创建域名对应的站点目录及文件（/etc/nginx/html/www/index.html、/etc/nginx/html/web/index.html）

```
[root@GDKT nginx-1.6.2]# cd /usr/local/webserver/nginx/html/
[root@GDKT html]# ls
50x.html  index.html
[root@GDKT html]# mkdir www web
[root@GDKT html]# ls
50x.html  index.html  web  www
[root@GDKT html]# echo "This is www.liuziran.com" > www/index.html
[root@GDKT html]# echo "This is web.liuziran.com" > web/index.html
```

3. 在主配置文件 nginx.conf 中配置基于域名的内容

```
[root@GDKT conf]# vim nginx.conf
[root@GDKT conf]# grep -v '#' nginx.conf | grep -v ^$
worker_processes  1;
events {
  worker_connections  1024;
}
http {
  include  mime.types;
  default_type  application/octet-stream;
  sendfile  on;
  keepalive_timeout  65;
  server {
    listen  80;
    server_name  localhost;
    location / {
      root  html;
      index  index.html index.htm;
    }
    error_page   500 502 503 504  /50x.html;
    location = /50x.html {
      root   html;
    }
  }
  server {
    listen       80;
    server_name  www.liuziran.com;
    location / {
      root   html/www;
      index  index.html index.htm;
    }
    error_page   500 502 503 504  /50x.html;
    location = /50x.html {
      root   html;
    }
   }
   server {
      listen 80;
      server_name  web.liuziran.com;
      location / {
        root   html/web;
        index  index.html index.htm;
      }
      error_page   500 502 503 504  /50x.html;
```

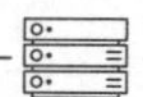

```
        location = /50x.html {
          root   html;
        }
    }
}
```

4. 检查语法并重新加载 Nginx

```
[root@GDKT conf]# /usr/local/webserver/nginx/sbin/nginx -t
nginx: the configuration file /usr/local/webserver/nginx/conf/nginx.conf syntax is ok
nginx: configuration file /usr/local/webserver/nginx/conf/nginx.
conf test is successful
[root@GDKT conf]# /usr/local/webserver/nginx/sbin/nginx -s reload
```

5. 测试网站

打开浏览器，分别输入 http://www.tengyi.com 和 http://web.tengyi.com 进行测试，如图 15-2 所示。

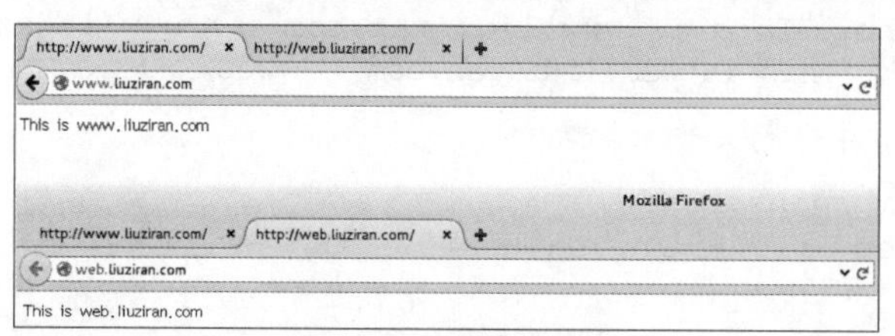

图15-2 测试页面

质量监控单（教师完成）

工单实施栏目评分表

评分项	分值	作答要求	评审规定	得分
任务资讯	3	问题回答清晰准确，能够紧扣主题，没有明显错误项	对照标准答案错误一项扣 0.5 分，扣完为止	
任务实施	7	有具体配置图例，各设备配置清晰正确	A 类错误点一次扣 1 分，B 类错误点一次扣 0.5 分，C 类错误点一次扣 0.2 分	
任务扩展	4	各设备配置清晰正确，没有配置上的错误	A 类错误点一次扣 1 分，B 类错误点一次扣 0.5 分，C 类错误点一次扣 0.2 分	
其他	1	日志和问题项目填写详细，能够反映实际工作过程	没有填或者太过简单每项扣 0.5 分	
合计得分				

职业能力评分表

评分项	等级	作答要求	等级
知识评价	A | B | C	A：能够完整准确地回答任务资讯的所有问题，准确率在 90% 以上。 B：能够基本完成作答任务资讯的所有问题，准确率在 70% 以上。 C：对基础知识掌握得非常差，任务资讯和答辩的准确率在 50% 以下。	
能力评价	A | B | C	A：熟悉各个环节的实施步骤，完全独立完成任务，有能力辅助其他学生完成规定的工作任务，实施快速，准确率高（任务规划和任务实施正确率在 85% 以上）。 B：基本掌握各个环节实施步骤，有问题能主动请教其他同学，基本完成规定的工作任务，准确率较高（任务规划和任务实施正确率在 70% 以上）。 C：未完成任务或只完成了部分任务，有问题没有积极向其他同学请教，工作实施拖拉，不积极，各个部分的准确率在 50% 以下。	

续表

评分项	等级	作答要求	等级
态度素养评价	A | B | C	A：不迟到、不早退，对人有礼貌，善于帮助他人，积极主动完成规定工作任务，工作台完整整洁，回答老师提问科学。 B：不迟到、不早退，在教师督导和他人辅导下，能够完成规定工作任务，回答老师提问较准确。 C：未完成任务或只完成了部分任务，有问题没有积极向其他同学请教，工作实施拖拉不积极，不能准确回答老师提出的问题，各个部分的准确率在 50% 以下。	

教师评语栏

工单 16（FTP 服务器的配置）

工作任务单			
工单编号	C2019111110051	**工单名称**	FTP 服务器的配置
工单类型	基础型工单	**面向专业**	计算机网络技术
工单大类	网络运维	**能力面向**	专业能力
职业岗位	网络运维工程师、网络安全工程师、网络工程师		
实施方式	实际操作	**考核方式**	操作演示
工单难度	中等	**前序工单**	
工单分值	20 分	**完成时限**	8 学时
工单来源	教学案例	**建议组数**	99
组内人数	1	**工单属性**	院校工单
版权归属	潘军		
考核点	文件服务器、FTP、上传、下载、虚拟账户		
设备环境	虚拟机 VMware Workstations 15 和 CentOS 7.2		
教学方法	在常规课程工单制教学当中，可采用手把手教的方式引导学生学习和训练 FTP 服务器配置的相关职业能力和素养。		
用途说明	本工单可用于网络技术专业 Linux 服务器配置与管理课程或者综合实训课程的教学实训，特别是聚焦于 FTP 服务器配置的训练，对应的职业能力训练等级为初级。		
工单开发	潘军	**开发时间**	2019-03-11

实施人员信息							
姓名		**班级**		**学号**		**电话**	
隶属组		**组长**		**岗位分工**		**伙伴成员**	

任务目标

实施该工单的任务目标如下：

知识目标

1．了解 FTP 协议。

2．了解 FTP 服务的工作模式。

3．了解 vsftpd 的用户类型。

能力目标

1．能够安装 vsftpd 服务。

2．能够配置 vsftpd 的匿名用户和本地用户。

3．了解虚拟用户的配置。

素养目标

1．了解个人信息保护法，强化学生个人信息安全保护意识。

2．如果学生信息泄露，也要规避在互联网等诱导下产生透支、贷款等不理智的消费行为。

3．培养学生规划管理能力和实践动手能力。

4．培养学生精益求精、严谨细致的职业素养。

任务介绍

腾翼网络公司的员工在日常工作中，经常需要传输一些文件或资料。如果使用 U 盘等即插即用设备来实现文件传输，在很多时候是不太方便的；若通过共享文件的方式又比较烦琐。相对而言，使用 FTP 要简单方便得多，并能够对文件等资源进行分类和管理。因此，公司决定在内部搭建 FTP 服务器来满足员工的需求。对 FTP 服务器软件的选择，公司要求务必稳定与安全。鉴于此，网络部的技术人员决定使用在 Linux 操作系统下运行的 vsftpd 来搭建公司的 FTP 服务器。

强国思想专栏

《中华人民共和国个人信息保护法》表决通过并施行

个人信息保护法
表决通过
禁止商家通过自动化决策
"大数据杀熟"

十三届全国人大常委会第三十次会议表决通过了《中华人民共和国个人信息保护法》。个人信息保护法自2021年11月1日起施行。

其中明确：通过自动化决策方式向个人进行信息推送、商业营销，应提供不针对其个人特征的选项或提供便捷的拒绝方式。处理生物识别、医疗健康、金融账户、行踪轨迹等敏感个人信息，应取得个人的单独同意。对违法处理个人信息的应用程序，责令暂停或者终止提供服务。

个人信息有了法律"安全锁"，不得过度收集个人信息，不得进行"大数据杀熟"，在公共场所安装图像采集等设备应设置显著提示标识，不得非法买卖、提供或者公开他人个人信息......

任务资讯（4 分）

（1 分）1．FTP 服务的工作原理是什么？

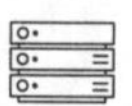

（1 分）2．FTP 服务的工作模式有哪几种？

（1 分）3．vsftpd 的用户类型有哪几种？

（1 分）4．vsftpd 的配置文件中默认的配置命令有哪些？说明各命令的含义。

注意： 任务资讯中的问题可以参看视频 1。

视频1

CentOS 7.2 vsftpd 服务简介

任务规划

任务规划如下：

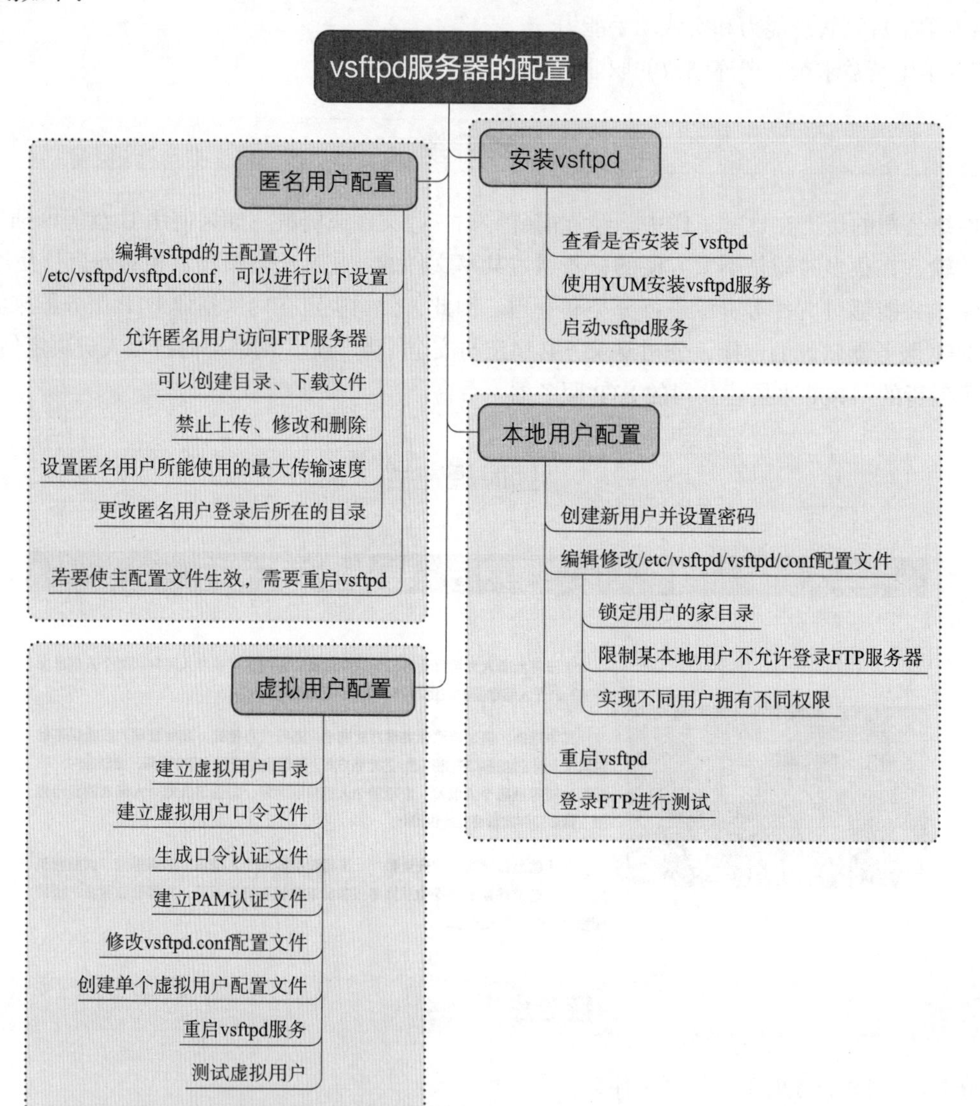

任务实施（11 分）

任务一：安装 vsftpd

腾翼网络公司的管理员为了方便公司员工共享文档等资源，计划搭建一个 FTP 服务器，但在搭建之前需要先安装 vsftpd 服务器程序。本任务将介绍安装 vsftpd 服务器的方法，并介绍启动、关闭和重启 vsftpd 服务器的方法。

（1 分）（1）安装 vsftpd 服务器程序。

注意：由于学习 vsftpd 服务器已经不是初次配置 Linux 服务了，所以，本地 YUM 源建立的过程和防火墙关闭以及 Selinux 的配置不再赘述。

（1 分）（2）启动 vsftpd 服务。

任务二：匿名用户配置

腾翼网络公司的管理员在完成 FTP 服务器的安装后，要对 vsftpd 进行配置，使其允许匿名用户访问 FTP 服务器，可以创建目录、下载文件、上传文件、修改和删除文件的权限。并设置匿名用户所能使用的最大传输速度为 256 kbit/s，在登录 FTP 服务器后所在目录更改为 /ftp_anon。

（1 分）（1）创建匿名账户共享目录 /ftp_anon 以及子目录 /ftp_anon/upload，并修改属主和属组。

注意：/ftp_anon 为匿名账户共享目录，但作为共享目录的根目录不能有写权限。所以，上传文件放到子目录 /ftp_anon/upload 下。

（1 分）（2）编辑主配置文件，根据需求修改匿名账户的权限等各项配置。完成配置后，重启 vsftpd 服务。

（1 分）（3）在服务器上安装 ftp 客户端工具之后，用 ftp localhost 命令测试匿名账户的所有权限。

任务三：本地用户配置

腾翼网络公司的管理员在完成匿名用户设置后，还需要对公司的本地用户进行相关设置。现要求新创建两个本地用户 zhangsan 和 lisi，要求锁定 zhangsan 在自己的家目录，并且只拥有下载权限，不能上传和删除；lisi 不锁定家目录，可以上传和删除，但不能下载。还要求本地用户 wangwu 不允许登录 FTP 服务器。

（1 分）（1）创建两个本地用户 zhangsan 和 lis，这两个账户禁止本地登录。

（1 分）（2）启用 chroot_list 列表，禁用 zhangsan 的家目录。

（1 分）（3）测试 zhangsan 锁定在家目录，lisi 没有锁定在家目录。

（1 分）（4）创建账户 wangwu，禁止登录本地账户。同时配置 wangwu 禁止登录 ftp 服务器并测试。

（1 分）（5）为 zhangsan 和 lisi 创建不同权限。

① 权限文件保存在 /etc/vsftpd/userconfig/ 目录下，文件名为账户名称。

② zhangsan 的共享目录为 /var/ftp/zhangsan，lisi 的共享目录为 /var/ftp/lisi。

③ 分别编辑 zhangsan 的权限为：下载，不能上传和删除；lisi 的权限为：上传和删除，不能下载。

（1 分）6. 创建目录和测试文件，重启 vsftpd 服务，用 ftp 命令测试 zhangshan 和 lisi 的全部权限。

注意：在登录 FTP 服务器测试时，如果连接不上 ftp 服务器或者相关操作无法执行，可能是以下原因：

① 查看用户对应家目录的权限是否具备。

② 应该是防火墙 firewalld 或 Selinux 的影响，关闭防火墙、暂停 Selinux。

注意：任务一～任务三可以参看视频 2。

视频2

CentOS 7.2 vsftpd 安装和匿名账户配置

任务扩展（4 分）

对于匿名登录，由于任何人都可以进入 FTP 服务器，安全性方面可能会出现问题，而本地用户登录，由于本地用户有权限登录到服务器中，如果该用户的用户信息、密码被泄露，可能对服务器的安全造成影响。鉴于以上情况，腾翼网络公司的管理员出于系统安全性的考虑，准备创建两个虚拟用户 mike 和 john，专门用来登录 FTP，访问 FTP 服务器提供的资源。要求 mike 可以上传文件，john 可以下载文件。

（0.5 分）（1）建立虚拟用户目录。

注意：映射所有虚拟用户的本地用户为 vsftpuser，宿主家目录为 /ftpuser，权限为 777。

（0.5 分）（2）建立虚拟用户口令文件。

① 文件名 ftpuserlist

② 奇数行为用户名 mike,john; 偶数行为密码，均为 123。

（0.5 分）（3）生成口令认证文件。

（0.5 分）（4）建立 PAM 认证文件。

（0.5 分）（5）修改 vsftpd.conf 配置文件。

（0.5 分）（6）创建单个虚拟用户配置文件。

（0.5 分）（7）重启 vsftpd 服务。

（0.5 分）（8）测试虚拟用户。

注意：任务扩展可以参看视频 3。

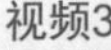

CentOS 7.2 vsftpd 虚拟账户配置

工作日志（0.5 分）

（0.5 分）实施工单过程中填写如下日志：

工作日志表

日　期	工作内容	问题及解决方式

总结反思（0.5 分）

（0.5 分）请编写完成本任务的工作总结：

学习资源集

任务资讯

一、FTP 简介

FTP（File Transfer Protocol，文件传输协议）用于在 Internet 上控制文件的双向传输。同时，它也是一个应用程序，基于不同的操作系统有不同的 FTP 应用程序，而所有这些应用程序都遵守同一种协议传输文件。

首先从 FTP 的工作过程来了解 FTP。FTP 是一个客户机 / 服务器系统，即使用 FTP 进行文件传输，需要两个条件：

（1）一个服务器端的 FTP 服务程序（如本项目要介绍的 vsftpd 服务器程序）。

（2）一个连接到 FTP 服务器的客户端程序（如 CuteFtp、Windows 操作系统中的 IE 浏览器等）。

配置好这两个程序之后，就可以使用 FTP 进行工作了，具体工作过程如下：

（1）通过 FTP 客户端程序连接到在远程主机上的 FTP 服务器程序。

（2）通过客户端程序向服务器程序发出命令，服务器程序执行用户所发出的命令，并将执行结果返回到客户机。例如，用户发出获取服务器中某个文件的命令（使用 get 命令），服务器程序响应这条命令，将指定文件送至客户端。客户端程序接收服务器传送的文件。

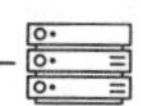

二、FTP 协议

在 TCP/IP 协议中，FTP 协议与其他应用层协议有所不同，FTP 协议需要占用两个端口：一个端口是控制端口（端口号为 21），该端口作为控制连接端口，用来发送指令给服务器，等待服务器的响应，在 FTP 连接区间，该端口将一直被占用，释放该端口，就结束了 FTP 连接；另一个端口是数据传输端口（端口号为 20），用来传输数据，数据传输完成后，该端口被释放。但根据使用的模式不同，数据传输端口并不总是 20。

FTP 有两种工作模式，主动模式和被动模式。

1. 主动模式

主动模式（Standard），又称为 PORT 模式。最初的 FTP 规范中使用的就是传统的主动模式的 FTP。在这种模式下，客户端从一个临时端口（大于 1024 的端口号）连接到 FTP 服务器的命令控制端口（端口 21），建立起一条传输控制命令的通道。客户端需要接收数据时，通过这个控制通道发送 PORT 命令。PORT 命令中包含了客户端用哪个端口（大于 1024 的端口号）接收数据。在数据进行传输时，服务器端通过 20 端口连接到客户端的指定端口来发送数据。这样，FTP 服务器端和客户端就建立一个新的连接来传送数据。

这种模式的关键是不向服务器发起真实的数据连接，而是告诉服务器他自己的端口号（通过执行 PORT 命令）；然后服务器连接到客户端指定的端口。在这种模式中服务器被认为是发起者。

对于防火墙之后的客户端，主动模式的 FTP 会有点小问题。客户端的防火墙可能不允许来自 Internet 的专门的服务端口（即数据端口 20）初始化到客户端提供的非专门服务端口的连接。

2. 被动模式

被动模式（Passive）又称 PASV 模式。被动模式在建立控制通道时和主动模式类似，也是通过 21 端口建立控制通道连接。在建立好连接后，当 FTP 客户端要发送指令需要数据返回时，不是向服务器端发送 PORT 命令，而是 PASV 命令。客户端运行的 PASV 命令告诉服务器监听一个临时的数据端口（大于 1024 的端口号），而不是 20 端口，然后等待客户端的连接，而不是自己发起新连接。如果这时服务器端该端口是空闲的，则可以进行连接并传送数据；若服务器端中该端口不空闲（已被占用），则服务器返回一个 UNACK 信号，客户端需要再次发出 PASV 命令重新申请建立数据连接。

这种模式的关键区别在于客户端主动去连接服务器端的一个大于 1024 的端口，而不是服务器端连接客户端指定的端口。在这种关系中，服务器被认为是数据通信的被动者。

对于防火墙之后的 FTP 服务器，被动模式的 FTP 会有点小问题。因为防火墙会禁止从 Internet 向它所保护的内部系统的临时端口发起连接。这种情况下的一个通常的现象就是客户端看起来可以连接到服务器，但是当尝试传输数据的时候，连接好像就被挂起了。

三、vsftpd 的用户类型

在使用 FTP 客户端程序连接 FTP 服务器时，必须进行登录操作，以了解客户端用户的操作权限，如果登录用户无权限，将拒绝登录。vsftpd 的登录用户主要可分为三类：匿名用户、本地用户和虚拟用户。

- 匿名用户：在登录 FTP 服务器时使用默认的用户名，一般是 ftp 或 anonymous。
- 本地用户：在 Linux 系统上拥有用户账号的用户，在“/etc/passwd”文件中有记录。
- 虚拟用户：这是 FTP 服务器的专有用户，使用虚拟用户登录 FTP，只能访问 FTP 服务器提供的资源，大大增强了系统的安全性。即这些用户名并不在 FTP 服务器本地存在（不能用这些用户登录到服务器中，而只能登录到 FTP）。

四、vsftpd 的配置文件

为了让 FTP 服务器能更好地按要求提供服务，就需要对 FTP 服务器的主配置文件 /etc/vsftpd/vsftpd.conf 进行合理、有效地配置。vsftpd 提供的配置命令较多，默认配置文件只列出了最基本的配置命令，很多配置命令在配置文件中并未列出。下面介绍一些常用的配置命令。

vsftpd 配置文件采用“#”作为注释符，以“#”开头的行和空白行在解析时将被忽略，其余的行被视为配置命令行，每个配置命令的“=”两边不要留有空格。对于每个配置命令，在配置文件中还列出了相关的配置说明，利用 vi 编辑器可实现对配置文件的编辑修改。

1. 登录和对匿名用户的设置

♦ write_enable=YES　是否对登录用户开启写权限。属于全局性设置。

♦ local_enable=YES　是否允许本地用户登录 FTP 服务器。

♦ anonymous_enable=YES　设置是否允许匿名用户登录 FTP 服务器。

♦ ftp_username=ftp　定义匿名用户的账户名称，默认值为 ftp。

♦ no_anon_password=YES　匿名用户登录时是否询问口令。设置为 YES，则不询问。

♦ anon_world_readable_only=YES　匿名用户是否允许下载可阅读的文档，默认值为 YES。

♦ anon_upload_enable=YES　是否允许匿名用户上传文件。只有在 write_enable 设置为 YES 时，该配置项才有效。

♦ anon_mkdir_write_enable=YES　是否允许匿名用户创建目录。只有在 write_enable 设置为 YES 时有效。

♦ anon_other_write_enable=NO　若设置为 YES，则匿名用户除了拥有上传和建立目录的权限，还会拥有删除和更名的权限。默认值为 NO。

2. 设置欢迎信息

用户登录 FTP 服务器成功后，服务器可向登录用户输出预设置的欢迎信息。

♦ ftpd_banner=Welcome to blah FTP service.

3. 设置用户登录后所在的目录

♦ local_root=/var/ftp　设置本地用户登录后所在的目录。默认配置文件中没有设置该项，此时用户登录 FTP 服务器后，所在的目录为该用户的主目录，对于 root 用户则为 /root 目录。

♦ anon_root=/var/ftp　设置匿名用户登录后所在的目录。若未指定，则默认为 /var/ftp 目录。

4. 控制用户是否允许切换到上级目录

在默认配置下，用户可以使用“cd..”命令切换到上级目录。比如，若用户登录后所在的目录为 /var/ftp，则在“ftp>”命令行下，执行“cd..”命令后，用户将切换到其上级目录 /var，若继续执行该命令，则可进入 Linux 系统的根目录（/），从而可以对整个 Linux 的文件系统进行操作。若设置了 write_enable=YES，则用户还可以对根目录下的所有文件进行改写操作，会给系统带来极大的安全隐患，因此，必须防止用户切换到 Linux 的根目录，相关配置项如下：

♦ chroot_list_enable =YES　设置是否启用 chroot_list_file 配置项指定的用户列表文件。

♦ chroot_list_file= /etc/vsftpd/chroot_list　用于指定用户列表文件，该文件用于控制哪些用户可以切换到 FTP 站点根目录的上级目录。

♦ chroot_local_user=YES　用于指定用户列表文件中的用户，是否允许切换到上级目录。

具体情况有以下几种：

当 chroot_list_enable =YES，chroot_local_user=YES 时，在 /etc/vsftpd/chroot_list 文件中列出的用户，可以切换到上级目录；未在文件中列出的用户，不能切换到站点根目录的上级目录。

当 chroot_list_enable =YES，chroot_local_user=NO 时，在 /etc/vsftpd/chroot_list 文件中列出的用户，不能切换到站点根目录的上级目录；未在文件中列出的用户，可以切换到上级目录。

当 chroot_list_enable =NO，chroot_local_user=YES 时，所有用户均不能切换到上级目录。

当 chroot_list_enable =NO，chroot_local_user=NO 时，所有用户均可以切换到上级目录。

当用户不允许切换到上级目录时，登录后 FTP 站点的根目录（/）是该 FTP 账户的主目录。

5. 设置访问控制

1）设置允许或不允许访问的主机

♦ tcp_wrappers=YES　设置 vsftpd 服务器是否与 tcp wrappers 相结合，进行主机的访问控制。

该配置项默认设置为 YES，vsftpd 服务器会检查 /etc/hosts.allow 和 /etc/hosts.deny 中的设置，以决定请求连

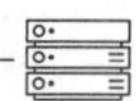

接的主机，是否允许连接访问该 FTP 服务器。这两个文件可以起到简易的防火墙功能。

比如，若要仅允许 192.168.168.1~192.168.168.254 的用户，可以访问连接 vsftpd 服务器，则可在 /etc/hosts.allow 文件中添加以下内容：

```
vsftpd: 192.168.168. : allow
all: all: deny
```

2）设置允许或不允许访问的用户

对用户的访问控制由 /etc/vsftpd 目录下的 user_list 和 ftpusers 文件来控制实现。相关配置命令如下：

♦ userlist_enable =YES　决定 user_list 文件是否启用生效。YES 则生效，NO 不生效。

♦ userlist_deny =YES　决定 user_list 文件中的用户是允许访问还是不允许访问。若设置为 YES，则 user_list 文件中的用户将不允许访问 FTP 服务器；若设置为 NO，则只有 user_list 文件中的用户才能访问 FTP 服务器。

ftpusers 文件则专门用于定义不允许访问 FTP 服务器的用户列表。默认情况下，这两个文件中已预设置了一些不允许访问 FTP 服务器的系统内部账户。若要在 user_list 文件中定义允许访问 FTP 服务器的用户，则应注意将 user_list 文件中原定义的不允许访问的用户列表删除或移到 ftpusers 文件中。

6. 设置访问速度

♦ anon_max_rate=0　设置匿名用户所能使用的最大传输速度，单位为 B/s。若设置为 0，则不受速度限制，此为默认值。

♦ local_max_rate=0　设置本地用户所能使用的最大传输速度。默认值为 0，不受限制。

7. 定义用户配置文件

在 vsftpd 服务器中，不同用户还可以使用不同的配置，这通过用户配置文件来实现。

♦ user_config_dir=/etc/vsftpd/userconf　用于设置用户配置文件所在的目录。

设置了该配置项后，当用户登录 FTP 服务器时，系统就会到 /etc/vsftpd/userconf 目录下，读取与当前用户名相同的文件，并根据文件中的配置命令，对当前用户进行更进一步的配置。比如，利用用户配置文件，可实现对不同用户进行访问速度的控制，在各用户配置文件中，定义 local_max_rate 配置，以决定该用户允许的访问速度。

8. 与连接相关的设置

♦ listen=YES　设置 vsftpd 服务器是否以 standalone（独立）模式运行。以 standalone 模式运行是一种较好的方式，此时 listen 必须设置为 YES，此为默认值，建议不要更改，很多与服务器运行相关的配置命令，需要此运行模式才有效。若设置为 NO，则 vsftpd 不是以独立的服务运行，要受 xinetd 服务的管理控制，功能上会受限制。

♦ max_clients=0　设置 vsftpd 允许的最大连接数，默认值为 0，表示不受限制。若设置为 150 时，则同时允许有 150 个连接，超出的将拒绝建立连接。只有以 standalone 模式运行时才有效。

♦ max_per_ip=0　设置每个 IP 地址允许与 FTP 服务器同时建立连接的数目。默认值为 0，不受限制。通常可对此配置项进行设置，防止同一个用户建立太多的连接。只有以 standalone 模式运行时才有效。

♦ listen_address=IP 地址　设置在指定的 IP 地址上侦听用户的 FTP 请求。若不设置，则对服务器所绑定的所有 IP 地址进行侦听。只有以 standalone 模式运行时才有效。对于只绑定了一个 IP 地址的服务器，不需要配置该项，默认情况下，配置文件中没有该配置项。若服务器同时绑定了多个 IP 地址，则应通过该配置项，指定在哪个 IP 地址上，提供 FTP 服务，即指定 FTP 服务器所使用的 IP 地址。

♦ accept_timeout=60　设置建立 FTP 连接的超时时间，单位为秒，默认值为 60。

♦ connect_timeout=120　PORT 方式下建立数据连接的超时时间，单位为秒。

♦ data_connection_timeout=120　设置建立 FTP 数据连接的超时时间，单位为秒。

♦ idle_session_timeout=600　设置多长时间不对 FTP 服务器进行任何操作，则断开该 FTP 连接，单位为秒，默认值为 600 s。即设置发呆的逾时时间，在这个时间内，若没有数据传送或指令的输入，则会强行断开连接。

♦ pam_service_name=vsftpd　设置在 PAM 所使用的名称，默认值为 vsftpd。

♦ setproctitle_enable=NO|YES　设置每个与 FTP 服务器的连接，是否以不同的进程表现出来，默认值为

NO，此时只有一个名为 vsftpd 的进程。若设置为 YES，则每个连接都会有一个 vsftpd 进程，使用“ps -ef|grep ftp”命令可查看到详细的 FTP 连接信息。

9. 端口设置

♦ listen_port=21　设置 FTP 服务器建立连接所侦听的端口，默认值为 21。

♦ connect_from_port_20=YES　默认值为 YES，指定 FTP 数据传输连接使用 20 端口。若设置为 NO，则进行数据连接时，所使用的端口由 ftp_data_port 指定。

♦ ftp_data_port=20　设置 PORT 方式下 FTP 数据连接所使用的端口，默认值为 20。

♦ pasv_enable=YES|NO　若设置为 YES，则使用 PASV 工作模式；若设置为 NO，使用 PORT 模式。默认值为 YES，即使用 PASV 模式。

♦ pasv_max_port=0　设置在 PASV 工作方式下，数据连接可以使用的端口范围的上界。默认值为 0，表示任意端口。

♦ pasv_min_port=0　设置在 PASV 工作方式下，数据连接可以使用的端口范围的下界。默认值为 0，表示任意端口。

10. 设置上传文档的所属关系和权限

1）设置匿名上传文档的属主

♦ chown_uploads=YES　用于设置是否改变匿名用户上传文档的属主。默认值为 NO。若设置为 YES，则匿名用户上传文档的属主将被设置为 chown_username 配置项所设置的用户名。

♦ chown_username=whoever　设置匿名用户上传文档的属主名。建议不要设置为 root 用户。

2）新增文档的权限设定

♦ local_umask=022　设置本地用户新增文档的 umask，默认值为 022，对应的权限为 755。umask 为 022，对应的二进制数为 000 010 010，将其取反为 111 101 101，转换成十进制数，即为权限值 755，代表文档的所有者（属主）有读写执行权限，所属组有读和执行权限，其他用户有读和执行权限。022 适合于大多数情况，一般不需要更改。若设置为 077，则对应的权限为 700。

♦ anon_umask=022　设置匿名用户新增文档的 umask。

♦ file_open_mode=755　设置上传文档的权限。权限采用数字格式。

11. 日志文件

♦ xferlog_enable=YES　是否启用上传 / 下载日志记录。

♦ xferlog_file=/var/log/vsftpd.log　设置日志文件名及路径。

♦ xferlog_std_format=YES　日志文件是否使用标准的 xferlog 格式。

12. 其他设置

♦ ls_recurse_enable=YES　若设置为 YES，则允许执行“ls -R”命令，默认值为 NO。在配置文件中该配置项被注释掉了，与此类似的还有一些配置，需要启用时，将注释符去掉并进行 YES 或 NO 的设置即可。

五、使用 FTP

登录到 FTP 服务器，并进行上传、下载文件的操作，一般有以下 3 种方法。

本节介绍登录企业内网中的 FTP 服务器，服务器 IP 地址为 192.168.163.130，登录名和密码都为 ftp1。

1. 通过浏览器使用 FTP

无论是在 Linux 系统还是在 Windows 系统中，都可以通过浏览器访问 FTP 服务器。打开 Linux 中的 firefox 浏览器，在地址栏中输入 FTP 服务器的 IP 地址：

```
ftp://ftp1:ftp1@192.168.163.130
```

从上面输入的地址可以看出，以 ftp 开头表示使用 FTP 协议（打开网页时使用的是 HTTP），接着是登录用户名和密码（用冒号隔开），然后是用“@”符号隔开的 IP 地址（或域名）。如果在地址栏中没有输入用户

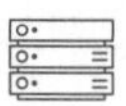

名和密码，将会弹出输入用户名和密码的窗口，如图 16-1 所示。

登录成功后，将显示图 16-2 所示的内容，在窗口中列出了 FTP 服务器中的相关文件。此处所显示的文件为用户 ftp1 家目录中的内容，即本地用户在成功登录 FTP 后将进入自己的家目录。

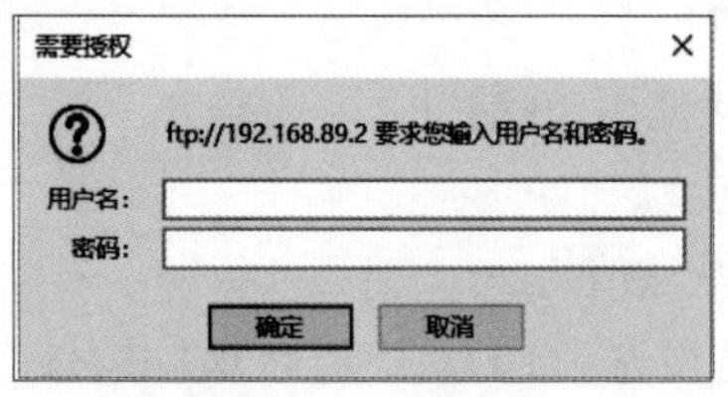

图16-1　登录窗口

图16-2　本地用户登录

如果 FTP 服务器允许匿名登录，在浏览器的地址栏输入 FTP 服务器的 IP 地址，将会直接登录成功，显示图 16-3 所示的内容，默认会看到 pub 目录。

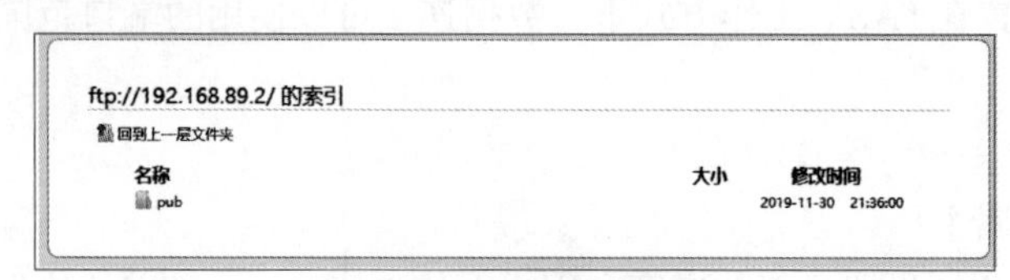

图16-3　匿名用户登录

若要下载某个文件，可右击该文件，在弹出的快捷菜单中选择“链接另存为”命令，可将文件下载到本地，如图 16-4 所示。

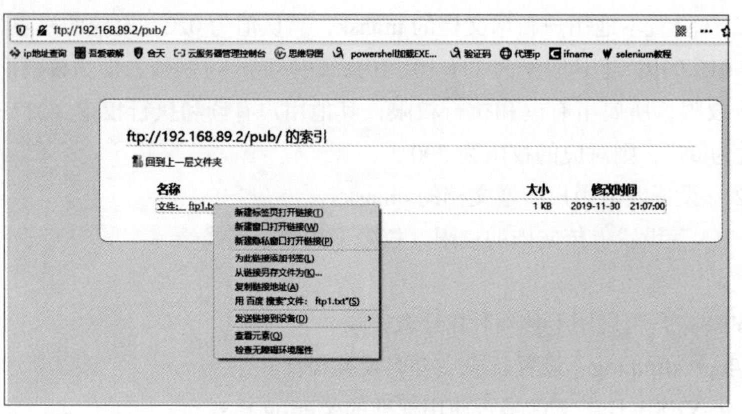

图16-4　下载文件

如果在 Windows 系统中，下载某个文件时，右击该文件，在弹出的快捷菜单中选择“目标另存为”命令进行下载。也可以直接将该文件拖动到本地计算机的某个文件夹中，达到下载的目的。

若登录用户具有上传的权限，也可以将需要上传的文件传到 FTP 服务器中。在 Windows 系统中可直接将文件拖到图 16-2 所示的窗口中，实现上传。在 Linux 系统中，一般需要安装 FTP 客户端或者 firefox 安装 fireftp 扩展，才能实现文件的上传。

2. 通过命令方式使用 FTP

对于 Linux 或 UNIX 用户，更多地喜欢用命令方式使用 FTP。在 Windows 系统中，使用的方法基本相同。下面简单介绍在 Linux 中通过命令方式登录到 FTP 服务器的方法。

进入字符界面或在图形界面中打开终端窗口。

输入以下命令：

```
ftp  192.168.163.130
```

系统将连接到 FTP 服务器，并要求输入用户名和密码。

成功登录 FTP 服务器后，将显示 ftp> 作为提示符。接下来，就可以使用 FTP 客户端命令进行操作了。若不知道有哪些 FTP 命令，可在提示符后输入一个问号“？”，将会列出 FTP 命令。

表 16-1 列出了部分常用的 FTP 命令及其作用。

表 16-1　常用 FTP 命令及其作用

命　令	作　用
!	执行本地计算机中的命令
bye,quit	退出 FTP 会话过程
cd	在 FTP 服务器中切换目录
delete	删除 FTP 服务器中的文件
dir,ls	显示 FTP 服务器中的目录或文件
？,help	显示 FTP 内部命令帮助信息
get	从 FTP 服务器下载单个文件到本地当前目录
mget	从 FTP 服务器下载多个文件到本地当前目录
put	将单个文件上传到 FTP 服务器
mput	将多个文件上传到 FTP 服务器
mkdir,rmdir	创建目录；删除目录
pwd	显示 FTP 服务器中的当前工作目录
open	连接到指定 FTP 服务器

下面是使用 FTP 命令访问地址为 192.168.163.130 的 FTP 服务器，进行常见操作的实例。

```
[root@GDKT ~]# ftp 192.168.163.130
Connected to 192.168.163.130 (192.168.163.130).
220 (vsFTPd 2.2.2)
Name (192.168.163.130:root): ftp1
331 Please specify the password.
Password:
230 Login successful.
Remote system type is UNIX.
Using binary mode to transfer files.
ftp> ls
227 Entering Passive Mode (192,168,163,130,154,183).
150 Here comes the directory listing.
-rw-r--r--    1 0        0          95 Mar 09 10:19 ftp1.txt
226 Directory send OK.
ftp> pwd
257 "/home/ftp1"
ftp> put install.log
local: install.log remote: install.log
227 Entering Passive Mode (192,168,163,130,189,188).
150 Ok to send data.
226 Transfer complete.
41465 bytes sent in 0.193 secs (214.33 Kbytes/sec)
ftp> ls
227 Entering Passive Mode (192,168,163,130,65,203).
150 Here comes the directory listing.
-rw-r--r--    1 0        0          95 Mar 09 10:19 ftp1.txt
-rw-r--r--    1 517      519     41465 Mar 09 12:03 install.log
226 Directory send OK.
ftp> get ftp1.txt
```

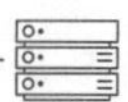

```
local: ftp1.txt remote: ftp1.txt
227 Entering Passive Mode (192,168,163,130,152,134).
150 Opening BINARY mode data connection for ftp1.txt (95 bytes).
226 Transfer complete.
95 bytes received in 0.18 secs (0.53 Kbytes/sec)
ftp> bye
221 Goodbye.
[root@www ~]#
```

3. 通过第三方软件使用 FTP

若需要与 FTP 服务器传输大量的文件，可考虑使用专门的 FTP 客户端程序（一般为第三方工具软件）。下面以 CuteFtp 程序的使用为例，介绍通过第三方软件使用 FTP 的方法。在此客户端的操作系统为 Windows 7。

安装并启动 CuteFtp 软件，然后创建连接，选择 File/New/Ftp Site 命令，打开图 16-5 所示的站点属性对话框，在其中输入要连接的 FTP 服务器的 IP 地址（或域名）。

在标签（Label）文本框中输入一个标识字符串，用来识别该连接；在主机地址（Host address）文本框中输入 FTP 服务器的 IP 地址（或域名）；在用户名（Username）和密码（Password）文本框中输入登录到 FTP 服务器的用户名和密码。单击 OK 按钮保存设置的连接属性（也可单击 Connect 按钮直接连接到 FTP 服务器）。

连接到 FTP 服务器后，将显示图 16-6 所示的窗口，在窗口左侧显示了本地计算机中的文件，而右侧显示的是 FTP 服务器端的文件列表。可通过拖动的方式在本地和 FTP 服务器端进行文件的相互传输。

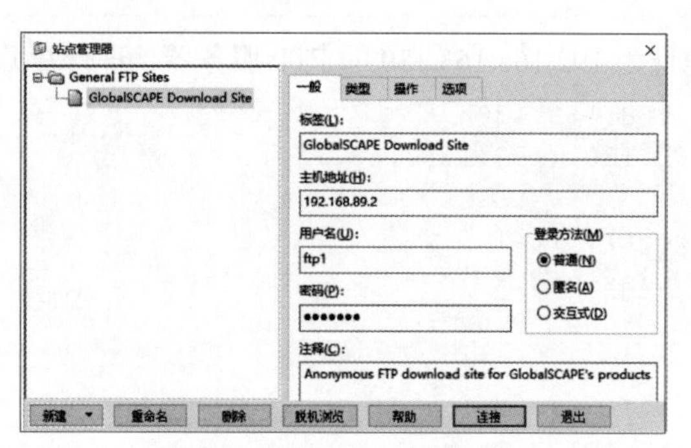

图16-5　FTP 站点属性

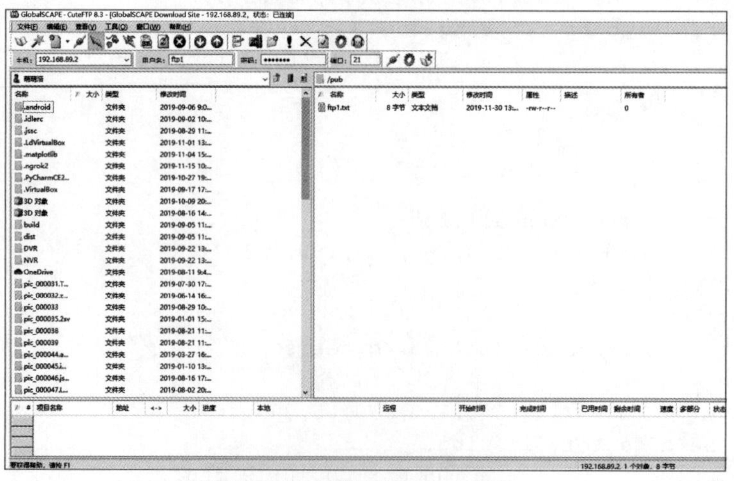

图16-6　连接到FTP服务器

注意： 如果连接不上 FTP 服务器，应该是防火墙 iptables 或 Selinux 的影响，在 FTP 服务器端执行以下命令：

```
systemctl stop firewalld        # 停止防火墙 iptables
setenforce 0                    # 暂停 Selinux
```

执行完以上命令后，再访问 FTP 服务器，便可以连接成功了。

任务实施

任务一：安装 vsftpd

1. 安装 vsftpd 服务器程序

安装 vsftpd 服务器程序有不同方式，如从官方网站下载源代码，然后进行编译安装；在 CentOS 中也可使用 RPM 包进行安装，或者使用 YUM 方式安装。在此建议使用 YUM 安装，因为这种方式更加简单、快捷。

1）查看是否安装了 vsftpd

```
[root@localhost ~]# rpm -qa|grep vsftpd
```

2）搭建本地 YUM 源

```
[root@localhost ~]# vim /etc/yum.repos.d/local.repo
[local]
name=local
baseurl=file:///media
enabled=1
gpgcheck=0
```

3）把光盘挂载到 /media 目录下

```
[root@localhost ~]# mount /dev/cdrom /media
```

4）使用 yum 命令安装 vsftpd 服务器

```
[root@localhost ~]# yum install -y vsftpd
```

2. 启动和关闭 vsftpd 服务器

安装好 vsftpd 服务器软件后，还需要通过守护进程 vsftpd 启动服务程序，才能提供 FTP 服务。

1）启动 vsftpd 服务器

```
[root@localhost ~]# systemctl start vsftpd.service
```

2）重启 vsftpd 服务器

```
[root@localhost ~]# systemctl restart vsftpd.service
```

3）停止 vsftpd 服务器

```
[root@localhost ~]# systemctl stop vsftpd.service
```

任务二：匿名用户配置

1. 创建匿名账户共享目录 /ftp_anon 以及子目录 /ftp_anon/upload，并修改属主和属组

```
[root@GDKT ~]# mkdir -p /ftp_anon/upload
[root@GDKT ~]# chown ftp /ftp_anon/upload
```

2. 编辑主配置文件，根据需求修改匿名账户的权限等各项配置。完成配置后，重启 vsftpd 服务

```
[root@GDKT ~]# vi /etc/vsftpd/vsftpd.conf
[root@GDKT ~]# cat /etc/vsftpd/vsftpd.conf | grep ^anon
anon_root=/ftp_anon
anonymous_enable=YES
anon_upload_enable=YES          # 允许上传
anon_mkdir_write_enable=YES     # 允许创建目录
anon_world_readable_only=NO     # 允许下载
anon_other_write_enable=YES     # 允许修改文件名等
anon_max_rate=256000            # 匿名账户上传文件最大 256K
```

```
[root@GDKT ~]# systemctl restart vsftpd
```

3. 在服务器上安装 ftp 客户端工具之后，用 ftp localhost 命令测试匿名账户的所有权限

```
[root@GDKT ~]# yum -y install ftp
[root@GDKT ~]# touch a.txt
[root@GDKT ~]# touch /ftp_anon/b.txt
[root@GDKT ~]# ftp localhost
Trying ::1...
Connected to localhost (::1).
220 (vsFTPd 3.0.2)
Name (localhost:root): ftp            # 匿名账户用 ftp 或 anonymous
331 Please specify the password.
Password:
    # 密码为空，直接按【Enter】键
230 Login successful.
Remote system type is UNIX.
Using binary mode to transfer files.
ftp> ls
229 Entering Extended Passive Mode (|||22764|).
150 Here comes the directory listing.
-rw-r--r--    1 0        0          0 Mar 30 08:32 b.txt
drwxr-xr-x    3 14       0         17 Mar 30 08:31 upload
226 Directory send OK.
ftp> get b.txt
local: b.txt remote: b.txt
229 Entering Extended Passive Mode (|||17000|).
150 Opening BINARY mode data connection for b.txt (0 bytes).
226 Transfer complete.
ftp> put a.txt
local: a.txt remote: a.txt
229 Entering Extended Passive Mode (|||21302|).
553 Could not create file.
ftp> cd upload
250 Directory successfully changed.
ftp> put a.txt
local: a.txt remote: a.txt
229 Entering Extended Passive Mode (|||18523|).
150 Ok to send data.
226 Transfer complete.
ftp> mkdir dir1
257 "/upload/dir1" created
ftp> del a.txt
250 Delete operation successful.
ftp> cd ..
250 Directory successfully changed.
ftp> ls
229 Entering Extended Passive Mode (|||52323|).
150 Here comes the directory listing.
-rw-r--r--    1 0        0          0 Mar 30 08:32 b.txt
drwxr-xr-x    3 14       0         17 Mar 30 08:31 upload
226 Directory send OK.
ftp> mkdir dir2
550 Create directory operation failed.
ftp> quit
221 Goodbye.
```

任务三：本地用户配置

1. 创建两个本地用户 zhangsan 和 lis，这两个账户禁止本地登录

```
[root@GDKT ~]# useradd zhangsan -s /sbin/nologin
[root@GDKT ~]# useradd lisi -s /sbin/nologin
[root@GDKT ~]# passwd zhangsan
Changing password for user zhangsan.
New password:
BAD PASSWORD: The password is shorter than 8 characters
Retype new password:
passwd: all authentication tokens updated successfully.
[root@GDKT ~]# passwd lisi
Changing password for user lisi.
New password:
BAD PASSWORD: The password is shorter than 8 characters
Retype new password:
passwd: all authentication tokens updated successfully.
[root@GDKT ~]#
密码为简单密码：123
```

2. 启用 chroot_list 列表，禁用 zhangsan 的家目录

```
[root@GDKT ~]# cd /etc/vsftpd
[root@GDKT vsftpd]# vi chroot_list
[root@GDKT vsftpd]# cat chroot_list
zhangsan
[root@GDKT vsftpd]# vi vsftpd.conf
[root@GDKT vsftpd]# cat vsftpd.conf
...
local_enable=YES
chroot_local_user=NO
chroot_list_enable=YES
chroot_list_file=/etc/vsftpd/chroot_list
allow_writeable_chroot=YES
...
[root@GDKT vsftpd]# systemctl restart vsftpd
```

3. 测试 zhangsan 锁定在家目录，lisi 没有锁定在家目录

```
[root@GDKT ~]# ftp localhost
Trying ::1...
Connected to localhost (::1).
220 (vsFTPd 3.0.2)
Name (localhost:root): zhangsan
331 Please specify the password.
Password:
230 Login successful.
Remote system type is UNIX.
Using binary mode to transfer files.
ftp> pwd
257 "/"
ftp> cd /
250 Directory successfully changed.
ftp> pwd
257 "/"
ftp> quit
221 Goodbye.
```

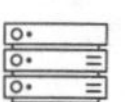

```
[root@GDKT ~]# ftp localhost
Trying ::1...
Connected to localhost (::1).
220 (vsFTPd 3.0.2)
Name (localhost:root): lisi
331 Please specify the password.
Password:
230 Login successful.
Remote system type is UNIX.
Using binary mode to transfer files.
ftp> pwd
257 "/home/lisi"
ftp> cd ..
250 Directory successfully changed.
ftp> ls
229 Entering Extended Passive Mode (|||16376|).
150 Here comes the directory listing.
drwx------    3 1002     1002          74 Mar 30 08:50 lisi
drwx------   14 1000     1000        4096 Mar 22 22:39 liuziran
drwx------    3 1003     1003          74 Mar 30 09:06 zhangsan
226 Directory send OK.
ftp> quit
221 Goodbye.
```

4. 创建账户 wangwu，禁止登录本地账户。同时配置 wangwu 禁止登录 ftp 服务器并测试

```
[root@GDKT ~]# useradd -s /sbin/nologin wangwu
[root@GDKT ~]# passwd wangwu
Changing password for user wangwu.
New password:
BAD PASSWORD: The password is shorter than 8 characters
Retype new password:
passwd: all authentication tokens updated successfully.
[root@GDKT ~]# cd /etc/vsftpd
[root@GDKT vsftpd]# vi vsftpd.conf
[root@GDKT vsftpd]# grep userlist vsftpd.conf
userlist_enable=YES        #默认已经存在，不用修改
[root@GDKT vsftpd]# vi ftpusers
[root@GDKT vsftpd]# tail -1 ftpusers
wangwu
[root@GDKT vsftpd]# systemctl restart vsftpd

[root@GDKT ~]# ftp localhost
Trying ::1...
Connected to localhost (::1).
220 (vsFTPd 3.0.2)
Name (localhost:root): wangwu
331 Please specify the password.
Password:
530 Login incorrect.
Login failed.
```

5. 为 zhangsan 和 lisi 创建不同权限

```
[root@GDKT ~]# mkdir /etc/vsftpd/userconfig
[root@GDKT ~]# vi /etc/vsftpd/vsftpd.conf
```

```
[root@GDKT ~]# grep user_config /etc/vsftpd/vsftpd.conf
user_config_dir=/etc/vsftpd/userconfig
[root@GDKT ~]# cd /etc/vsftpd/userconfig
[root@GDKT userconfig]# touch zhang li
[root@GDKT userconfig]# touch zhangsan lisi
[root@GDKT userconfig]# vi zhangsan
[root@GDKT userconfig]# cat zhangsan
local_root=/var/ftp/zhangsan
download_enable=YES
write_enable=NO
[root@GDKT userconfig]# vi lisi
[root@GDKT userconfig]# cat lisi
local_root=/var/ftp/lisi
download_enable=NO
write_enable=YES
[root@GDKT userconfig]#
```

6. 创建目录和测试文件，重启 vsftpd 服务，用 ftp 命令测试 zhangshan 和 lisi 的全部权限

```
[root@GDKT ~]# mkdir /var/ftp/zhangsan
[root@GDKT ~]# mkdir /var/ftp/lisi
[root@GDKT ~]# chown zhangsan.zhangsan /var/ftp/zhangsan/
[root@GDKT ~]# chown lisi.lisi /var/ftp/lisi
[root@GDKT ~]# cd /var/ftp
[root@GDKT ftp]# ls
lisi  pub  zhangsan
[root@GDKT ftp]# ll
total 0
drwxr-xr-x 2 lisi     lisi     6 Mar 30 17:47 lisi
drwxr-xr-x 2 root     root     6 Nov 21  2015 pub
drwxr-xr-x 2 zhangsan zhangsan 6 Mar 30 17:47 zhangsan
[root@GDKT ftp]# touch lisi/lisi.txt
[root@GDKT ftp]# touch zhangsan/zhangsan.txt
[root@GDKT ~]# systemctl restart vsftpd
先测试 zhangsan:
[root@GDKT ~]# ftp localhost
Trying ::1...
Connected to localhost (::1).
220 (vsFTPd 3.0.2)
Name (localhost:root): zhangsan
331 Please specify the password.
Password:
230 Login successful.
Remote system type is UNIX.
Using binary mode to transfer files.
ftp> ls
229 Entering Extended Passive Mode (|||64857|).
150 Here comes the directory listing.
-rw-r--r--    1 0       0      0 Mar 30 09:48 zhangsan.txt
226 Directory send OK.
ftp> get zhangsan.txt
local: zhangsan.txt remote: zhangsan.txt
229 Entering Extended Passive Mode (|||32598|).
150 Opening BINARY mode data connection for zhangsan.txt (0 bytes).
226 Transfer complete.
ftp> put a.txt
local: a.txt remote: a.txt
```

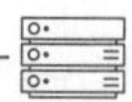

```
229 Entering Extended Passive Mode (|||9022|).
550 Permission denied.
ftp> del zhangsan.txt
550 Permission denied.
ftp>
测试 lisi
[root@GDKT ~]# ftp localhost
Trying ::1...
Connected to localhost (::1).
220 (vsFTPd 3.0.2)
Name (localhost:root): lisi
331 Please specify the password.
Password:
230 Login successful.
Remote system type is UNIX.
Using binary mode to transfer files.
ftp> ls
229 Entering Extended Passive Mode (|||52169|).
150 Here comes the directory listing.
-rw-r--r--    1 0      0         0 Mar 30 09:48 lisi.txt
226 Directory send OK.
ftp> get lisi.txt
local: lisi.txt remote: lisi.txt
229 Entering Extended Passive Mode (|||32416|).
550 Permission denied.
ftp> put zhangsan.txt
local: zhangsan.txt remote: zhangsan.txt
229 Entering Extended Passive Mode (|||60017|).
150 Ok to send data.
226 Transfer complete.
ftp> ls
229 Entering Extended Passive Mode (|||38280|).
150 Here comes the directory listing.
-rw-r--r--    1 0        0       0 Mar 30 09:48 lisi.txt
-rw-r--r--    1 1002     1002       0 Mar 30 09:52 zhangsan.txt
226 Directory send OK.
ftp> del lisi.txt
250 Delete operation successful.
ftp> ls
229 Entering Extended Passive Mode (|||16367|).
150 Here comes the directory listing.
-rw-r--r--    1 1002     1002      0 Mar 30 09:52 zhangsan.txt
226 Directory send OK.
ftp>
```

任务扩展

1. 建立虚拟用户目录

在创建虚拟用户之前，先要在 FTP 服务器上创建一个用户 vsftpuser，用来映射所有虚拟用户，具体命令如下：

```
[root@GDKT ~]# useradd -d /ftpuser -s /sbin/nologin vsftpuser
```

执行以上命令后，在根目录（/）中将创建一个名为 ftpusers 的目录，作为虚拟用户的家目录。

接着使用以下命令修改 ftpuser 目录的访问权限：

```
[root@GDKT ~]# chmod 777 /ftpuser
```

2. 建立虚拟用户口令文件

使用 vi 编辑器创建用户口令文件，该文件是一个文本文件，其中的奇数行为用户名，偶数行为用户密码，文件名可任意定。例如，使用以下命令创建一个 ftpuserlist 文件，具体命令如下：

```
[root@GDKT ~]# vim /etc/vsftpd/ftpuserlist
mike
123
john
456
```

执行以上命令将会创建 mike 用户和 john 用户，密码分别为 123 和 456（在此为了方便测试，设置的密码相对简单，在实际应用中尽量将密码设置得复杂一些）。

3. 生成口令认证文件

建立好虚拟用户口令文件后，接下来需要使用 db_load 命令创建口令库文件。在默认情况下，db_load 命令并没有安装在系统中，而是在 db4-utils 软件包中。需要安装 db4-utils 软件包，具体命令如下：

```
[root@GDKT ~]# yum -y install libdb-utils
```

完成安装后，就可以使用 db_load 命令了。通过该命令可将创建的文本口令文件转换为库文件，具体命令如下：

```
[root@GDKT ~]# cd /etc/vsftpd
[root@GDKT vsftpd]# db_load -T -t hash -f ftpuserlist ftpuserlist.db
```

选项 -T 允许应用程序能够将文本文件转译载入进数据库。如果指定了选项 -T，那么一定要追跟子选项 -t。子选项 -t，追加在 -T 选项后，用来指定转译载入的数据库类型。扩展介绍下，-t 可以指定的数据类型有 Btree、Hash、Queue 和 Recon 数据库。-f 参数后面接包含用户名和密码的文本文件。

接着，通过以下命令查看 hash 版本以及生成的数据库文件。

```
[root@GDKT]# file ftpuserlist.db
ftpuserlist.db: Berkeley DB (Hash, version 9, native byte-order)
                              # 查看 hash 版本
[root@GDKT vsftpd]# cat ftpuserlist.db
◆'◆p3-◆эh^456john        # 可以看到一行乱码，表示数据库文件生成好了
```

4. 建立 PAM 认证文件

创建好口令认证文件后，接下来需要编辑 vsftpd 的 PAM 认证文件。PAM 认证文件有一个模板在目录 /usr/share/doc/vsftpd-3.0.2/EXAMPLE/VIRTUAL_USERS 中，文件名为 vsftpd.pam。可以将该模板文件复制到 /etc/pam.d 目录中，并命名为 ftp.vu，具体命令如下：

```
[root@GDKT ~]# cd /usr/share/doc/vsftpd-3.0.2/EXAMPLE/VIRTUAL_USERS
[root@GDKT VIRTUAL_USERS]# cp vsftpd.pam /etc/pam.d/ftp.vu
```

在 ftp.vu 文件中把原有内容修改为如下内容：

```
auth required pam_userdb.so db=/etc/vsftpd/ftpuserlist
account required pam_userdb.so db=/etc/vsftpd/ftpuserlist
```

上面输入内容中，db= 后面的路径为 /etc/vsftpd/ftpuserlist，要与前面使用 db_load 命令生成的口令库的路径一致，不需要输入扩展名。

5. 修改 vsftpd.conf 配置文件

接下来修改 vsftpd.conf 配置文件，首先禁用匿名用户的登录，并开启本地用户的登录选项。具体内容如下：

```
[root@GDKT ~]# vim /etc/vsftpd/vsftpd.conf
anonymous_enable=NO
local_enable=YES
write_enable=YES
anon_umask=022                   # 启用虚拟用户
guest_enable=YES                 # 将虚拟用户映射为本地用户
guest_username=vsftpuser         # 指定由 pam 文件验证用户
pam_service_name=ftp.vu
```

这样，所有通过虚拟账户登录到 FTP 的用户都被映射到真实用户 vsftpuser。这也将确定在文件系统上虚拟

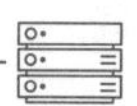

用户的 home 目录为 /ftpuser。

6. 创建单个虚拟用户配置文件

对于每个虚拟用户，可分别设置不同的权限。如前面的要求，mike 可以上传文件，john 可以下载文件。

首先在 vsftpd.conf 配置文件中添加以下一行，用来指定个人配置文件的目录。

```
[root@GDKT ~]# vim /etc/vsftpd/vsftpd.conf
user_config_dir=/etc/vsftpd/vuser
```

接下来在 /etc/vsftpd 目录中创建一个名为 vuser 的目录，并在该目录中用每个虚拟用户的名称创建一个配置文件。例如，使用以下命令创建虚拟用户名为 mike 和 john 的配置文件：

```
[root@GDKT ~]# mkdir /etc/vsftpd/vuser
cd /etc/vsftpd/vuser
touch mike
touch john
```

然后利用 vi 编辑器打开这两个虚拟用户的配置文件，来设置 mike、john 的权限。

```
[root@GDKT ~]# vim /etc/vsftpd/vuser/mike
anon_upload_enable=YES
anon_mkdir_write_enable=YES
download_enable=NO
[root@GDKT ~]# vim /etc/vsftpd/vuser/john
anon_upload_enable=NO
anon_mkdir_write_enable=YES
download_enable=YES
```

完成以上配置后，mike 和 john 在登录 FTP 服务器时，是使用同一个家目录 /ftpuser 的。如果想为每个虚拟用户创建个人的家目录，可以在 /ftpuser 目录中分别为每个虚拟用户创建个人目录，然后在虚拟用户的配置文件中使用"local_root"选项定义虚拟用户的家目录。

7. 重启 vsftpd 服务

以上设置都完成后，执行以下命令重启 vsftpd 服务：

```
[root@GDKT~]# systemctl restart vsftpd
```

8. 测试虚拟用户

测试虚拟用户 mike：

```
[root@GDKT ~]# ftp 192.168.163.130
Connected to 192.168.163.130 (192.168.163.130).
220 (vsFTPd 2.2.2)
Name (192.168.163.130:root): mike
331 Please specify the password.
Password:
230 Login successful.
Remote system type is UNIX.
Using binary mode to transfer files.
ftp> ls                    # 显示当前目录下的文件
227 Entering Passive Mode (192,168,163,130,109,70).
150 Here comes the directory listing.
-rw-r--r--    1 519      521      95 Mar 14 10:55 ftp1.txt
226 Directory send OK.
ftp> !ls                   # 显示本地目录中的文件及目录
\               mylinux_etc.tar.gz                vsftpd-3.0.2.tar.gz
anaconda-ks.cfg          putty.exe                 公共的
anaconda-screenshots     Server                    模板
etc                      server.crt                视频
```

```
ftp1.txt                   server.csr                      图片
ftp2.txt                   server.key                      文档
ftp3.txt                   test1.txt                       下载
install.log                test.tar.bz2                    音乐
install.log.syslog         VMwareTools-9.6.1-1378637.tar.gz 桌面
myfile.txt                 vmware-tools-distrib
mylinux_etc.tar            vsftpd-3.0.2
ftp> put ftp2.txt          # 上传本地目录下的文件 ftp2.txt
local: ftp2.txt remote: ftp2.txt
227 Entering Passive Mode (192,168,163,130,109,64).
150 Ok to send data.
226 Transfer complete. # 提示上传完成
ftp> ls                    # 显示 FTP 当前目录，发现文件 ftp2.txt 已上传
227 Entering Passive Mode (192,168,163,130,64,183).
150 Here comes the directory listing.
-rw-r--r--    1 519      521     95 Mar 14 10:55 ftp1.txt
-rw-r--r--    1 519      521      0 Mar 14 10:58 ftp2.txt
226 Directory send OK.
ftp> get ftp2.txt ftp4.txt # 下载 ftp2.txt 到本地目录，并重名为 ftp4.txt
local: ftp4.txt remote: ftp2.txt
227 Entering Passive Mode (192,168,163,130,66,143).
550 Permission denied.                              # 提示下载失败
ftp> bye
221 Goodbye.
```

测试虚拟用户 john：

```
[root@ GDKT ~]# ftp 192.168.163.130
Connected to 192.168.163.130 (192.168.163.130).
220 (vsFTPd 2.2.2)
Name (192.168.163.130:root): john
331 Please specify the password.
Password:
230 Login successful.
Remote system type is UNIX.
Using binary mode to transfer files.
ftp> ls
227 Entering Passive Mode (192,168,163,130,231,53).
150 Here comes the directory listing.
-rw-r--r--    1 519      521      95 Mar 14 10:55 ftp1.txt
-rw-r--r--    1 519      521       0 Mar 14 10:58 ftp2.txt
226 Directory send OK.
ftp> !ls
\              mylinux_etc.tar.gz                 vsftpd-3.0.2.tar.gz
anaconda-ks.cfg            putty.exe                       公共的
anaconda-screenshots       Server                          模板
etc                        server.crt                      视频
ftp1.txt                   server.csr                      图片
ftp2.txt                   server.key                      文档
ftp3.txt                   test1.txt                       下载
install.log                test.tar.bz2                    音乐
install.log.syslog         VMwareTools-9.6.1-1378637.tar.gz 桌面
myfile.txt                 vmware-tools-distrib
mylinux_etc.tar            vsftpd-3.0.2
ftp> put ftp3.txt                         # 上传本地目录下的文件 ftp3.txt
local: ftp3.txt remote: ftp3.txt
```

```
227 Entering Passive Mode (192,168,163,130,225,63).
550 Permission denied.                # 提示上传失败
ftp> get ftp2.txt ftp4.txt            # 下载 ftp2.txt 到本地目录，并重名为 ftp4.txt
local: ftp4.txt remote: ftp2.txt
227 Entering Passive Mode (192,168,163,130,42,112).
150 Opening BINARY mode data connection for ftp2.txt (0 bytes).
226 Transfer complete.                # 提示下载完成
ftp> !ls                              # 显示本地目录下的文件，可以看到 ftp4.txt 文件
\                  mylinux_etc.tar                       vsftpd-3.0.2
anaconda-ks.cfg    mylinux_etc.tar.gz                    vsftpd-3.0.2.tar.gz
anaconda-screenshots    putty.exe                        公共的
etc                     Server                           模板
ftp1.txt                server.crt                       视频
ftp2.txt                server.csr                       图片
ftp3.txt                server.key                       文档
ftp4.txt                test1.txt                        下载
install.log             test.tar.bz2                     音乐
install.log.syslog      VMwareTools-9.6.1-1378637.tar.gz 桌面
myfile.txt              vmware-tools-distrib
```

注意：当虚拟用户启用以后，本地用户将无法登录 FTP 服务器，即虚拟用户和本地用户无法共存。

质量监控单（教师完成）

工单实施栏目评分表

评分项	分值	作答要求	评审规定	得分
任务资讯	3	问题回答清晰准确，能够紧扣主题，没有明显错误项	对照标准答案错误一项扣 0.5 分，扣完为止	
任务实施	7	有具体配置图例，各设备配置清晰正确	A 类错误点一次扣 1 分，B 类错误点一次扣 0.5 分，C 类错误点一次扣 0.2 分	
任务扩展	4	各设备配置清晰正确，没有配置上的错误	A 类错误点一次扣 1 分，B 类错误点一次扣 0.5 分，C 类错误点一次扣 0.2 分	
其他	1	日志和问题项目填写详细，能够反映实际工作过程	没有填或者太过简单每项扣 0.5 分	
合计得分				

职业能力评分表

评分项	等级	作答要求	等级
知识评价	A | B | C	A：能够完整准确地回答任务资讯的所有问题，准确率在 90% 以上。 B：能够基本完成作答任务资讯的所有问题，准确率在 70% 以上。 C：对基础知识掌握得非常差，任务资讯和答辩的准确率在 50% 以下。	
能力评价	A | B | C	A：熟悉各个环节的实施步骤，完全独立完成任务，有能力辅助其他学生完成规定的工作任务，实施快速，准确率高（任务规划和任务实施正确率在 85% 以上）。 B：基本掌握各个环节实施步骤，有问题能主动请教其他同学，基本完成规定的工作任务，准确率较高（任务规划和任务实施正确率在 70% 以上）。 C：未完成任务或只完成了部分任务，有问题没有积极向其他同学请教，工作实施拖拉，不积极，各个部分的准确率在 50% 以下。	

续表

评分项	等级	作答要求	等级
态度素养评价	A | B | C	A：不迟到、不早退，对人有礼貌，善于帮助他人，积极主动完成规定工作任务，工作台完整整洁，回答老师提问科学。 B：不迟到、不早退，在教师督导和他人辅导下，能够完成规定工作任务，回答老师提问较准确。 C：未完成任务或只完成了部分任务，有问题没有积极向其他同学请教，工作实施拖拉不积极，不能准确回答老师提出的问题，各个部分的准确率在 50% 以下。	

教师评语栏

工单 17（DHCP 服务器配置）

工作任务单			
工单编号	C2019111110050	**工单名称**	DHCP 服务器配置
工单类型	基础型工单	**面向专业**	计算机网络技术
工单大类	网络运维	**能力面向**	专业能力
职业岗位	网络运维工程师、网络安全工程师、网络工程师		
实施方式	实际操作	**考核方式**	操作演示
工单难度	中等	**前序工单**	
工单分值	20 分	**完成时限**	6 学时
工单来源	教学案例	**建议组数**	99
组内人数	1	**工单属性**	院校工单
版权归属	潘军		
考核点	IP、静态、动态、DHCP、服务器、客户端		
设备环境	虚拟机 VMware Workstations 15 和 CentOS 7.2		
教学方法	在常规课程工单制教学当中，可采用手把手教的方式引导学生学习和训练 DHCP 服务器配置的相关职业能力和素养。		
用途说明	本工单可用于网络技术专业 Linux 服务器配置与管理课程或者综合实训课程的教学实训，特别是聚焦于 DHCP 服务器配置的训练，对应的职业能力训练等级为初级。		
工单开发	潘军	**开发时间**	2019-03-11

实施人员信息							
姓名		**班级**		**学号**		**电话**	
隶属组		**组长**		**岗位分工**		**伙伴成员**	

任务目标

实施该工单的任务目标如下：

知识目标

1. 了解 DHCP 服务器地址分配方式。
2. 了解 DHCP 的租约过程。
3. 了解 DHCP 中继代理。

能力目标

1. 能够安装 DHCP 服务。
2. 能够配置 DHCP 服务器，使客户端能够自动获取 IP 地址。
3. 能够配置 DHCP 中继代理以实现跨网段获取 IP 地址。

素养目标

1. 了解网络协议的规则意识，树立和谐、包容、尊重规则的理念。
2. 激发学生的学习动力和合作精神。
3. 培养学生规划管理能力和实践动手能力。
4. 培养学生团结合作、追求卓越的职业素养。

任务介绍

腾翼网络公司在公司创办初期只是一家规模较小的公司，使用的主机数量也相对有限，主机的 IP 地址都是由管理员手工分配的。但随着公司规模的扩大，所使用的主机数量也在日益增多，网络管理员采用手工分配 IP 地址的方法显得越来越力不从心。于是管理员决定搭建一台 DHCP 服务器来为公司的主机自动分配 IP 地址，这样既可以解决管理员手工分配 IP 地址工作烦琐的问题，又可以避免管理员静态配置容易出错的问题。

强国思想专栏

网络协议的规则意识

为了实现网络通信，网络的每一层都有多个协议，这些协议都是为了实现特定功能而定义的一系列规则，只要遵守规则就可以和任意站点实现互联、互通和互操作。

网络协议充分体现了和谐、包容、尊重规则的理念，这也是同学们需要具备的优秀品质。

每个协议的产生都是为了追求通信的卓越。

在社会生活中，只有遵守法律或约定俗成的社会规则的，才能获得充分的自由及广阔的天地来发挥自己的个性，反之则寸步难行。青年学生也应该具备追求卓越的理念，只有持续坚持追求更高的目标，才能不断进步、提高能力并完善自我。

任务资讯（4 分）

（1 分）1. DHCP 服务器地址分配方式有哪几种?

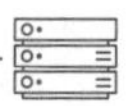

（1 分）2．DHCP 的租约过程分为哪几个阶段？

（1 分）3．IP 租约更新与 IP 租约释放的命令分别是什么？

（1 分）4．DHCP 中继代理可以解决什么问题？

注意： 任务资讯中的问题可以参看视频 1。

视频1

CentOS 7.2 DHCP 服务器和中继代理简介

任务规划

任务规划如下：

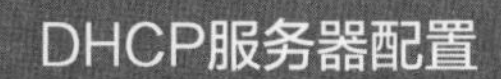
DHCP服务器配置
安装DHCP
查看是否安装了dhcpd
若未安装，使用YUM安装dhcpd服务
配置DHCP服务器
复制配置文件模板
按照任务要求，配置DHCP配置文件
启动DHCP服务器
Windows 7客户端的网卡IP设置为自动获取
Windows 7客户端使用ipconfig/release和ipconfig/renew重新获取IP，并使用ipconfig/all验证
配置DHCP中继代理
在服务器上安装DHCP
复制配置文件模板
根据任务要求，修改配置模板
启动DHCP服务
为中继服务器增加一张网卡，并分别配置两张网卡的IP地址（注意设置网上的模式）
在中继服务器上安装DHCP
开启中继服务的路由转发功能
允许中继的接口和DHCP服务器的IP地址
启动dhcprelay中继服务并向客户端宣告DHCP服务器的IP地址
在windows 7客户端进行测试

任务实施（10 分）

腾翼网络公司现需要搭建一台 DHCP 服务器，服务器的地址为 192.168.10.1，子网掩码为 255.255.255.0，

DNS 地址为 192.168.0.10，地址池范围为 192.168.10.40 ~ 192.168.10.100，默认租约 12 小时，最大租约 1 天，默认网关为 192.168.10.1。搭建成功后，要实现客户端自动获取 IP 地址。

（1 分）（1）修改服务器的 IP 地址为静态 IP 192.168.10.10/24。

（1 分）（2）关闭防火墙和 Selinux。

（1 分）（3）配置 YUM 源为本地光盘，源文件名为 local.repo。

（1 分）（4）检查 dhcpd 是否安装，如果没有安装，请用 YUM 安装 DHCP 服务器软件。

（1 分）（5）修改 dhcp.conf 文件，根据需求，配置相关参数。

（1 分）（6）启动 dhcpd 服务，并设置为开机自启。

（1 分）（7）关闭 VMware 网卡 VMNet1 的 DHCP 功能。

（1 分）（8）启动 Windows 7 客户端，并将 Windows 7 网卡（类型为 VMNet1）的 IP 设置为自动获取。

（1 分）（9）Windows 7 客户端用 ipconfig /release 和 ipconfig /renew 重新获取 IP，并用 ipconfig /all 验证。

（1 分）（10）服务器端验证 DHCP 地址分配的情况。

注意：任务实施可以参看视频 2。

视频2

CentOS 7.2 DHCP 服务器配置和验证

任务扩展（5 分）

腾翼网络公司在实现了客户机自动获取 IP 地址以后，随着公司规模的进一步扩大，公司内部出现了若干不同的网段，此时要实现所有客户机都自动获取 IP 地址，则需要在每个网段都搭建一台 DHCP 服务器，但是这显然会增加公司的成本并造成资源浪费，所以管理员决定使用 DHCP 中继代理技术解决全网客户机自动获取 IP 地址的问题。

（1）DHCP 服务器的 IP 地址为 192.168.10.10/24，网关为 192.168.10.2，DNS 地址为 192.168.0.10，两个网段的地址池范围为：

① 192.168.10.40 ~ 192.168.10.100 默认租约 12 小时，最大租约 1 天，默认网关为 192.168.10.2。

② 192.168.20.40 ~ 192.168.20.100 默认租约 12 小时，最大租约 1 天，默认网关为 192.168.20.1。

（2）DHCP 中继代理器为双网卡，其中连接 DHCP 服务器的网卡设置为 192.168.10.2/24，连接客户机的网卡设置为 192.168.20.2/24。

注意：DHCP 中继代理器连接 DHCP 服务器的网卡设置为 VMNet1（仅主机），连接客户机的网卡设置为 VMNet2（仅主机模式），客户机的网卡也要设置为 VMNet2 模式。

拓扑如下：

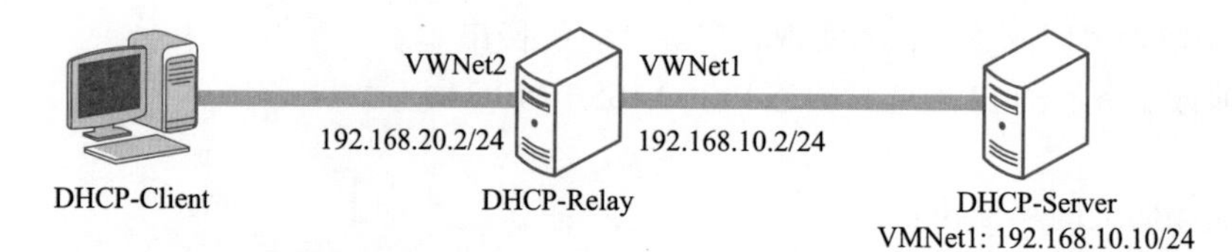

（1 分）（1）修改 DHCP 服务器的 IP 中的网关地址为 192.168.10.2。

（0.5 分）（2）修改任务实施中配置文件 dhcpd.conf 中 192.168.10.0 网段的网关地址，同时添加 192.168.20.0 网段的 DHCP 参数。

（0.5 分）（3）重新启动 DHCP 服务。

（1 分）（4）为虚拟机 CentOS 7.2 创建链接式克隆虚拟机：
① 新建虚拟机主机名，设置为 dhcprelay。
② 增加 1 张网卡，并分别配置两张网卡的 IP 地址（注意网卡模式）。

（0.5 分）（5）开启中继代理器的路由转发功能。

（1 分）（6）开启中继代理服务并验证服务端口。

（0.5 分）（7）Windows 7 客户端网卡类型修改为 VMNet2，依然是自动获取 IP，验证新的 IP 地址。

注意：任务扩展可以参看视频 3。

视频3

CentOS 7.2 DHCP 中继代理配置和验证

工作日志（0.5 分）

（0.5 分）实施工单过程中填写如下日志：

工作日志表

日　期	工作内容	问题及解决方式

总结反思（0.5 分）

（0.5 分）请编写完成本任务的工作总结：

学习资源集

任务资讯

一、DHCP 概述

DHCP（Dynamic Host Configure Protocol，动态主机配置协议）用于向网络中的计算机分配 IP 地址及一些 TCP/IP 配置信息。DHCP 提供安全、可靠且简单的 TCP/IP 网络设置，避免了 TCP/IP 网络中地址的冲突，同时也大大降低了管理 IP 地址设置的负担。

1. DHCP 的定义

DHCP 是简化 IP 配置管理的 TCP/IP 标准，用于对客户机动态配置 TCP/IP 信息。第一次启动 DHCP 客户机时，该客户机将在网络中请求 IP 地址，当 DHCP 服务器受到 IP 地址请求后它将从数据库定义的地址中选择 IP 地址提供给 DHCP 客户机。如图 17-1 所示，要想在一个 TCP/IP 协议的网络中使用 DHCP，该网络中至少要有一台计算机作为 DHCP 服务器，而其他计算机则作为 DHCP 客户机。

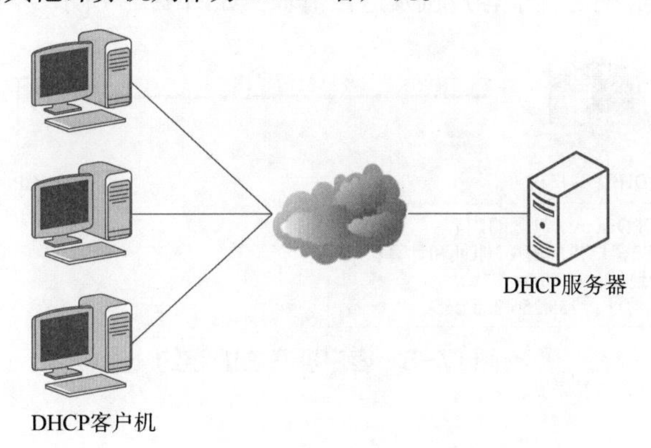

图17-1　DHCP服务示意

2. 使用 DHCP 的优点

（1）减少管理员的工作量。

（2）减少输入错误的可能。

（3）避免 IP 冲突。

（4）当网络更改 IP 地址段时，不需要重新配置每台计算机的 IP 地址。

（5）计算机移动不必重新配置 IP 地址。

（6）提高了 IP 地址的利用率。

二、DHCP 的分配方式

DHCP 有三种机制分配 IP 地址：

自动分配方式（Automatic Allocation），DHCP 服务器为主机指定一个永久性的 IP 地址，一旦 DHCP 客户端第一次成功地从 DHCP 服务器端租用到 IP 地址后，就可以永久性地使用该地址。

动态分配方式（Dynamic Allocation），DHCP 服务器给主机指定一个具有时间限制的 IP 地址，时间到期或主机明确表示放弃该地址时，该地址可以被其他主机使用。

手工分配方式（Manual Allocation），客户端的 IP 地址是由网络管理员指定的，DHCP 服务器只是将指定的 IP 地址告诉客户端主机。

三、简述 DHCP 服务的工作过程

客户机除了可以从 DHCP 服务器获得 IP 地址外，还可以获得子网掩码、默认网关地址、DNS 服务器地址等信息，以上这个过程又称 DHCP 租约过程。因为当客户机接收提供的 IP 地址时，DHCP 服务器将会把 IP 地址租用给客户机一段指定的时间。租约过程分为 4 个步骤，分别为：客户机请求 IP 地址—服务器响应—客户机选择 IP 地址—服务器确定租约，如图 17-2 所示。

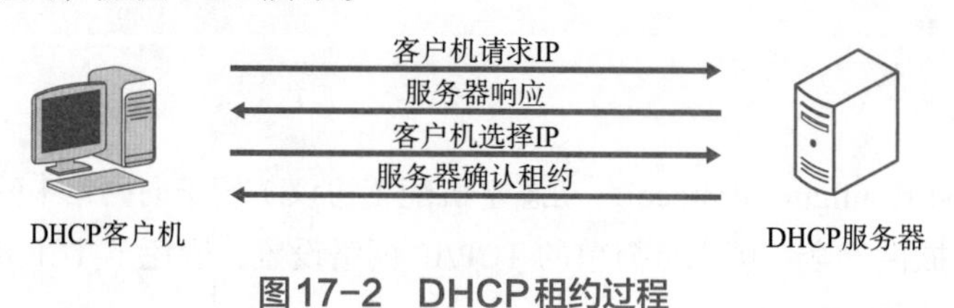

图17-2 DHCP租约过程

1. DHCP 租约过程

1）客户机请求 IP 租约

DHCP 客户机在网络中广播一个 DHCPDiscover 包以请求 IP 地址，所以此过程又称 DHCPDiscover。DHCPDiscover 包的源 IP 地址为 0.0.0.0，目的 IP 地址为 255.255.255.255，该包还包含客户机的 MAC 地址和计算机名，以使 DHCP 服务器能够确定哪个客户机发送该请求，如图 17-3 所示。

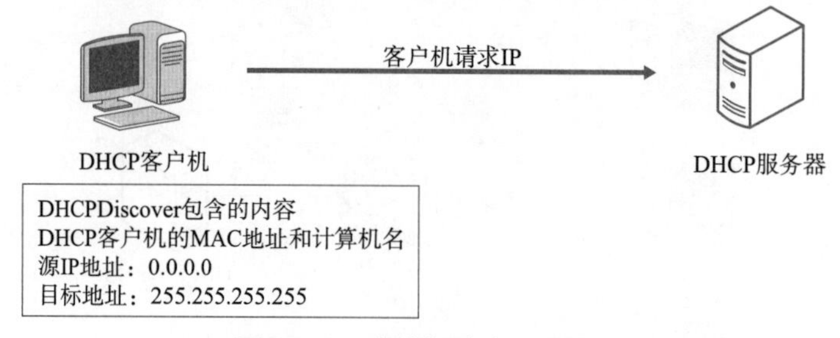

图17-3 客户机请求IP租约

2）服务器响应

当 DHCP 服务器接收到客户机请求 IP 地址的信息时，就在自己的 IP 地址库中查找是否有合法的 IP 地址提供给客户机，如果有，DHCP 服务器就将此 IP 地址做上标记，广播一个 DHCPOffer 包（此过程又称 DHCPOffer）。因为 DHCP 客户机还没有 IP 地址，所以由 DHCP 服务器发送广播消息，如图 17-4 所示。

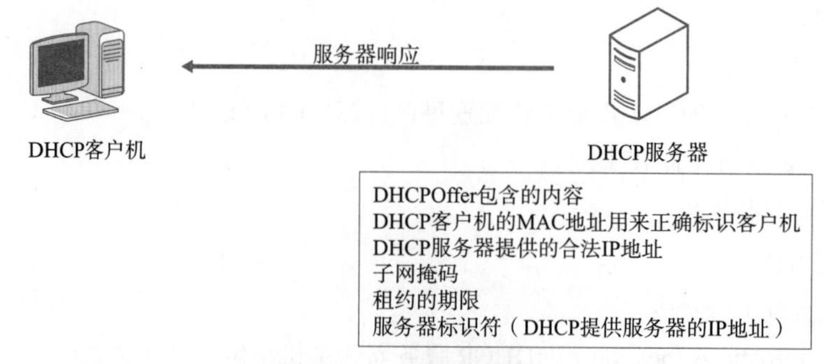

图17-4 服务器响应

如果网络中存在多台 DHCP 服务器，则这些服务器都会广播 DHCPOffer 包。

3）客户机选择 IP 地址

DHCP 客户机从收到的第一个 DHCPOffer 包中选择 IP 地址，并将 DHCPRequest 包广播到所有 DHCP 服务器，表明它接受提供的内容（此过程又称 DHCPRequest）。如果客户机接收了 IP 地址，则发出 IP 地址的 DHCP 服务器将该地址保留，该地址就不能提供给另一个 DHCP 客户机：如果那些 DHCPOffer 包被拒绝，DHCP 服务器则取消提供并保留其 IP 地址以用于下一个 IP 租约请求，如图 17-5 所示。

在客户机选择 IP 地址的过程中，虽然客户机选择了 IP 地址，但是还没有配置 IP 地址，所以源地址仍为 0.0.0.0，而在一个网络中可能有几个 DHCP 服务器，所以 DHCP 客户机仍然广播发出 DHCPRequest 包。

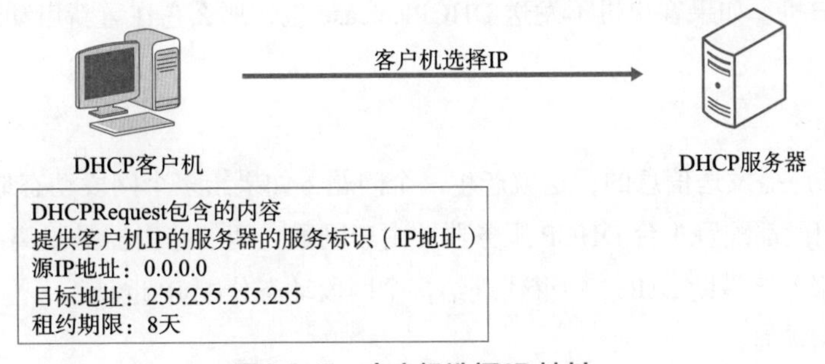

图17-5　客户机选择IP地址

4）服务器确认 IP 租约

DHCP 租约过程中的第 4 步也是最后一步为服务器确认 IP 租约，又称 DHCPACK/DHCPNAK。DHCP 服务器接收到 DHCPRequest 后，以 DHCPACK（DHCPAcknowledge）消息的形式向客户机广播成功的确认，该消息包含 IP 地址的有效租约和其他可能配置的信息。当客户机收到 DHCPACK 包时，它就配置了 IP 地址，完成了 TCP/IP 的初始化，从而可以在 TCP/IP 网络上通信了，如图 17-6 所示。

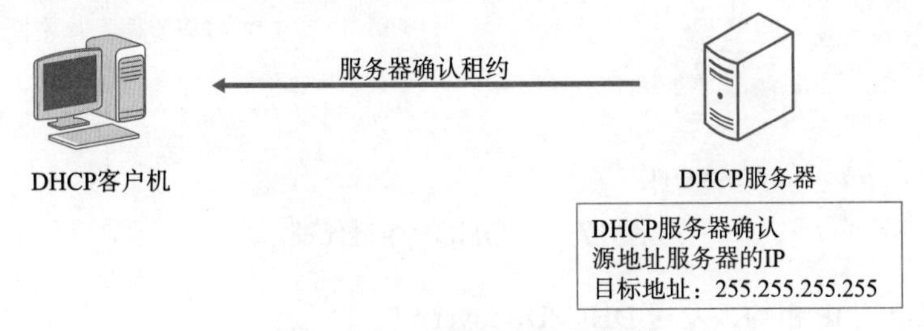

图17-6　服务器确认IP租约

如果 DHCPRequest 不成功，DHCP 服务器将广播否定确认信息 DHCPNAK 包。当客户机收到不成功的确认时，它将重新开始 DHCP 租约过程。

如果客户机无法找到 DHCP 服务器，它将从 TCP/IP 的 B 类网段 169.254.0.0 中挑选一个 IP 地址作为自己的 IP 地址，继续每隔 5 min 尝试与 DHCP 服务器进行通信，一旦与 DHCP 服务器取得联系，则客户机放弃自动配置的 IP 地址，而使用 DHCP 服务器所分配的 IP 地址和其他配置信息。

2. IP 租约更新

当客户机重新启动或租期达 50% 时，就需要重新更新租约，客户机直接向提供租约的服务器发送 DHCPRequest 包，要求更新现有的地址租约。如果 DHCP 服务器收到请求，它将发送 DHCP 确认信息给客户机，更新客户机租约。如果客户机无法与提供租约的服务器取得联系，则客户机一直等到租期到达 87.5% 时，进入重新申请状态，他向网络 E 所有服务器广播 DHCPDiscover 包以更新现有的地址租约。如果服务器响应客户机的请求，那么客户机使用该服务器提供的地址信息更新现有的租约。如果租约终止或无法与其他服务器通信，

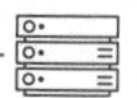

客户机将无法使用现有的地址租约。

客户机上使用 ipconfig/renew 命令可以向 DHCP 服务器发送 DHCPRequest 包，以接收更新选项和租约时间。如果 DHCP 服务器没有响应，客户机将继续使用当前的 DHCP 配置选项。

3. IP 租约释放

在客户机上使用 ipconfig/release 命令使 DHCP 客户机向 DHCP 服务器发送 DHCPRelease 包并释放其租约。当移动客户机到不同的网络并且客户机不需要以前的租约时这是很有用的。发布该命令后，客户机的 TCP/IP 通信联络停止。

如果客户机在租约时间内保持关闭（并且不更新租约），在租约到期以后，DHCP 服务器可能将客户机的 IP 地址分配给不同的客户机。如果客户机不发送 DHCPRelease 包，那么它在重新启动时，将试图尝试继续使用上一次使用过的 IP 地址。

四、DHCP 中继代理

DHCP 租约过程是靠广播发送信息的，这就产生一个问题，如果给多个网段动态地分配 IP 地址，如何规划 DHCP 服务器？是每个网段都配置 1 台 DHCP 服务器（由于网段之间的路由器是隔离广播的）呢，还是有别的办法？下面介绍 DHCP 服务器借助 DHCP 中继代理给多个网段动态分配 IP 地址。

1. DHCP 中继代理工作原理

图 17-7 所示为在路由器上启用了 DHCP 中继代理的示意图。根据图 17-1 来说明 DHCP 中继代理的工作原理。

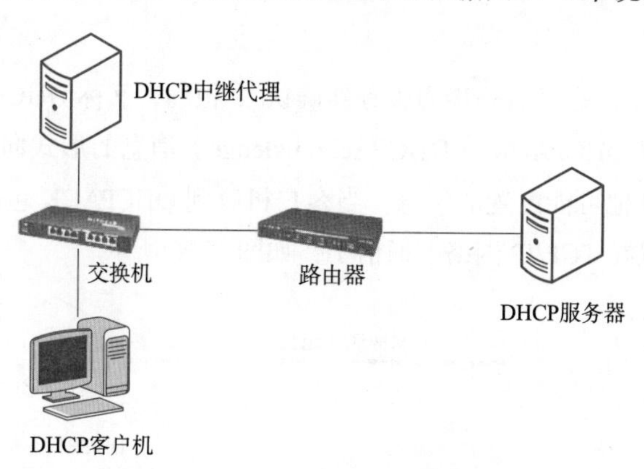

图17-7 DHCP 中继代理

（1）DHCP 客户机申请 IP 租约，发送 DHCPDiscover 包。

（2）中继代理收到该包，并转发给另一个网段的 DHCP 服务器。

（3）DHCP 服务器收到该包，将 DHCPOffer 包发送给中继代理。

（4）中继代理将地址租约（DHCPOffer）转发给 DHCP 客户端。

接下来，DHCPRequest 包从客户机通过中继代理转发到 DHCP 服务器，DHCPACK 消息从服务器通过中继代理转发到客户机。

任务实施

实施步骤如下：

1. 修改服务器的 IP 地址为静态 IP 192.168.10.10/24

```
[root@GDKT ~]# nmtui
[root@GDKT ~]# cat /etc/sysconfig/network-scripts/ifcfg-eno16777736
TYPE=Ethernet
BOOTPROTO=none
DEFROUTE=yes
```

```
IPV4_FAILURE_FATAL=yes
IPV6INIT=yes
IPV6_AUTOCONF=yes
IPV6_DEFROUTE=yes
IPV6_FAILURE_FATAL=no
NAME=eno16777736
UUID=b54da84c-9057-4617-91bf-94b91930145a
DEVICE=eno16777736
ONBOOT=yes
IPADDR=192.168.10.10
PREFIX=24
IPV6_PEERDNS=yes
IPV6_PEERROUTES=yes
[root@GDKT ~]# systemctl restart network
[root@GDKT ~]# ip addr show eno16777736
2: eno16777736: <BROADCAST,MULTICAST,UP,LOWER_UP> mtu 1500 qdisc pfifo_fast state UP qlen 1000
    link/ether 00:0c:29:cb:ce:49 brd ff:ff:ff:ff:ff:ff
    inet 192.168.10.10/24 brd 192.168.10.255 scope global eno16777736
       valid_lft forever preferred_lft forever
    inet6 fe80::20c:29ff:fecb:ce49/64 scope link
       valid_lft forever preferred_lft forever
```

2. 关闭防火墙和 Selinux

```
[root@GDKT ~]# systemctl stop firewalld
[root@GDKT ~]# systemctl disable firewalld
[root@GDKT ~]# setenforce 0
setenforce: SELinux is disabled
[root@GDKT ~]# vi /etc/selinux/config
[root@GDKT ~]# getenforce
Disabled
```

3. 配置 YUM 源为本地光盘，源文件名为 local.repo

```
[root@GDKT ~]# mkdir /etc/yum.repos.d/repobak
[root@GDKT ~]# mv /etc/yum.repos.d/*.repo /etc/yum.repos.d/repobak/
[root@GDKT ~]# vim /etc/yum.repos.d/local.repo
[root@GDKT ~]# cat /etc/yum.repos.d/local.repo
[local]
name=local
baseurl=file:///media
enabled=1
gpgcheck=0
[root@GDKT ~]# mount /dev/cdrom /media/
mount: /dev/sr0 is write-protected, mounting read-only
```

4. 检查 dhcpd 是否安装，如果没有安装，可用 YUM 安装 DHCP 服务器软件

```
[root@GDKT ~]# rpm -qa | grep dhcp
dhcp-common-4.2.5-42.el7.centos.x86_64
dhcp-libs-4.2.5-42.el7.centos.x86_64
[root@GDKT ~]# yum -y install dhcp
```

5. 修改 dhcp.conf，根据需求，配置相关参数

```
[root@GDKT ~]# rpm -ql dhcp | grep 'dhcpd.conf.example'
```

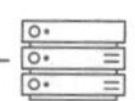

```
/usr/share/doc/dhcp-4.2.5/dhcpd.conf.example
[root@GDKT ~]# cd /etc/dhcp
[root@GDKT dhcp]# cp /usr/share/doc/dhcp-4.2.5/dhcpd.conf.example .
[root@GDKT dhcp]# grep -v "^$" dhcpd.conf.example | grep -v "^#"> dhcpd.conf
[root@GDKT dhcp]# cat dhcpd.conf
#Written By Liuziran ---2019-4-7
ddns-update-style interim;      # 设置 DNS 的动态更新方式为 interim
# 下面配置必须有，必须存在和网卡同一网段的子网声明
subnet 192.168.10.0 netmask 255.255.255.0 {
  range 192.168.10.40 192.168.10.100;
  default-lease-time 43200;                # 默认租约 12 小时
  max-lease-time 86400;                    # 最大租约 1 天
  option routers 192.168.10.1;             # 默认网关
  option subnet-mask 255.255.255.0;        # 子网掩码
  option domain-name-servers 192.168.0.10; #DNS 服务器 IP
}
[root@GDKT dhcp]#
```

6. 启动 dhcpd 服务，并设置为开机自启

```
[root@GDKT dhcp]# systemctl start dhcpd
[root@GDKT dhcp]# systemctl enable dhcpd
Created symlink from /etc/systemd/system/multi-user.target.
wants/dhcpd.service to /usr/lib/systemd/system/dhcpd.service.
[root@GDKT dhcp]# ss -tulnp | grep dhcp
udp   UNCONN   0   0    *:67       *:*    users:(("dhcpd", pid=36082,fd=7))
udp   UNCONN   0   0    *:17994    *:*    users:(("dhcpd", pid=36082,fd=20))
udp   UNCONN   0   0   :::14704   :::*   users:(("dhcpd",pid= 36082 客户端验证
```

7. 关闭 VMware 网卡 VMNet1 的 DHCP 功能（见图 17-8）

8. 启动 Windows 7 客户端，并将 Windows 7 网卡（类型为 VMNet1）的 IP 设置为自动获取（见图 17-9 所示）

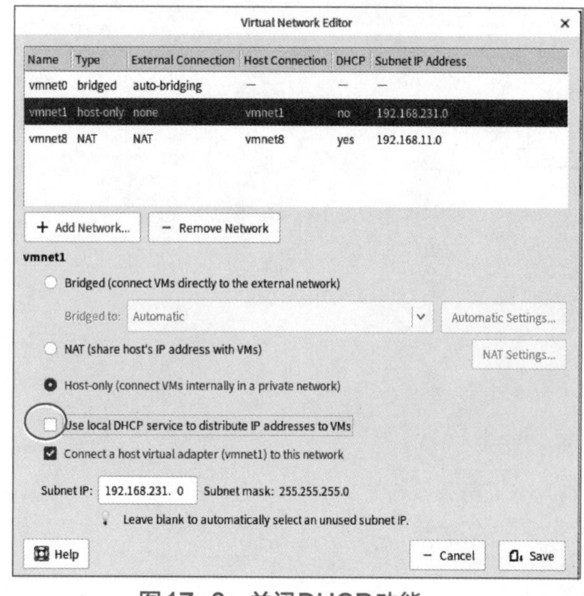

图17-8　关闭DHCP功能

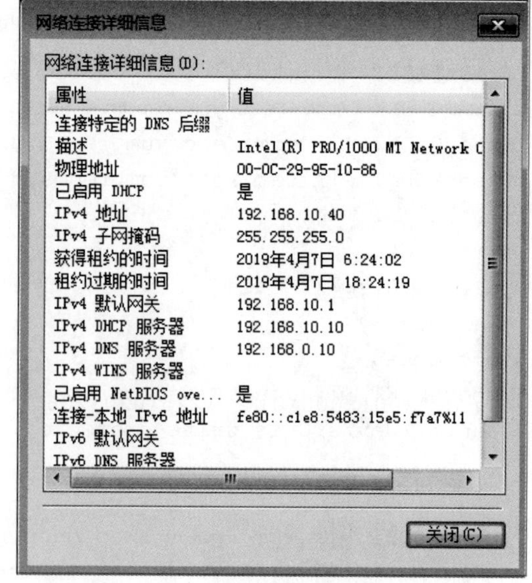

图17-9　客户端IP设置为自动获取

9. Windows 7 客户端用 ipconfig /release 和 ipconfig /renew 重新获取 IP，并用 ipconfig /all 验证，（见图 17-10 和图 17-11）

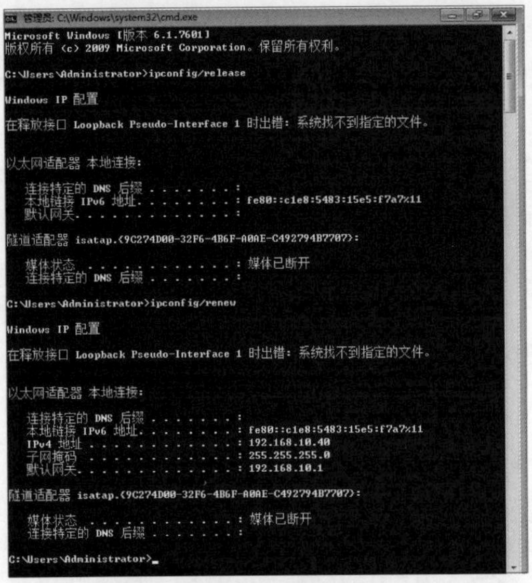

```
Microsoft Windows [版本 6.1.7601]
版权所有 (c) 2009 Microsoft Corporation。保留所有权利。

C:\Users\Administrator>ipconfig/release

Windows IP 配置

在释放接口 Loopback Pseudo-Interface 1 时出错: 系统找不到指定的文件。

以太网适配器 本地连接:

   连接特定的 DNS 后缀 . . . . . . . :
   本地链接 IPv6 地址. . . . . . . . : fe80::c1e8:5483:15e5:f7a7%11
   默认网关. . . . . . . . . . . . . :

隧道适配器 isatap.{9C274D00-32F6-4B6F-A0AE-C492794B7707}:

   媒体状态 . . . . . . . . . . . . : 媒体已断开
   连接特定的 DNS 后缀 . . . . . . . :

C:\Users\Administrator>ipconfig/renew

Windows IP 配置

在释放接口 Loopback Pseudo-Interface 1 时出错: 系统找不到指定的文件。

以太网适配器 本地连接:

   连接特定的 DNS 后缀 . . . . . . . :
   本地链接 IPv6 地址. . . . . . . . : fe80::c1e8:5483:15e5:f7a7%11
   IPv4 地址 . . . . . . . . . . . . : 192.168.10.40
   子网掩码 . . . . . . . . . . . . : 255.255.255.0
   默认网关. . . . . . . . . . . . . : 192.168.10.1

隧道适配器 isatap.{9C274D00-32F6-4B6F-A0AE-C492794B7707}:

   媒体状态 . . . . . . . . . . . . : 媒体已断开
   连接特定的 DNS 后缀 . . . . . . . :

C:\Users\Administrator>_
```

图17-10　客户端验证

```
C:\Users\Administrator>ipconfig/all

Windows IP 配置

   主机名 . . . . . . . . . . . . . : liuziran-win7
   主 DNS 后缀 . . . . . . . . . . . :
   节点类型 . . . . . . . . . . . . : 混合
   IP 路由已启用 . . . . . . . . . . : 否
   WINS 代理已启用 . . . . . . . . . : 否

以太网适配器 本地连接:

   连接特定的 DNS 后缀 . . . . . . . :
   描述. . . . . . . . . . . . . . . : Intel(R) PRO/1000 MT Network Connection
   物理地址. . . . . . . . . . . . . : 00-0C-29-95-10-86
   DHCP 已启用 . . . . . . . . . . . : 是
   自动配置已启用. . . . . . . . . . : 是
   本地链接 IPv6 地址. . . . . . . . : fe80::c1e8:5483:15e5:f7a7%11(首选)
   IPv4 地址 . . . . . . . . . . . . : 192.168.10.40(首选)
   子网掩码 . . . . . . . . . . . . : 255.255.255.0
   获得租约的时间 . . . . . . . . . : 2019年4月7日 6:25:50
   租约过期的时间 . . . . . . . . . : 2019年4月7日 18:25:50
   默认网关. . . . . . . . . . . . . : 192.168.10.1
   DHCP 服务器 . . . . . . . . . . . : 192.168.10.10
   DHCPv6 IAID . . . . . . . . . . . : 234884137
   DHCPv6 客户端 DUID . . . . . . . : 00-01-00-01-23-C3-0D-CA-00-0C-29-5F-5D-05

   DNS 服务器 . . . . . . . . . . . : 192.168.0.10
   TCPIP 上的 NetBIOS . . . . . . . : 已启用

隧道适配器 isatap.{9C274D00-32F6-4B6F-A0AE-C492794B7707}:

   媒体状态 . . . . . . . . . . . . : 媒体已断开
   连接特定的 DNS 后缀 . . . . . . . :
   描述. . . . . . . . . . . . . . . : Microsoft ISATAP Adapter
   物理地址. . . . . . . . . . . . . : 00-00-00-00-00-00-00-E0
   DHCP 已启用 . . . . . . . . . . . : 否
   自动配置已启用. . . . . . . . . . : 是
```

图17-11　客户端验证

10. 服务器端验证

```
[root@GDKT ~]# cat /var/lib/dhcpd/dhcpd.leases
# The format of this file is documented in the dhcpd.leases(5) manual page.
# This lease file was written by isc-dhcp-4.2.5

server-duid "\000\001\000\001$;\341\347\000\014)\313\316I";

lease 192.168.10.40 {
  starts 6 2019/04/06 22:24:03;
  ends 0 2019/04/07 10:24:03;
  cltt 6 2019/04/06 22:24:03;
  binding state active;
  next binding state free;
  rewind binding state free;
  hardware ethernet 00:0c:29:95:10:86;
  uid "\001\000\014)\225\020\206";
  client-hostname "liuziran-win7";
}
lease 192.168.10.40 {
  starts 6 2019/04/06 22:24:19;
  ends 0 2019/04/07 10:24:19;
  cltt 6 2019/04/06 22:24:19;
  binding state active;
  next binding state free;
  rewind binding state free;
  hardware ethernet 00:0c:29:95:10:86;
  uid "\001\000\014)\225\020\206";
  client-hostname "liuziran-win7";
}
lease 192.168.10.40 {
  starts 6 2019/04/06 22:24:19;
  ends 6 2019/04/06 22:25:38;
  tstp 6 2019/04/06 22:25:38;
  cltt 6 2019/04/06 22:24:19;
  binding state free;
  hardware ethernet 00:0c:29:95:10:86;
  uid "\001\000\014)\225\020\206";
}
lease 192.168.10.40 {
```

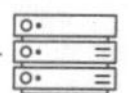

```
    starts 6 2019/04/06 22:25:50;
    ends 0 2019/04/07 10:25:50;
    cltt 6 2019/04/06 22:25:50;
    binding state active;
    next binding state free;
    rewind binding state free;
    hardware ethernet 00:0c:29:95:10:86;
    uid "\001\000\014)\225\020\206";
    client-hostname "liuziran-win7";
}
```

任务扩展

实验步骤：

1. 修改 DHCP 服务器的 IP 中的网关地址为 192.168.10.2

```
[root@GDKT ~]# vi /etc/sysconfig/network-scripts/ifcfg-eno16777736
[root@GDKT ~]# cat /etc/sysconfig/network-scripts/ifcfg-eno16777736
TYPE=Ethernet
BOOTPROTO=none
DEFROUTE=yes
IPV4_FAILURE_FATAL=yes
IPV6INIT=yes
IPV6_AUTOCONF=yes
IPV6_DEFROUTE=yes
IPV6_FAILURE_FATAL=no
NAME=eno16777736
UUID=b54da84c-9057-4617-91bf-94b91930145a
DEVICE=eno16777736
ONBOOT=yes
IPADDR=192.168.10.10
PREFIX=24
GATEWAY=192.168.10.2
IPV6_PEERDNS=yes
IPV6_PEERROUTES=yes
```

2. 修改任务实施中配置文件 dhcpd.conf 中 192.168.10.0 网段的网关地址，同时添加 192.168.20.0 网段的 DHCP 参数

```
[root@GDKT ~]# vi /etc/dhcp/dhcpd.conf
[root@GDKT ~]# cat /etc/dhcp/dhcpd.conf
#Written By Liuziran ---2019-4-7
ddns-update-style interim;      #设置 DNS 的动态更新方式为 interim
#下面配置必须有，必须存在和网卡同一网段的子网声明
subnet 192.168.10.0 netmask 255.255.255.0 {
  range 192.168.10.40 192.168.10.100;
  default-lease-time 43200;                     #默认租约 12 小时
  max-lease-time 86400;                         #最大租约 1 天
  option routers 192.168.10.2;                  #默认网关
  option subnet-mask 255.255.255.0;             #子网掩码
  option domain-name-servers 192.168.0.10;  #DNS 服务器 IP
}
subnet 192.168.20.0 netmask 255.255.255.0 {
  range 192.168.20.40 192.168.20.100;
  default-lease-time 43200;                     #默认租约 12 小时
  max-lease-time 86400;                         #最大租约 1 天
  option routers 192.168.20.2;                  #默认网关
  option subnet-mask 255.255.255.0;             #子网掩码
  option domain-name-servers 192.168.0.10;  #DNS 服务器 IP
}
```

3. 重新启动 DHCP 服务

```
[root@GDKT ~]# systemctl restart dhcpd
```

4. 为虚拟机 CentOS 7.2 创建链接式克隆虚拟机。同时，把新建虚拟机主机名设置为 dhcprelay，增加 1 张网卡，并分别配置两张网卡的 IP 地址（注意网卡模式），如图 17-12 ~图 17-16 所示

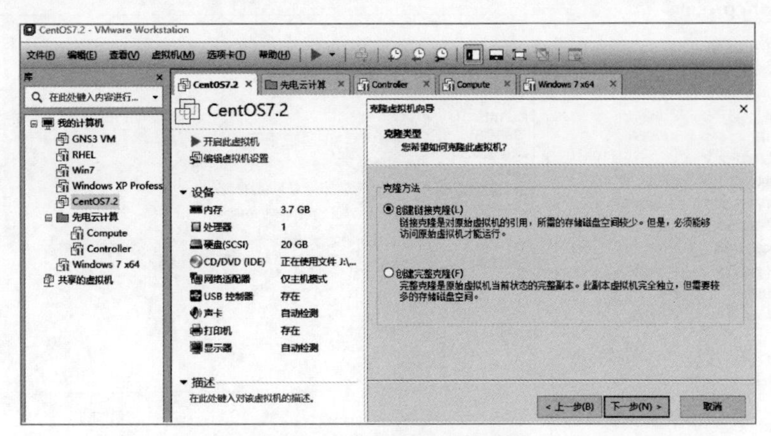

图17-12　创建链接式克隆

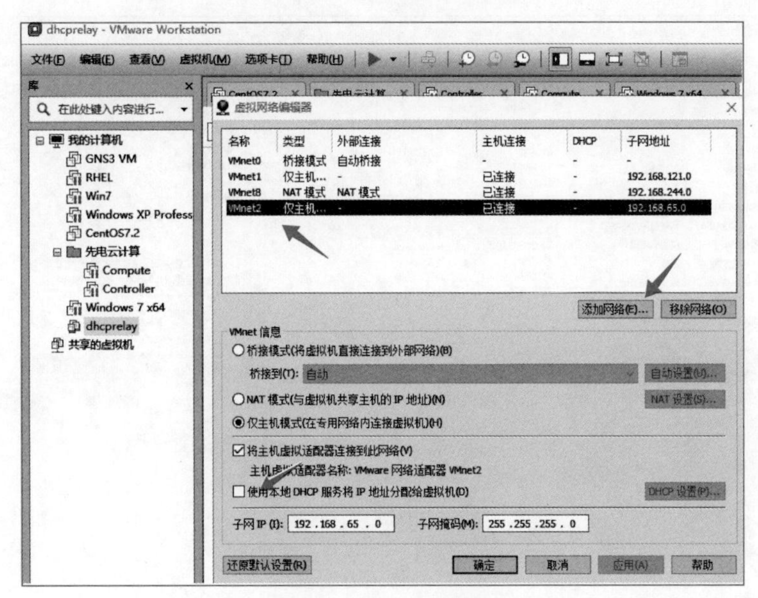

图17-13　添加网段

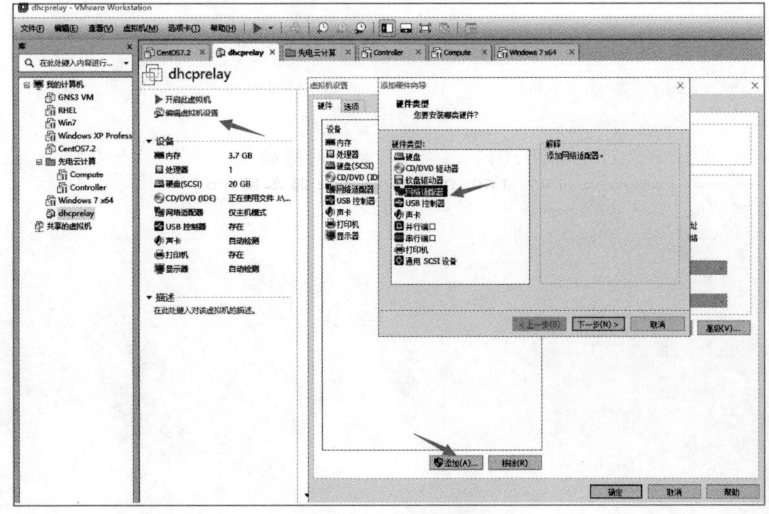

图17-14　添加网卡

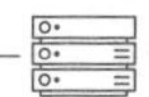

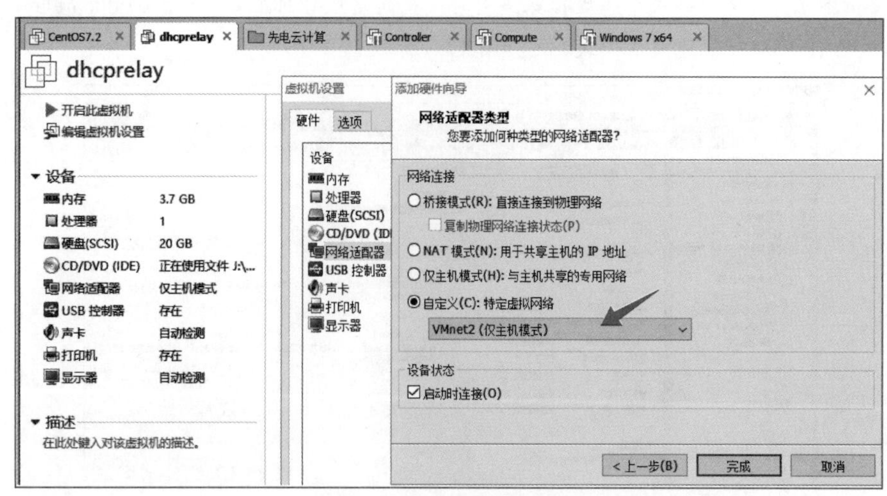

图17-15　设置网卡类型

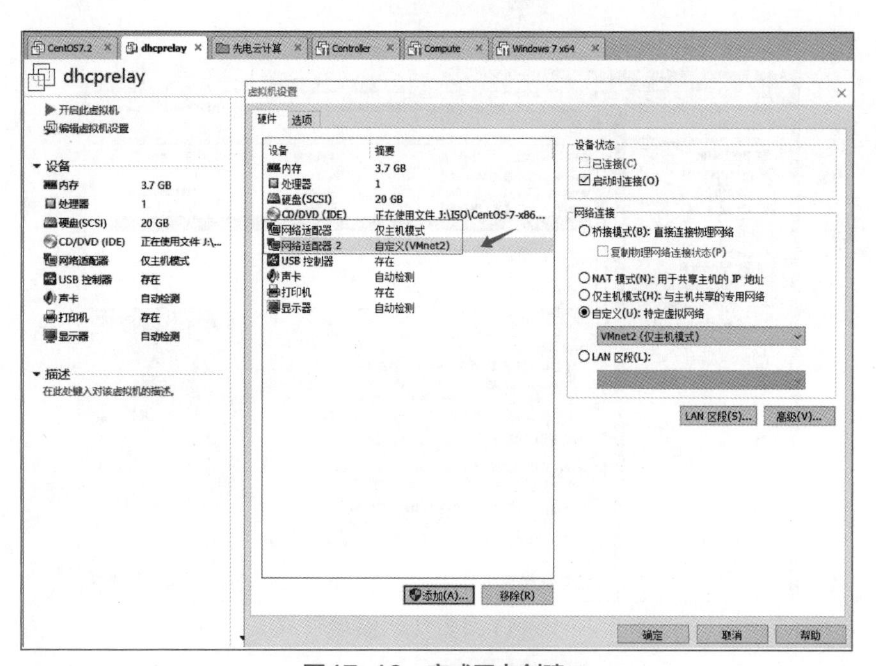

图17-16　完成网卡创建

```
[root@GDKT ~]# hostnamectl set-hostname dhcprelay
[root@GDKT ~]# cat /etc/hostname
dhcprelay
[root@GDKT ~]# logout
[root@dhcprelay ~]#
[root@dhcprelay ~]# vi /etc/sysconfig/network-scripts/ifcfg-eno16777736
[root@dhcprelay ~]# cat /etc/sysconfig/network-scripts/ifcfg-eno16777736
TYPE=Ethernet
BOOTPROTO=none
DEFROUTE=yes
IPV4_FAILURE_FATAL=yes
IPV6INIT=yes
IPV6_AUTOCONF=yes
IPV6_DEFROUTE=yes
IPV6_FAILURE_FATAL=no
NAME=eno16777736
UUID=b54da84c-9057-4617-91bf-94b91930145a
```

```
DEVICE=eno16777736
ONBOOT=yes
IPADDR=192.168.10.2
PREFIX=24
IPV6_PEERDNS=yes
IPV6_PEERROUTES=yes
[root@dhcprelay ~]# vi /etc/sysconfig/network-scripts/ifcfg-eno33554984
                                        # 先在图形界面修改网卡名称
[root@dhcprelay ~]# cat /etc/sysconfig/network-scripts/ifcfg-eno33554984
HWADDR=00:0C:29:23:1B:A5
TYPE=Ethernet
BOOTPROTO=none
DEFROUTE=yes
IPV4_FAILURE_FATAL=no
IPV6INIT=yes
IPV6_AUTOCONF=yes
IPV6_DEFROUTE=yes
IPV6_FAILURE_FATAL=no
NAME=eno33554984
UUID=a6cf5c6d-8aa4-428d-8b95-f20d58a804a8
ONBOOT=yes
IPADDR=192.168.20.2
PREFIX=24
IPV6_PEERDNS=yes
IPV6_PEERROUTES=yes
```

5. 开启中继代理器的路由转发功能

```
[root@dhcprelay ~]# vim /etc/sysctl.conf
[root@dhcprelay ~]# tail -2  /etc/sysctl.conf
# Controls IP packet forwarding
net.ipv4.ip_forward=1
[root@dhcprelay ~]# sysctl -p
net.ipv4.ip_forward = 1
[root@dhcprelay ~]#
```

6. 开启中继代理服务并验证服务端口

```
[root@dhcprelay ~]# systemctl stop dhcpd
[root@dhcprelay ~]# dhcrelay 192.168.10.10
Dropped all unnecessary capabilities.
Internet Systems Consortium DHCP Relay Agent 4.2.5
Copyright 2004-2013 Internet Systems Consortium.
All rights reserved.
For info, please visit https://www.isc.org/software/dhcp/
Listening on LPF/virbr0/00:00:00:00:00:00
Sending on   LPF/virbr0/00:00:00:00:00:00
Listening on LPF/eno33554984/00:0c:29:23:1b:a5
Sending on   LPF/eno33554984/00:0c:29:23:1b:a5
Listening on LPF/eno16777736/00:0c:29:23:1b:9b
Sending on   LPF/eno16777736/00:0c:29:23:1b:9b
Sending on   Socket/fallback
[root@dhcprelay ~]# ss -tulnp | grep dhcrelay
udp    UNCONN     0       0          *:36562
*:*                    users:(("dhcrelay",pid=7616,fd=20))
udp    UNCONN     0       0          *:67                      *:*
users:(("dhcrelay",pid=7616,fd=7))
udp    UNCONN     0       0          :::58122                  :::*
users:(("dhcrelay",pid=7616,fd=21))
[root@dhcprelay ~]#
```

7. Windows 7 客户端网卡类型修改为 VMNet2，依然是自动获取 IP，验证新的 IP 地址，如图 17-17 和图 17-18 所示

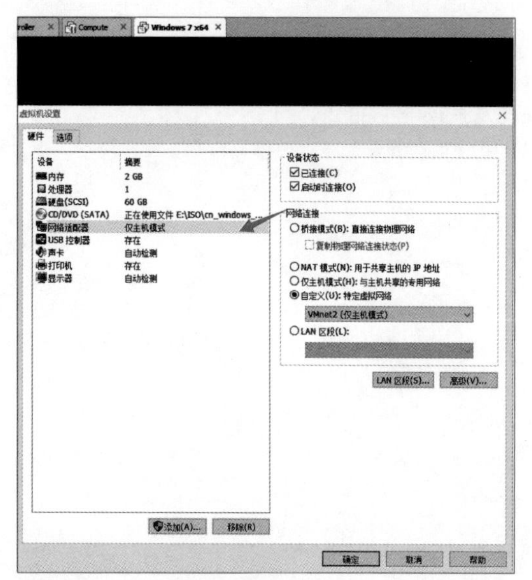

图17-17　客户端网卡类型修改为VMNet2

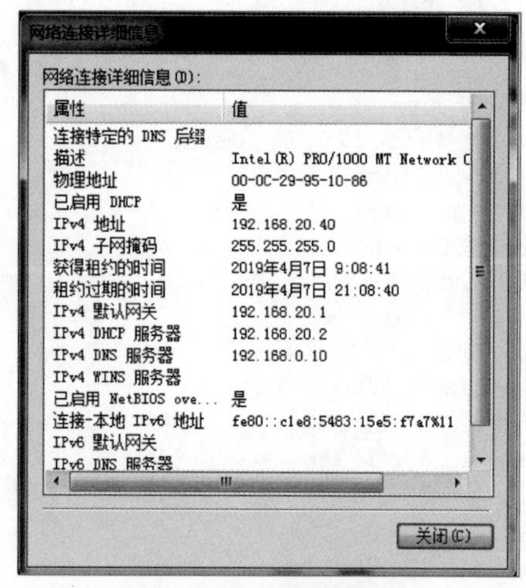

图17-18　自动获取IP

质量监控单（教师完成）

工单实施栏目评分表

评分项	分值	作答要求	评审规定	得分
任务资讯	3	问题回答清晰准确，能够紧扣主题，没有明显错误项	对照标准答案错误一项扣 0.5 分，扣完为止	
任务实施	7	有具体配置图例，各设备配置清晰正确	A 类错误点一次扣 1 分，B 类错误点一次扣 0.5 分，C 类错误点一次扣 0.2 分	
任务扩展	4	各设备配置清晰正确，没有配置上的错误	A 类错误点一次扣 1 分，B 类错误点一次扣 0.5 分，C 类错误点一次扣 0.2 分	
其他	1	日志和问题项目填写详细，能够反映实际工作过程	没有填或者太过简单每项扣 0.5 分	
合计得分				

职业能力评分表

评分项	等级	作答要求	等级
知识评价	A | B | C	A：能够完整准确地回答任务资讯的所有问题，准确率在 90% 以上。 B：能够基本完成作答任务资讯的所有问题，准确率在 70% 以上。 C：对基础知识掌握得非常差，任务资讯和答辩的准确率在 50% 以下。	
能力评价	A | B | C	A：熟悉各个环节的实施步骤，完全独立完成任务，有能力辅助其他学生完成规定的工作任务，实施快速，准确率高（任务规划和任务实施正确率在 85% 以上）。 B：基本掌握各个环节实施步骤，有问题能主动请教其他同学，基本完成规定的工作任务，准确率较高（任务规划和任务实施正确率在 70% 以上）。 C：未完成任务或只完成了部分任务，有问题没有积极向其他同学请教，工作实施拖拉，不积极，各个部分的准确率在 50% 以下。	

续表

评分项	等级	作答要求	等级
态度素养评价	A | B | C	A：不迟到、不早退，对人有礼貌，善于帮助他人，积极主动完成规定工作任务，工作台完整整洁，回答老师提问科学。 B：不迟到、不早退，在教师督导和他人辅导下，能够完成规定工作任务，回答老师提问较准确。 C：未完成任务或只完成了部分任务，有问题没有积极向其他同学请教，工作实施拖拉不积极，不能准确回答老师提出的问题，各个部分的准确率在 50% 以下。	

教师评语栏

工单 18（邮件服务器配置）

工作任务单			
工单编号	C2019111110057	**工单名称**	邮件服务器配置
工单类型	基础型工单	**面向专业**	计算机网络技术
工单大类	网络运维	**能力面向**	专业能力
职业岗位	网络运维工程师、网络安全工程师、网络工程师		
实施方式	实际操作	**考核方式**	操作演示
工单难度	偏难	**前序工单**	
工单分值	18 分	**完成时限**	8 学时
工单来源	教学案例	**建议组数**	99
组内人数	1	**工单属性**	院校工单
版权归属	潘军		
考核点	Postfix、Sendmail、Dovcot、Webmail、电子邮件		
设备环境	虚拟机 VMware Workstations 15 和 CentOS 7.2		
教学方法	在常规课程工单制教学当中，可采用手把手教的方式引导学生学习和训练邮件服务器配置的相关职业能力和素养。		
用途说明	本工单可用于网络技术专业 Linux 服务器配置与管理课程或者综合实训课程的教学实训，特别是聚焦于邮件服务器配置的训练，对应的职业能力训练等级为初级。		
工单开发	潘军	**开发时间**	2019-03-11

实施人员信息							
姓名		**班级**		**学号**		**电话**	
隶属组		**组长**		**岗位分工**		**伙伴成员**	

任务目标

实施该工单的任务目标如下：

知识目标

1．了解 SMTP 协议的工作原理及端口号。

2．POP3 协议和 IMAP 协议的工作原理及端口号。

3．Postfix 的主配置文件及相关配置选项。

能力目标

1．能够安装 Postfix 服务。

2．能够配置 Postfix 服务器及 Dovecot。

3．了解 WebMail 的配置。

素养目标

1．了解钓鱼邮件的危害，增强防范意识。

2．激发学生的学习动力，努力精进技能。

3．培养学生规划管理能力和实践动手能力。

4．培养学生标准作业、辛勤劳动的职业素养。

任务介绍

腾翼网络公司的大量业务，是需要公司员工之间、员工和客户之间通过电子邮件进行沟通联系的，考虑到公司未来的通信要求，公司领导要求网络部的技术人员在公司服务器上搭建电子邮件服务器，为企业提供安全稳定的邮件服务。通过对当前市场产品的调研，公司网络部的技术人员从兼容性、性能、安全性以及价格等多个角度考虑，一致决定使用 Postfix 架设公司的电子邮件服务器。

强国思想专栏

警惕疫情相关的钓鱼邮件

2020年2月7日，国家互联网应急中心发出预警通报，网络不法分子利用新型冠状病毒相关题材，冒充国家疫情防疫相关部门，向我国部分单位和用户投放与新型肺炎疫情相关的钓鱼邮件，钓鱼邮件利用仿冒页面实现对用户信息的收集，诱导用户执行恶意文档中的宏，向受害用户主机上植入木马程序，实现远程控制和信息窃取。

强化风险意识，加强安全防范：

1、不要轻易打开不明来历的电子邮件链接或附件；2、已打开钓鱼邮件链接或附件的用户，请及时联系网络安全技术人员，进行风险排查；3、安装杀毒软件，并及时更新病毒库；4、使用合适的邮件防御机制强化风险意识，加强安全防范；5、加强人员安全意识；6、保持高度警惕。

任务资讯（2 分）

（0.5 分）1．SMTP 协议的工作原理及端口号是什么？

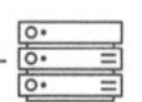

（0.5 分）2. POP3 协议的工作原理及端口号是什么?

（0.5 分）3. IMAP 协议的工作原理及端口号是什么?

（0.5 分）4. Postfix 的主配置文件及相关配置选项?

注意：任务资讯中的问题可以参看视频 1。

视频1

Postfix 和 Dovecot 简介

任务规划

任务规划如下：

- 邮件服务器配置
  - Postfix服务器配置
    - 安装Postfix
      - 默认已经安装Postfix
      - 若未安装，则可通过YUM安装
      - 启动Postfix服务
    - 配置DNS服务器的MX记录
      - 启动DNS服务
      - 打开区域配置文件，添加MX记录
    - 配置Postfix服务器
      - 修改Postfix的主配置文件main.cf，使Postfix服务器监听所有网络接口
      - 重启Postfix服务
      - 用户别名设置
      - 主机连接限制
    - 命令行测试邮件的收发
      - 新建三个用户：tom、john和kevin，用于测试
      - 使用telnet命令连接到服务器的25号端口
      - 测试别名是否生效
  - 配置Dovecot进行接收邮件的测试
    - 安装Dovecot服务
    - 修改配置文件Dovecot.conf
    - 设置/etc/dovecot/conf.d/10-mail.conf配置文件
    - 创建用户目录
    - 使用mutt测试接收邮件

任务实施（11分）

公司网络部的管理员遵从大家的决定，采用 Postfix 和 Dovecot 搭建公司的邮件服务器，主要的相关配置要求如下：

（1）邮件服务器的域名：mail.tengyi.com.cn。

（2）邮件服务器的 IP 地址：192.168.89.129。

（3）DNS 服务器的 IP 地址：192.168.89.129（与邮件服务器部署在一台服务器上）。

（4）当前系统中创建三个用户：tom、john 和 kevin，全部属于 mailuser 组。

（5）要求无论谁发给用户 tom 的邮件都被用户 john 接收，限制 192.168.89.48 的主机使用邮件服务。

注意：请把 tengyi 置换为个人姓名全拼。
本工单实施之前请做好关闭防火墙、关闭 Selinux 和配置 YUM 本地源文件。
本工单实施之前请先配置好 DNS 服务器，并做好域名解析的测试。

任务一：发送邮件服务器 Postfix 的安装与配置

（0.5 分）（1）Postfix 服务的安装（CentOS 7 默认安装了 Postfix）。

（0.5 分）（2）设置 Postfix 服务器所在主机的主机名为 mail.tengyi.com.cn。

（0.5 分）（3）测试 mail.tengyi.com.cn 域名和邮件服务器的 MX 记录是否能够解析成功。

（0.5 分）（4）编辑主配置文件 main.cf。

（0.5 分）（5）启动 Postfix 并设置为开机自动启动。

（0.5 分）（6）创建邮箱的用户账号 tom、john 和 kevin。Postfix 服务器使用 Linux 系统中的用户账号作为邮箱的用户账号，因此只要在 Linux 系统中直接建立 Linux 用户账号即可。

① 账号 tom、John 和 Kevin 同属于 mailuser 组。

② 账号密码为 123。

（0.5 分）（7）为了使用 telnet 工具进行发信测试，安装 telnet 的服务器端和客户端软件包。安装后，启动 telnet 服务。

（0.5 分）（8）发信测试。

① 方法：telnet mail.tengyi.com.cn 25。

② 测试内容：tom 发送邮件给 john。邮件主题和内容自定义。

（0.5 分）（9）查看发送结果。

任务二：接收邮件服务器 Dovecot 的安装与配置

（0.5 分）（1）dovecot 服务的安装。

（0.5 分）（2）启用最基本的 Devocot 服务，需对文件 /etc/dovecot/dovecot.conf 进行修改。

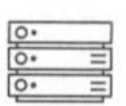

（0.5 分）（3）修改 /etc/dovecot/conf.d/10-mail.conf 子配置文件，指定邮件存储格式。

任务三：使用 Outlook 2010 收发邮件

（0.5 分）（1）配置客户端 DNS 地址，使其指向网络中 DNS 服务器的 IP 地址。

（0.5 分）（2）Outlook 2010 添加账户。

（0.5 分）（3）用户在客户端收发电子邮件。

任务四：使用用户别名实现邮件群发

在 Postfix 邮件系统中，发给一个别名用户邮件地址的邮件会实际投递到相对应的一个或多个真实用户的邮箱中，从而实现邮件一发多收的群发效果。另外，当真实用户采取实名制，而别名使用非实名制时，那又起到了隐藏真实邮件地址的效果。

用户别名机制通过 /etc/aliases 文件实现，其配置步骤如下：

（0.5 分）（1）编辑 main.cf，确认文件中包含如下两条语句（默认已存在）。

```
alias_maps = hash:/etc/aliases
alias_database = hash:/etc/aliases
```

（0.5 分）（2）编辑 /etc/aliases 文件，在文件尾添加别名用户与真实用户的映射关系。

（0.5 分）（3）执行 postalias 和 newaliaes 命令，使修改后的配置文件 main.cf 和 aliases 立即生效。

（0.5 分）（4）打开 Outlook 2010，给用户别名 tom 发邮件，验证邮件群发效果。

任务五：基于邮件地址的过滤控制

（0.5 分）（1）基于客户端主机名 / 地址的限制规则。

（0.5 分）（2）基于发件人地址的限制规则。

使用 smtpd_sender_restrictions 参数可以针对发件人的地址设置多项限制。

① 修改 main.cf 文件，添加基于发件人地址的过滤项目。

② 创建 sender_access 文件，在其中添加基于发件人地址的过滤规则：

规则 1：拒绝 john@tengyi.com.cn 用户从外部登录发送邮件；

规则 2：拒绝任何域的 john 用户发送邮件；

规则 3：拒绝 tengyi.com.cn 的子域用户发送邮件。

③ Windows 7 客户端修改 IP 地址为 192.168.89.49。

④ 测试 Outlook 2010 的 John 发送邮件是否成功。

（0.5 分）（3）基于收件人地址的限制规则。

注意： 讲解视频可以参考视频 2 ~视频 6。

视频2

任务一 发送邮件服务器 Postfix 的安装与配置

视频3

任务二 接收邮件服务器 Dovecot 的安装与配置

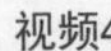

视频4

任务三 使用 Outlook 2010 收发邮件

视频5

任务四 使用用户别名实现邮件群发

视频6

任务五 基于邮件地址的过滤控制

任务扩展（4 分）

无论是本地域内的不同用户还是本地域与远程域的用户，要实现邮件通信都要求邮件服务器开启邮件的转发功能。为了避免邮件服务器成为各类广告与垃圾信件的中转站和集结地，对转发邮件的客户端进行身份认证（用户名和密码验证）是非常必要的。

SMTP 认证机制常用的是通过 Cryus SASL 包实现的，其具体配置步骤如下：

（0.5 分）（1）检查 CentOS 7 是否已经安装了 Cyrus-SASL 认证包（默认已经安装）。

（0.5 分）（2）查看、选择、启动和测试所选的密码验证方式。

（0.5 分）（3）编辑 smtpd.conf 文件，使 Cyrus-SASL 支持 SMTP 认证。

（0.5 分）（4）编辑 main.cf 文件，使 Postfix 支持 SMTP 认证。

（0.5 分）（5）重新载入 Postfix 服务，使配置文件生效。

（0.5 分）（6）测试 Postfix 的 SMTP 认证。由于前面采用的用户身份认证方式不是明文方式，所以首先要通过 printf 命令计算出用户名（tom）和密码（123）的相应编码。

（0.5 分）（7）测试 Postfix 的 SMTP 认证。

（0.5 分）（8）在客户端启用认证支持。

注意：扩展任务可以参看视频 7。

视频7

使用 Cyrus-SASL 实现 SMTP 认证

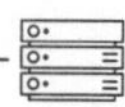

工作日志（0.5 分）

（0.5 分）实施工单过程中填写如下日志：

工作日志表

日　期	工作内容	问题及解决方式

总结反思（0.5 分）

（0.5 分）请编写完成本任务的工作总结：

学习资源集

任务资讯

一、邮件的代理制度

电子邮件的传递流程如图 18-1 所示。

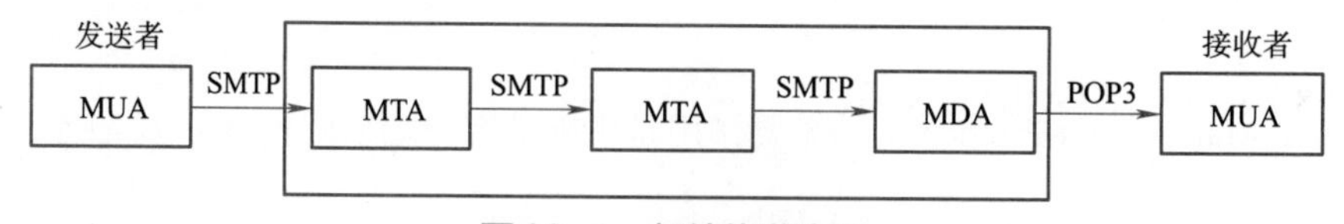

图18-1　邮件传递流程

在邮件系统中，用户作为发送者或接收者，不需要了解中间部分的细节，只需要知道要将邮件发送给谁，并设置好将邮件交给某个服务器就行了。而作为整个邮件系统的核心，是由图 1 中的点画线框部分组成的。首先由一个邮件服务器接收用户发来的邮件，然后检查目的地，再根据目的地不同，分别传送到不同的邮件服务器中，当到达目的服务器后，将其保存，等待收信用户取信。收件用户登录到自己的邮件服务器收信时，将存储在服务器中的邮件读出即可。

在以上介绍的邮件传递过程中，都是使用代理（agent）程序完成相应的功能。有 3 种代理程序，分别如下。

（1）MUA（Mail User Agent）：邮件用户代理程序，提供的功能是收信、写信、寄信。收信时，使用POP3 或 IMAP 协议访问邮件服务器，获取邮件；寄信时，以 SMTP 协议将邮件发送给 MTA。

（2）MTA（Mail Transfer Agent）：邮件传送代理程序，是负责接收、发送邮件的服务器软件。该软件决定邮件的传递路径，并对邮件地址进行适当的改写。该代理程序接收的邮件将交给 MDA 进行最后的投递。

（3）MDA（Mail Delivery Agent）：邮件投递代理程序，负责投递本地邮件到适当的邮箱。

通过对电子邮件系统中代理程序的划分可以看出，电子邮件系统与其他 C/S 模式的应用系统一样，包括独立的客户端和服务端程序。

二、了解邮件相关协议

在前面介绍的代理程序之间进行通信时，需要使用到邮件传输的相关协议，如 SMTP、POP3、IMAP 等协议。

1. SMTP 协议

SMTP（Simple Mail Transfer Protocol）是为了保证电子邮件可靠和高效传递的协议。当 MUA 请求 MTA 为其发送一封邮件（或一个 MTA 将邮件传递给另一个 MTA）时，都要使用 SMTP 协议。

SMTP 协议提供了十多个命令，用来完成邮件的传输，用户可通过 telnet 命令连接到 MTA，使用 SMTP 命令发送邮件，这种方式发送邮件很麻烦，实际发送邮件时一般不需要用户直接输入命令来操作。不过在安装邮件服务器之后，可以使用这些命令来测试 SMTP 协议是否正常工作，下面列出几个常用的测试命令。

（1）HELO<domain>：向服务器标识发信人的身份，返回邮件服务器身份。

（2）DATA：开始编写邮件内容。

（3）MAIL FROM<host>：在主机上初始化一个邮件会话，后面的 host 一般是发件人的邮箱。

（4）RCPT TO<user>：定义邮件接收人，一条命令只能给出一个收件人，若有多个收件人，可多次使用该命令。

（5）RSET：重置会话，取消当前传输。

（6）HELP<command>：查询服务器支持什么命令，返回命令中的信息。

（7）QUIT：终止邮件会话，退出。

通常使用以下命令连接到邮件服务器，再使用以上介绍的命令进行测试操作。

```
telnet  服务器IP地址（或localhost) 25
```

以上命令中，localhost 指在邮件服务器上进行本地的 telnet 登录，后面的 25 是端口号，SMTP 使用的端口号是 25。

2. POP3 协议

POP（Post Office Protocol，邮局协议）用于电子邮件的接收，它使用 TCP 的 110 端口。现在常用的是第 3 版，简称为 POP3。POP3 采用 Client/Server 工作模式，Client 称为客户端，一般日常使用计算机都是作为客户端，而 Server（服务器）就是邮件服务器（MDA）。使用 POP3 协议可将保存在 MDA 中的邮件下载到用户自己的计算机中。

3. IMAP 协议

IMAP（Interactive Mail Access Protocol）的主要作用是供邮件客户端从邮件服务器上获取邮件的信息、下载邮件等，使用的端口是 143。

IMAP 协议与 POP3 协议的主要区别是，用户不用把所有邮件全部下载，可以通过客户端直接对服务器上的邮件进行操作。同时，客户端的操作也会反馈到服务器上，对邮件进行的操作，服务器上的邮件也会做相应的操作。

三、Postfix 的主配置文件

Postfix 的主配置文件是 /etc/postfix/main.cf，绝大部分配置选项都在该文件设置。Postfix 安装完成后，系统将生成一个默认配置文件，里面内容非常多，很多都是以“#”号开头的注释。下面介绍 main.cf 文件中的相关配置选项。

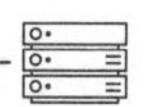

1. 基本配置项

Postfix 的配置选项很多（有几百个），这些参数都可以通过 main.cf 文件指定。这些配置项的配置格式，是用等号连接参数和参数的值。例如：

```
myhostname = mail.mydomain.com
```

等号左边是参数的名称，等号右边是参数的值；当然，也可以在参数的前面加上 $ 来引用该参数。例如：

```
myorigin = $myhostname
```

虽然 Postfix 有很多配置项，但是 Postfix 为大多数参数都设置了默认值，所以在让其正常服务之前，只需要配置为数不多的几个选项即可。下面介绍几个基本选项。

1）myorigin

myorigin 参数指明发件人所在的域名。比如，可以指定 myorigin 为：

```
myorigin = domain.com
```

当然也可以引用其他参数，例如：

```
myorigin = $mydomain
```

2）myhostname

myhostname 参数指定运行 Postfix 邮件系统的主机的主机名。省略时，该值被设定为本地机器名。也可以指定该值，需要注意的是，要指定完整的主机名。例如：

```
myhostname = mail.domain.com
```

3）mydomain

mydomain 参数用来指定域名，省略时，Postfix 将 myhostname 的第一部分删除而作为 mydomain 的值。也可以自己指定该值。例如：

```
mydomain = domain.com
```

4）mydestination

mydestination 参数指定 Postfix 接收邮件时收件人的域名，换句话说，也就是指定邮件系统要接收哪个域名的邮件。比如，假设用户的邮件地址为：

```
user@domain.com
```

这说明用户的域为 domain.com，那就需要接收所有收件人为 @domain.com 的邮件。

与 myorigin 一样，省略时，Postfix 使用本地主机名作为 mydestination。例如：

```
mydestination = $mydomain
mydestination = domain.com
```

5）mynetworks

mynetworks 参数指定用户所在网络的网络地址，Postfix 系统根据其值来区别用户是远程的还是本地的，如果是本地网络用户则允许其访问。可以用标准的 A、B、C 类网络地址，也可以用 CIDR（无类域间路由）地址来表示，例如：

```
192.168.1.0/24  192.168.1.0/26
```

6）inet_interfaces

inet_interfaces 参数指定 Postfix 系统监听的网络接口。省略时，Postfix 监听所有网络接口。例如：

```
inet_interfaces = all
```

2. 别名设置

（1）收件人别名设置

可以通过 main.cf 文件中的配置项 virtual_alias_maps 进行收件人别名设置。例如：

```
[root@ localhost ~]# vim /etc/postfix/main.cf
# 在该配置文件的底部添加下面一行
virtual_alias_maps = hash:/etc/postfix/virtual
[root@ localhost ~]# vim /etc/postfix/virtual
# 在 virtual 文件的底部添加下面内容
user1@domain.com  user2@domain.com                # user1 可以是一个不存在的用户
[root@ localhost ~]# postmap /etc/postfix/virtual     # 建立数据库文件
```

完成以上操作后，发给 user1 的邮件将会被 user2 接收，user1 接收不到邮件。

除了通过配置项 virtual_alias_maps 设置收件人别名，还可以通过 /etc/aliases 文件进行收件人的别名设置，例如：

```
[root@ localhost ~]# vim /etc/aliases
# 在该配置文件的底部添加下面一行
user1:      user2
[root@ localhost ~]# newaliases              # 执行 newaliases 命令更新别名数据库
```

完成以上操作后，效果一样是发给 user1 的邮件会被 user2 接收，user1 将接收不到邮件。

（2）发件人别名设置

可以通过 main.cf 文件中的配置项 smtp_generic_maps 进行发件人别名设置。例如：

```
[root@ localhost ~]# vim /etc/postfix/main.cf
# 在该配置文件的底部添加下面一行
smtp_generic_maps = hash:/etc/postfix/generic
[root@ localhost ~]# vim /etc/postfix/generic
# 在 generic 文件的底部添加下面内容
user3@domain.comuser4@domain.com
[root@ localhost ~]# postmap /etc/postfix/generic     # 建立数据库文件
```

完成以上操作后，user3 发出的信会显示为 user4 发送的。

3. 客户端连接限制

通过 main.cf 文件的配置项 smtpd_client_restrictions 进行客户端的连接限制。例如：

```
[root@ localhost ~]# vim main.cf
# 在该配置文件的底部添加下面一行
smtpd_client_restrictions =
   check_client_access hash:/etc/postfix/access
[root@ localhost ~]# vim /etc/posftfix/access       # 编辑 access 文件
192.168.0.10     REJECT
[root@ localhost ~]# postmap access                # 建立数据库文件
```

完成上述操作后，192.168.0.10 这台主机将被拒绝连接到 Postfix 服务器，也就无法使用邮件服务了。

四、配置 Dovecot 服务

Postfix 可以实现 SMTP 服务，能满足邮件的发送服务。但是当客户端需要接收邮件时，则需要使用 POP3 或 IMAP 协议连接邮件服务器。因此，在邮件服务器上还需要安装并启用支持接收邮件协议的服务器程序。

Dovecot 是一个开源的 IMAP 和 POP3 邮件服务器，支持 Linux/UNIX 系统。POP3/IMAP 是 MUA 从邮件服务器中读取邮件时使用的协议，能够在客户端接收服务器上的邮件。

Dovecot 的主配置文件是 dovecot.conf，在目录 /etc/dovecot 下。通过修改 dovecot.conf 文件中的相关配置项，可以使其支持 POP3/IMAP 协议、指定允许登录的网段等。具体配置项如下：

```
[root@ localhost ~]# vim /etc/dovecot/dovecot.conf
protocols = imap pop3 lmtp      # 将这行原有的“#”号注释符去掉
login_trusted_networks = 192.168.89.0/24  # 指定允许登录的网段
```

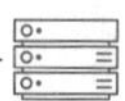

任务实施

任务一　发送邮件服务器 Postfix 的安装与配置

1. Postfix 服务的安装（CentOS 7 默认安装了 Postfix）

```
[root@GDKT ~]# rpm -qa | grep postfix
postfix-2.10.1-6.el7.x86_64
```

2. 设置 Postfix 服务器所在主机的主机名为 mail.tengyi.com.cn

```
[root@GDKT ~]# hostnamectl --static set-hostname mail.liuziran.com.cn
[root@GDKT ~]# bash
[root@mail ~]#
```

3. 测试 mail.tengyi.com.cn 域名和邮件服务器的 MX 记录是否能够解析成功

```
[root@mail ~]# vi /var/named/chroot/var/named/liuziran.com.cn.zone
[root@mail ~]# tail -1 /var/named/chroot/var/named/liuziran.com.cn.zone
mail    A       192.168.89.129
[root@mail ~]# systemctl restart named-chroot
[root@mail ~]# nslookup mail.liuziran.com.cn
Server:         192.168.89.129
Address:        192.168.89.129#53

Name:   mail.liuziran.com.cn
Address: 192.168.89.129

[root@mail ~]# nslookup
> set type=mx
> liuziran.com.cn
Server:         192.168.89.129
Address:        192.168.89.129#53

liuziran.com.cn mail exchanger = 10 mail.liuziran.com.cn.
>
```

4. 编辑主配置文件 main.cf

（1）调整基本配置项，内容有：

```
[root@mail ~]# vim /etc/postfix/main.cf
[root@mail ~]# grep -v ^# /etc/postfix/main.cf | grep -v ^$
myhostname = mail.liuziran.com.cn
//75 行：设置 Postfix 服务器使用的 FQDN（完全合格域名）
mydomain = liuziran.com.cn          //83 行：设置 Postfix 服务器的本地邮件域的域名
myorigin = $mydomain                //99 行：发件人所在的域名（即发件人邮箱地址 @ 后的地址）
inet_interfaces = all               //116 行：设置 Postfix 系统侦听传入和传出邮件的网络接口
mydestination = $myhostname, localhost.$mydomain, localhost,$mydomain
//166 行：允许接收的邮件域的域名
mynetworks = 192.168.0.0/16         //264 行：允许发送邮件的客户端的 IP 地址
relay_domains = $mydestination      //295 行：允许中转的本地或远程邮件域的域名
home_mailbox = Maildir/             //419 行：设置邮件存储位置和格式
```

（2）检查配置文件的语法正确性：

```
[root@mail ~]# postfix check
```

5. 启动 Postfix 并设置为开机自动启动

```
[root@mail ~]# systemctl restart postfix
[root@mail ~]# systemctl enable postfix
```

6. 创建邮箱的用户账号 tom、john 和 kevin

Postfix 服务器使用 Linux 系统中的用户账号作为邮箱的用户账号，因此只要在 Linux 系统中直接建立 Linux

用户账号便可。账号 tom、John 和 Kevin 同属于 mailuser 组、账号密码为 123。

```
[root@mail ~]# groupadd mailuser
[root@mail ~]# useradd -g mailuser -s /sbin/nologin tom
[root@mail ~]# useradd -g mailuser -s /sbin/nologin john
[root@mail ~]# useradd -g mailuser -s /sbin/nologin kevin
[root@mail ~]# passwd tom
Changing password for user tom.
New password:
BAD PASSWORD: The password is shorter than 8 characters
Retype new password:
passwd: all authentication tokens updated successfully.
[root@mail ~]# passwd john
Changing password for user john.
New password:
BAD PASSWORD: The password is shorter than 8 characters
Retype new password:
passwd: all authentication tokens updated successfully.
[root@mail ~]# passwd kevin
Changing password for user kevin.
New password:
BAD PASSWORD: The password is shorter than 8 characters
Retype new password:
passwd: all authentication tokens updated successfully.
```

7. 为了使用 telnet 工具进行发信测试，安装 telnet 的服务器端和客户端软件包。安装后，启动 telnet 服务

```
[root@mail ~]# yum -y install telnet*
[root@mail ~]# systemctl start telnet.socket
[root@mail ~]# systemctl enable telnet.socket
```

8. 发信测试

```
[root@mail ~]# telnet mail.liuziran.com.cn 25
Trying 192.168.89.129...
Connected to mail.liuziran.com.cn.
Escape character is ‘^]’.
220 mail.liuziran.com.cn ESMTP Postfix
HELO localhost
250 mail.liuziran.com.cn
MAIL FROM:tom@liuziran.com.cn
250 2.1.0 Ok
RCPT TO:john@liuziran.com.cn
250 2.1.5 Ok
DATA
354 End data with <CR><LF>.<CR><LF>
Subject:This is a test
Hello,Are you OK?
.
250 2.0.0 Ok: queued as E43DD232FA3D
QUIT
221 2.0.0 Bye
Connection closed by foreign host.
```

9. 查看发送结果

查看方法：对于发送给本地邮件域的邮件，发送成功后，会在服务器的收件人用户（如 john）的家目录（/home/john/Maildir/new）下存放其邮件，通过 ls、cat 命令可以分别查看邮件文件的名称和内容。

```
[root@mail ~]# ls /home/john/Maildir/new
1556703150.Vfd00I43bb8b6M323747.mail.liuziran.com.cn
[root@mail ~]# cd /home/john/Maildir/new
[root@mail new]#cat 1556703150.Vfd00I43bb8b6M323747.mail.liuziran.com.cn
```

```
Return-Path: <tom@liuziran.com.cn>        //退信地址
X-Original-To: john@liuziran.com.cn       //来源地址
Delivered-To: john@liuziran.com.cn        //提交目标地址
Received: from localhost (dns.liuziran.com.cn [192.168.89.129])
        by mail.liuziran.com.cn (Postfix) with SMTP id E43DD232FA3D
        for <john@liuziran.com.cn>; Wed,  1 May 2019 17:31:19 +0800 (CS)
Subject:This is a test                    //邮件地址
Message-Id: <20190501093149.E43DD232FA3D@mail.liuziran.com.cn>
Date: Wed,  1 May 2019 17:31:19 +0800 (CST
From: tom@liuziran.com.cn                 //发件人地址

Hello,Are you OK?                         //邮件的正文
```

任务二　接收邮件服务器 Dovecot 的安装与配置

1. dovecot 服务的安装

```
[root@mail ~]# yum -y install dovecot
```

2. 启用最基本的 Devocot 服务，需对文件 /etc/dovecot/dovecot.conf 作如下修改

```
[root@mail ~]# vim /etc/dovecot/dovecot.conf
[root@mail ~]# grep -v '#' /etc/dovecot/dovecot.conf | grep -v ^$
protocols = imap pop3 lmtp              //24 行：指定本邮件主机所运行的协议
listen = *                              //30 行：监听本机的所有网络接口
login_trusted_networks = 192.168.0.0/16     //48 行：指定允许登录的网段地址
```

3. 修改 /etc/dovecot/conf.d/10-mail.conf 子配置文件，指定邮件存储格式

（1）查找以下配置行（第 24 行）并将行首“#”去掉

```
[root@mail ~]# vim /etc/dovecot/conf.d/10-mail.conf
[root@mail ~]# grep -v'#'/etc/dovecot/conf.d/10-mail.conf | grep -v ^$
mail_location = maildir:~/Maildir    //24 行：指定邮件存储格式和位置
```

（2）启动 Dovecot 服务，并设置为开机自动启动

```
[root@mail ~]# systemctl start dovecot
[root@mail ~]# systemctl enable dovecot
```

任务三　使用 Outlook 2010 收发邮件

1. 配置客户端 DNS 地址，使其指向网络中 DNS 服务器的 IP 地址

（1）启动 VMware 的 Windows 7 虚拟机作为客户端。

（2）Windows 7 的 IP 地址设置为 192.168.89.48/24，DNS 地址设置为 192.168.89.129，网络连接信息如图 18-2 所示。

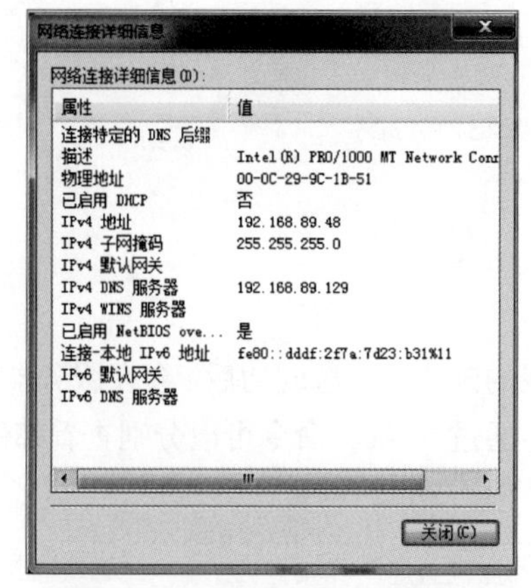

图18-2　网络连接详细信息

（3）Windows 7 提示安装 Outlook 2010，图 18-3 所示。

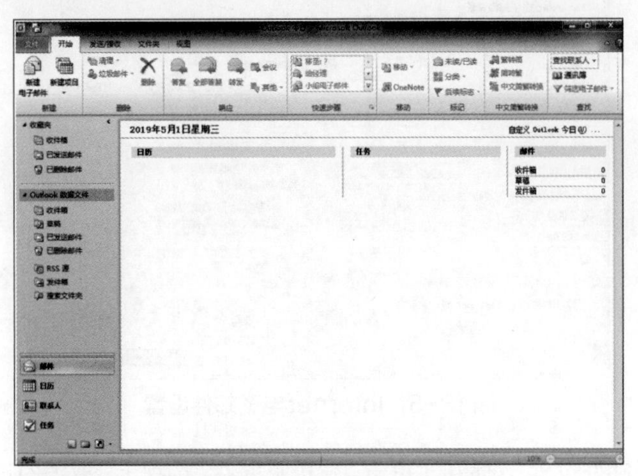

图18-3 Outlook 2010界面

2. Outlook 2010 添加账户

（1）打开 Outlook 2010 主窗口，依次选择“文件”→“信息”命令，单击“添加账户”按钮，如图 18-4 所示。

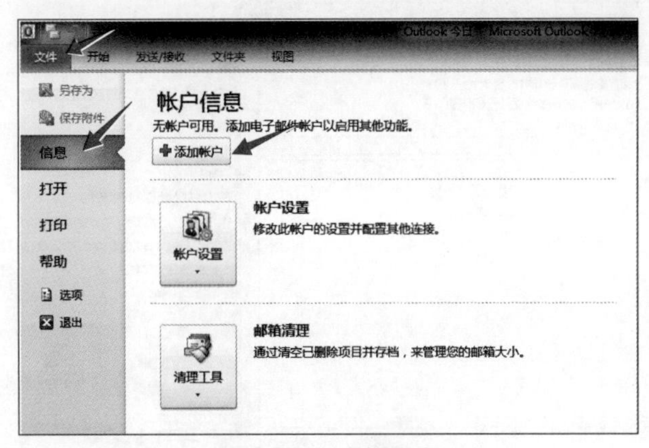

图18-4 添加账户

（2）在打开的“自动账户设置”对话框中选中“手动配置服务器设置或其他服器类型”单击按钮“下一步”按钮，如图 18-5 所示。

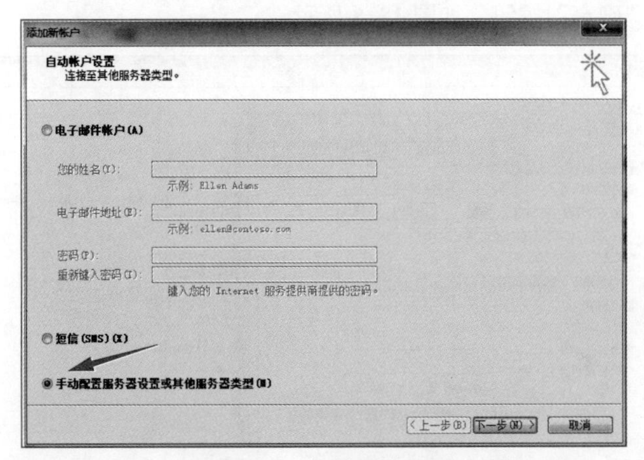

图18-5 自动账户设置

（3）打开“选择服务”对话框，选中“Internet 电子邮件”单选按钮，单击“下一步”按钮，打开“Internet 电子邮件设置”对话框，填写用户、服务器和登等信息，单击“其他设置”按钮，如图 18-6 所示。

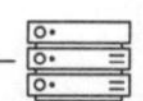

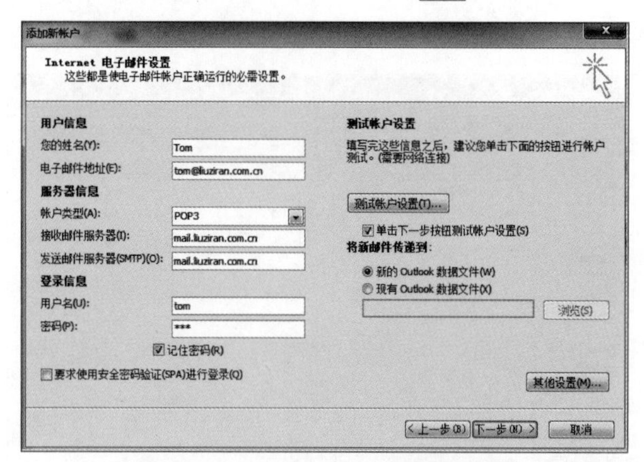

图18-6　Internet电子邮件设置

（4）打开“Internet 电子邮件设置”对话框，单击“发送服务器”选项卡，取消勾选“我的发送服务器（SMTP）要求验证”复选框，如图 18-7 所示。

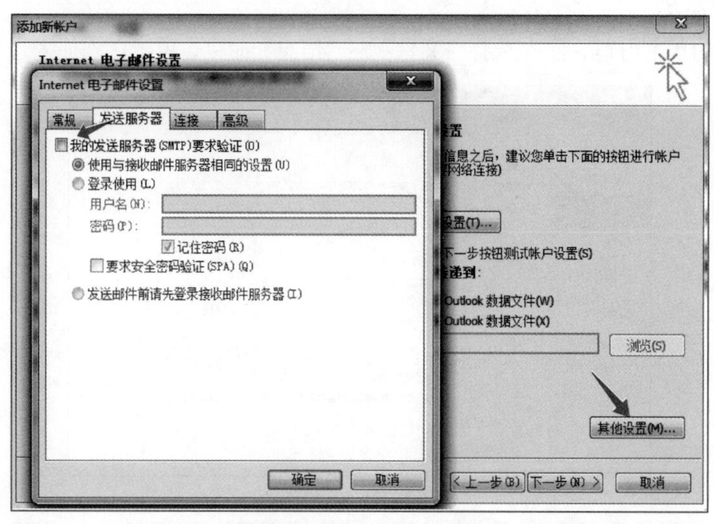

图18-7　取消勾选“我的发送服务器（SMTP）要求验证”复选框

（5）单击“高级”选项卡，勾选“在服务器上保留邮件的副本”复选框，以便使邮件不仅在客户机上保存，还在邮件务器上保存，单击“确定”按钮，如图 18-8 所示。

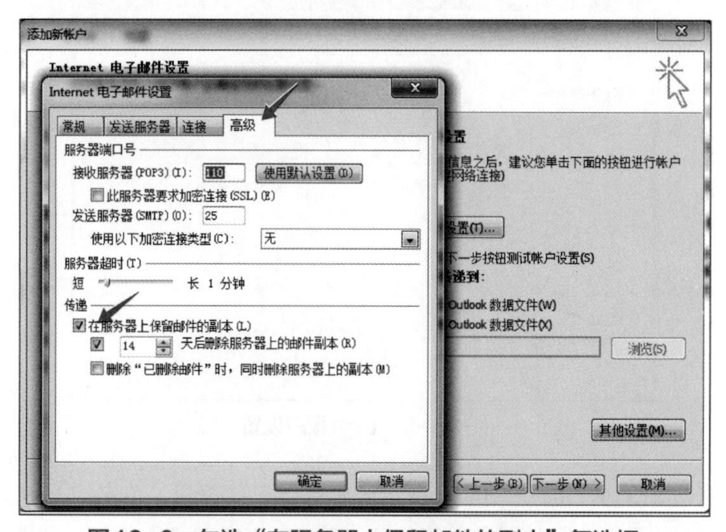

图18-8　勾选“在服务器上保留邮件的副本”复选框

（6）系统返回“Internet 电子邮件设置”对话框，单击“测试账户设置”按钮，弹出“测试账户设置”对话框开始测试，若测试任务的状态均显示“已完成”，则表明设置正确，单击“关闭”按钮，如图 18-9 所示。

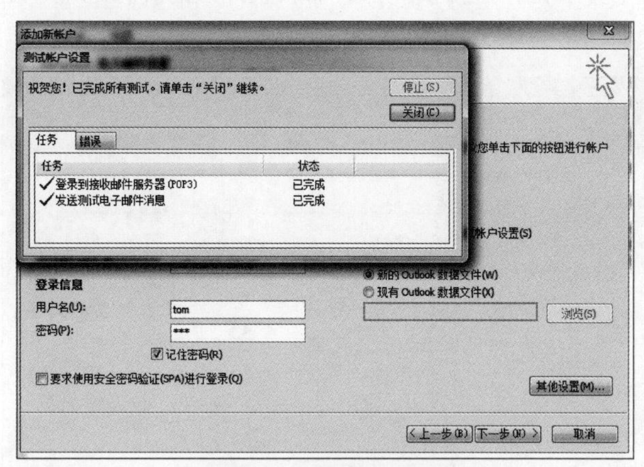

图18-9　测试账户设置

（7）系统返回“Internet 电子邮件设置”对话框，系统再次测试后返回，单击“下一步”按钮，打开“祝贺您！”对话框，单击“添加其他账户”按钮可继续添加账户，若添加完毕则单击“完成按钮”，结束账户的添加，如图 18-10 所示。

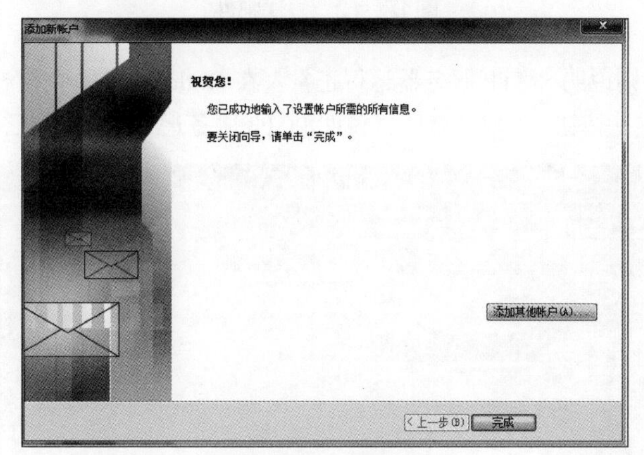

图18-10　设置完成

（8）重复步骤（1）~步骤（7）过程可以建立 tom、ohn 和 kevin 三个账户，如图 18-11 所示。

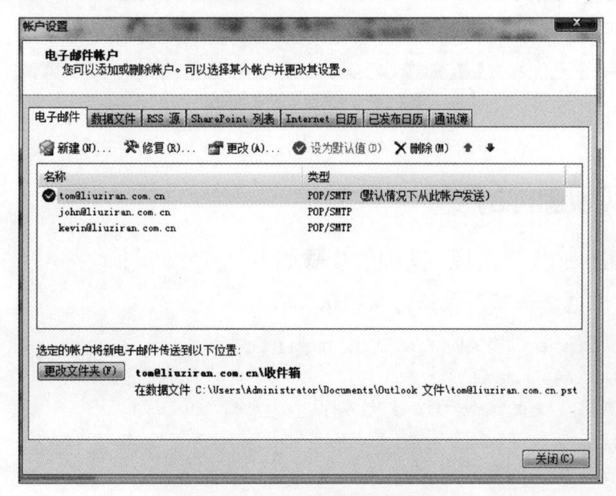

图18-11　继续新建账户

3. 用户在客户端收发电子邮件

（1）在客户端进入 Outlook 2010 主窗口，单击“开始”选项卡→“新建电子邮件”按钮，在打开的“未命名 - 邮件”窗口中单击“发件人”下拉按钮，选择发件人，输入收件人的邮箱地址、主题和邮件内容，单击“发送”按钮（具体收件人、邮件主题和内容自定），如图 18-12 所示。

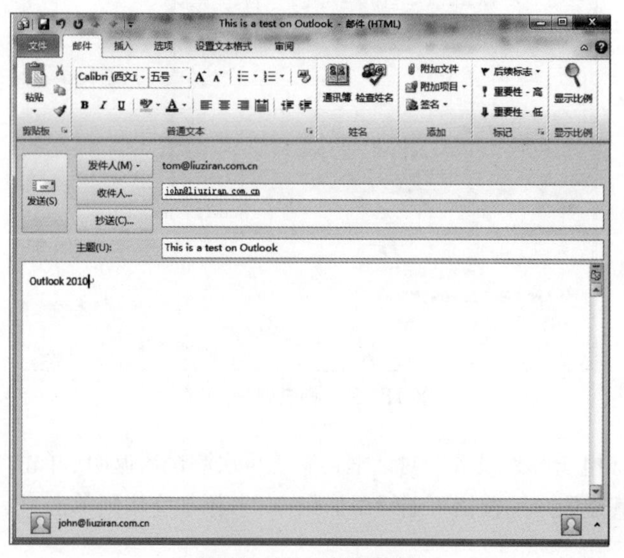

图18-12　发送邮件

（2）若能成功发送邮件则说明 SMTP 服务器运行正常。在 Outlook 2010 主窗口中单击“发送 / 接收”选项卡→“发送 / 接收所有文件夹”按钮，若成功接收，说明 POP3 服务运行正常，如图 18-13 所示。

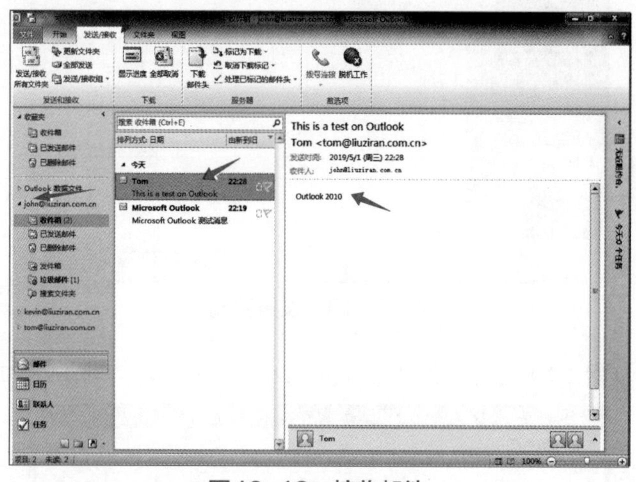

图18-13　接收邮件

任务四　使用用户别名实现邮件群发

用户别名机制通过 /etc/aliases 文件实现，其配置步骤如下：

1. 编辑 main.cf，确认文件中包含如下两条语句（默认已存在）

```
[root@mail ~]# grep ^alias_ /etc/postfix/main.cf
alias_maps = hash:/etc/aliases
//386 行：指定含有用户别名定义的文件的路径及名称
alias_database = hash:/etc/aliases
//397 行：指定别名表数据库文件的路径及名称
```

2. 编辑 /etc/aliases 文件，在文件尾部添加别名用户与真实用户的映射关系

```
[root@mail ~]# vim /etc/aliases
[root@mail ~]# tail -1 /etc/aliases
tom:             john
```

3. 执行 postalias 和 newaliaes 命令，使修改后的配置文件 main.cf 和 aliases 立即生效

```
[root@mail ~]# postalias /etc/aliases  //生成可以读取的库文件 aliases.db
[root@mail ~]# newaliases
[root@mail ~]# systemctl reload postfix
```

4. 打开 Outlook 2010，给用户别名 tm 发邮件，验证邮件群发效果如图 18-14 和图 18-15 所示

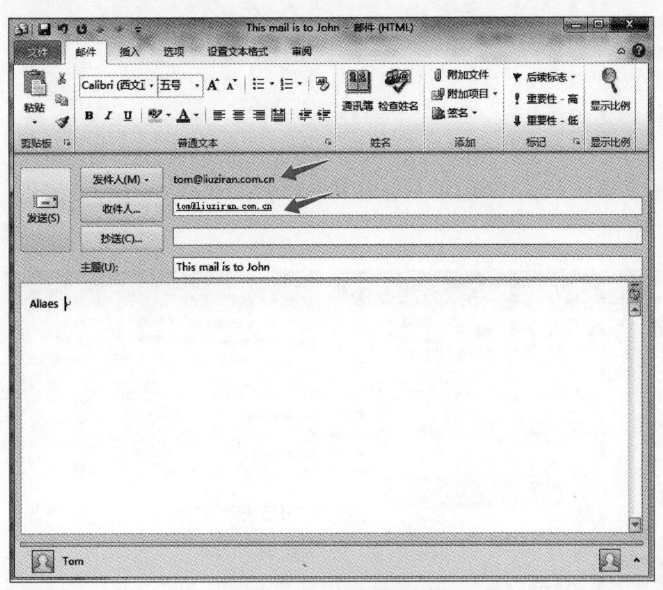

图18-14　邮件群发

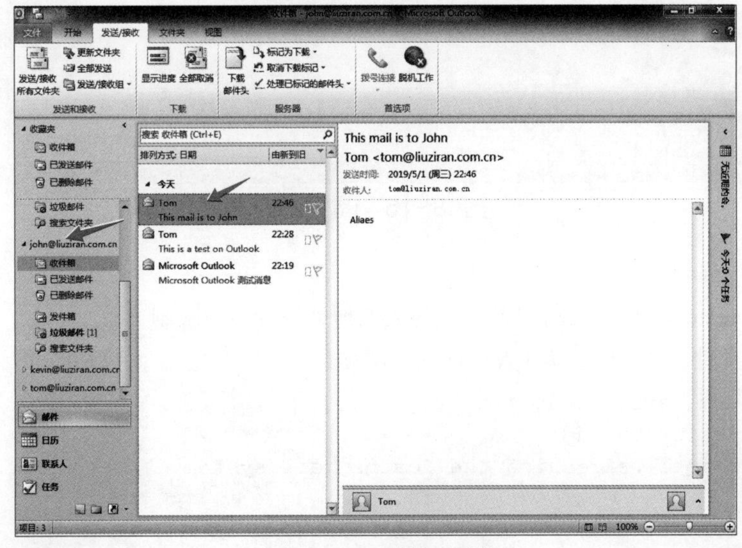

图18-15　接收邮件

任务五　基于邮件地址的过滤控制

1. 基于客户端主机名 / 地址的限制规则

（1）修改 main.cf 文件，添加基于客户端地址的过滤项目。

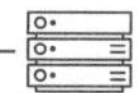

```
[root@mail ~]# vim /etc/postfix/main.cf
[root@mail ~]# tail -3 /etc/postfix/main.cf
smtpd_client_restrictions =
//基于客户端地址的过滤参数，以下是两个参数值
check_client_access hash:/etc/postfix/access
//指定验证访问表的名称及位置
reject_unknown_client
//拒绝其 IP 地址在 DNS 中无 PTR 记录的客户端
```

（2）编辑 access 文件，在其中添加基于客户端地址的过滤规则（限制 192.168.89.48 使用邮件服务器）。

```
[root@mail ~]# vim /etc/postfix/access
[root@mail ~]# tail -2 /etc/postfix/access
192.168.89      OK
192.168.89.48   REJECT
[root@mail ~]# postmap /etc/postfix/access
[root@mail ~]# systemctl reload postfx
```

（3）验证。当发件人所在客户机的 IP 地址为被拒绝的 192.168.89.48 时，会出现“发送 / 接收错误”的报告，如图 18-16 所示。

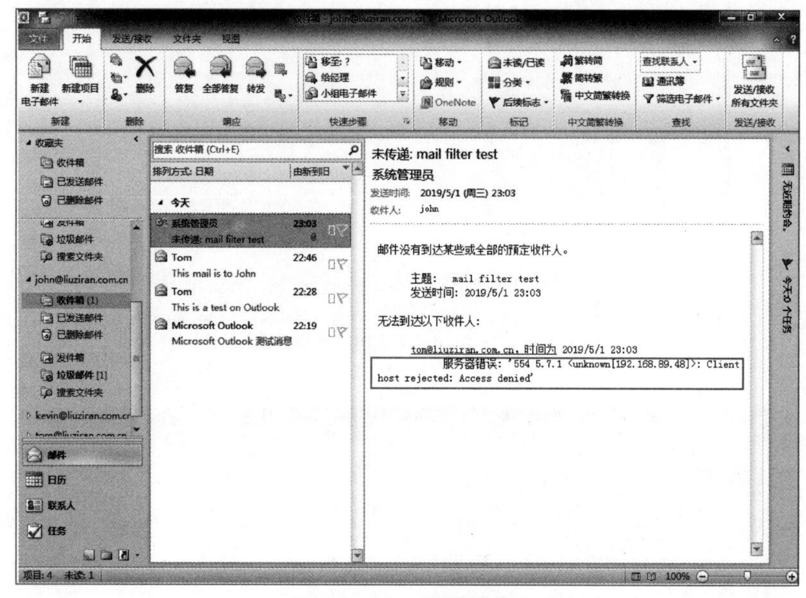

图18-16　错误报告

2. 基于发件人地址的限制规则

使用 smtpd_sender_restrictions 参数可以针对发件人的地址设置多项限制。

（1）修改 main.cf 文件，添加基于发件人地址的过滤项目。

```
[root@mail ~]# vim /etc/postfix/main.cf
[root@mail ~]# postfix reload
postfix/postfix-script: refreshing the Postfix mail system
[root@mail ~]# tail -6 /etc/postfix/main.cf
smtpd_sender_restrictions =          //基于发件人的过滤参数
check_sender_access hash:/etc/postfix/sender_access
permit_mynetworks,                   //允许其 IP 地址在 $mynetworks 范围的发件人的连接
reject_sender_login_mismatch,        //拒绝发件人与登录用户不匹配时的连接
reject_non_fqdn_sender,              //拒绝发件人地址域不是 FQDN 格式的连接
reject_unknown_sender_domain,        //拒绝其 IP 在 DNS 中无 A 或 MX 记录的发件人
```

（2）创建 sender_access 文件，在其中添加基于发件人地址的过滤规则。

规则 1：拒绝 john@tengyi.com.cn 用户从外部登录发送邮件

规则 2：拒绝任何域的 john 用户发送邮件

规则 3：拒绝 tengyi.com.cn 的子域 sub.tengyi.com.cn 用户发送邮件

```
[root@mail ~]# vim /etc/postfix/sender_access
[root@mail ~]# cat /etc/postfix/sender_access
john@liuziran.com.cn    REJECT
john@              REJECT
@sub.liuziran.com.cn    REJECT
[root@mail ~]# postmap /etc/postfix/sender_access
[r     ot@mail ~]# systemctl restart postfix
```

（3）Windows 7 客户端修改 IP 地址为 192.168.89.49，如图 18-17 所示。

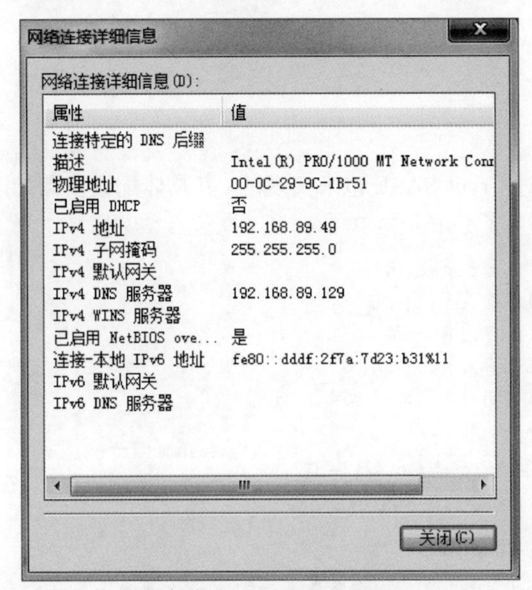

图18-17　网络连接信息

（4）测试 Outlook 2010 的 John 发送邮件是否成功，如图 18-18 所示。

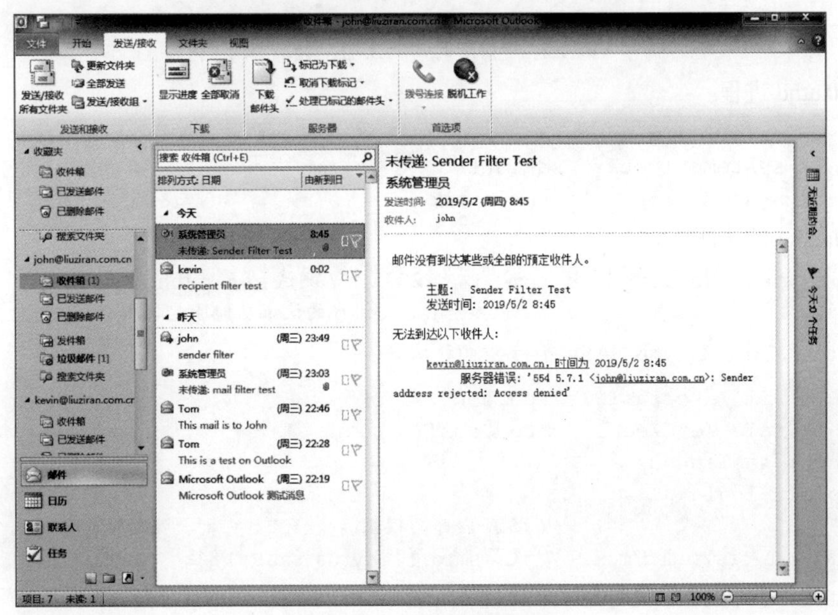

图18-18　测试发送邮件

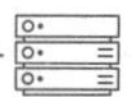

3. 基于收件人地址的限制规则

```
[root@mail ~]# vim /etc/postfix/main.cf
...
smtpd_recipient_restrictions =          //基于收件人的过滤参数
permit_mynetworks,                      //允许本邮件系统发出的邮件
reject_unauth_destination,              //拒绝不是发往默认转发和默认接收的连接
reject_non_fqdn_recipient,              //拒绝其地址域不属于合法 FQDN 的收件人
reject_unknown_recipient_domain         //拒绝其 IP 在 DNS 中无 A 或 MX 记录的收件人
[root@mail ~]# postfix reload
```

通过 Postfix 默认转发的邮件是：来自 $mynetworks 中发送的邮件，发往 $relay_domains 中的域或其子域的邮件，但是不能包含邮件路由。

Postfix 默认接收的邮件是：发送目标在 $inet_interfaces、$mydestinations、$virtual_alias_domains、$virtual_mailbox_domains 中的邮件。

任务扩展

SMTP 认证机制常用的是通过 Cryus SASL 包来实现的，其具体配置步骤如下：

1. 检查 CentOS 7 是否已经安装了 Cyrus-SASL 认证包（默认已经安装）

```
[root@mail ~]# rpm -qa | grep sasl
cyrus-sasl-md5-2.1.26-19.2.el7.x86_64
cyrus-sasl-2.1.26-19.2.el7.x86_64
cyrus-sasl-plain-2.1.26-19.2.el7.x86_64
cyrus-sasl-lib-2.1.26-19.2.el7.x86_64
cyrus-sasl-gssapi-2.1.26-19.2.el7.x86_64
cyrus-sasl-scram-2.1.26-19.2.el7.x86_64
```

2. 查看、选择、启动和测试所选择的密码验证方式

（1）将密码认证机制修改为 shadow。

```
[root@mail ~]# saslauthd -v        //查看支持的密码验证方法
saslauthd 2.1.26
authentication mechanisms: getpwent kerberos5 pam rimap shadow ldap httpform
[root@mail ~]# vim /etc/sysconfig/saslauthd
[root@mail ~]# grep ^MECH /etc/sysconfig/saslauthd
MECH=shadow                 //第7行：指定对用户及密码的验证方式
```

（2）启动 saslauthd 进程。

```
[root@mail ~]# ps aux | grep saslauthd  //查看saslauthd进程是否已经运行
[root@mail ~]# systemctl start saslauthd
[root@mail ~]# systemctl enable saslauthd
```

（3）测试 saslauthd 的认证功能。

```
[root@mail ~]# testsaslauthd -u tom -p '123'  //测试saslauthd的认证功能
0: OK "Success."                      //表示saslauthd的认证功能已起作用
```

3. 编辑 smtpd.conf 文件，使 Cyrus-SASL 支持 SMTP 认证

```
[root@mail ~]# vim /etc/sasl2/smtpd.conf
[root@mail ~]# tail /etc/sasl2/smtpd.conf
pwcheck_method: saslauthd
mech_list: plain login
log_level: 3                          //记录log的模式
saslauthd_path:/run/saslauthd/mux     //设置smtp寻找cyrus-sasl的路径
```

4. 编辑 main.cf 文件，使 Postfix 支持 SMTP 认证

默认情况下，Postfix 并没有启用 SMTP 认证机制。要让 Postfix 启用 SMTP 认证，就必须在 main.cf 文件中

添加如下配置行：

```
[root@mail ~]# vim /etc/postfix/main.cf
[root@mail ~]# tail -6 /etc/postfix/main.cf
smtpd_sasl_auth_enable = yes                    //启用 SASL 作为 SMTP 认证
smtpd_sasl_security_options = noanonymous       //禁止采用匿名登录方式
broken_sasl_auth_clients = yes                  //兼容早期非标准的 SMTP 认证协议（如 OE4.x）
smtpd_recipient_restrictions =
//设置基于收件人地址的过滤规则（与下面两条规则配合使用）
permit_sasl_authenticated,                      //允许通过了 SASL 认证的用户向外发送邮件
reject_unauth_destination                       //拒绝不是发往默认转发和默认接收的连接
```

5. 重新载入 Postfix 服务，使配置文件生效

```
[root@mail ~]# postfix reload
postfix/postfix-script: refreshing the Postfix mail system
```

6. 测试 Postfix 的 SMTP 认证。由于前面采用的用户身份认证方式不是明文方式，所以首先要通过 printf 命令计算出用户名（tom）和密码（123）的相应编码

```
[root@mail ~]# printf "tom" | openssl base64       //用户名 tom 的 BASE64 编码
dG9t
[root@mail ~]# printf "123" | openssl base64       // 密码 123.com 的 BASE64 编码
MTIz
```

7. 测试 Postfix 的 SMTP 认证

```
[root@mail ~]# telnet mail.liuziran.com.cn 25
Trying 192.168.89.129...
Connected to mail.liuziran.com.cn.
Escape character is '^]'.
220 mail.liuziran.com.cn ESMTP Postfix
EHLO localhost                    //告知客户端地址
250-mail.liuziran.com.cn
250-PIPELINING
250-SIZE 10240000
250-VRFY
250-ETRN
250-AUTH PLAIN LOGIN
//表明已启用了认证功能并对密码符有密文和明文两种认证方式
250-AUTH=PLAIN LOGIN
250-ENHANCEDSTATUSCODES
250-8BITMIME
250 DSN
MAIL FROM:tom@liuziran.com.cn
250 2.1.0 Ok
RCPT TO:kevin@liuziran.com.cn
250 2.1.5 Ok
RCPT TO:bensir_liu@163.com
554 5.7.1 <bensir_liu@163.com>: Relay access denied
//未经过用户认证的发信失败
EHLO localhost                    //重新告知客户端地址
250-mail.liuziran.com.cn
250-PIPELINING
250-SIZE 10240000
250-VRFY
250-ETRN
250-AUTH PLAIN LOGIN
```

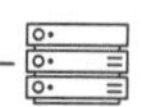

```
250-AUTH=PLAIN LOGIN
250-ENHANCEDSTATUSCODES
250-8BITMIME
250 DSN
AUTH LOGIN                //声明开始进行SMTP认证登录
334 VXNlcm5hbWU6          //"Username:"的BASE64编码
dG9t                      //输入tom用户名对应的BASE64编码
334 UGFzc3dvcmQ6          //"Password:"的BASE64编码
MTIz                      //输入tom用户密码对应的BASE64编码
235 2.7.0 Authentication successful  //通过了身份认证
MAIL FROM:tom@liuziran.com.cn
250 2.1.0 Ok
RCPT TO:bensir_liu@163.com
250 2.1.5 Ok
DATA
354 End data with <CR><LF>.<CR><LF>
how are you!!
.
250 2.0.0 Ok: queued as 206C2223C934  //经过身份认证后的发信成功
QUIT
221 2.0.0 Bye
Connection closed by foreign host.
[root@mail ~]#
```

8. 在客户端启用认证支持

当服务器启用认证机制后，客户端也需要启用认证支持。以 Outlook 2010 为例，在“Internet 电子邮件设置”窗口中一定要勾选“我的发送服务器（SMTP）要求验证”复选框，如图 18-19 所示。否则，不能向其他邮件域的用户发送邮件，而只能够给本域内的其他用户发送邮件。

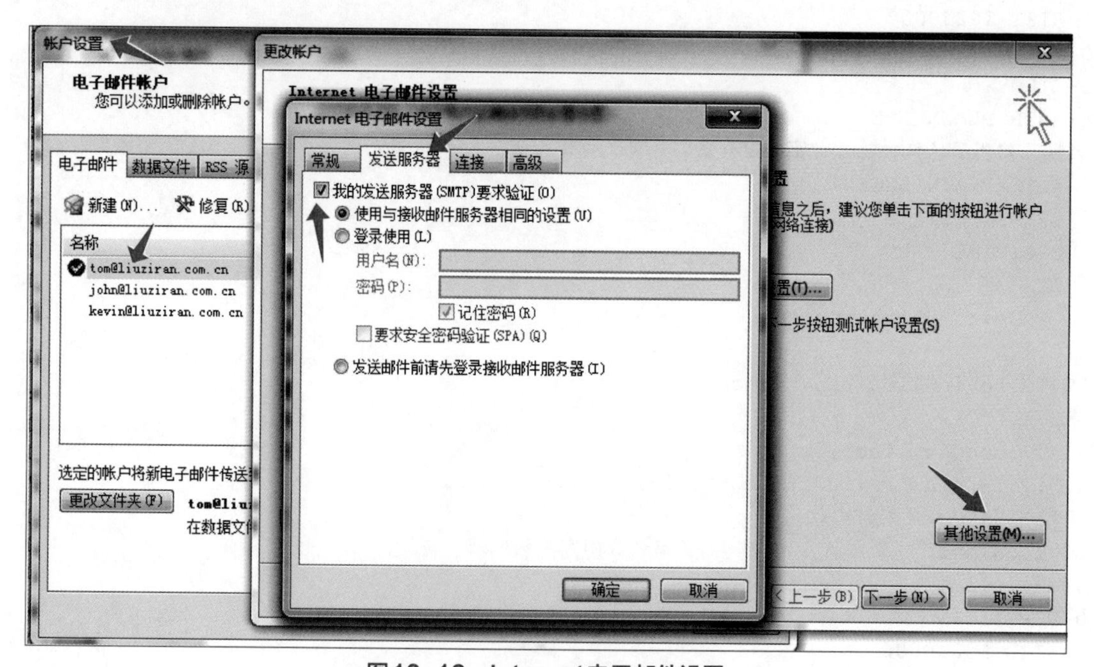

图18-19　Internet电子邮件设置

质量监控单（教师完成）

工单实施栏目评分表

评分项	分值	作答要求	评审规定	得分
任务资讯	3	问题回答清晰准确，能够紧扣主题，没有明显错误项	对照标准答案错误一项扣 0.5 分，扣完为止	
任务实施	7	有具体配置图例，各设备配置清晰正确	A 类错误点一次扣 1 分，B 类错误点一次扣 0.5 分，C 类错误点一次扣 0.2 分	
任务扩展	4	各设备配置清晰正确，没有配置上的错误	A 类错误点一次扣 1 分，B 类错误点一次扣 0.5 分，C 类错误点一次扣 0.2 分	
其他	1	日志和问题项目填写详细，能够反映实际工作过程	没有填或者太过简单每项扣 0.5 分	
合计得分				

职业能力评分表

评分项	等级	作答要求	等级
知识评价	A|B|C	A：能够完整准确地回答任务资讯的所有问题，准确率在 90% 以上。 B：能够基本完成作答任务资讯的所有问题，准确率在 70% 以上。 C：对基础知识掌握得非常差，任务资讯和答辩的准确率在 50% 以下。	
能力评价	A|B|C	A：熟悉各个环节的实施步骤，完全独立完成任务，有能力辅助其他学生完成规定的工作任务，实施快速，准确率高（任务规划和任务实施正确率在 85% 以上）。 B：基本掌握各个环节实施步骤，有问题能主动请教其他同学，基本完成规定的工作任务，准确率较高（任务规划和任务实施正确率在 70% 以上）。 C：未完成任务或只完成了部分任务，有问题没有积极向其他同学请教，工作实施拖拉，不积极，各个部分的准确率在 50% 以下。	
态度素养评价	A|B|C	A：不迟到、不早退，对人有礼貌，善于帮助他人，积极主动完成规定工作任务，工作台完整整洁，回答老师提问科学。 B：不迟到、不早退，在教师督导和他人辅导下，能够完成规定工作任务，回答老师提问较准确。 C：未完成任务或只完成了部分任务，有问题没有积极向其他同学请教，工作实施拖拉不积极，不能准确回答老师提出的问题，各个部分的准确率在 50% 以下。	

教师评语栏

工单 19（MariaDB 数据库服务器配置）

工作任务单			
工单编号	C2019111110056	工单名称	MariaDB 数据库服务器配置
工单类型	基础型工单	面向专业	计算机网络技术
工单大类	网络运维	能力面向	专业能力
职业岗位	网络运维工程师、网络安全工程师、网络工程师		
实施方式	实际操作	考核方式	操作演示
工单难度	中等	前序工单	
工单分值	16 分	完成时限	8 学时
工单来源	教学案例	建议组数	99
组内人数	1	工单属性	院校工单
版权归属	潘军		
考核点	数据库、MySQL、MariaDB		
设备环境	虚拟机 VMware Workstations 15 和 CentOS 7.2		
教学方法	在常规课程工单制教学当中，可采用手把手教的方式引导学生学习和训练 MariaDB 数据库服务器配置的相关职业能力和素养。		
用途说明	本工单可用于网络技术专业 Linux 服务器配置与管理课程或者综合实训课程的教学实训，特别是聚焦于 MariaDB 数据库服务器配置的训练，对应的职业能力训练等级为初级。		
工单开发	潘军	开发时间	2019-03-11

实施人员信息							
姓名		班级		学号		电话	
隶属组		组长		岗位分工		伙伴成员	

任务目标

实施该工单的任务目标如下：

知识目标

1. 了解 MariaDB 数据库的特点。
2. 了解 MariaDB 数据库的优势。
3. 掌握 SQL 中用于查询、更新、插入和删除记录的语法指令。

能力目标

1. 能够安装 MariaDB 服务。
2. 掌握 MariaDB 服务器的配置、增删查改的基本应用。
3. 能够创建不同用户并给予不同权限。

素养目标

1. 了解超级计算机，激发学生的求知欲。
2. 鼓励学生多思考、勤实践，努力提高技艺，争取成为“大国工匠”。
3. 培养学生规划管理能力和实践动手能力。
4. 培养学生爱岗敬业、不怕吃苦、勇于创新的劳模精神。

任务介绍

腾翼网络公司为了实现对员工信息的管理，计划搭建一台数据库服务器。管理员通过对市场上数据库产品的对比，认为 MariaDB 数据库在速度、可靠性和适应性上都具有一定优势，而且 MariaDB 是一款开源软件，公司投入的成本较低，所以决定通过 MariaDB 来搭建公司的数据库服务器。

强国思想专栏

超级计算机体现国家战略

“党的二十大报告指出，基础研究和原始创新不断加强，一些关键核心技术实现突破，战略性新兴产业发展壮大，载人航天、探月探火、深海深地探测、超级计算机、卫星导航、量子信息、核电技术、新能源技术、大飞机制造、生物医药等取得重大成果，进入创新型国家行列。”

超级计算机（Super computer），是指能够执行一般个人电脑无法处理的大量资料与高速运算的电脑。

2016年6月20日,中国超级计算机“神威·太湖之光”摘得世界冠军。2022年最新的超级计算TOP10强榜单中有两台中国超级计算机入围，分别是排名第六的神威太湖之光(93 Pflop/s)和排名第九的天河二号(61.4pflop/s)。

任务资讯（3 分）

（1 分）1. MariaDB 数据库的特点是什么？

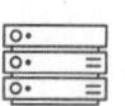

（1分）2. MariaDB 数据库的优势有哪些？

（1分）3. SQL 中用于查询、更新、插入和删除记录的语法指令分别是什么？

注意： 任务资讯中的问题可以参看视频 1。

视频1

MariaDB（MySQL）简介

任务规划

任务规划如下：

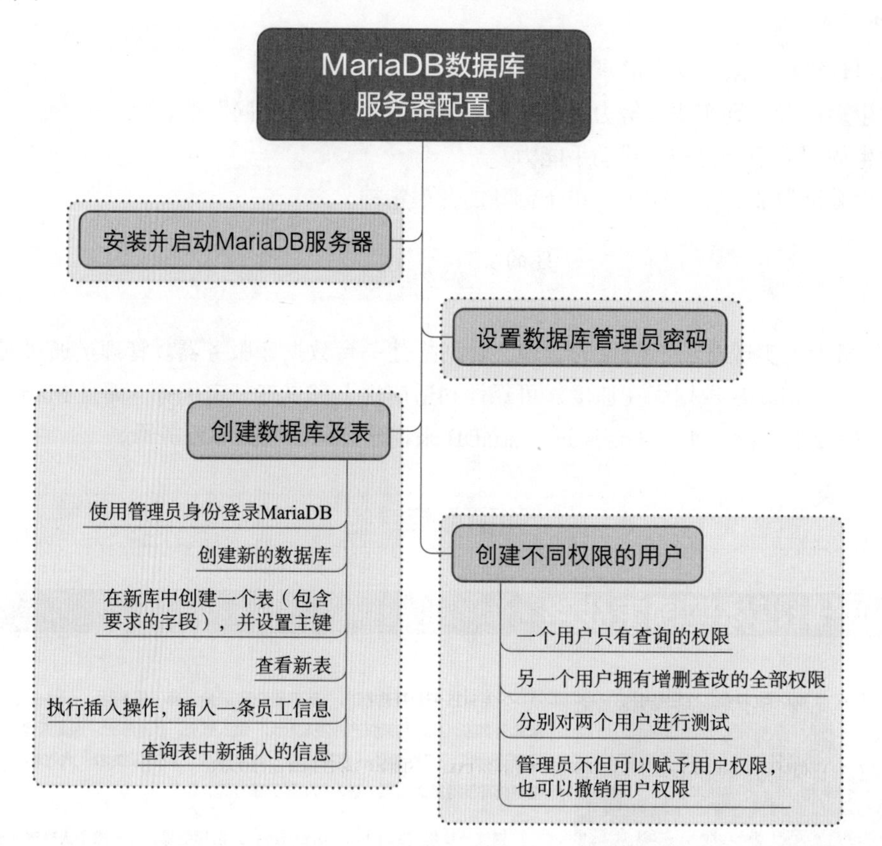

任务实施（8分）

管理员在服务器上安装了 MariaDB，设置数据库管理员密码为 123.com，并创建一个名为 hxinfo 的数据库；在此数据库中创建一个名为 hxtable 的表，表中应包含序号、姓名、性别、年龄属性，这些属性的字段类型可表示为 id int(10)，name varchar(10)，sex char(2)，age int(3)，创建完成以后将公司员工信息插入该表中。要求将 id 字段设置为主键。

（1分）（1）安装并启动 MariaDB

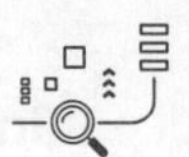

（1 分）（2）设置数据库管理员密码（自定义）

（1 分）（3）登录 MariaDB，创建名为 hxinfo 的库

（1 分）（4）显示 MariaDB 当前的数据库

（1 分）（5）在新建的数据库 hxinfo 中创建名为 hxtable 的表（按要求添加相关字段），并设置 id 字段为主键

（1 分）（6）显示当前数据库 hxinfo 中的表，并查看 hxtable 表的相关字段信息（注意 id 字段是否出现主键表示（PRI））

（1 分）（7）插入一条员工信息：'001'，'zhangsan'，'m'，'20'[m（male）表示男性，f（female）表示女性]

（1 分）（8）查询 hxtable 表的信息，是否可以看到新插入的员工信息

注意：任务实施可以参看视频 2。

视频2

MariaDB 的安装和数据库基本操作

任务扩展（4 分）

创建两个用户 webshow 和 webup，用户 webshow 仅对 hxinfo 的数据库有 select 权限，用户 webup 对 hxinfo 的数据库有 select、insert、update 和 delete 权限，两个用户只允许在服务器本机上登录。用户 webshow 的密码为 123456，用户 webup 的密码为 654321。然后分别以这两个用户身份登录 MariaDB，测试其所拥有的权限。测试完成后，再以管理员身份登录 MariaDB，撤销 webup 用户的插入权限，再测试 webup。

（0.5 分）（1）以管理员身份登录 MariaDB，创建用户 webshow 并设置相关权限和密码

（0.5 分）（2）创建用户 webup 并设置相关权限和密码

（0.5 分）（3）使用 webshow 用户登录 MariaDB，测试该用户的权限

（0.5 分）（4）再以 webup 用户身份登录 MariaDB，测试该用户权限

（0.5 分）（5）以管理员身份登录 MariaDB，撤销用户 webup 的插入权限

（0.5 分）（6）使用 webup 用户身份登录 MariaDB，测试其是否还具有插入权限

（0.5 分）（7）再次以管理员身份登录 MariaDB 撤销 webup 的所有权限

（0.5 分）（8）再次使用 webup 登录 MariaDB，使用数据库 hxinfo

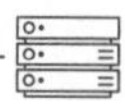

注意：任务扩展可以参看视频 3。

视频3

MariaDB 数据库的操作权限

工作日志（0.5 分）

（0.5 分）实施工单过程中填写如下日志：

工作日志表

日　　期	工作内容	问题及解决方式

总结反思（0.5 分）

（0.5 分）请编写完成本任务的工作总结：

学习资源集

任务资讯

一、MySQL 数据库介绍

MySQL 属于传统关系型数据库产品，它开放式的架构使得用户选择性很强，同时社区开发与维护人数众多。其功能稳定，性能卓越，且在遵守 GPL 协议的前提下，可以免费使用与修改。在 MySQL 成长与发展过程中，支持的功能逐渐增多，性能也不断提高，对平台的支持也越来越多。

MySQL 是一种关系型数据库管理软件，关系型数据库的特点是将数据保存在不同的二维表中，并且将这些表放入不同的数据库中，而不是把所有数据统一放在一个大仓库中，这样的设计增加了 MySQL 的读取速度，灵活性和可管理性也得到了很大提高。访问及管理 MySQL 数据库的最常用标准化语言为 SQL 结构化查询语言。

二、MariaDB 数据库的诞生背景介绍

MySQL 是互联网领域里非常重要的、深受广大用户欢迎的一款开源关系型数据库软件，由瑞典 MySQL AB 公司开发与维护。2006 年，MySQL AB 公司被 SUN 公司收购，2008 年，SUN 公司又被甲骨文（Oracle）公司收购。因此，MySQL 数据库软件目前属于 Oracle 公司，但仍是开源的，Oracle 公司收购 MySQL 的战略意图显而易见，

其自身的 Oracle 数据库继续服务于传统大中型企业，而利用收购的 MySQL 抢占互联网领域数据库份额，完成其战略布局。

自甲骨文公司收购 MySQL 之后，其在商业数据库与开源数据库领域市场的占有份额都跃居第一，这样的格局引起了业内很多人士的担忧，因为 Oracle 有可能将 MySQL 闭源。为了避免 Oracle 将 MySQL 闭源，而无开源的类 MySQL 数据库可用，MySQL 社区采用分支的方式来避开这个风险。MariaDB 数据库就诞生了，MariaDB 是一个向后兼容，可能在以后替代 MySQL 的数据库产品，其官方地址为 https://mariadb.org/。

不过，这里还是建议在生产环境中选择更稳定、使用更广泛的 MySQL 数据库，可以先测试 MariaDB 数据库，等使用的人员更多一些，社区更活跃时再考虑使用为好。从初学者角度来讲，不论是 MariaDB 还是 MySQL 都可以作为学习和研究的对象。本工单实验中采用的就是 MariaDB。

三、为什么选择 MySQL 数据库

目前，绝大多数使用 Linux 操作系统的互联网企业全部使用 MySQL 作为后端数据库，从大型的 BAT 门户，到电商门户平台、分类门户平台等无一例外。那么，MySQL 数据库到底有哪些优势和特点，让大家毫不犹豫地选择它呢?

原因有以下几点：

（1）性能卓越、服务稳定，很少出现异常宕机。

（2）开放源代码且无版权制约，自主性强、使用成本低。

（3）历史悠久，社区及用户非常活跃，遇到问题，可以很快获取到帮助。

（4）软件体积小，安装使用简单，并且易于维护，安装及维护成本低。

（5）支持多种操作系统，提供多种 API 接口，支持多种开发语言，特别是对流行的 PHP 语言无缝支持。

（6）品牌口碑效应，使得企业无须考虑就直接使用。

四、SQL 语法

1. 数据库表

一个数据库通常包含一个或多个表。每个表由一个名字标识（如“客户”或“订单”）。表包含带有数据的记录（行）。

下面的例子是一个名为” Persons”的表：

ID	LastName	FirstName	Address	City
1	Adams	John	Oxford Street	London
2	Bush	G eorga	Fifth Avenue	New York
3	Carter	Thomas	Changan	Beijing

上面的表中包含三条记录（每一条对应一个人）和五个列（ID、姓、名、地址和城市）。

2. SQL 语句

您需要在数据库上执行的大部分工作都由 SQL 语句完成。

下面的语句从表中选取 LastName 列的数据：

```
SELECT LastName FROM Persons
```

结果集如下图所示：

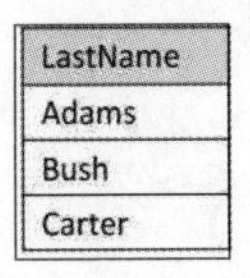

LastName
Adams
Bush
Carter

3. 重要事项

一定要记住，SQL 对大小写不敏感。

4. SQL 语句后面的分号

某些数据库系统要求在每条 SQL 命令的末端使用分号。

分号是数据库系统中分隔每条 SQL 语句的标准方法，这样就可以在对服务器的相同请求中执行一条以上的语句。

5. SQLDML 和 DDL

可以把 SQL 分为两部分：数据操纵语言（DML）和数据定义语言（DDL）。

SQL（结构化查询语言）是用于执行查询的语法。但是 SQL 也包含用于更新、插 入和删除记录的语法。

查询和更新指令构成了 SQL 的 DML 部分：

- SELECT：从数据库表中获取数据。
- UPDATE：更新数据库表中的数据。
- DELETE ：从数据库表中删除数据。
- INSERT INTO：向数据库表中插入数据。

SQL 的数据定义语言（DDL）部分使用户有能力创建或删除表格。用户也可以定义索引（键），规定表之间的链接，以及施加表间的约束。

SQL 中最重要的 DDL 语句：

- CREATE DATABASE ：创建新数据库。
- ALTER DATABASE ：修改数据库。
- CREATE TABLE ：创建新表。
- ALTER TABLE ：变更（改变）数据库表。
- DROP TABLE：删除表。
- CREATE INDEX：创建索引（搜索键）。

任务实施

1. 安装并启动 MariaDB

首先搭建本地 YUM 源，然后挂载光盘镜像，再使用 yum 命令安装 mariadb 包。具体操作如下：

```
[root@GDKT ~]# cat /etc/yum.repos.d/local.repo
[local]
name=local
baseurl=file:///media
enabled=1
gpgcheck=0
[root@GDKT ~]# mount /dev/cdrom /media/
[root@GDKT ~]# yum -y install mariadb mariadb-server   # 安装 MariaDB
[root@GDKT ~]# systemctl start mariadb                 # 启动 MariaDB 服务
```

2. 设置数据库管理员密码（自定义）

```
[root@GDKT ~]# mysqladmin -u root password 123.com
```

3. 登录 MariaDB，创建名为 hxinfo 的库

```
[root@GDKT ~]# mysql -u root -p                        # 登录 MariaDB
Enter password:                                        # 输入管理员密码
Welcome to the MariaDB monitor.  Commands end with ; or \g.
Your MariaDB connection id is 3
Server version: 5.5.60-MariaDB MariaDB Server

Copyright (c) 2000, 2018, Oracle, MariaDB Corporation Ab and others.

Type 'help;' or '\h' for help. Type '\c' to clear the current input statement.

MariaDB [(none)]> create database hxinfo;              # 创建名为 hxinfo 的数据库
Query OK, 1 row affected (0.00 sec)                    # 提示创建成功
```

```
MariaDB [(none)]>
```

4. 显示 MariaDB 当前的数据库

```
MariaDB [(none)]> show databases;                    # 显示 MariaDB 中当前的数据库


+--------------------+
| Database           |
+--------------------+
| information_schema |
| hxinfo             |
| mysql              |
| performance_schema |
| test               |
+--------------------+
5 rows in set (0.00 sec)
```

5. 在新建的数据库 hxinfo 中创建名为 hxtable 的表（按要求添加相关字段），并设置 id 字段为主键

```
MariaDB [(none)]> use hxinfo;                    # 使用新创建的数据库 hxinfo
Database changed
MariaDB [hxinfo]> create table hxtable(id int(10),name varchar(20), sex char(2),age int(3),
primary key(id));
# 创建名为 hxtable 的表，并设置 id 字段为主键
Query OK, 0 rows affected (0.01 sec)             # 提示创建成功
MariaDB [hxinfo]> show tables;                   # 显示当前数据库 hxinfo 中的表
+------------------+
| Tables_in_hxinfo |
+------------------+
| hxtable          |
+------------------+
1 row in set (0.00 sec)
```

6. 显示当前数据库 hxinfo 中的表，并查看 hxtable 表的相关字段信息（注意 id 字段是否出现主键表示（PRI））

```
MariaDB [hxinfo]> describe hxtable;              # 查看 hxtable 表的相关字段信息
+-------+-------------+------+-----+---------+-------+
| Field | Type        | Null | Key | Default | Extra |
+-------+-------------+------+-----+---------+-------+
| id    | int(10)     | NO   | PRI | 0       |       |      # 可以看到 id 被标记为主键（PRI）
| name  | varchar(20) | YES  |     | NULL    |       |
| sex   | char(2)     | YES  |     | NULL    |       |
| age   | int(3)      | YES  |     | NULL    |       |
+-------+-------------+------+-----+---------+-------+
4 rows in set (0.00 sec)
```

7. 插入一条员工信息：'001'，'zhangsan'，'m'，'20'（m（male）表示男性，f（female）表示女性）

```
MariaDB [hxinfo]> insert into hxtable values('001','zhang san','m','20');
                                                  # 插入一条员工信息
Query OK, 1 row affected (0.00 sec)               # 提示操作成功
```

8. 查询 hxtable 表的信息，是否可以看到新插入的员工信息

```
MariaDB [hxinfo]> select * from hxtable;         # 查询 hxtable 表的信息
+----+----------+------+------+
| id | name     | sex  | age  |
+----+----------+------+------+
|  1 | zhangsan | m    |   20 |                   # 可以查看到新插入的员工信息
+----+----------+------+------+
```

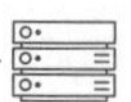

```
1 row in set (0.00 sec)
```

删除数据库和数据表，可以使用以下命令：

```
drop database [数据库名]                       # 删除数据库
drop table [数据表名]                          # 删除数据表
```

任务扩展

1. 以管理员身份登录 MariaDB，创建用户 webshow 并设置相关权限和密码

```
MariaDB [hxinfo]>
MariaDB [hxinfo]> grant select on hxinfo.* to webshow@localhost identified by '123456';
                                               # 创建用户 webshow
Query OK, 0 rows affected (0.00 sec)           # 提示成功
```

2. 创建用户 webup 并设置相关权限和密码

```
MariaDB [hxinfo]> grant select,insert,update,delete on hxin fo.* to webup@localhost
identified by  '654321';                       # 创建用户 webup
Query OK, 0 rows affected (0.00 sec)           # 提示成功
```

3. 使用 webshow 用户登录 MariaDB，测试该用户的权限

```
[root@GDKT ~]# mysql -u webshow -p             # 使用 webshow 登录
Enter password:                                # 输入 webshow 密码
Welcome to the MariaDB monitor.  Commands end with ; or \g.
Your MariaDB connection id is 5
Server version: 5.5.44-MariaDB MariaDB Server

Copyright (c) 2000, 2015, Oracle, MariaDB Corporation Ab and others.

Type 'help;' or '\h' for help. Type '\c' to clear the current input statement.

MariaDB [(none)]> use hxinfo;                  # 使用数据库 hxinfo
Reading table information for completion of table and column names
You can turn off this feature to get a quicker startup with -A

Database changed
MariaDB [hxinfo]> select * from hxtable;       # 查询 hxtable 表
+----+----------+------+------+
| id | name     | sex  | age  |
+----+----------+------+------+
|  1 | zhangsan | m    |   20 |                # 可以看到表中信息
+----+----------+------+------+
1 row in set (0.00 sec)

MariaDB [hxinfo]> insert into hxtable values('002','lisi','f','25'); # 新插入一条员工信息
ERROR 1142 (42000): INSERT command denied to user 'web show'@'localhost' for table 'hxtable'
                                               # 提示操作失败
MariaDB [hxinfo]> delete from hxtable;         # 删除信息
ERROR 1142 (42000): DELETE command denied to user 'web show'@'localhost' for table 'hxtable'
                                               # 提示失败
MariaDB [hxinfo]> quit                         # 退出 MySQL
Bye
```

4. 再以 webup 用户身份登录 MariaDB，测试该用户权限

```
[root@GDKT ~]# mysql -u webup -p               # 使用 webup 登录
Enter password:                                # 输入 webup 密码
Welcome to the MariaDB monitor.  Commands end with ; or \g.
Your MariaDB connection id is 6
```

```
Server version: 5.5.44-MariaDB MariaDB Server

Copyright (c) 2000, 2015, Oracle, MariaDB Corporation Ab and others.

Type 'help;' or '\h' for help. Type '\c' to clear the current input statement.

MariaDB [(none)]> use hxinfo;              # 使用数据库 hxinfo
Reading table information for completion of table and column names
You can turn off this feature to get a quicker startup with -A

Database changed
MariaDB [hxinfo]> select * from hxtable;   # 查询 hxtable 表
+----+----------+------+------+
| id | name     | sex  | age  |
+----+----------+------+------+
|  1 | zhangsan | m    |   20 |             # 可以看到表中的信息
+----+----------+------+------+
1 row in set (0.00 sec)

MariaDB [hxinfo]> insert into hxtable values('002','lisi','f','25');
                                           # 新插入一条员工信息
Query OK, 1 row affected (0.01 sec)        # 提示成功
MariaDB [hxinfo]> select * from hxtable;   # 查询 hxtable 表
+----+----------+------+------+
| id | name     | sex  | age  |
+----+----------+------+------+
|  1 | zhangsan | m    |   20 |
|  2 | lisi     | f    |   25 |             # 可以看到新插入表中的信息
+----+----------+------+------+
2 rows in set (0.00 sec)

MariaDB [hxinfo]> delete from hxtable where name='lisi';
                                           # 删除 hxtable 表中信息
Query OK, 1 row affected (0.00 sec)        # 提示成功
MariaDB [hxinfo]> select * from hxtable;   # 查询 hxtable 表
+----+----------+------+------+
| id | name     | sex  | age  |
+----+----------+------+------+
|  1 | zhangsan | m    |   20 |             # 可以看到 lisi 信息已删除
+----+----------+------+------+
1 row in set (0.00 sec)

MariaDB [hxinfo]> quit
Bye
```

通过以上测试，可以看出这两个用户被赋予了不同的权限。

注意：若使用“delete from hxtable; ”语句删除信息，后面不使用“where”子句，将会把 hxtable 表中的所有信息都删除。

用户可以被赋予相关权限，也可以被撤销授权。撤销用户 webup 的授权使用以下命令。

5. 以管理员身份登录 MariaDB，撤销用户 webup 的插入权限

```
[root@GDKT ~]# mysql -u root -p        # 以管理员身份登录 MySQL
Enter password:
Welcome to the MariaDB monitor.  Commands end with ; or \g.
Your MariaDB connection id is 7
Server version: 5.5.44-MariaDB MariaDB Server
```

```
Copyright (c) 2000, 2015, Oracle, MariaDB Corporation Ab and others.

Type 'help;' or '\h' for help. Type '\c' to clear the current input statement.

MariaDB [(none)]> revoke insert on hxinfo.* from webup@localhost;
# 撤销用户 webup 的插入权限
Query OK, 0 rows affected (0.00 sec)

MariaDB [(none)]> quit
Bye
```

6. 使用 webup 用户身份登录 MariaDB，测试其是否还具有插入权限

```
[root@GDKT ~]# mysql -u webup -p   # 使用 webup 登录 MySQL
Enter password:
Welcome to the MariaDB monitor.  Commands end with ; or \g.
Your MariaDB connection id is 8
Server version: 5.5.44-MariaDB MariaDB Server

Copyright (c) 2000, 2015, Oracle, MariaDB Corporation Ab and others.

Type 'help;' or '\h' for help. Type '\c' to clear the current input statement.

MariaDB [(none)]> use hxinfo
Reading table information for completion of table and column names
You can turn off this feature to get a quicker startup with -A

Database changed
MariaDB [hxinfo]> insert into hxtable values('003','wangwu','m','23');      # 插入新的员工信息
ERROR 1142 (42000): INSERT command denied to user 'webup'@'localhost' for table 'hxtable'
                                                    # 提示操作失败，该用户已不具有插入权限
MariaDB [hxinfo]> quit
Bye
```

7. 再次以管理员身份登录 MariaDB 撤销 webup 的所有权限

```
[root@GDKT ~]# mysql -u root -p
Enter password:
Welcome to the MariaDB monitor.  Commands end with ; or \g.
Your MariaDB connection id is 9
Server version: 5.5.44-MariaDB MariaDB Server
Copyright (c) 2000, 2015, Oracle, MariaDB Corporation Ab and others.
Type 'help;' or '\h' for help. Type '\c' to clear the current input statement.
MariaDB [(none)]> revoke all on hxinfo.* from webup@localhost;
Query OK, 0 rows affected (0.00 sec)
MariaDB [(none)]> quit
Bye
```

8. 再次使用 webup 登录 MariaDB，使用数据库 hxinfo

```
[root@GDKT ~]# mysql -u webup -p
Enter password:
Welcome to the MariaDB monitor.  Commands end with ; or \g.
Your MariaDB connection id is 10
Server version: 5.5.44-MariaDB MariaDB Server
Copyright (c) 2000, 2015, Oracle, MariaDB Corporation Ab and others.
Type 'help;' or '\h' for help. Type '\c' to clear the current input statement.
MariaDB [(none)]> use hxinfo;
ERROR 1044 (42000): Access denied for user 'webup'@'localhost' to database 'hxinfo'
MariaDB [(none)]>
# 提示失败，说明该用户已无法进行任何数据库操作
```

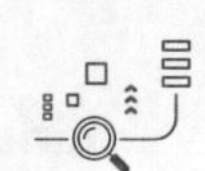

质量监控单（教师完成）

工单实施栏目评分表

评分项	分值	作答要求	评审规定	得分
任务资讯	3	问题回答清晰准确，能够紧扣主题，没有明显错误项	对照标准答案错误一项扣 0.5 分，扣完为止	
任务实施	7	有具体配置图例，各设备配置清晰正确	A 类错误点一次扣 1 分，B 类错误点一次扣 0.5 分，C 类错误点一次扣 0.2 分	
任务扩展	4	各设备配置清晰正确，没有配置上的错误	A 类错误点一次扣 1 分，B 类错误点一次扣 0.5 分，C 类错误点一次扣 0.2 分	
其他	1	日志和问题项目填写详细，能够反映实际工作过程	没有填或者太过简单每项扣 0.5 分	
合计得分				

职业能力评分表

评分项	等级	作答要求	等级
知识评价	A | B | C	A：能够完整准确地回答任务资讯的所有问题，准确率在 90% 以上。 B：能够基本完成作答任务资讯的所有问题，准确率在 70% 以上。 C：对基础知识掌握得非常差，任务资讯和答辩的准确率在 50% 以下。	
能力评价	A | B | C	A：熟悉各个环节的实施步骤，完全独立完成任务，有能力辅助其他学生完成规定的工作任务，实施快速，准确率高（任务规划和任务实施正确率在 85% 以上）。 B：基本掌握各个环节实施步骤，有问题能主动请教其他同学，基本完成规定的工作任务，准确率较高（任务规划和任务实施正确率在 70% 以上）。 C：未完成任务或只完成了部分任务，有问题没有积极向其他同学请教，工作实施拖拉，不积极，各个部分的准确率在 50% 以下。	
态度素养评价	A | B | C	A：不迟到、不早退，对人有礼貌，善于帮助他人，积极主动完成规定工作任务，工作台完整整洁，回答老师提问科学。 B：不迟到、不早退，在教师督导和他人辅导下，能够完成规定工作任务，回答老师提问较准确。 C：未完成任务或只完成了部分任务，有问题没有积极向其他同学请教，工作实施拖拉不积极，不能准确回答老师提出的问题，各个部分的准确率在 50% 以下。	

教师评语栏

工单 20（防火墙 Firewalld 和 Selinux 配置与管理）

工作任务单			
工单编号	C2019111110059	工单名称	防火墙 Firewalld 和 Selinux 配置与管理
工单类型	基础型工单	面向专业	计算机网络技术
工单大类	网络运维	能力面向	专业能力
职业岗位	网络运维工程师、网络安全工程师、网络工程师		
实施方式	实际操作	考核方式	操作演示
工单难度	中等	前序工单	
工单分值	20 分	完成时限	8 学时
工单来源	教学案例	建议组数	99
组内人数	1	工单属性	院校工单
版权归属	潘军		
考核点	网络安全、包过滤、防火墙、iptables、firewalld		
设备环境	虚拟机 VMware Workstations 15 和 CentOS 7.2		
教学方法	在常规课程工单制教学当中，可采用手把手教的方式引导学生学习和训练防火墙 Firewalld 和 Selinux 配置的相关职业能力和素养。		
用途说明	本工单可用于网络技术专业 Linux 服务器配置与管理课程或者综合实训课程的教学实训，特别是聚焦于防火墙 Firewalld 和 Selinux 配置的训练，对应的职业能力训练等级为初级。		
工单开发	潘军	开发时间	2019-03-11

实施人员信息							
姓名		班级		学号		电话	
隶属组		组长		岗位分工		伙伴成员	

任务目标

实施该工单的任务目标如下：

知识目标

1. 了解防火墙的功能、分类和工作原理。
2. 了解 Linux 防火墙系统的三层架构。
3. 了解 Selinux 的功能。

能力目标

1. 能够在图形界面和命令行界面配置和管理防火墙的方法。
2. 能够初步掌握 Selinux 的配置与管理方法。

素养目标

1. 明确职业技术岗位所需的职业规范和精神，树立社会主义核心价值观。
2. 知悉读大学的真正含义，以德化人，激发学生科学探索精神和家国情怀。
3. 培养学生规划管理能力和实践动手能力。
4. 培养学生吃苦耐劳、乐于奉献的职业情怀。

任务介绍

腾翼网络公司的服务器不但向内部员工提供服务，同时还接入了 Internet 向外网用户提供服务，所以要做好足够的安全防护措施。因此，为公司服务器构建防火墙成为了必不可少的工作，而与 Linux 系统紧密集成的 iptables 防火墙正好可以满足需求。同时，腾翼网络公司的管理员最初并不了解 Selinux，又由于很多网络服务的功能在启用了 Selinux 后不能正常工作，于是便将其直接关闭，使服务恢复正常。但随着学习的深入，管理员逐渐认识到，掌握 Selinux 的设置可以避免很多不安全的操作，对系统安全起到强化保护的作用。

强国思想专栏

网络安全的屏障——防火墙

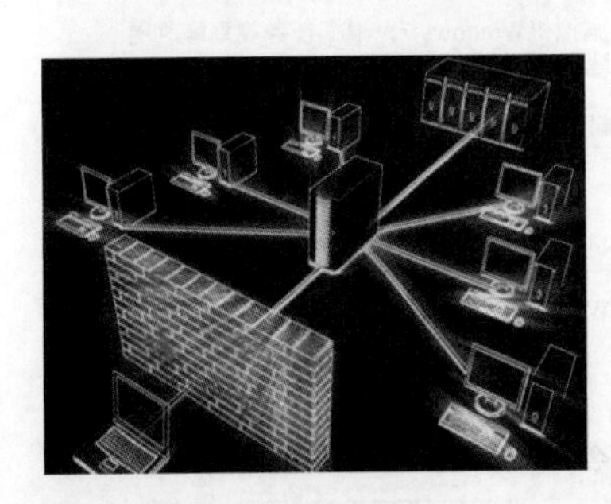

网络安全，通常指计算机网络的安全，实际上也可以指计算机通信网络的安全。计算机通信网络是将若干台具有独立功能的计算机通过通信设备及传输媒体互连起来，在通信软件的支持下，实现计算机间的信息传输与交换的系统。

所谓“防火墙”，是一种特殊的访问控制设施，是一道介于内部网络和 Internet 之间的安全屏障，防火墙的基本功能是根据各种网络安全策略的要求对未经授权的访问和数据传递进行筛选和屏蔽，它保护着内部网络数据的安全。

当代大学生不仅要学习专业知识技能，更应该懂法、知法、守法，树立正确的网络安全防范意识，共同抵制有害网络信息，努力维护国家网络安全。

任务资讯（4 分）

（0.4 分）1. 什么是防火墙？

（0.4 分）2. 防火墙具有哪些功能？

（0.4 分）3．防火墙按采用的技术分为哪些类型？

（0.4 分）4．防火墙按实现的环境划分为哪些类型？

（0.4 分）5．防火墙一般有哪三个接口？

（0.4 分）6．Linux 防火墙系统由哪三层架构构成？

（0.4 分）7．在 CentOS 7 中，用户层配置 firewalld 防火墙规则的工具有哪三种？

（0.4 分）8．IPv4 中可用的私网地址有哪些？

（0.4 分）9．什么是 NAT ？有哪些分类？

（0.4 分）10．什么是 Selinux?Selinux 的功能有哪些？

注意：任务资讯中的问题可以参看视频 1、视频 2。

视频1

防火墙 Firewalld 简介

视频2

Selinux 简介

任务规划

任务规划如下：

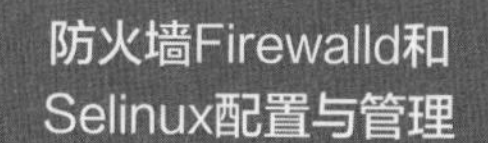

- 环境搭建
  - 启动虚拟机Windows 7，根据任务规划修改网卡IP地址
  - 使用链接式克隆创建新的CentOS虚拟机镜像
  - Firewalld开启IP转发功能
  - WebServer安装httpd和vsftpd服务，并启动服务
  - 测试WebServer的http和ftp服务是否可以正常访问
- 完成Firewalld防火墙的安装与运行管理
  - 完成Firewalld软件包
  - 启动防火墙
  - 使用图形界面Firewall-config配置
- 使用命令行工具Firewall-cmd配置防火墙
  - 重启Firewalld防火墙并查看当前防火墙的配置
  - 查看当前的默认区域并修改为DMZ区域
  - 测试在Firewalld主机上访问失败
  - 在DMZ区域允许http服务流量通过，要求立即生效
  - 再次在Firewalld主机上访问Web网站
- 使用Firewalld防火墙部署NAT服务
  - 使用SNAT技术实现共享上网
  - 使用DNAT技术向互联网发布服务器

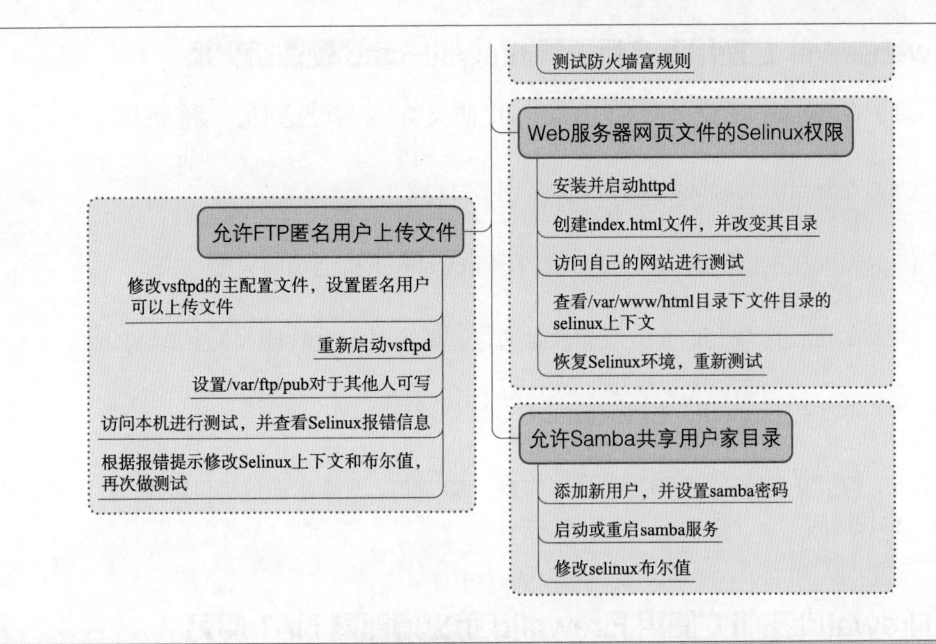

任务实施（9 分）

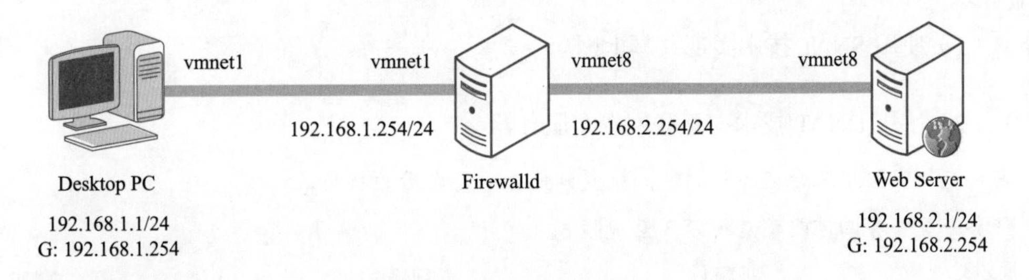

任务一　实验环境搭建

（0.5 分）（1）启动虚拟机 Windows 7，根据任务规划修改网卡的 IP 地址

（0.5 分）（2）使用链接式克隆创建新的 CentOS 虚拟机镜像

（0.5 分）（3）Firewalld 开启 IP 转发功能。测试 Firewalld 到 Windows 7 和 webserver 的连通性

（0.5 分）（4）webserver 安装 httpd 和 vsftpd 服务，并启动服务

（0.5 分）（5）Windows 7 上测试 webserver 的 http 和 ftp 服务是否可以正常访问

注意： 完成实验环境搭建后，请做好三个虚拟机的快照，任务四需要初始化到当前状态才能顺利完成实验。

任务二　在 webserver 上完成 firewalld 防火墙的安装与运行管理

（0.5 分）（1）安装 firewalld 软件包

（0.5 分）（2）启动防火墙

（0.5 分）（3）使用图形界面 firewall-config 配置

任务三　在 webserver 上使用命令行工具 firewall-cmd 配置防火墙

（0.5 分）（1）在 webserver 主机上重启 Firewalld 防火墙并查看当前防火墙的配置

（0.5 分）（2）查看当前的默认区域并修改为 DMZ 区域

（0.5 分）（3）测试在本机可成功访问网站，在 Firewalld 主机上访问失败

（0.5 分）（4）在 dmz 区域允许 http 服务流量通过，要求立即生效且永久生效

（0.5 分）（5）再次在 Firewalld 主机上访问 web 网站

（0.5 分）（6）为了安全起见，Web 服务器工作在 8080 端口，现要求通过端口转换，让用户能通过“http://192.168.2.1”地址格式访问

任务四　在 Firewalld 主机上使用 Firewalld 防火墙部署 NAT 服务

部署 SNAT 和 DNAT 服务，使得内部网络的计算机均能访问互联网且互联网中的用户能访问内部网络中的 Web 服务器。

（1 分）（1）使用 SNAT 技术实现共享上网

（1 分）（2）使用 DNAT 技术向互联网发布服务器

注意：需要先把实验中三台虚拟机的快照恢复到任务一完成后的状态。

注意：任务一至任务四可以参看视频 3 至视频 6。

视频3

任务一 实验环境搭建

视频4

任务二 图形界面管理 Firewalld

视频5

任务三 使用命令行工具配置 Firewall 防火墙

视频6

任务四 配置 Firewalld 的 NAT 功能

任务扩展（6 分）

任务一　Web 服务器网页文件的 Selinux 权限

腾翼网络公司的管理员在 Web 服务器上开启了 Selinux，并对 apache 的默认 Selinux 安全上下文环境进行测试。

注意：初始 Selinux 的配置是 Enforcing 模式。

（0.4 分）（1）安装并启动 httpd

（0.4 分）（2）创建 index.html 文件（在 root 的家目录下创建 index.html 文件）

（0.4 分）（3）改变 index.html 文件的目录（移动 index.html 文件到 /var/www/html 目录下）

（0.4 分）（4）访问自己的网站进行测试

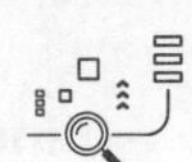

（0.4 分）（5）查看 /var/www/html 目录下文件目录的 Selinux 上下文

（0.4 分）（6）恢复 Selinux 环境

（0.4 分）（7）重新访问自己的网站，观察 index.html 内容是否可以显示

任务二　允许 FTP 匿名用户上传文件

FTP 服务器 vsftpd 的默认配置允许匿名用户下载文件，但不允许匿名用户上传文件。而且 Selinux 默认不允许匿名用户执行写入操作。腾翼网络公司的管理员根据实际工作中的某些特殊需求，要允许匿名用户能够上传文件，具体操作步骤如下。

（0.4 分）（1）修改 vsftpd 的主配置文件，设置匿名用户可以上传文件

（0.2 分）（2）重新启动 vsftpd

（0.4 分）（3）设置 /var/ftp/pub 对于其他人可写

（0.4 分）（4）访问本机进行测试，用户名使用 ftp，密码随意或直接按【Enter】键

（0.4 分）（5）查看 Selinux 的报错信息

（0.4 分）（6）根据报错提示修改 Selinux 上下文和布尔值

（0.4 分）（7）再次做上传测试

任务三　允许 Samba 共享用户家目录

Selinux 默认不允许 Samba 服务器共享用户家目录。当客户从 Windows 操作系统使用某个用户访问 Samba 共享时，能够看到用户的家目录，但是无法进入。腾翼网络公司的管理员要允许 Samba 共享用户家目录，其操作步骤如下。

（0.2 分）（1）添加新用户，并设置 Samba 密码

（0.2 分）（2）启动或重启 Samba 服务

（0.2 分）（3）修改 Selinux 布尔值

注意： 扩展任务可以参看视频 7。

视频7

配置 Selinux

工作日志（0.5 分）

（0.5 分）实施工单过程中填写如下日志：

工作日志表

日　期	工作内容	问题及解决方式

总结反思（0.5 分）

（0.5 分）请编写完成本任务的工作总结：

学习资源集

任务资讯

一、认识防火墙

1. 防火墙的定义

防火墙是指设置在不同网络（如可信任的企业内部网和不可信任的公共网）或网络安全域之间的一系列部件的组合，如图 20-1 所示。

它是不同网络或网络安全域之间信息的唯一出入口，能根据企业的安全策略控制（允许、拒绝、监测）出入网络的信息流，且本身具有较强的抗攻击能力。

在逻辑上，防火墙是一个分离器、限制器和分析器，它能有效地监控内部网和 Internet 之间的任何活动，保证了内部网络的安全。

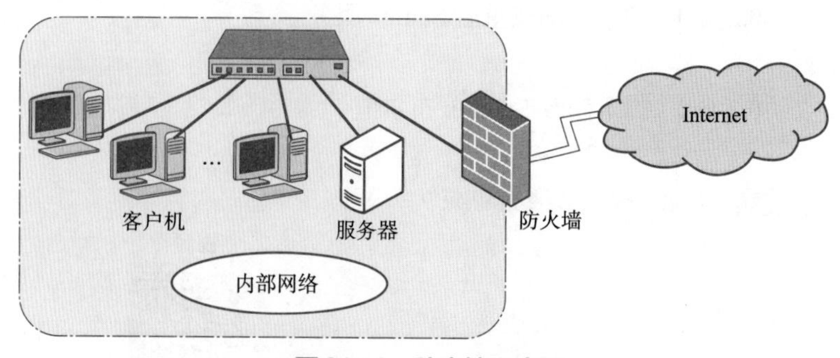

图20-1　防火墙示意图

2. 防火墙的功能

过滤进出网络的数据包，封堵某些禁止的访问行为。

对进出网络的访问行为作出日志记录，并提供网络使用情况的统计数据，实现对网络存取和访问的监控审计。

对网络攻击进行检测和告警。

防火墙可以保护网络免受基于路由的攻击，如 IP 选项中的源路由攻击和 ICMP 重定向中的重定向路径，并通知防火墙管理员。

提供数据包的路由选择和网络地址转换（NAT），从而解决局域网中主机使用内部 IP 地址也能够顺利访问外部网络的应用需求。

3. 防火墙的类型

1）按采用的技术划分

（1）包过滤型防火墙：在网络层或传输层对经过的数据包进行筛选。筛选的依据是系统内设置的过滤规则，通过检查数据流中每个数据包的 IP 源地址、IP 目的地址、传输协议（如 TCP、UDP、ICMP 等）、TCP/UDP 端口号等因素，来决定是否允许该数据包通过。（包的大小为 1 500B）

（2）代理服务器型防火墙：是运行在防火墙之上的一种应用层服务器程序，它通过对每种应用服务编制专门的代理程序，实现监视和控制应用层数据流的作用。

2）按实现的环境划分

（1）软件防火墙：学校、上前台计算机的网吧

普通计算机 + 通用的操作系统（如 Linux）。

（2）硬件（芯片级）防火墙：基于专门的硬件平台和固化在 ASIC 芯片来执行防火墙的策略和数据加解密，具有速度快、处理能力强、性能高、价格比较昂贵的特点（如 NetScreen、FortiNet），硬件防火墙如图 20-2 所示。

通常有三个以上网卡接口：

外网接口：用于连接 Internet 网。

内网接口：用于连接代理服务器或内部网络。

DMZ 接口（非军事化区）：专用于连接提供服务的服务器群。

图20-2　硬件防火墙

二、Linux 防火墙历史演进与架构

1. Linux 防火墙的历史

从 1.1 内核开始，Linux 系统就已经具有包过滤功能了，随着 Linux 内核版本的不断升级，Linux 下的包过滤系统经历了如下 4 个阶段：

（1）在 2.0 内核中，包过滤的机制是 ipfw，管理防火墙的命令工具是 ipfwad。

（2）在 2.2 内核中，包过滤的机制是 ipchain，管理防火墙的命令工具是 ipchains。

（3）在 2.4 之后的内核中，包过滤的机制是 netfilter，防火墙的命令工具是 iptables。

（4）在 3.10 之后的内核中，包过滤的机制是 netfilter，管理防火墙的工具有 firewalld、iptables 等。

firewalld 的官网：http：//www.firewalld.org/。

2. Linux 防火墙的架构

Linux 防火墙系统由以下三层架构的三个子系统组成：

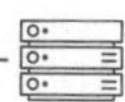

（1）内核层的 netfilter：netfilter 是集成在内核中的一部分，作用是定义、保存相应的过滤规则。Netfilter 提供了一系列表，每个表由若干个链组成，而每条链可以由一条或若干条规则组成。

netfilter 是表的容器，表是链的容器，而链又是规则的容器。

Linux 防火墙的架构由表→链→规则的分层结构来组织规则，如图 20-3 所示。

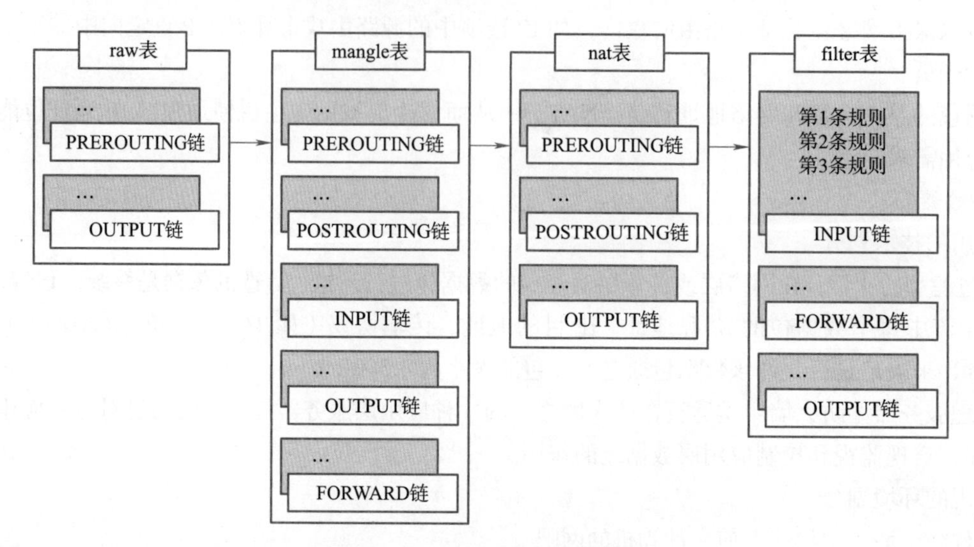

图20-3　Linux防火墙的架构

（2）中间层服务程序：是连接内核和用户的与内核直接交互的监控防火墙规则的服务程序或守护进程，它将用户配置的规则交由内核中的 netfilter 来读取，从而调整防火墙规则。

（3）用户层工具：是 Linux 系统为用户提供的用来定义和配置防火墙规则的工具软件。

三、CentOS 7 中防火墙的构件

CentOS 7 中引入了一种与 netfilter 交互的新的中间层服务程序 firewalld（旧版中的 iptables、ip6tables 和 ebtables 等仍保留），firewalld 是一个可以配置和监控系统防火墙规则的系统服务程序或守护进程，该守护进程具备了对 IPv4、IPv6 和 ebtables 等多种规则的监控功能，不过 firewalld 底层调用的命令仍然是 iptables 等。firewalld 防火墙体系结构如图 20-4 所示。

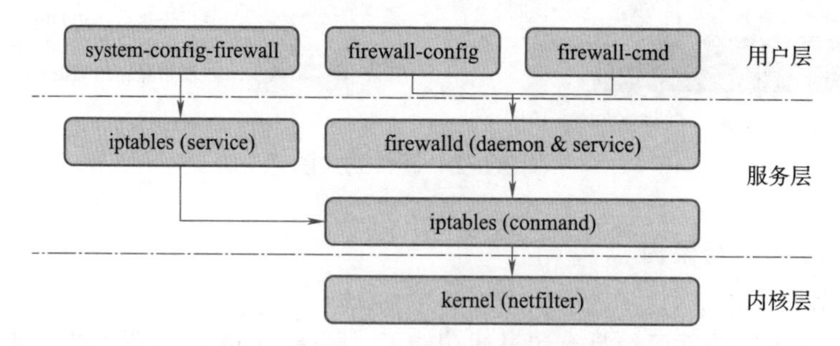

图20-4　firewalld防火墙体系结构

在 CentOS 7 中，用户层配置 firewalld 防火墙规则的工具有以下三种：

（1）图形工具 firewall-config。

（2）命令行工具 firewall-cmd。

（3）直接编辑 /etc/firewalld/ 目录中扩展名为 .xml 的一系列配置文件。

为了简化防火墙管理，firewalld 将所有网络流量划分为多个区域。根据数据包源 IP 地址或传入网络接口等条件，流量将转入相应区域的防火墙规则，firewalld 提供的几种预定义的区域及防火墙初始规则如表 20-1 所示。

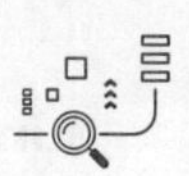

表 20-1　firewalld 防火墙定义区域及规则

区域（zone）	区域中包含的初始规则
trusted（受信任的）	允许所有流入的数据包
home（家庭）	拒绝流入的数据包，允许外出及服务 ssh、mdns、ipp-client、samba-client 与 dhcpv6-client
internal（内部）	拒绝流入的数据包，允许外出及服务 ssh、mdns、ipp-client、samba-client、dhcpv6-client
work（工作）	拒绝流入的数据包，除非与输出流量数据包相关或是 ssh、ipp-client 与 dhcpv6-client 服务则允许
public（公开）	拒绝流入的数据包，允许外出及服务 ssh、dhcpv6-client，新添加的网络接口缺省的默认区域
external（外部）	拒绝流入的数据包，除非与输出流量数据包相关，允许外出及服务 ssh、mdns、ipp-client、samba-client、dhcpv6-client，默认启用了伪装
dmz（隔离区）	拒绝流入的数据包，除非与输出流量数据包相关，允许外出及服务 ssh
block（阻塞）	拒绝流入的数据包，除非与输出流量数据包相关
drop（丢弃）	任何流入网络的包都被丢弃，不作出任何响应，除非与输出流量数据包相关。只允许流出的网络连接

数据包要进入内核必须通过这些区域（zone）中的一个，不同的区域中预定义的防火墙规则不一样（即信任度或过滤的强度不一样），人们可以根据计算机所处的不同的网络环境和安全需求将网卡连接到相应区域（默认区域是 public），并对区域中现有规则进行补充完善，进而制定出更为精细的防火墙规则来满足网络安全的要求。一块物理网卡可以有多个网络连接（逻辑连接），一个网络连接只能连接一个区域，而一个区域可以接收多个网络连接。

根据不同的语法来源，firewalld 包含的规则有以下三种：

标准规则：利用 firewalld 的基本语法规范所制定或添加的防火墙规则。

直接规则：当 firewalld 的基本语法表达不够用时，通过手动编码的方式直接利用其底层的 iptables 或 ebtables 的语法规则所制定的防火墙规则。

富规则：firewalld 的基本语法未能涵盖的，通过富规则语法制定的复杂防火墙规则。

四、NAT 技术的概念、分类与工作过程

1. 公网地址与私网地址

IP 地址的分配与管理由 ICANN 管理机构负责，公网地址必须经申请后才能合法使用。

为解决 IP 地址资源紧缺问题，IANA 机构将 IP 地址划分了一部分出来，将其规定为私网地址，只能在局域网内使用，不同局域网可重复使用。

可使用的私网地址有：

一个 A 类地址：10.0.0.0/8

16 个 B 类地址：172.16.0.0/16~172.31.0.0/16

256 个 C 类地址：192.168.0.0/16。

2. NAT 服务的概念及分类

NAT（Network Address Translation，网络地址转换）是一种用另一个地址来替换 IP 数据包头部中的源地址或目的地址的技术。

根据 NAT 替换数据包头部中地址的不同，NAT 分为源地址转换 SNAT（Source NAT）（IP 伪装）和目的地址转换 DNAT（Destination NAT）两类。

SNAT 技术主要应用于在企事业单位内部使用私网 IP 地址的所有计算机能够访问互联网上服务器，实现共享上网，并且能隐藏内部网络的 IP 地址。在 CentOS 7 系统内置防火墙中的 IP 伪装功能就是 SNAT 技术具体实现方式。

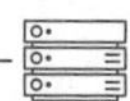

DNAT 技术则能让互联网中用户穿透到企事业的内部网络，访问使用私网 IP 地址的服务器，即无公网 IP 的内网服务器发布到互联网（如发布 Web 网站和 FTP 站点等）。

3. NAT 服务器的工作过程

NAT 服务器的工作过程如图 20-5 所示。

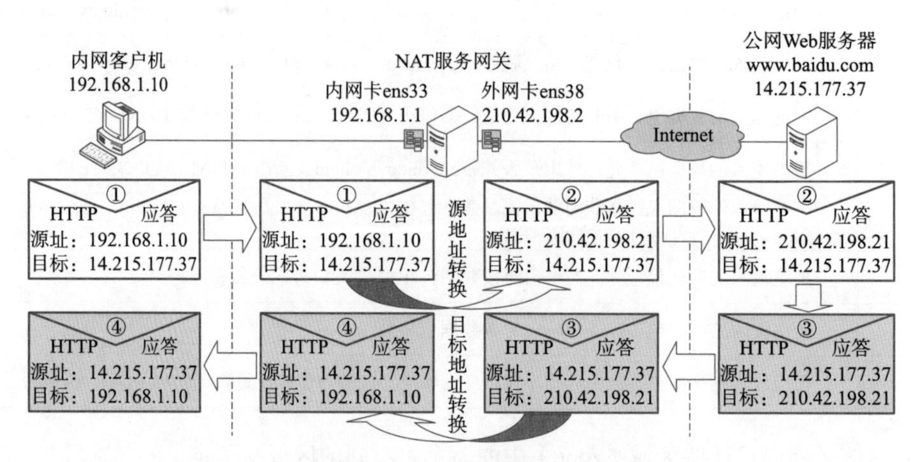

图20-5　NAT服务器的工作过程

五、Linux 7/CentOS 7 Selinux 介绍

Selinux 的全称是 Security Enhanced Linux， 就是安全加强的 Linux。在 Selinux 之前，root 账号能够任意访问所有文档和服务；如果某个文件设为 777，那么任何用户都可以访问甚至删除；这种方式称为 DAC（主动访问机制），很不安全。

DAC 自主访问控制：用户根据自己的文件权限决定对文件的操作，也就是依据文件的 own、group、other/r、w、x 权限进行限制。Root 有最高权限无法限制。r、w、x 权限划分太粗糙。无法针对不同的进程实现限制。

Selinux 则是基于 MAC（强制访问机制），简单地说，就是程序和访问对象上都有一个安全标签（即 Selinux 上下文）进行区分，只有对应的标签才能允许访问。否则即使权限是 777，也是不能访问的。

Selinux 可以最大限度地保证 Linux 系统的安全。至于它的作用到底有多大，举一个简单的例子可以证明：没有 Selinux 保护的 Linux 的安全级别和 Windows 一样，是 C2 级，但经过 Selinux 保护的 Linux，安全级别则可以达到 B1 级。例如，把 /tmp 目录下的所有文件和目录权限设置为 0777，这样在没有 Selinux 保护的情况下，任何人都可以访问 /tmp 下的内容。而在 Selinux 环境下，尽管目录权限允许访问 /tmp 下的内容，但 Selinux 的安全策略会继续检查用户是否可以访问。

在 Selinux 中，访问控制属性称为安全上下文。所有客体（文件、进程间通信通道、套接字、网络主机等）和主体（进程）都有与其关联的安全上下文，一个安全上下文由三部分组成：用户（u）、角色（r）和类型（t）标识符。但用户最关注的是第三部分。

当程序访问资源时，主体程序必须通过 Selinux 策略内的规则放行后，就可以与目标资源进行安全上下文的比对，若比对失败则无法存取目标，若比对成功则可以开始存取目标，最终能否存取目标还与文件系统的 rwx 权限的设定有关。所以启用了 Selinux 后出现权限不符的情况时，用户就得一步一步地分析可能的问题了。

Selinux 的策略分为两种，一个是目标（targeted）策略，另一个是严格（strict）策略。有限策略仅针对部分系统网络服务和进程执行 Selinux 策略，而严厉策略是执行全局的 NSA 默认策略。有限策略模式下，9 个（可能更多）系统服务受 Selinux 监控，几乎所有网络服务都受控。

以上内容简单了解即可，下面的内容要重点掌握。

1. Selinux 工作模式

Selinux 的配置文件 /etc/selinux/config 控制系统下一次启动过程中载入哪个策略，以及系统运行在哪个模式

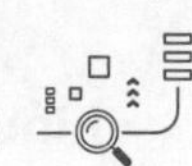

下。/etc/selinux/config 文件内容如下：

```
# This file controls the state of SELinux on the system.
# SELINUX= can take one of these three values:
#     enforcing - SELinux security policy is enforced.
#     permissive - SELinux prints warnings instead of enforcing.
#     disabled - No SELinux policy is loaded.
SELINUX=enforcing
# SELINUXTYPE= can take one of these two values:
#     targeted - Targeted processes are protected,
#     mls - Multi Level Security protection.
SELINUXTYPE=targeted
```

Selinux 工作模式（由第 6 行的 SELINUX 选项确定）可以设置为 enforcing、permissive 或 disabled。

enforcing（强制模式）：只要是违反策略的行动都会被禁止，并作为内核信息记录。

permissive（允许模式）：违反策略的行动不会被禁止，但是会提示警告信息。

disabled（禁用模式）：禁用 Selinux，与不带 Selinux 系统是一样的，通常情况下在不怎么了解 Selinux 时，将模式设置成 disabled，这样在访问一些网络应用时就不会出问题了。

用户可以使用 sestatus 命令查看当前 Selinux 的状态。

```
[root@localhost ~]# sestatus     enabled
SELinux status:    /selinux
SELinuxfs mount:   enforcing
Current mode:      enforcing
Mode from config file:          24
Policy version:     targeted
Policy from config file:
```

通过 getenforce 命令可以查看当前 Selinux 工作模式。

```
[root@localhost ~]# getenforce
Enforcing
```

通过 setenforce 命令可以修改当前 Selinux 工作模式。

```
setenforce  Permissive  或者  setenforce  0   设置为允许模式
setenforce  Enforcing   或者  setenforce  1   设置为强制模式
```

注意：通过 setenforce 设置 Selinux 只是临时修改，当系统重启后就会失效，所以如果要永久修改，就要通过修改 Selinux 主配置文件 /etc/selinux/config。

2. 管理 Selinux 安全性上下文

当启动了 Selinux 以后，操作系统的安全机制其实就是对两样东西做出限制：进程和系统资源（文件、网络套接字、系统调用等）。

1）ps -Z 命令与 ls -Z 命令

进程的安全上下文是域，可以通过 ps -Z 命令查看当前进程的域的信息，也就是进程的 Selinux 信息：

```
[root@localhost ~]# ps -Z
LABEL                                        PID TTY          TIME CMD
unconfined_u: unconfined_r: unconfined_t: s0-s0: c0.c1023 3078 pts/0 00: 00: 00 bash
unconfined_u: unconfined_r: unconfined_t: s0-s0: c0.c1023 4056 pts/0 00: 00: 00 ps
```

通过 ls -Z 命令可以查看文件、目录的上下文信息，也就是文件、目录的 Selinux 信息：

```
[root@localhost ~]# ls -Z
-rw-------. root root system_u: object_r: admin_home_t: s0 anaconda-ks.cfg
drwxr-x---. root root system_u: object_r: admin_home_t: s0 anaconda-screenshots
drwxr-xr-x. root root unconfined_u: object_r: admin_home_t: s0 etc
-rw-r--r--. root root system_u: object_r: admin_home_t: s0 install.log
```

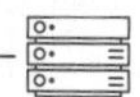

通过以上内容发现其比传统的 ls 命令多出了 system_u：object_r：admin_home_t：s0 部分内容，下面分析一下这段语句所代表的含义。

这条语句划分成了四段，第一段 system_u 代表的是用户，第二段 object_r 表示的是角色，第三段是 Selinux 中最重要的信息，admin_home 表示的是类型，最后一段 s0 表示安全级别，是与 MLS（多级安全）/MCS（多类安全）相关的内容。

system_u：指的是 Selinux 用户，root 表示 root 账户身份，user_u 表示普通用户无特权用户，system_u 表示系统进程，通过用户可以确认身份类型，一般搭配角色使用。身份和不同的角色搭配时权限不同，虽然可以使用 su 命令切换用户，但对于 Selinux 的用户并没有发生改变，账户之间切换时此用户身份不变，在 targeted 策略环境下用户标识没有实质性作用。

object_r：object_r 一般为文件目录的角色、system_r 一般为进程的角色，在 targeted 策略环境中用户的角色一般为 system_r。用户的角色类似用户组的概念，不同的角色具有不同的身份权限，一个用户可以具备多个角色，但是同一时间只能使用一个角色。在 targeted 策略环境下角色没有实质作用，在 targeted 策略环境中所有进程文件都是 system_r 角色。

admin_home：文件和进程都有一个类型，Selinux 依据类型的相关组合来限制存取权限。

2）chcon 命令

可以使用 chcon 命令修改文件或目录的 Selinux 安全性上下文。其命令格式如下：

```
chcon [OPTIONS] … CONTEXT FILES…
chcon [OPTIONS] … [-u USER] [-r ROLE] [-l RANGE] [-t TYPE] FILES…
chcon [OPTIONS] … --reference=PEF_FILES FILES…
```

说明：

CONTEXT：要设置的安全上下文。

FILES：对象（文件）。

--reference：参照的对象。

PEF_FILES：参照文件上下文。

FILES：应用参照文件上下文为我的上下文。

OPTIONS 如下：

[-f]：强迫执行。

[-R]：递归地修改对象的安全上下文。

[-r ROLE]：修改安全上下文角色的配置。

[-t TYPE]：修改安全上下文类型的配置。

[-u USER]：修改安全上下文用户的配置。

[-v]：显示冗长的信息。

[-l，--range=RANGE]：修改安全上下文中的安全级别。

3）restorecon 命令

restorecon 命令是用来恢复 Selinux 文件属性的，恢复文件属性即恢复文件的安全上下文，其命令用法为：

```
restorecon [-iFnrRv] [-e excludedir ] [-o filename ] [-f filename | pathname...]
```

选项参数：

[-i]：忽略不存在的文件。

[-f]：infilename 文件 infilename 中记录要处理的文件。

[-e]：directory 排除目录。

[-R -r]：递归处理目录。

[-n]：不改变文件标签。

[-o outfilename]：保存文件列表到 outfilename，在文件不正确情况下。

[-v]：将过程显示到屏幕上。

[-F]：强制恢复文件安全语境

如果要把目录 /var/www/html 下的所有文件全部恢复成该目录的默认上下文环境，可使用以下命令。

```
[root@localhost ~]# restorecon -Rv /var/www/html
```

4）semanage 命令

与 semanage 命令相关的选项参数有：-a 添加，-d 删除，-m 修改，-l 列表，-t 指明类型（或域）。

每个 Selinux 模块提供了一套标识规则，但是也可以添加定制的标识规则来满足特殊情况。例如，设置 /data 目录默认的 Selinux 类型为 httpd_sys_content_t，可执行以下命令。

```
[root@localhost ~]# semanage fcontext -a -t httpd_sys_content_t '/data(/.*)?'
```

3. 管理 Selinux 布尔值

Selinux 布尔值是更改 Selinux 策略行为的开关。Selinux 布尔值是可以启用或禁用的规则。安全管理员可以使用 Selinux 布尔值来调整策略，以有选择地进行调整。Selinux 布尔值的取值可以是“1”或“0”，分别表示“启用”和“关闭”，也可以直接使用“on”或“off”表示“启用”或“关闭”。

Selinux 策略为每个布尔值定义了默认值，大多数布尔值默认取值为“0”。可以使用以下命令查看和修改 Selinux 布尔值。

1）使用 getsebool 查看布尔值

getsebool 可以查看所有的或特定的 Selinux 布尔值，其命令格式为：

```
getsebool [-a] [boolean]
```

以上选项“-a”用于显示所有 Selinux 布尔值。

```
[root@localhost ~]# getsebool -a
abrt_anon_write --> off
allow_console_login --> on
allow_corosync_rw_tmpfs --> off
…
```

如果只想查看某个特定的布尔值，在 getsebool 之后加上布尔值的名称即可。例如，要查看布尔值“ftp_home_dir”，需要输入以下命令。

```
[root@localhost ~]# getsebool ftp_home_dir
ftp_home_dir --> off
```

如果要查看与 http 服务相关的 Selinux 布尔值，可以输入如下命令。

```
[root@localhost ~]# getsebool -a | grep 'http'
allow_httpd_anon_write --> off
allow_httpd_mod_auth_ntlm_winbind --> off
allow_httpd_mod_auth_pam --> off
allow_httpd_sys_script_anon_write --> off
httpd_builtin_scripting --> on
httpd_can_check_spam --> off
httpd_can_network_connect --> off
httpd_can_network_connect_cobbler --> off
httpd_can_network_connect_db --> off
httpd_can_network_relay --> off
httpd_can_sendmail --> off
httpd_dbus_avahi --> on
httpd_enable_cgi --> on
httpd_enable_ftp_server --> off
httpd_enable_homedirs --> off
```

```
httpd_execmem --> off
httpd_read_user_content --> off
httpd_setrlimit --> off
httpd_ssi_exec --> off
httpd_tmp_exec --> off
httpd_tty_comm --> on
httpd_unified --> on
httpd_use_cifs --> off
httpd_use_gpg --> off
httpd_use_nfs --> off
```

2）使用 setsebool 修改布尔值

setsebool 可以修改 Selinux 布尔值，其命令格式为：

```
getsebool [-P] boolean value
```

setsebool 命令可以使用一个给定的参数修改 Selinux 布尔值，当取值为“1”或“on”时，启用一个布尔值；当取值为“0”或“off”时，关闭一个布尔值。

如果不加选项 -P，则只影响当前运行中的布尔值，当系统重新启动后，会恢复默认的布尔值。如果加上 -P，布尔值将被写入 Selinux 策略文件中，当系统重启后，也是有效的。例如，要将布尔值“httpd_enable_cgi”关闭，可以执行如下命令。

```
[root@localhost ~]# getsebool httpd_enable_cgi
httpd_enable_cgi --> on
[root@localhost ~]# setsebool -P httpd_enable_cgi off
[root@localhost ~]# getsebool httpd_enable_cgi
httpd_enable_cgi --> off
```

将布尔值“httpd_enable_cgi”关闭，表示不允许 Web 服务器运行 CGI 脚本。

许多软件包都具有 man page *_selinux(8)，其中详细说明了所使用的一些布尔值；man -k '_selinux' 可以轻松地找到这些手册。

```
[root@localhost ~]# man -k '_selinux'
ftpd_selinux      (8)  - Security-Enhanced Linux policy for ftp daemons
httpd_selinux     (8)  - Security Enhanced Linux Policy for the httpd daemon
kerberos_selinux  (8)  - Security Enhanced Linux Policy for Kerberos
named_selinux     (8)  - Security Enhanced Linux Policy for the Internet Name server (named) daemon
nfs_selinux       (8)  - Security Enhanced Linux Policy for NFS
pam_selinux       (8)  - PAM module to set the default security context
rsync_selinux     (8)  - Security Enhanced Linux Policy for the rsync daemon
samba_selinux     (8)  - Security Enhanced Linux Policy for Samba
ypbind_selinux    (8)  - Security Enhanced Linux Policy for NIS
```

总结一下，如果搭配了某个服务器，然后客户端无法正常访问，应该按照下面的顺序进行排错：

（1）该服务的配置文件中是否开启了相关的权限，比如是否允许匿名用户写入等。

（2）文件系统的权限，比如是否需要使用 chmod 修改权限。

（3）Selinux 的上下文和布尔值。

任务实施

任务一　实验环境搭建

1. 启动虚拟机 Windows 7，根据任务规划修改网卡 IP 地址

修改网卡类型为 VMNet1，如图 20-6 所示。

修改 IP 地址，如图 20-7 所示。

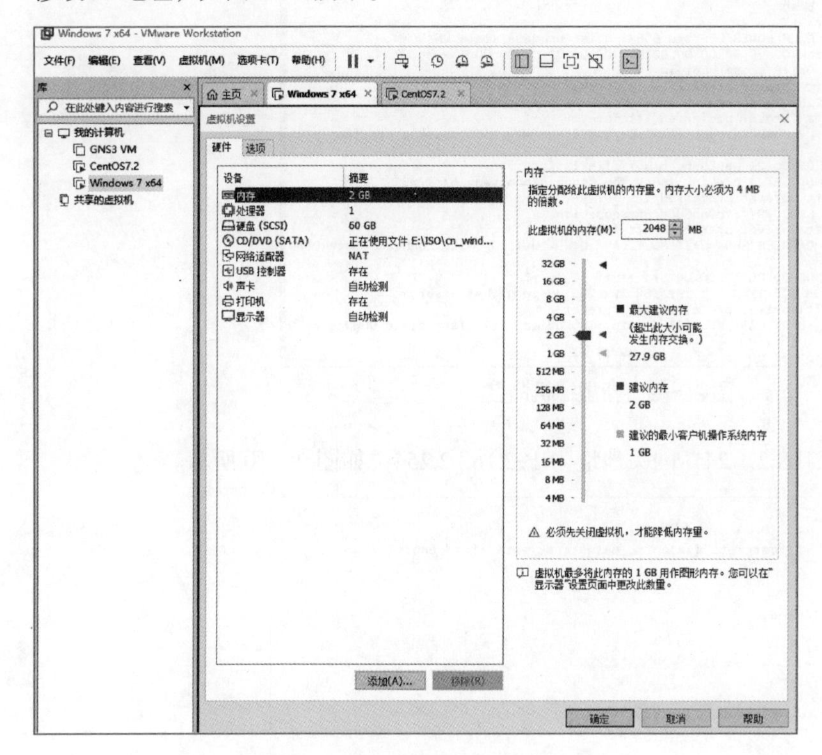

图 20-6　修改网卡类型为 VMNet1

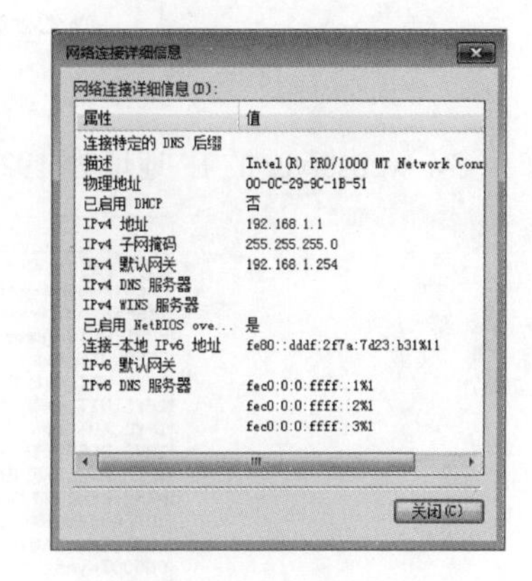

图 20-7　修改 IP 地址

2. 使用链接式克隆创建新的 CentOS 虚拟机镜像

（1）新虚拟机网卡改为 VMNet8 类型，如图 20-8 所示。

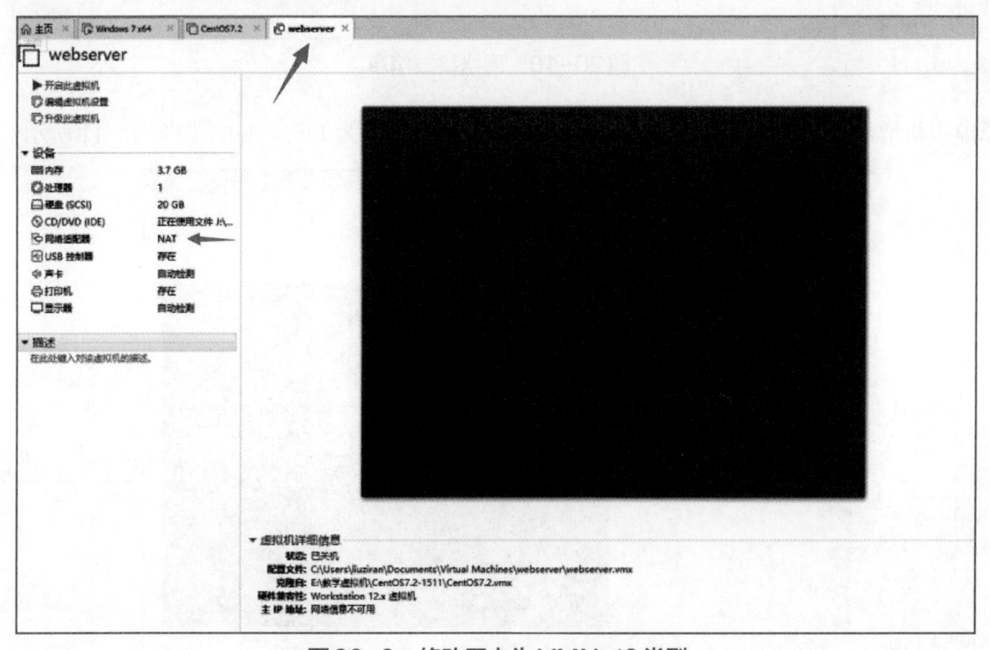

图 20-8　修改网卡为 VMNet8 类型

（2）新虚拟机命名为 webserver，启动虚拟机，如图 20-9 所示。

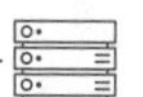

```
[root@GDKT ~]# hostnamectl set-hostname webserver
[root@GDKT ~]# bash
[root@webserver ~]# ip a
1: lo: <LOOPBACK,UP,LOWER_UP> mtu 65536 qdisc noqueue state UNKNOWN
    link/loopback 00:00:00:00:00:00 brd 00:00:00:00:00:00
    inet 127.0.0.1/8 scope host lo
       valid_lft forever preferred_lft forever
    inet6 ::1/128 scope host
       valid_lft forever preferred_lft forever
2: eno16777736: <BROADCAST,MULTICAST,UP,LOWER_UP> mtu 1500 qdisc pfifo_fast stat
e UP qlen 1000
    link/ether 00:0c:29:9a:60:6c brd ff:ff:ff:ff:ff:ff
    inet 192.168.2.1/24 brd 192.168.2.255 scope global eno16777736
       valid_lft forever preferred_lft forever
    inet6 fe80::20c:29ff:fe9a:606c/64 scope link
       valid_lft forever preferred_lft forever
3: virbr0: <NO-CARRIER,BROADCAST,MULTICAST,UP> mtu 1500 qdisc noqueue state DOWN

    link/ether 00:00:00:00:00:00 brd ff:ff:ff:ff:ff:ff
    inet 192.168.122.1/24 brd 192.168.122.255 scope global virbr0
       valid_lft forever preferred_lft forever
4: virbr0-nic: <BROADCAST,MULTICAST> mtu 1500 qdisc pfifo_fast state DOWN qlen 5
00
    link/ether 52:54:00:6b:3c:92 brd ff:ff:ff:ff:ff:ff
```

图20-9　新虚拟机命名

（3）webserver 的 IP 地址为 192.168.2.1/24，网关地址为 192.168.2.254，如图 20-10 所示。

```
[root@webserver ~]# cat /etc/sysconfig/network-scripts/ifcfg-eno16777736
TYPE=Ethernet
BOOTPROTO=none
DEFROUTE=yes
IPV4_FAILURE_FATAL=no
IPV6INIT=yes
IPV6_AUTOCONF=yes
IPV6_DEFROUTE=yes
IPV6_FAILURE_FATAL=no
NAME=eno16777736
UUID=b54da84c-9057-4617-91bf-94b91930145a
DEVICE=eno16777736
ONBOOT=yes
IPADDR=192.168.2.1
PREFIX=24
GATEWAY=192.168.2.254
IPV6_PEERDNS=yes
IPV6_PEERROUTES=yes
[root@webserver ~]#
```

图20-10　网络参数信息

（4）原虚拟机增加一块 VMNet8 的网卡，启动后，修改主机名为 Firewalld，如图 20-11 所示。

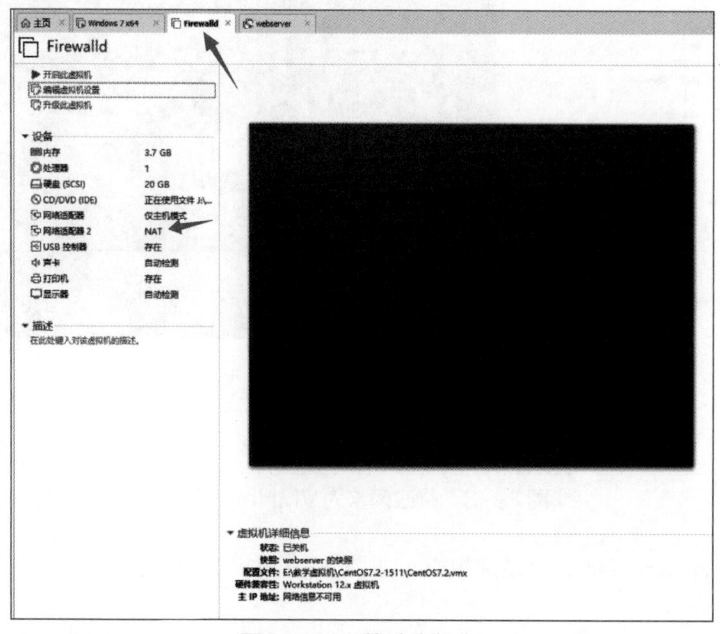

图20-11　修改主机名

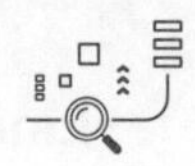

（5）根据任务规划修改主机 Firewalld 网卡的 IP 地址，如图 20-12 所示。

```
[root@GDKT ~]# hostnamectl set-hostname Firewalld
[root@GDKT ~]# bash
[root@firewalld ~]# tail -5 /etc/sysconfig/network-scripts/ifcfg-eno16777736
ONBOOT=yes
IPADDR=192.168.1.254
PREFIX=24
IPV6_PEERDNS=yes
IPV6_PEERROUTES=yes
[root@firewalld ~]# tail -5 /etc/sysconfig/network-scripts/ifcfg-有线连接_1
ONBOOT=yes
IPADDR=192.168.2.254
PREFIX=24
IPV6_PEERDNS=yes
IPV6_PEERROUTES=yes
[root@firewalld ~]#
```

图20-12　修改网卡IP地址

3. 测试 Firewalld 到 Windows 7 和 webserver 的连通性（见图 20-13）

```
[root@firewalld ~]# ping 192.168.1.1
PING 192.168.1.1 (192.168.1.1) 56(84) bytes of data.
64 bytes from 192.168.1.1: icmp_seq=1 ttl=128 time=0.277 ms
64 bytes from 192.168.1.1: icmp_seq=2 ttl=128 time=0.398 ms
^C64 bytes from 192.168.1.1: icmp_seq=3 ttl=128 time=0.297 ms
64 bytes from 192.168.1.1: icmp_seq=4 ttl=128 time=0.430 ms
^C
--- 192.168.1.1 ping statistics ---
4 packets transmitted, 4 received, 0% packet loss, time 3002ms
rtt min/avg/max/mdev = 0.277/0.350/0.430/0.067 ms
[root@firewalld ~]# ping 192.168.2.1
PING 192.168.2.1 (192.168.2.1) 56(84) bytes of data.
64 bytes from 192.168.2.1: icmp_seq=1 ttl=64 time=0.352 ms
64 bytes from 192.168.2.1: icmp_seq=2 ttl=64 time=0.313 ms
64 bytes from 192.168.2.1: icmp_seq=3 ttl=64 time=0.368 ms
^C
--- 192.168.2.1 ping statistics ---
3 packets transmitted, 3 received, 0% packet loss, time 2002ms
rtt min/avg/max/mdev = 0.313/0.344/0.368/0.027 ms
[root@firewalld ~]#
```

图20-13　测试连通性

4. webserver 安装 httpd 和 vsftpd 服务，并启动服务

```
[root@webserver ~]# mount /dev/cdrom /media/
mount: /dev/sr0 写保护，将以只读方式挂载
[root@webserver ~]# yum -y install httpd vsftpd
[root@webserver ~]# systemctl start httpd
[root@webserver ~]# systemctl start vsftpd
```

5. Windows 7 上测试 webserver 的 http 和 ftp 服务是否可以正常访问（见图 20-14 和图 20-15）

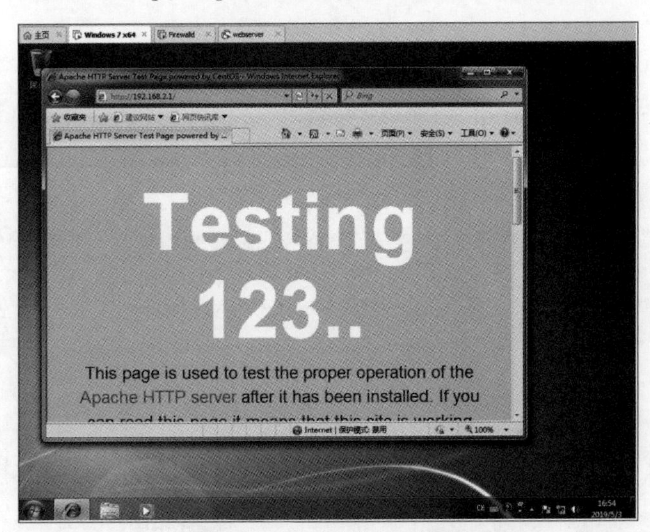

图20-14　测试http服务

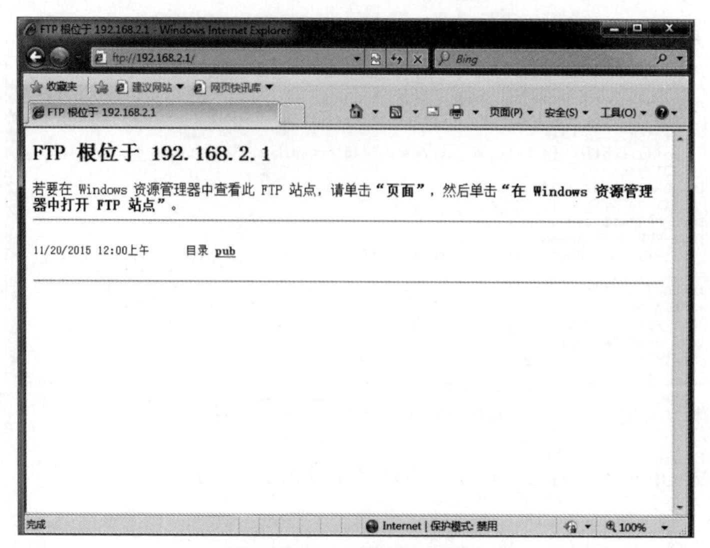

图20-15 测试ftp服务

任务二 在 webserver 上完成 firewalld 防火墙的安装与运行管理

1. 安装 firewalld 软件包

```
[root@webserver ~]# rpm -qa | grep firewall
firewalld-0.3.9-14.el7.noarch
firewall-config-0.3.9-14.el7.noarch
[root@webserver ~]# mount /dev/cdrom /media/
mount: /dev/sr0 写保护，将以只读方式挂载
[root@webserver ~]# yum -y install firewalld firewall-config
已加载插件：fastestmirror, langpacks
local                                  | 3.6 kB  00: 00: 00
(1/2): local/group_gz                  | 155 kB  00: 00: 00
(2/2): local/primary_db                | 2.8 MB  00: 00: 00
Determining fastest mirrors
软件包 firewalld-0.3.9-14.el7.noarch 已安装并且是最新版本
软件包 firewall-config-0.3.9-14.el7.noarch 已安装并且是最新版本
无须任何处理
```

2. 启动防火墙

1）启动防火墙 Firewalld

```
[root@webserver ~]# systemctl start firewalld
```

2）设置为开机自启

```
[root@webserver ~]# systemctl enable firewalld
Created symlink from /etc/systemd/system/dbus-org.fedoraproject.FirewallD1.service to /usr/lib/systemd/system/firewalld.service.
Created symlink from /etc/systemd/system/basic.target.wants/firewalld.service to /usr/lib/systemd/system/firewalld.service.
```

3）检查 firewalld 进程

```
[root@webserver ~]# ps -ef | grep firewalld
root      45971      1  1 18: 03 ?        00: 00: 00 /usr/bin/python -Es /usr/sbin/firewalld --nofork --nopid
root      46397  12517  0 18: 03 pts/0    00: 00: 00 grep --color= auto fiewalld
```

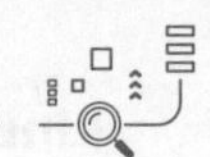

3. 使用图形界面 firewall-config 配置

图形界面配置如图 20-16 所示。

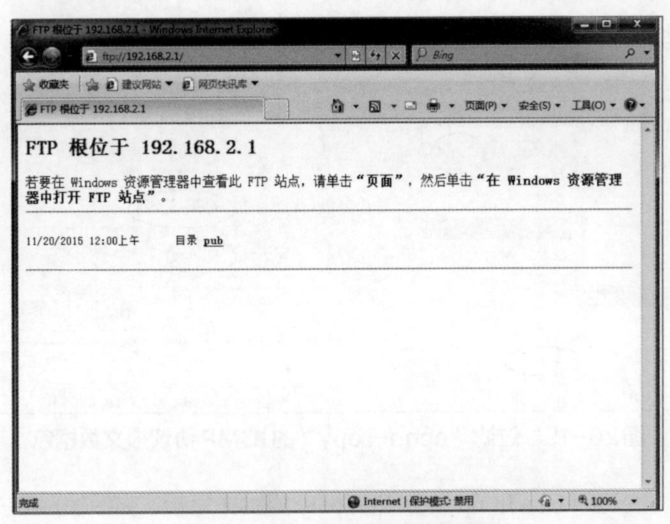

图20-16　firewall图形界面

（1）允许其他主机访问本机的 http 服务，仅当前生效，如图 20-17 所示。

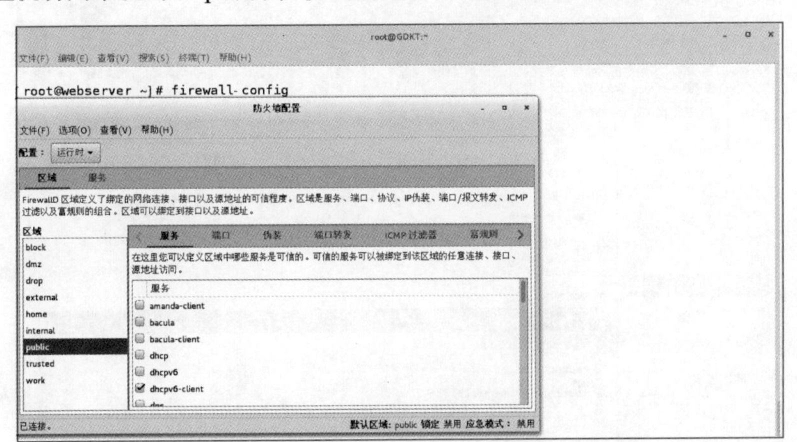

图20-17　允许其他主机访问本机http服务

（2）开放本机的 8080 ~ 8088 端口且重启后依然生效，如图 20-18 所示。

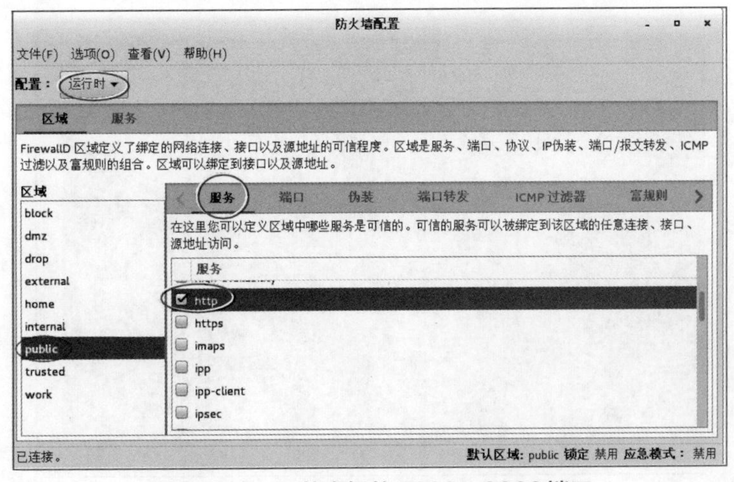

图20-18　开放本机的8080～8088端口

（3）过滤“echo-reply”的 ICMP 协议报文数据包，仅当前有效，如图 20-19 所示。

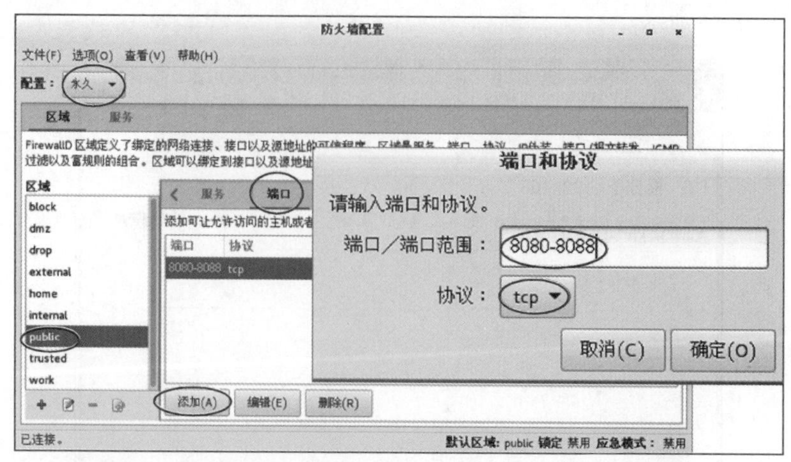

图20-19　过滤“echo-repy”的ICMP协议报文数据包

（4）在 Windows 7 上再次访问 http 和 ftp 服务以及 ping 测试连通性，如图 20-20、图 20-21、图 20-22 所示。

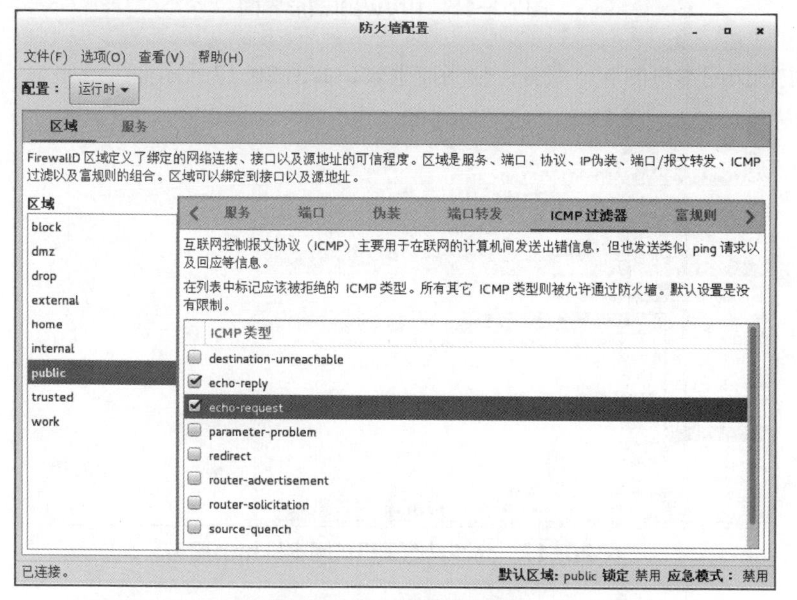

图20-20　测试连通性

图20-21　测试http服务

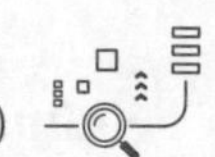

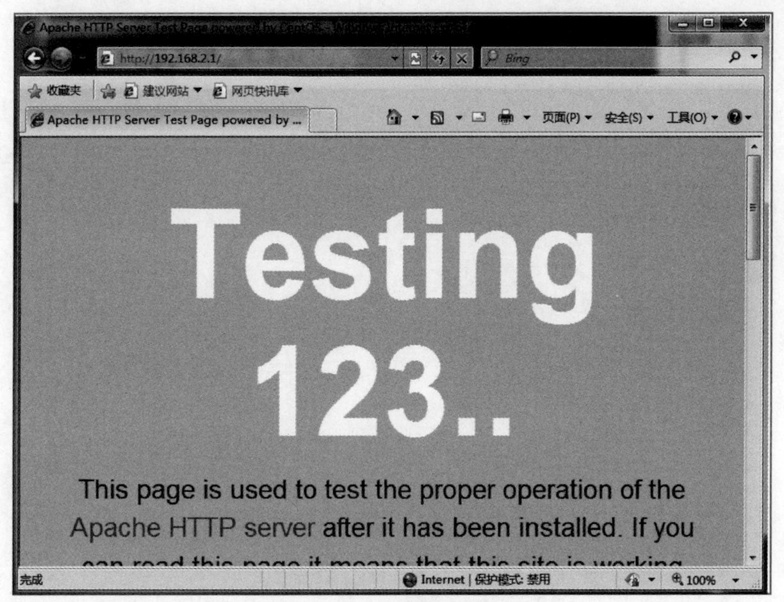

图20-22　测试ftp服务

任务三　在 webserver 上使用命令行工具 firewall-cmd 配置防火墙

1. 在 webserver 主机上重启 Firewalld 防火墙并查看当前防火墙的配置

```
[root@webserver ~]# systemctl restart firewalld
[root@webserver ~]# firewall-cmd --list-all
public (default, active)
  interfaces:  eno16777736
  sources:
  services:  dhcpv6-client ssh
  ports:
  masquerade:  no
  forward-ports:
  icmp-blocks:
  rich rules:
```

注意：请先清除图形界面所有自定义规则

2. 查看当前默认区域并修改为 DMZ 区域

```
[root@webserver ~]# firewall-cmd --get-default-zone
public
[root@webserver ~]# firewall-cmd --get-zone-of-interface=eno16777736
public
[root@webserver ~]# firewall-cmd --set-default-zone=dmz
success
[root@webserver ~]# firewall-cmd --zone=dmz --change-interface=eno16777736
success
[root@webserver ~]# firewall-cmd --reload
success
```

3. 测试在本机可成功访问网站，在 firewalld 主机上访问失败

```
[root@webserver ~]# curl http: //192.168.2.1
<!DOCTYPE html PUBLIC "-//W3C//DTD XHTML 1.1//EN" "http: //www.w3.org/TR/xhtml11/DTD/
xhtml11.dtd"><html><head>
<meta http-equiv="content-type" content="text/html; charset=UTF-8">
<title>Apache HTTP Server Test Page powered by CentOS</title>
```

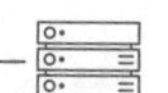

```
<meta http-equiv="Content-Type" content="text/html; charset=UTF-8">

    <!-- Bootstrap -->
    <link href="/noindex/css/bootstrap.min.css" rel="stylesheet">
    <link rel="stylesheet" href="noindex/css/open-sans.css" type="text/css" />

<style type="text/css"><!--

body {
  font-family: "Open Sans", Helvetica, sans-serif;
  font-weight: 100;
  color: #ccc;
  background: rgba(10, 24, 55, 1);
  font-size: 16px;
}
...
[root@firewalld ~]# curl http: //192.168.2.1
curl: (7) Failed connect to 192.168.2.1: 80; 没有到主机的路由
[root@firewalld ~]# ping 192.168.2.1
PING 192.168.2.1 (192.168.2.1) 56(84) bytes of data.
64 bytes from 192.168.2.1: icmp_seq=1 ttl=64 time=0.302 ms
64 bytes from 192.168.2.1: icmp_seq=2 ttl=64 time=0.785 ms
^C
--- 192.168.2.1 ping statistics ---
2 packets transmitted, 2 received, 0% packet loss, time 1001ms
rtt min/avg/max/mdev = 0.302/0.543/0.785/0.242 ms
```

4. 在 dmz 区域允许 http 服务流量通过，要求立即生效且永久生效

```
[root@webserver ~]# firewall-cmd --permanent --zone=dmz --add-service=http
success
[root@webserver ~]# firewall-cmd --reload
success
```

5. 再次在 firewalld 主机上访问 web 网站

```
[root@firewalld ~]# curl http: //192.168.2.1
<!DOCTYPE html PUBLIC "-//W3C//DTD XHTML 1.1//EN" "http: //www.w3.org/TR/xhtml11/DTD/
xhtml11.dtd"><html><head>
<meta http-equiv="content-type" content="text/html; charset=UTF-8">
<title>Apache HTTP Server Test Page powered by CentOS</title>
<meta http-equiv="Content-Type" content="text/html; charset= UTF-8">

    <!-- Bootstrap -->
    <link href="/noindex/css/bootstrap.min.css" rel="stylesheet">
    <link rel="stylesheet" href="noindex/css/open-sans.css"
type="text/css" />

<style type="text/css"><!--

body {
  font-family: "Open Sans", Helvetica, sans-serif;
...
```

6. 为了安全起见，Web 服务器工作在 8080 端口，现要求通过端口转换，让用户能通过 “http: //192.168.2.1” 地址格式访问

（1）配置 httpd 服务，使其工作在 8080 端口。

```
[root@webserver ~]# vim /etc/httpd/conf/httpd.conf
```

```
[root@webserver ~]# grep ^Listen /etc/httpd/conf/httpd.conf
Listen 8080
```

（2）重启 httpd 服务。

```
[root@webserver ~]# systemctl restart httpd
```

（3）允许 8080 与 8088 端口流量通过 dmz 区域，且立即生效。

```
[root@webserver ~]# firewall-cmd  --zone=dmz --add-port=8080-8088/tcp
success
```

（4）查看对端口的操作是否成功。

```
[root@webserver ~]# firewall-cmd --zone=dmz --list-ports
8080-8088/tcp
```

（5）初步测试。在本机和其他主机上使用“http：//192.168.2.1：8080”格式访问均能成功，而使用“http：//192.168.2.1”格式访问均失败。

```
[root@webserver ~]# curl http: //192.168.2.1
curl:  (7) Failed connect to 192.168.2.1: 80; 拒绝连接
[root@webserver ~]# curl http: //192.168.2.1: 8080
<!DOCTYPE html PUBLIC "-//W3C//DTD XHTML 1.1//EN" "http: //www.w3.org/TR/xhtml11/DTD/
xhtml11.dtd"><html><head>
...
[root@firewalld ~]# curl http: //192.168.2.1
curl:  (7) Failed connect to 192.168.2.1: 80; 拒绝连接
[root@firewalld ~]# curl http: //192.168.2.1: 8080
<!DOCTYPE html PUBLIC "-//W3C//DTD XHTML 1.1//EN" "http: //www.w3.org/TR/xhtml11/DTD/
xhtml11.dtd"><html><head>
...
```

（6）添加一条永久生效的富规则，把从 192.168.2.0/24 网段进入的数据流的目标 80 端口转换为 8080 端口。

```
[root@webserver ~]# firewall-cmd  --zone=dmz --add-rich-rule=" rule family=ipv4 source
address=192.168.2.0/24 forward-port port=80 protocol=tcp to-port=8080"
success
[root@webserver ~]# firewall-cmd --list-all --zone=dmz
dmz (default, active)
  interfaces:  eno16777736
  sources:
  services:  http ssh
  ports:  8080-8088/tcp
  masquerade:  no
  forward-ports:
  icmp-blocks:
  rich rules:
rule family="ipv4" source address="192.168.2.0/24" forward-port port="80" protocol=
"tcp" to-port="8080"
```

（7）让以上配置立即生效。

（8）查看 dmz 区域的配置结果。

```
[root@webserver ~]# firewall-cmd --list-all --zone=dmz
dmz (default, active)
  interfaces:  eno16777736
  sources:
  services:  http ssh
  ports:  8080-8088/tcp
```

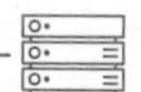

```
    masquerade:  no
    forward-ports:
    icmp-blocks:
    rich rules:
  rule family="ipv4" source address="192.168.2.0/24" forward-port port="80" protocol=
"tcp" to-port="8080"
```

（9）添加一条富规则，拒绝 192.168.3.0/24 网段的用户访问 http 服务。

```
  [root@webserver ~]# firewall-cmd --zone=dmz --add-rich-rule="rule family=ipv source address=
192.168.3.0/24 service name=http reject"
  success
```

（10）测试。在 firewalld 上浏览器的地址栏中输入 "http：//192.168.2.1"，若能成功访问，则表明防火墙成功地将 80 端口转换到了 8080 端口，如图 20-23 所示。

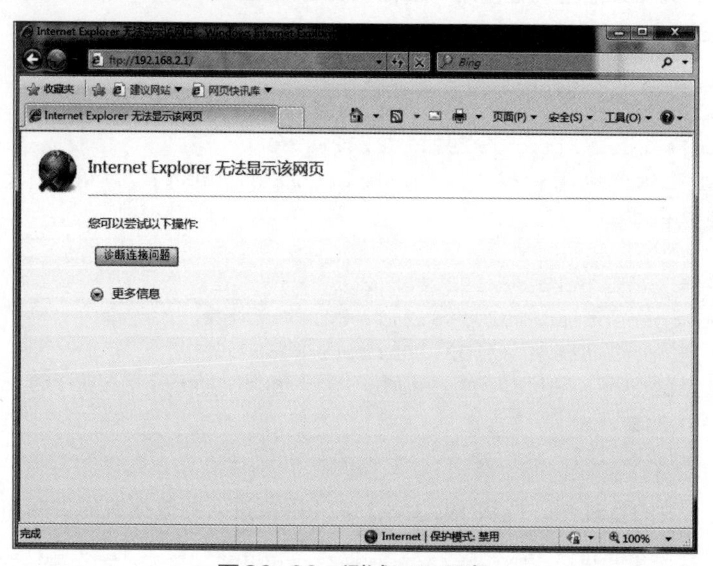

图20-23　测试http服务

任务四　在 Firewalld 主机上使用 firewalld 防火墙部署 NAT 服务

1. 使用 SNAT 技术实现共享上网

（1）在 Firewalld 服务器上开启防火墙。

```
[root@firewalld ~]# systemctl start firewalld
```

（2）将网络接口 eno33554984 移至外部区域（external）。

```
[root@firewalld ~]# firewall-cmd --change-interface=eno33554984 --zone=external --permanent
success
[root@firewalld ~]# firewall-cmd --change-interface=eno33554984 --zone=external
success
```

（3）将网络接口 eno16777767 移至内部区域（internal）。

```
[root@firewalld ~]# firewall-cmd --change-interface=eno16777767 --zone=internal --permanent
success
[root@firewalld ~]# firewall-cmd --change-interface=eno16777767 --zone=internal
success
```

（4）确保设置永久生效和立即生效。

（5）查看在外网卡所属的外部区域（external）上是否添加伪装（masquerading）功能（默认已添加），若未添加，则执行添加命令。

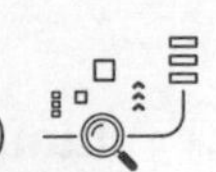

```
[root@firewalld ~]# firewall-cmd --list-all --zone=external
external (active)
  interfaces: eno33554984
  sources:
  services: ssh
  ports:
  masquerade: yes   # 已经添加了
  forward-ports:
  icmp-blocks:
  rich rules:
如果没有添加，执行下述命令
[root@firewalld ~]# firewall-cmd --zone=external --add-masquerade --permanent
success
```

（6）在 firewalld 服务器上开启 IP 转发服务。

```
[root@firewalld ~]# vim /usr/lib/sysctl.d/00-system.conf
[root@firewalld ~]# tail -1 /usr/lib/sysctl.d/00-system.conf
net.ipv4.ip_forward=1
[root@firewalld ~]# sysctl -p /usr/lib/sysctl.d/00-system.conf
net.bridge.bridge-nf-call-ip6tables = 0
net.bridge.bridge-nf-call-iptables = 0
net.bridge.bridge-nf-call-arptables = 0
net.ipv4.ip_forward = 1
```

（7）将 NAT 服务器内部区域（internal）设置为默认区域。

```
[root@firewalld ~]# firewall-cmd --set-defalt-zone=internal
success
```

（8）重载防火墙规则，将以上设置的永久状态信息在当前运行下生效。

```
[root@firewalld ~]# firewall-cmd --reload
success
```

（9）测试。在 Windows 7 上 ping 192.168.2.1，表明 SNAT 服务搭建成功，如图 20-24 所示。

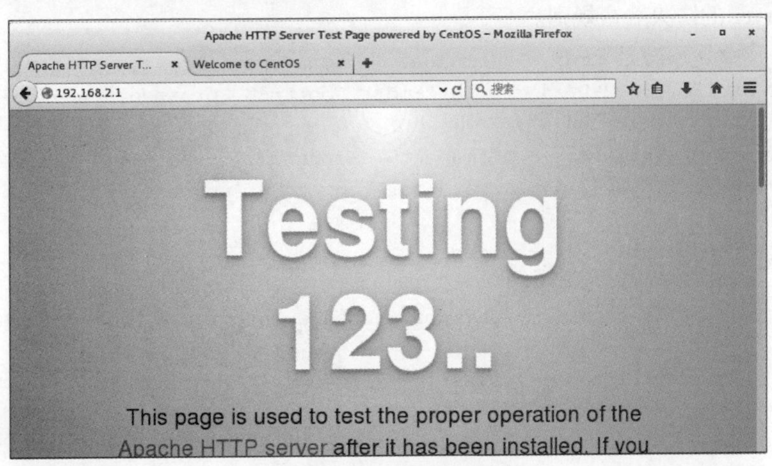

图20-24　测试连通性

2. 使用 DNAT 技术向互联网发布服务器

DNAT 服务主要通过不同主机间的“端口转发”（或端映射）来实现，其配置步骤如下：

注意：此步骤实际上就是置换内外网主机和服务器后测试 DNAT。

（1）修改 webserver 的网卡类型为 VMNet1，IP 地址为 192.168.1.1/24，网关地址为 192.168.1.254，如图 20-25 和图 20-26 所示。

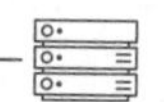

```
管理员: C:\Windows\system32\cmd.exe
正在 Ping 192.168.2.1 具有 32 字节的数据:
来自 192.168.2.1 的回复: 字节=32 时间=1ms TTL=63
来自 192.168.2.1 的回复: 字节=32 时间=1ms TTL=63
来自 192.168.2.1 的回复: 字节=32 时间=1ms TTL=63
来自 192.168.2.1 的回复: 字节=32 时间<1ms TTL=63

192.168.2.1 的 Ping 统计信息:
    数据包: 已发送 = 4，已接收 = 4，丢失 = 0 (0% 丢失)，
往返行程的估计时间(以毫秒为单位):
    最短 = 0ms，最长 = 1ms，平均 = 0ms

C:\Users\Administrator>ping 192.168.2.1

正在 Ping 192.168.2.1 具有 32 字节的数据:
来自 192.168.2.1 的回复: 字节=32 时间<1ms TTL=63
来自 192.168.2.1 的回复: 字节=32 时间<1ms TTL=63
来自 192.168.2.1 的回复: 字节=32 时间<1ms TTL=63
来自 192.168.2.1 的回复: 字节=32 时间=2ms TTL=63

192.168.2.1 的 Ping 统计信息:
    数据包: 已发送 = 4，已接收 = 4，丢失 = 0 (0% 丢失)，
往返行程的估计时间(以毫秒为单位):
    最短 = 0ms，最长 = 2ms，平均 = 0ms

C:\Users\Administrator>
```

图20-25　修改webserver的网卡类型为VMNet1

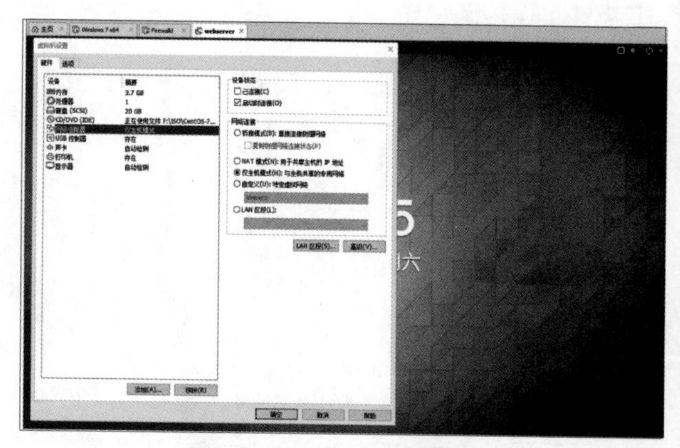

图20-26　网络参数信息

（2）修改 Windows 7 的网卡类型为 VMNet8，IP 地址为 192.168.2.1/24，网关地址为 192.168.2.1，如图 20-27 和图 20-28 所示。

```
[root@webserver ~]# ifconfig
eno16777736: flags=4163<UP,BROADCAST,RUNNING,MULTICAST>  mtu 1500
        inet 192.168.1.1  netmask 255.255.255.0  broadcast 192.168.1.255
        inet6 fe80::20c:29ff:fe9a:606c  prefixlen 64  scopeid 0x20<link>
        ether 00:0c:29:9a:60:6c  txqueuelen 1000  (Ethernet)
        RX packets 17490  bytes 1228406 (1.1 MiB)
        RX errors 0  dropped 0  overruns 0  frame 0
        TX packets 3591  bytes 599941 (585.8 KiB)
        TX errors 0  dropped 0 overruns 0  carrier 0  collisions 0
```

图20-27　修改网卡类型

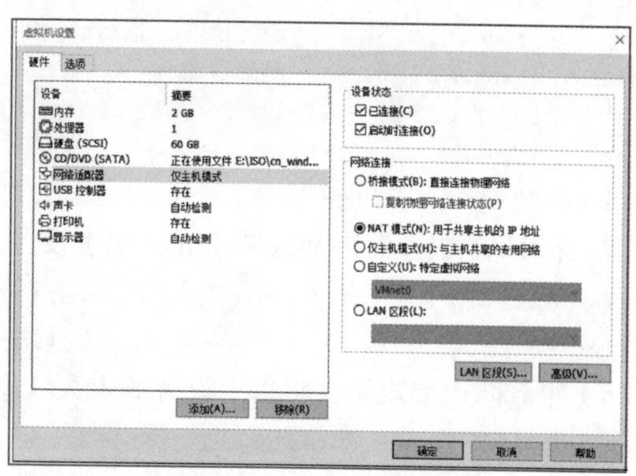

图20-28　网络参数信息

（3）修改 webserver 的防火墙富规则。

```
[root@webserver ~]# firewall-cmd  --permanent  --zone=dmz  --remove-rich-rule="rule family
=ipv4 source  address=192.168.2.0/24  forward-port  port=80  protocol=tcp  to-port=8080"
success
[root@webserver ~]# firewall-cmd  --permanent  --zone=dmz  --add-rich-rule="rule family=
ipv4 source  address=192.168.1.0/24  forward-port  port=80  protocol=tcp  to-port=8080"
success
[root@webserver ~]# firewall-cmd --reload
success
[root@webserver ~]# firewall-cmd  --zone=dmz --change-interface=  eno16777736
success
[root@webserver ~]# firewall-cmd --list-all --zone=dmz
dmz (default, active)
  interfaces:  eno16777736
  sources:
  services:  http ssh
  ports:  8080-8088/tcp
  masquerade:  no
  forward-ports:
  icmp-blocks:
  rich rules:
rule family="ipv4" source address="192.168.1.0/24" forward-port port="80" protocol="tcp" to-
port="8080"
```

（4）将流入 firewalld 服务器外网卡 eno33554984（192.168.2.254）的 80 端口的数据包转发给 Web 服务器（192.168.2.1）的 8080 端口。

```
[root@firewalld ~]# firewall-cmd --permanent --zone=external --add-forward-port=port=80:
proto=tcp: toport=8080: toaddr=192.168.1.1
success
[root@firewalld ~]# firewall-cmd --reload
success
```

（5）测试：在 Windows 7 上访问 webserver。在浏览器中输入 http://192.168.1.1，如图 20-29 所示。

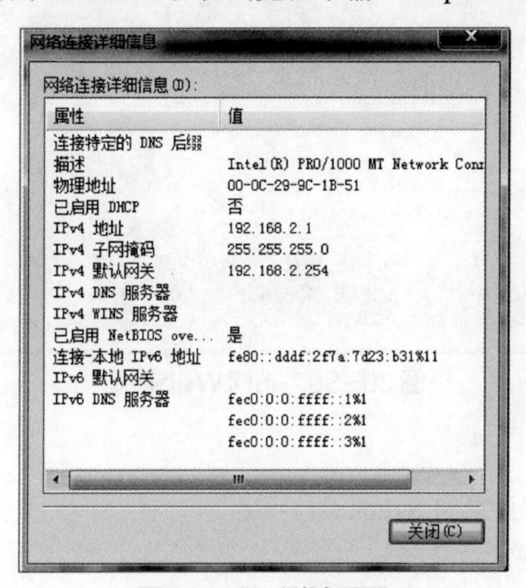

图20-29　测试页面

任务扩展

任务一　Web 服务器网页文件的 Selinux 权限

腾翼网络公司的管理员在 Web 服务器上开启了 Selinux，并对 Apache 的默认 Selinux 安全上下文环境进行测试。

注意：初始 Selinux 的配置是 Enforcing 模式。

1. 安装并启动 httpd

```
[root@GDKT ~]# getenforce
Enforcing
[root@GDKT ~]# mount /dev/cdrom /media/
mount: /dev/sr0 写保护，将以只读方式挂载
[root@GDKT ~]# yum -y install httpd
[root@GDKT ~]# systemctl start httpd
[root@GDKT ~]# systemctl enable httpd
Created symlink from /etc/systemd/system/multi-user.target.wants/httpd.service to /usr/lib/
systemd/system/httpd.service.
```

2. 创建 index.html 文件

在 root 的家目录下创建 index.html 文件。

```
[root@GDKT ~]# echo'my test page' >/root/index.html
```

3. 改变 index.html 文件的目录

剪切 index.html 文件到 /var/www/html 目录下。

```
[root@GDKT ~]# mv index.html /var/www/html/
```

4. 访问自己的网站进行测试

使用 firefox 访问自己的网站时，显示的网页内容为测试页内容，如图 20-30 所示，管理员创建的 index.html 文件的内容并未显示出来。

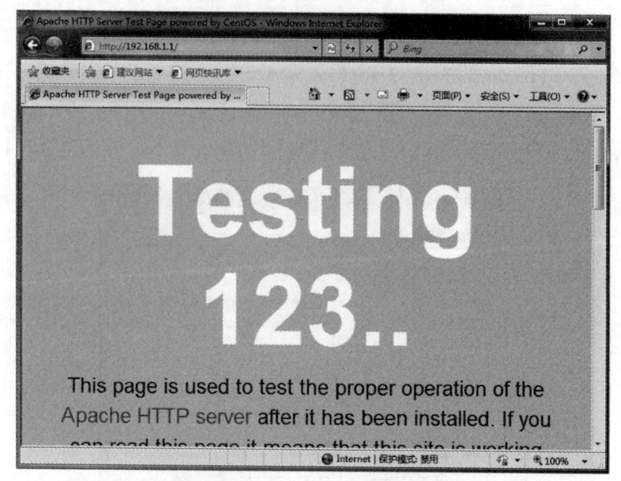

图20-30　访问Web网站

5. 查看 Selinux 上下文

查看 /var/www/html 目录下文件目录的 Selinux 上下文。

```
[root@GDKT ~]# ls -Z /var/www/html
-rw-r--r--. root root unconfined_u: object_r: admin_home_t: s0 index.html
```

通过以上内容，可以看到此时的 index.html 文件的上下文类型为 admin_home_t。

6. 恢复 Selinux 环境

使用 restorecon 命令恢复 index.html 文件的 Selinux 环境。

```
[root@GDKT ~]# restorecon -Rv /var/www/html
restorecon reset /var/www/html/index.html context unconfined_u: object_r: admin_home_t: s0->
unconfined_u: object_r: httpd_sys_content_t: s0
[root@GDKT ~]# ls -Z /var/www/html/
-rw-r--r--. root root unconfined_u: object_r: httpd_sys_content_t: s0 index.html
```

再查看，会发现 index.html 文件的上下文类型修改为 httpd_sys_content_t。

7. 重新访问自己的网站，观察 index.html 内容是否可以显示

完成以上操作后，管理员重新使用 firefox 访问自己的网站，发现此时可以正常显示 index.html 文件的内容了，如图 20-31 所示。

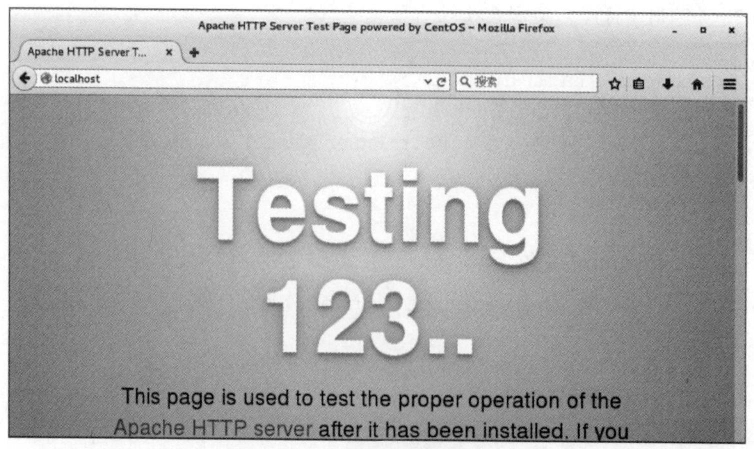

图20-31　网页内容显示正常

管理员通过以上步骤，最终解决了问题，使网页内容正常显示出来。

任务二　允许 FTP 匿名用户上传文件

1. 设置匿名用户上传

修改 vsftpd 的主配置文件，设置匿名用户可以上传文件。

```
[root@GDKT ~]# yum -y install vsftpd ftp
[root@GDKT ~]# systemctl start vsftpd
[root@GDKT ~]# systemctl enable vsftpd
Created symlink from /etc/systemd/system/multi-user.target.wants/vsftpd.service to /
usr/lib/systemd/system/vsftpd.service.
[root@GDKT ~]# vim /etc/vsftpd/vsftpd.conf
[root@GDKT ~]# grep anon_upload_enable /etc/vsftpd/vsftpd.conf
                                    # 将行首原来的 # 提示符去掉即可
anon_upload_enable=YES
```

2. 重新启动 vsftpd

```
[root@GDKT ~]# systemctl restart vsftpd
```

3. 设置 /var/ftp/pub 对于其他人可写

```
[root@GDKT ~]# chmod o+w /var/ftp/pub
```

4. 上传文件测试

访问本机进行测试，用户名使用 anonymous，密码随意或直接按【Enter】键。

```
[root@GDKT ~]# ftp localhost
Trying : : 1...
Connected to localhost (: : 1).
220 (vsFTPd 3.0.2)
Name (localhost: root):  ftp
331 Please specify the password.
Password:
230 Login successful.            # 显示登录成功
Remote system type is UNIX.
Using binary mode to transfer files.
ftp> ls
229 Entering Extended Passive Mode (|||32224|).
150 Here comes the directory listing.
drwxr-xrwx    2 0        0               6 Nov 20  2015 pub
226 Directory send OK.
ftp> cd pub                      # 切换到 pub 目录下
250 Directory successfully changed.
ftp> lcd /etc                    # 将本地目录切换到 /etc 下
Local directory now /etc
ftp> put passwd                  # 上传 passwd 文件
local:  passwd remote:  passwd
229 Entering Extended Passive Mode (|||34731|).
553 Could not create file.       # 提示操作失败
ftp> quit
221 Goodbye.
```

通过以上内容，可以看出，尽管在 vsftpd 配置文件中设置了允许匿名用户上传，并设置了 /var/ftp/pub 对于其他人可写，但由于 Selinux 的限制，匿名用户依然无法上传文件。

5. 查看 Selinux 的报错信息

在以上操作失败后，系统会跳出 Selinux 安全性公告，如图 20-32 所示。

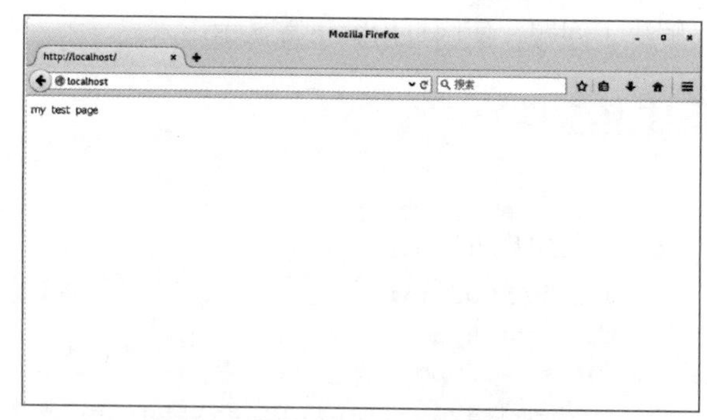

图20-32　Selinux安全性公告

在 Selinux 安全性公告中，单击“详情”，将会显示出与 ftp 相关的错误信息，如图 20-33 所示。

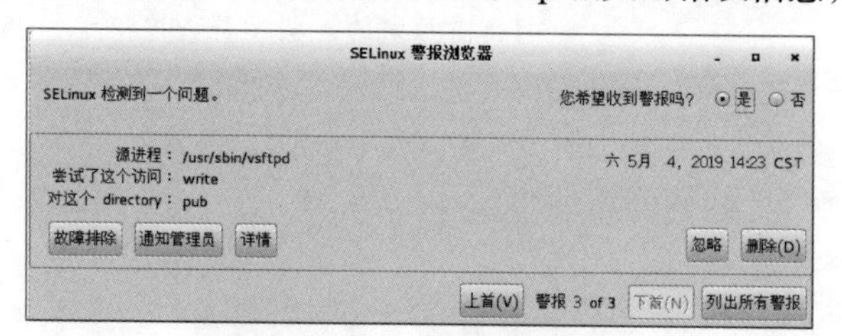

图20-33　显示错误信息

6. 根据报错提示修改 Selinux 上下文和布尔值

根据以上显示的错误信息，对 Selinux 上下文和布尔值进行修改。

```
[root@GDKT ~]# chcon -t public_content_rw_t /var/ftp/pub
                                    # 修改 Selinux 上下文
[root@GDKT ~]# getsebool -a | grep ftp
ftp_home_dir --> off
ftpd_anon_write --> off
ftpd_connect_all_unreserved --> off
ftpd_connect_db --> off
ftpd_full_access --> off
ftpd_use_cifs --> off
ftpd_use_fusefs --> off
ftpd_use_nfs --> off
ftpd_use_passive_mode --> off
httpd_can_connect_ftp --> off
httpd_enable_ftp_server --> off
sftpd_anon_write --> off
sftpd_enable_homedirs --> off
sftpd_full_access --> off
sftpd_write_ssh_home --> off
tftp_anon_write --> off
tftp_home_dir --> off                # 修改 Selinux 布尔值
[root@GDKT ~]# setsebool -P allow_ftpd_anon_write=1
```

7. 再次做上传测试

```
[root@GDKT ~]# ftp localhost
Trying : : 1...
Connected to localhost (: : 1).
220 (vsFTPd 3.0.2)
Name (localhost: root):  ftp
331 Please specify the password.
Password:
230 Login successful.
Remote system type is UNIX.
```

```
Using binary mode to transfer files.
ftp> ls
229 Entering Extended Passive Mode (|||19760|).
150 Here comes the directory listing.
drwxr-xrwx    2 0        0              6 Nov 20  2015 pub
226 Directory send OK.
ftp> cd pub
250 Directory successfully changed.
ftp> lcd /etc
Local directory now /etc
ftp> put passwd                      # 上传 passwd 文件
local: passwd remote: passwd
229 Entering Extended Passive Mode (|||30317|).
150 Ok to send data.
226 Transfer complete.               # 提示上传成功
2377 bytes sent in 2.3e-05 secs (103347.82 Kbytes/sec)
ftp> ls
229 Entering Extended Passive Mode (|||54800|).
150 Here comes the directory listing.
-rw-------    1 14     50      2377 May 04 06: 30 passwd    # 查看显示出 passwd 文件
226 Directory send OK
```

任务三　允许 Samba 共享用户家目录

1. 添加新用户，并设置 Samba 密码

```
[root@GDKT ~]# useradd smbuser
[root@GDKT ~]# smbpasswd -a smbuser
New SMB password:
Retype new SMB password:
Added user smbuser.
```

2. 启动或重启 Samba 服务

```
[root@GDKT ~]# systemctl restart smb
[root@GDKT ~]# systemctl enable smb
Created symlink from /etc/systemd/system/multi-user.target.wants/smb.service to /
usr/lib/systemd/system/smb.service.
```

3. 修改 Selinux 布尔值

```
[root@GDKT ~]# getsebool -a | grep samba
samba_create_home_dirs --> off
samba_domain_controller --> off
samba_enable_home_dirs --> off
samba_export_all_ro --> off
samba_export_all_rw --> off
samba_load_libgfapi --> off
samba_portmapper --> off
samba_run_unconfined --> off
samba_share_fusefs --> off
samba_share_nfs --> off
sanlock_use_samba --> off
tmpreaper_use_samba --> off
use_samba_home_dirs --> off
virt_sandbox_use_samba --> off
virt_use_samba --> off
[root@GDKT ~]# setsebool -P samba_enable_home_dirs on
```

修改了布尔值后，就可以进入 Samba 共享的用户家目录了。

质量监控单（教师完成）

工单实施栏目评分表

评分项	分值	作答要求	评审规定	得分
任务资讯	3	问题回答清晰准确，能够紧扣主题，没有明显错误项	对照标准答案错误一项扣 0.5 分，扣完为止	
任务实施	7	有具体配置图例，各设备配置清晰正确	A 类错误点一次扣 1 分，B 类错误点一次扣 0.5 分，C 类错误点一次扣 0.2 分	
任务扩展	4	各设备配置清晰正确，没有配置上的错误	A 类错误点一次扣 1 分，B 类错误点一次扣 0.5 分，C 类错误点一次扣 0.2 分	
其他	1	日志和问题项目填写详细，能够反映实际工作过程	没有填或者太过简单每项扣 0.5 分	
合计得分				

职业能力评分表

评分项	等级	作答要求	等级
知识评价	A|B|C	A：能够完整准确地回答任务资讯的所有问题，准确率在 90% 以上。 B：能够基本完成作答任务资讯的所有问题，准确率在 70% 以上。 C：对基础知识掌握得非常差，任务资讯和答辩的准确率在 50% 以下。	
能力评价	A|B|C	A：熟悉各个环节的实施步骤，完全独立完成任务，有能力辅助其他学生完成规定的工作任务，实施快速，准确率高（任务规划和任务实施正确率在 85% 以上）。 B：基本掌握各个环节实施步骤，有问题能主动请教其他同学，基本完成规定的工作任务，准确率较高（任务规划和任务实施正确率在 70% 以上）。 C：未完成任务或只完成了部分任务，有问题没有积极向其他同学请教，工作实施拖拉，不积极，各个部分的准确率在 50% 以下。	
态度素养评价	A|B|C	A：不迟到、不早退，对人有礼貌，善于帮助他人，积极主动完成规定工作任务，工作台完整整洁，回答老师提问科学。 B：不迟到、不早退，在教师督导和他人辅导下，能够完成规定工作任务，回答老师提问较准确。 C：未完成任务或只完成了部分任务，有问题没有积极向其他同学请教，工作实施拖拉不积极，不能准确回答老师提出的问题，各个部分的准确率在 50% 以下。	

教师评语栏